はじめに

　本書はものづくりの基礎となる機械の要素技術とその応用方法を掲載した図解集である。工場で自動生産する機械やロボットなどといった装置を構成する典型的な機械要素を、立体的に描いた図を使って詳しく解説してある。

　自動化装置やロボットは、ほんの数グラムの小さなワークから、何十キログラムといった大きなものまで、さまざまな対象を搬送したり精密で複雑な組み立て作業を行ったり、加工をしたりする。このときにモータやシリンダの単体の動作だけに頼っていたのでは、対象に合わせた運動特性をもつ高機能な機械装置を作り出すことは難しい。

　実際の自動機械の設計では、いろいろな機械要素を組み合わせて目的の力特性や減速特性などを作り出すことが求められる。その目的を達成するためには自動化機構に使われる1つひとつの要素についての構造と特性の知識が不可欠である。ここでいう自動化機構の要素とは、ベアリングやリニアガイドといった部品を使って作られた運動変換や物理変換を行う機能をもったユニットのことを言う。

　たとえばその要素に含まれるアクチュエータ（A）のユニットは電気や空気圧のエネルギーを回転や直進往復運動に変換する要素である。メカニズム（M）であれば、回転入力を運動方向変換して出力したり、回転入力を直進出力に変換したり、速度や力を増減する変換をしたりするもので、センサ（S）であれば磁気や光の信号を電気信号に変換する要素である。このような変換機構の要素の組み合わせを選択して、重くて大きなワークを扱う機構や、小さくて精密な位置決めを行う機構などを作り出すことが自動化機構の設計力の決め手になる。

　自動化機構の要素技術を習得すると、たとえば、ストローク終端で減速してスムーズに停止するような機構や、慣性負荷の駆動に耐えるような機構、運動方向の変換・一方向動作・間欠動作といった機構を色々な手段を使って設計できるようになる。さらに自動化システムを作るための手法に精通すれば生産ラインや工場全体の設計も可能になる。

本書は日刊工業新聞社から発行され、好評を博した「実践自動化機構図解集」(1990年：熊谷卓著) と「続・実践自動化機構図解集」(1994年：熊谷英樹著) から現場で有用な部分を厳選し、新たな解説を加えて再編集したものである。

　再編集にあたり、各要素の単体の学習から始めて、精度が高いハンドリングシステムの作り方、生産効率の高い自動化システムの作り方まで、自動化に必要な一連の考え方が理解できるように構成した。自動化装置の設計やものづくり技術力の向上、あるいは自動化システム設計のヒントとして本書を有効に活用いただければ幸いである。

2010年2月　編著者記す

目次

はじめに 1

I. 基礎編

I-1　メカニズムの最適選定のために 8
I-2　アクチュエータ（A） 18
- A-1　固定式エアシリンダ 18
- A-2　クレビス型エアシリンダ 24
- A-3　ロータリエアアクチュエータ 28
- A-4　空油圧変換シリンダ 32
- A-5　リバーシブルモータ 36
- A-6　スピードコントロールモータ 39
- A-7　ステッピングモータ 41
- A-8　サーボモータ 46

I-3　メカニズム（M） 50
- M-1　ラック＆ピニオン 50
- M-2　ワンウェイラチェット 53
- M-3　ワンウェイクラッチ 57
- M-4　クランク 60
- M-5　レバースライダ 66
- M-6　送りねじ 70
- M-7　トグル 75
- M-8　ゼネバ 79
- M-9　増減速平歯車 82
- M-10　ウォームギア 86
- M-11　インデックスドライブ 87
- M-12　平カム 90
- M-13　直進テーブル 96
- M-14　ベルトコンベア 105
- M-15　ロータリテーブル 109

I-4　センサ（S） ……………………………………………………… 115
- S-1　リミットスイッチ ………………………………………… 115
- S-2　リードスイッチ …………………………………………… 117
- S-3　光電センサ ………………………………………………… 119
- S-4　近接センサ ………………………………………………… 126

I-5　ロボットアーム（R） …………………………………………… 128
- R-1　シリンダ式垂直移動アーム ………………………………… 128
- R-2　モータ式垂直移動アーム …………………………………… 133
- R-3　ロボットチャック …………………………………………… 138

II．応用編

II-1　自動化のための動特性とハンドリングシステム ……………… 142

II-2　メカニズムの力特性（F） ……………………………………… 144
- F-1　速度と力の関係 ……………………………………………… 144
- F-2　クランク機構の力特性 ……………………………………… 145
- F-3　トグル機構の力特性 ………………………………………… 147

II-3　速度特性とワーク搬送（V） …………………………………… 149
- V-1　高速移動の位置ずれを小さくするメカニズム …………… 149
- V-2　高速で位置ずれを小さくする速度特性の作り方 ………… 152
- V-3　メカニズムの速度とワークの位置決めの実験 …………… 156
  - V3.1　エアシリンダとワンウェイ機構による間欠移送実験 …… 156
  - V3.2　クランクを用いた末端減速機構による間欠移送実験 …… 158
  - V3.3　レバースライダを用いた早戻り型末端減速機構による間欠移送実験 …… 159
  - V3.4　正弦曲線カムを用いた間欠移送実験 …………………… 160
  - V3.5　ゼネバを用いた末端減速機構による間欠移送実験 …… 161
  - V3.6　インデックスドライブを用いた末端減速機構による間欠移送実験 …… 162
- V-4　メカニズムと位置ずれの関係 ……………………………… 163

II-4　ハンドリングシステム（H） …………………………………… 165
- H-1　ワーク自動循環システムの構築 …………………………… 166
- H-2　ワーク自動追従システムの構築 …………………………… 169
- H-3　コンベアを使ったワークの自動供給装置 ………………… 172

	H-4	複数ユニットの協調制御	176
	H-5	ガイド機構を使ったワークの自動装入作業	179

Ⅲ. システム構築編

Ⅲ-1　効率化とフレキシブル生産の手法 ································ 182
　1. 製品の多様化と生産システム ······································ 182
　2. フレキシブル生産システムのポイント ······························ 185

Ⅲ-2　FAシステムへのアプローチ ······································ 190
　1. 位置決めと供給 ·· 191
　2. パーツの整列と分離 ·· 201
　3. 簡単なステージ型自動機の構成 ·································· 208
　4. 工程分割と同期移送 ·· 218
　5. フリーフローラインとバッファストック ·························· 227
　6. 生産性向上へのアプローチ ······································ 230
　7. ワークの嵌合とガイド機構 ······································ 241
　8. 品種判別と段取り替え ·· 249
　9. 自動化のための手法の応用 ······································ 258

Ⅲ-3　自動化システム構築実験 [Z] ···································· 259
　Z-1　実験内容 ·· 259
　Z-2　ステージ型自動機の構築実験 ·································· 260
　Z-3　同期移送式自動機の構築実験 ·································· 265
　Z-4　Z2とZ3の実験結果の比較 ······································ 271

索引 ·· 274

I

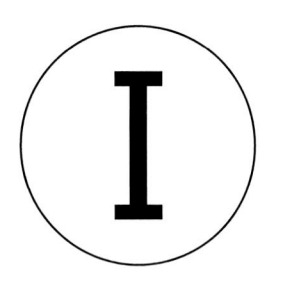

基礎編

　本編では、自動化機構を設計・製作するときの基本的な要素技術を習得し、これらの機構を自由に使いこなして最適な自動化機構を設計する技術を身につけることを目標としている。

　まず自動化機構を構成する最も重要な要素であるアクチュエータ（A）、メカニズム（M）、センサ（S）について頻繁に利用されるものをピックアップしてその詳細を述べた。そしてその要素の組み合わせでいかなる運動特性を得ることができるのかを図解で示した。

　これらの自動化要素技術を学習することで、目的とする機械の運動特性をどのような機構を用いて作り、制御すればよいかという手法が理解できるようになる。また、精密位置決めやフレキシブルシステムに欠かせない、サーボモータやステッピングモータのような数値制御型のアクチュエータを応用するときに必要となる構造や動作特性についても掲載した。

　さらにピック＆プレイスユニットなどのハンドリングシステムを構成する具体例を通して、直進往復機構や回転揺動機構の作り方やその問題点について言及し、センサやハンドなどのアプリケーション方法についても解説してある。

I-1 メカニズムの最適選定のために
I-2 アクチュエータ〔A〕
I-3 メカニズム〔M〕
I-4 センサ〔S〕
I-5 ロボットアーム〔R〕

I-1　メカニズムの最適選定のために

(1) エンジニアの技術分野

　アジア地域の全般的な自動化技術のレベル調査を行ったことがある。各国でピックアップされた調査対象企業が比較的優良な企業であったこともあり、ほとんどの企業が「一流」といえるようなエンジニアを抱えていることは印象的であった。

　各エンジニアは、それぞれなかなか優秀で、企業に対する貢献の度合いも相当であるように見受けたが、問題はその「守備範囲」であった。

　各エンジニアは当然「電子屋」であったり「油圧屋」であったり「化学屋」であったり、それぞれの単一分野での優秀な技術をもった人々であった。

　しかし、自動化技術は一種の総合技術である。少なくとも機械、油空圧、電気、電子などの技術は適当に使いこなせなくては自動化技術を担当するエンジニアとはいい難い。

　ところが、単一技術のみを身につけたような形のエンジニアは、必ずしも上記の調査に限らず、日本でもきわめて大きいのが実情である。

　例えば、電子技術を中心としたエンジニアは図I.1.1のような技術能力マップをもち、機械技術を中心としたエンジニアは図I.1.2のような技術能力マップをもっていると考えれば多くの場合当てはまるようであり、真の意味での自動化技術を身につけたエンジニアは、今のところあまり多くないようである。

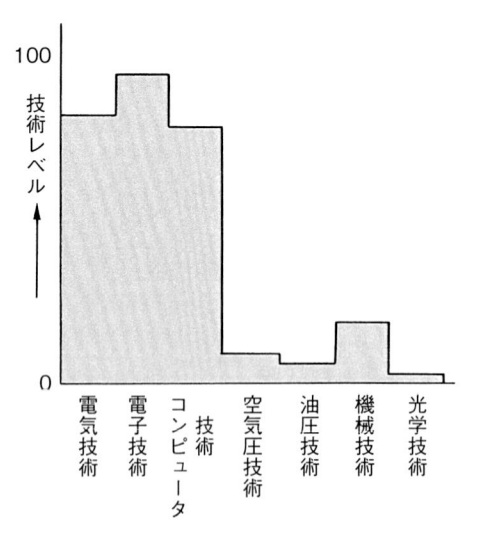

図I.1.1　電子技術者の場合の一例

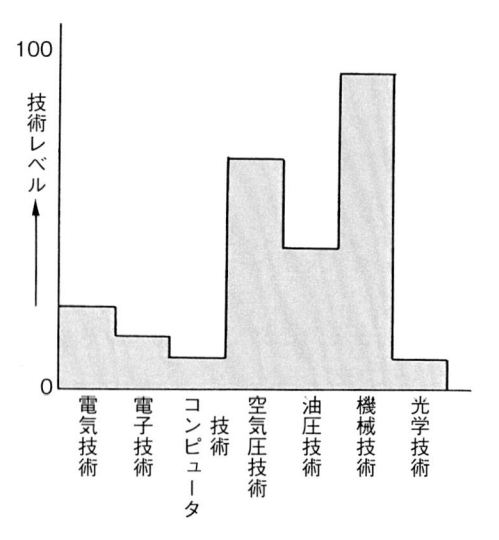

図I.1.2　機械技術者の場合の一例

(2) 総合技術としての自動化

これに対して、自動化技術が総合技術であるということは、例えば油圧シリンダのストロークを機械的に増大し、シリンダ自体の速度制御をサーボバルブを用いて電子制御で行い、その制御のための信号を出力機構部の位置検出用イメージセンサによって得て、これをコンピュータ処理して制御用入力信号にする**図 I.1.3**のようなシステムを考えてみればわかる。このシステムに使用しなければならない技術分野と各分野内におけるレベルは、**図 I.1.4**のように推定しても大きくは違わないであろう。

図 I.1.3 の程度の自動化システムでも、技術分野的には相当広範囲にわたっている。これだけで

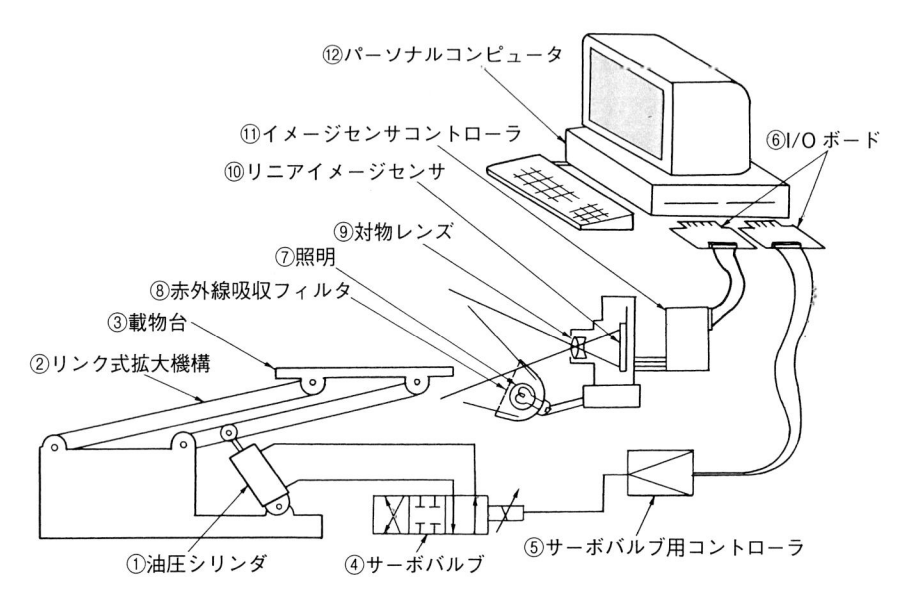

図 I.1.3 油圧リフタ自動化の例

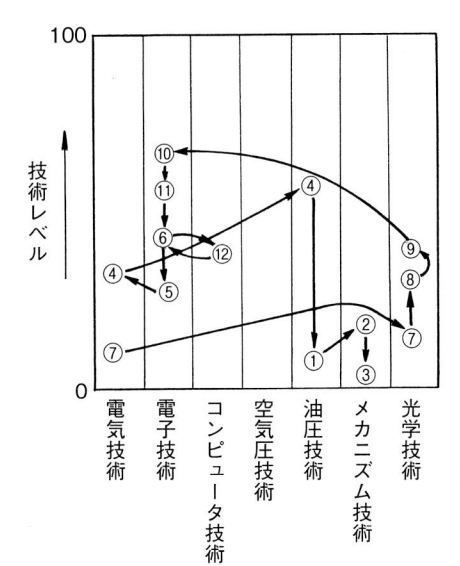

図 I.1.4 油圧リフタ自動化の技術分野例

も図Ⅰ.1.1や図Ⅰ.1.2の程度の「守備範囲」をもつエンジニアではうまく設計できそうもない。

しかも図Ⅰ.1.3のシステムに対し、空気圧駆動のものやモータ駆動のもの、イメージセンサでなく加速度センサを用いたり、エンコーダを用いたりしたものなど、各手段にもいろいろなものがあり、それらすべてを頭において利害得失を考えて、どれか1つのシステムを設計するのが自動化設計の本来の姿であるから、要求される自動化技術者の「守備範囲」はさらに広くなる。

(3) エンジニアの領域拡大

アジア地域向けのエンジニア開発プログラムでは、「自動化技術トレーニングコース」として、図Ⅰ.1.5のような理想的なエンジニアの守備範囲を想定し、これに少しでも近づくようなカリキュラムを設定することが必要となった。そのためには、図Ⅰ.1.1や図Ⅰ.1.2のような比較的狭い領域の専門家の人々を他の領域について再教育しなければならなかった。

本書も、ある意味でこれに近い意図をもって企画した。メカと制御の最適選定を目指すとき、上述のようなことから考えると、機械技術について相当の実力をもった人でも電子技術やコンピュータでは初学者に近い場合、あるいは逆にコンピュータや電子技術のベテランでも油空圧やメカニズムについては初学者に近い場合などもあり得るので、そのような方々にも、本書が何かの役に立つこともあると考えている。

いずれにしても、図Ⅰ.1.5の理想形に少しでも近いエンジニアが増えるよう、空白領域をいくらかでも埋めるために役立つことを期待したい。

(4) 自動化システムの4要素

本書では上述のような「技術分野別」の記事ではなく、自動化システム構築上の「機能要素別」に実例を掲載したところに最大の特徴がある。

すなわち、自動化システムの4要素、
- メカニズム類（M）
- アクチュエータ類（A）
- コントローラ類（C）
- センサ類（S）

を分類基準とし、各類に属するユニットも数多く用意して、これらの任意組み合わせを行うために

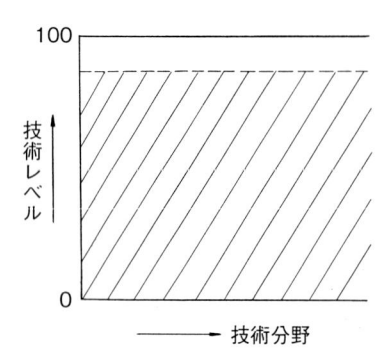

図Ⅰ.1.5
自動化技術エンジニアとしての理想像

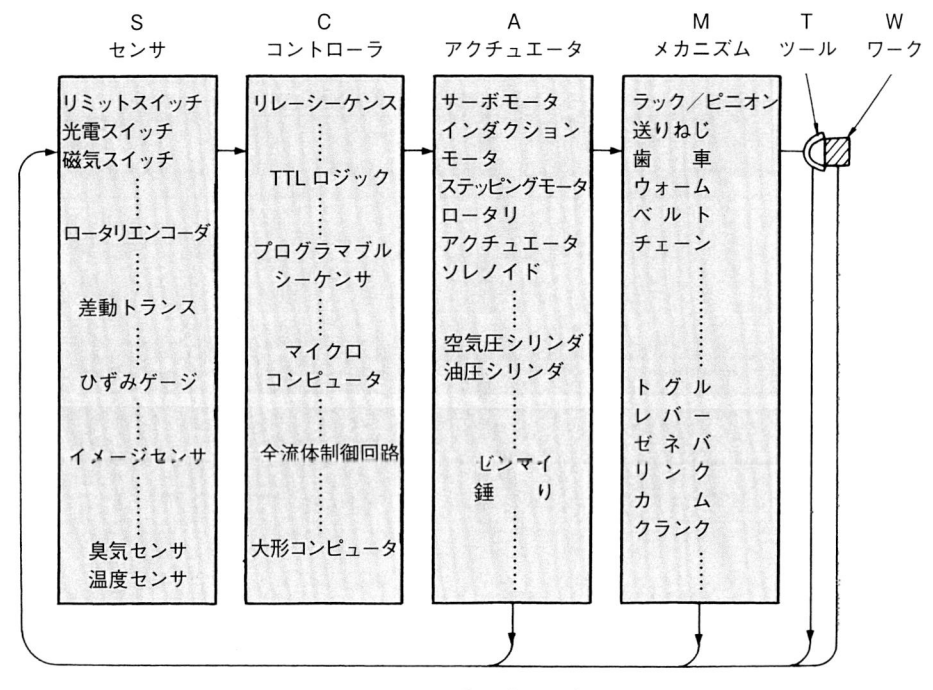

S センサ	C コントローラ	A アクチュエータ	M メカニズム	T ツール	W ワーク
リミットスイッチ 光電スイッチ 磁気スイッチ ⋮ ロータリエンコーダ ⋮ 差動トランス ⋮ ひずみゲージ ⋮ イメージセンサ ⋮ 臭気センサ 温度センサ	リレーシーケンス ⋮ TTLロジック ⋮ プログラマブル シーケンサ ⋮ マイクロ コンピュータ ⋮ 全流体制御回路 ⋮ 大形コンピュータ	サーボモータ インダクション モータ ステッピングモータ ロータリ アクチュエータ ソレノイド ⋮ 空気圧シリンダ 油圧シリンダ ⋮ ゼンマイ 錘　り	ラック／ピニオン 送りねじ 歯　車 ウォーム ベルト チェーン ⋮ トグル レバー ゼネバ リンク カム クランク		

図 I.1.6　自動化の要素

まず実験装置を用意したものである。

　一般の自動化システムの基本構成は**図 I.1.6**に示すように、これら4要素群の中からワークの特性に応じた最適の1セットを選び出して接続した「フィードバック系」が主流である。

　本書では、各要素群の特性解説から組み合わせ事例までを種々分類して掲載したので、自動化設計の参考として活用いただきたい。

(5) 自動化システムの各種と特性

　一般に自動化システムの基本構成を考えるとき、ワークとそれを摑むツールの移動を例にとると、まずそのツールに運動を伝達するメカニズムがあり、そのメカニズムを駆動するアクチュエータ、アクチュエータを制御するコントローラ、さらにコントローラに信号を与えるセンサが必要である。

　例えば、**図 I.1.7 (a)**のようなシステムでみると、ワークを押すためのツールに運動を伝達するのは「クランク・メカニズム」であり、これをドライブするアクチュエータとして「リバーシブル・モータ」、それをコントロールするコントローラとしての「リレー回路」さらに上述のワークの動きにかえてクランクの1回転を検出してコントローラに伝えるセンサとしての「リミットスイッチ」が用いられている。

　これに対して、**図 I.1.8 (a)**のような方法もある。すなわち、メカニズムには「ラック・アンド・ピニオン」、アクチュエータとしては「サーボモータ」、コントローラとして「マイクロコンピュータ」、センサとしてワークを直接検出する「光電スイッチ」を用いたものであり、これは図 I.1.7 (a)のものをメカトロ化したシステムであるといってよい。

　この両者をブロック図で示すと、それぞれ図 I.1.7 (b)、図 I.1.8 (b)のようになり、フィード

I-1 メカニズムの最適選定のために

バック信号のとり方が異なっていることがよくわかる。

　もちろん、この2種類以外にも数多くの方式があることはいうまでもない。問題は、これらのうちどれを採用すべきかということである。いずれも同じようにワークを所定位置まで送るが、これらの間にはいくつかの違いがある。

　それらは、
  a. 速度特性
  b. 位置決め精度
  c. 移動量可変性
  d. 速度特性可変性
  e. 力特性
  f. コスト

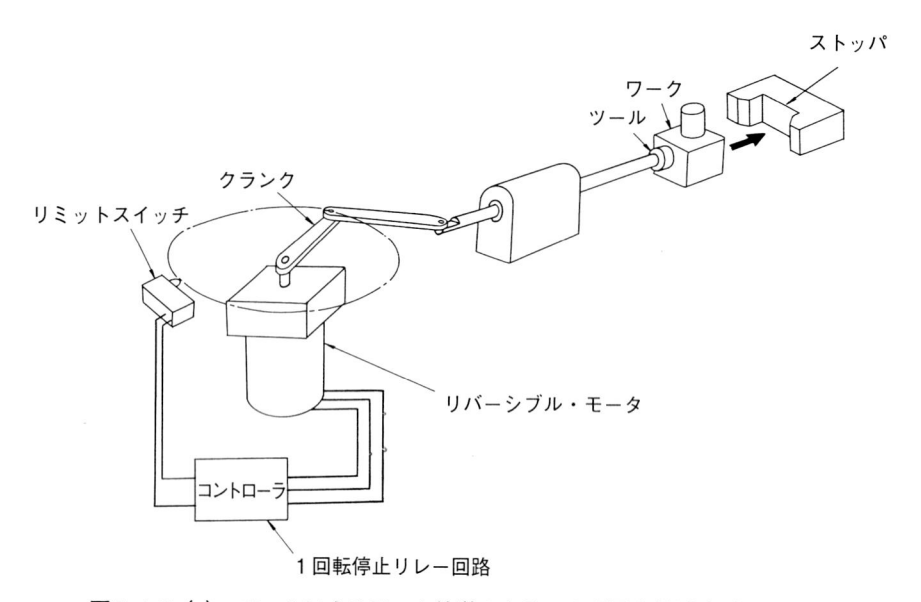

図I.1.7（a）　ツールによるワーク給送のクランク利用末端減速型システム

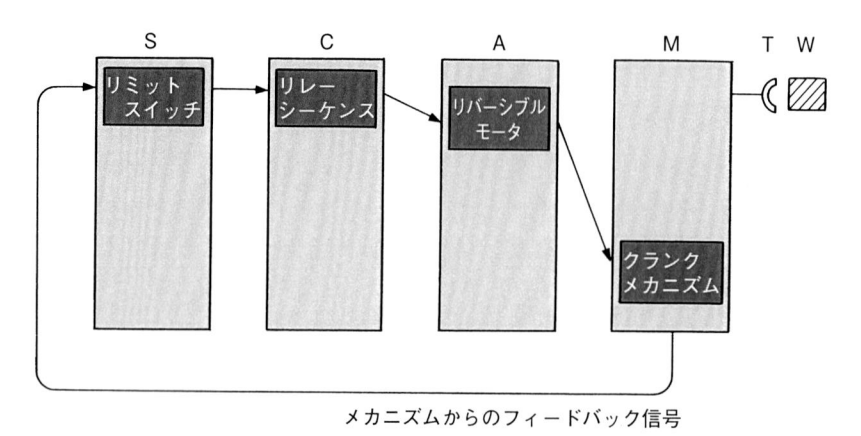

図I.1.7（b）　図I.1.7（a）のブロック図

その他いろいろな項目において、それぞれ違いが出てくる。

これらについて、いちいち解説することは紙面の都合上できないので、ごく一部のみについて、考え方を述べることにする。

(6) 目的に応じたシステム構築

本来、図I.1.7 (a) のクランクメカニズムのもつ速度特性は、**図I.1.9**のようなサインカーブに近いものである。したがって、ワークをストローク終端まで押すのに、一定速度のリバーシブルモータの回転に対して、最初ゆっくり動き出し、途中は速く、最後にまたゆっくりになって、ストローク終端でワークを「静かに」置いてくる形となる。このような速度特性を「末端減速型」という。

これについて図I.1.8 (a) のシステムでは、2通りの考え方がある。1つは、ストロークの長さ

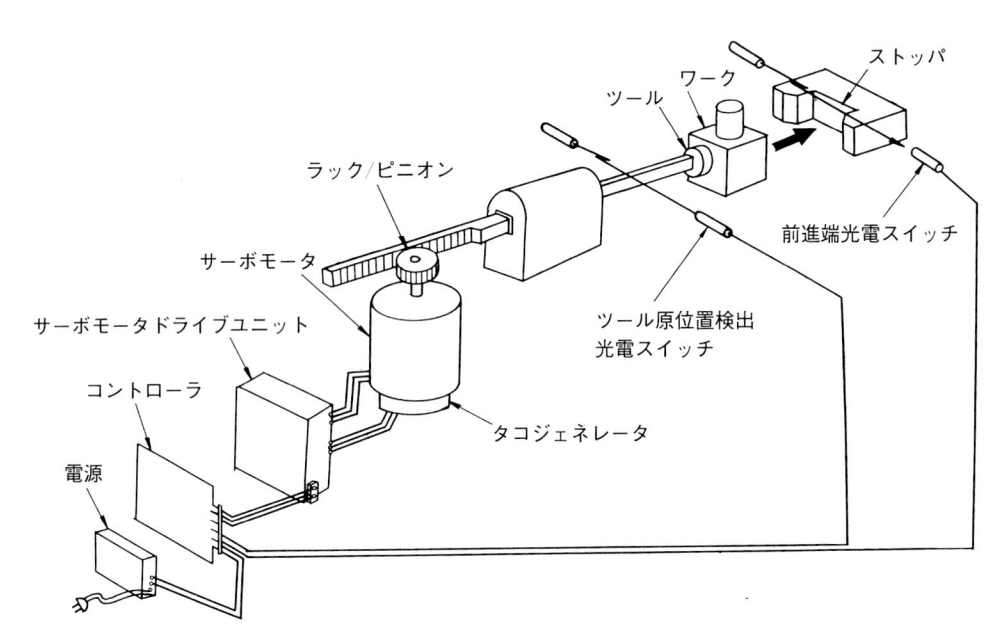

図I.1.8 (a) ツールによるワーク給送のメカトロ化システム

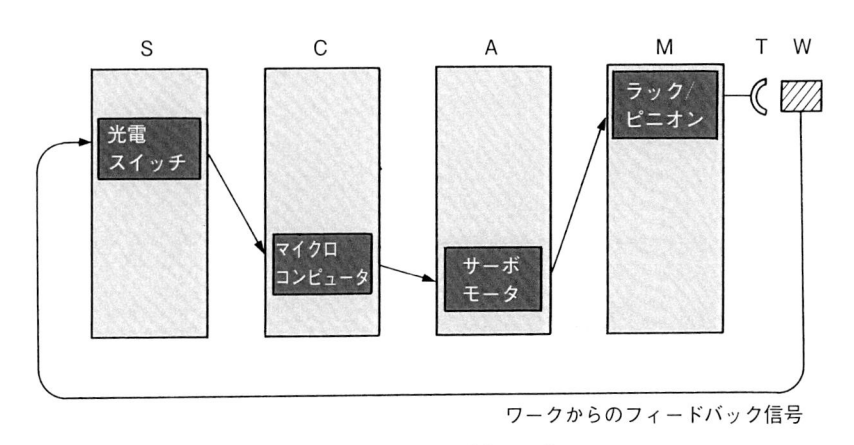

図I.1.8 (b) 図I.1.8 (a) のブロック図

は不明であるが、とにかく光電スイッチが働くまでワークを送る場合、もう1つは、ワークを送るためのストロークの長さがあらかじめわかっている場合である。

前者の条件では、ワークが光電スイッチのところまできたら直ちに止めて、サーボモータを逆転するために、速度は瞬時停止可能な程度の低速の一定速度で動かさなければならず、図I.1.10のような速度特性とならざるを得ない。

これでは遅くて、しかも停止時の加速度もある程度大きく、ワークに与える衝撃もあるので少しもよいところがないように見えるが、必ずしも欠点ばかりではない。

例えば、ワークの寸法が大きかったり小さかったりする場合を考えると、図I.1.7（a）の方では小さいワークのときは壁まで届かないし、大きいワークのときは壁に押しつけすぎてワークを破損するかも知れない。しかし、図I.1.8（a）の方式では、ワークの前端を検出してフィードバック信号としているので、ワークの大きさに関係なく、ワークの前端が所定の位置に来たことを検出してツールを戻すので、ワークの前端の位置は、必ず壁ぎわにピタリと止まることになる。つまり、ワークによって移動量が可変にできるのである。

次に同じサーボモータを使った後者の場合を考えてみると、一応ワークを送るのに必要なストローク長さは、あらかじめわかっているとすれば、速度特性を上手に設定してスタート時も停止時もショックなしでできるよう末端減速型にするとともに、帰りは速くした方がむだ時間が減るので早戻り式の図I.1.11のような速度特性にするなど、自由に設定できる。しかも、必要ストローク長がわかりさえすれば、駆動のソフトウエアの部分修正だけで、自由に移動量の変更ができるなどの利点もある。ソフトウエアで任意の形のカム曲線をつくるのと同じであるから、これを「ソフトウエアカム」と呼ぶ。

ところが、必ずしもよいことづくめではない。まず、目的位置までの距離が未知（数値としてコントローラに入力されていない）の場合には、前例のような均一低速駆動にせざるを得ないこと、および、もしワークを壁に「強い力で押しつけたい」という目的の場合には、クランク機構に比べて1/10以下程度の力しか出すことができないなどの欠点がある。すなわち、力特性の点で、「末端

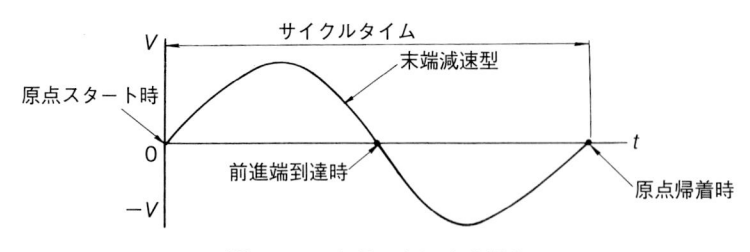

図I.1.9　クランクによる場合

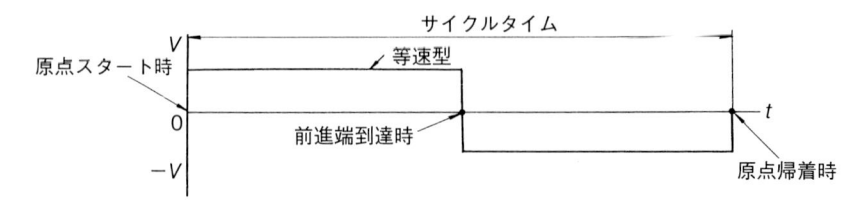

図I.1.10　検出待ちフィードバックによる場合

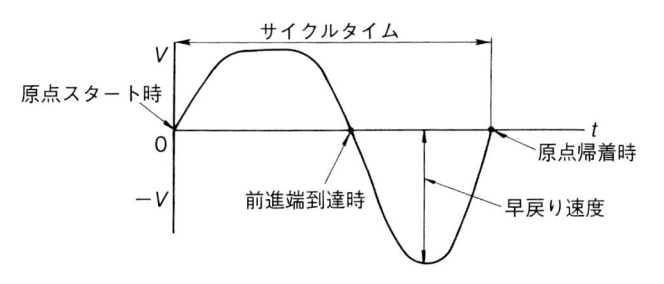

図 I.1.11　予測制御による場合

増力」の特性をもたせるには、クランクやカムなどのような末端減速型メカニズムを用いる方が有効である。

以上の簡単な例からもわかるとおり、自動化システムに用いる手段にはいろいろあり、そのシステムの目的とする特性に対して適切なものを選び出して組み合わせなければならないのである。

(7) モジュール群の組み合わせ実験

自動化システムの基本設計は上述のように、
- メカニズム群
- アクチュエータ群
- コントローラ群
- センサ群

の各要素群の中から、目的とする速度特性などに応じて最適の組み合わせを選び出すことである。

そのためには、これらの4要素のすべてについて、その特性、使い方および他の要素との適正組み合わせなどについて、ひと通りのことは心得ていなければ、最適自動化システムの設計はむずかしい。

このような観点から、本書では上記の4つの手段群のうち、通常よく用いられるいくつかのものを選んで実験装置を実際に製作し、それぞれ単独での特性や使用上の注意点、典型的な組み合わせ使用例と特性などを数多く集めて実験データ曲線とともに供してある。

以下に、これらの特徴を述べる。

① 要素群

本書のために用意した実験装置は、**表I.1.1**、**写真I.1.1**のような数多くの要素ユニットを、モジュールの形として、相互に任意に接続組み合わせができるようにしたものを用いた。

そして、これらのさまざまな組み合わせをできるだけ多く掲載した。もちろん、すべてが完全に自由に組み合わせられるわけではなく、極端な例をあげればモータの駆動にソレノイドバルブを接続することなどは全く不可能であるから、当然これらの組み合わせは常識で意味のある範囲に限定されている。

② 単一モジュールのイラスト

上述のように数多くのモジュールがあるので、まず単一のモジュールの特性と構造をひと通り掲載した。

表 I.1.1　自動化要素のモジュール群

センサ群	メカニズム群	アクチュエータ群	出力インターフェイス群	コントローラ群
リミットスイッチ	ラック＆ピニオン	インダクションモータ（速度制御器付）	インターフェイスユニット	リレー回路1類
光電スイッチ（透過型）＋コントローラ	ワンウェイクラッチ	リバーシブルモータ	ステッピングモータドライブユニット	リレー回路2類
光電スイッチ（反射型）＋コントローラ	ラチェット（ワンウェイ）	ステッピングモータ	サーボモータドライブユニット	リレー回路3類（組込済）
光電スイッチ（ファイバ型）＋コントローラ	クランク	サーボモータ	超音波モータドライブユニット	リレー回路4類（組込済）
ポテンショメータ	送りねじ	超音波モータ	ソレノイドバルブ（シングル）	リレー回路㊙
磁気近接スイッチ	トグル	固定型エアシリンダ	ソレノイドバルブ（ダブル）	シーケンサ
ロータリエンコーダ	レバー/スライダ	クレビス型エアシリンダ	ソレノイドバルブ（クローズドセンタ）	マイコンシステム＋I/Oボード
ロードセル＋コントローラ	ゼネバ	固定型空油変換シリンダ	ソレノイドバルブ（エキゾーストセンタ）	パソコンシステム＋I/Oボード＋A/D変換ボード
オプトチェッカー	平カム	ロータリエアアクチュエータ		
	平歯車（増/減速）			
	ウォームギア			
	インデックス			
	レールガイドテーブル（直進テーブル）			
	ベルトコンベア			
	ロータリテーブル			

直動送りねじ VM140 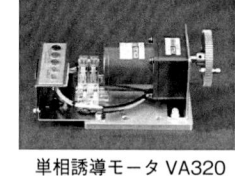　　単相誘導モータ VA320 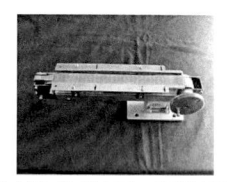　　タイミングベルトコンベア VM320 　　増減速歯車 VM150

回転テーブル VM330 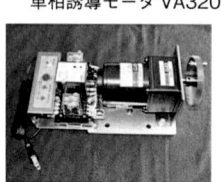　　変速 AC モータ VA310 　　スライドテーブル VM310 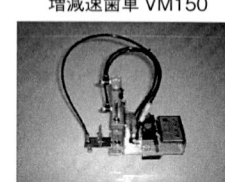　　縦シリンダロボットアーム VR110

ダブルピンゼネバ VM220 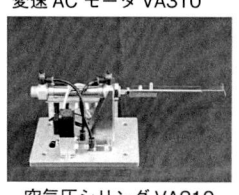　　空気圧シリンダ VA210 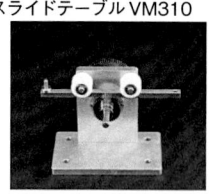　　ラックピニオン VM110 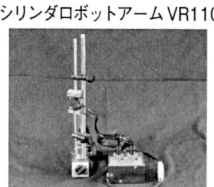　　2Way 光電センサ VS310

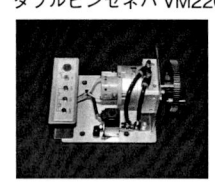

揺動空気圧モータ VA410 　　水平回転型ピック＆プレイス VR180 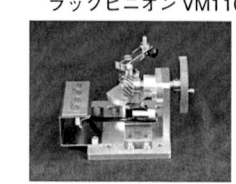　　クランクアーム VM230 　　サーボモータ VA345

写真 I.1.1　実験に使用した MM3000 メカトロニクス技術実習装置の抜粋

　これらのページは初心者のための図解のページとなるように各モジュールの姿を見取図にして示すとともに、その主要構成部品をイラストにして示してある。これらのイラストは、実験装置として現実に構築した部品であるから、寸法表示は入れていないが自動化機構設計に不慣れな方々のた

16

めに設計上の参考として役立つものと思われる。

③ 組み合わせシステムの特性表示

単一のモジュールの内容がわかれば、次はその組み合わせによる自動化の基本システムの構築である。この組み合わせにはきわめて多種多様なものがあるが、今回は比較的常識的な組み合わせを選んだ。ただし、単に組み合わせ例を図示するだけでなく、その出力端の移動を検出して変位特性曲線を併載してあり、さらに必要に応じて速度特性曲線も掲げた。

しかも、これらの特性曲線は、そのほとんどが実験装置を動作させて測った実測値であり、机上の理論値ではないことは、1つのポイントである。

その結果、通常の資料には掲載されていないような、起動部分の微妙な変化などが現れているので、各頁の特性曲線のこまかい変動に注目されたい。

④ 特性曲線の作成

上述の通り、各ページの特性曲線は実測値であるが、このデータは図I.1.12のような装置を用いて収録した。

まず、ポテンショメータの軸に取り付けたローラがメカニズムの出力端（この場合は直進テーブル）の運動によって回転させられる。その結果、ポテンショメータの中央端子の電圧が変化するので、これをA/D変換ボードを介してパソコンに入力する。

A/D変換ボードによって連続的に変化する電圧をデジタルな数値に自動変換するので、パソコンはその各数値をグラフ上の点として認識し、隣同士の点を連結すれば変位特性曲線が得られる。

変位特性曲線だけでは理解しにくいものもあるため、できるだけ速度特性曲線をも表示したが、これは上記の変位特性曲線を計算上微分したものである。

(8) 応用システムへの展開

本書は大きく3編に分かれている。本実験装置では表I.1.1に示すほとんどのモジュールを用意し、さらにワークのハンドリング用のロボット化ユニットやチャック、フィーダなども用意したために、FA実験用のハンドリングシステム、対象物への自動追従実験、さらには力特性などの実験といったものについても掲載した。

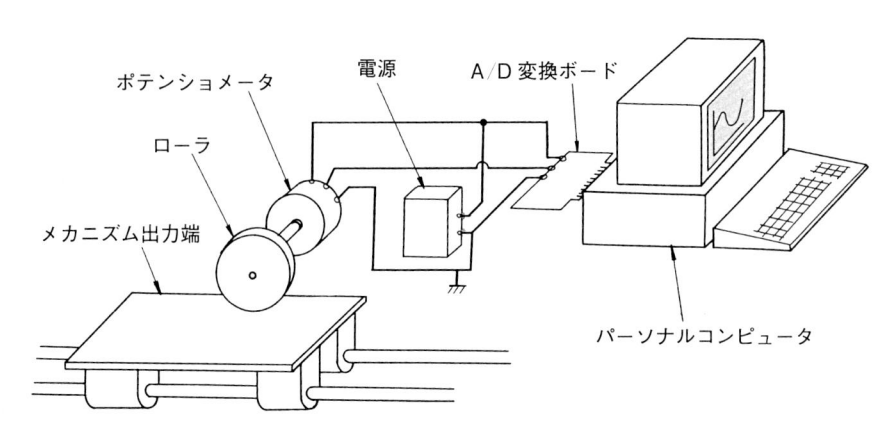

図I.1.12　動作特性の検出システム

I-2 アクチュエータ〔A〕

A-1	固定式エアシリンダ
特　徴	運 動 変 換：空気圧→(バルブ)→直進往復運動 速 度 特 性：空気圧絞り弁によるスピードコントロール 力　特　性：圧力とピストンの受圧面積による ストローク：限定直進

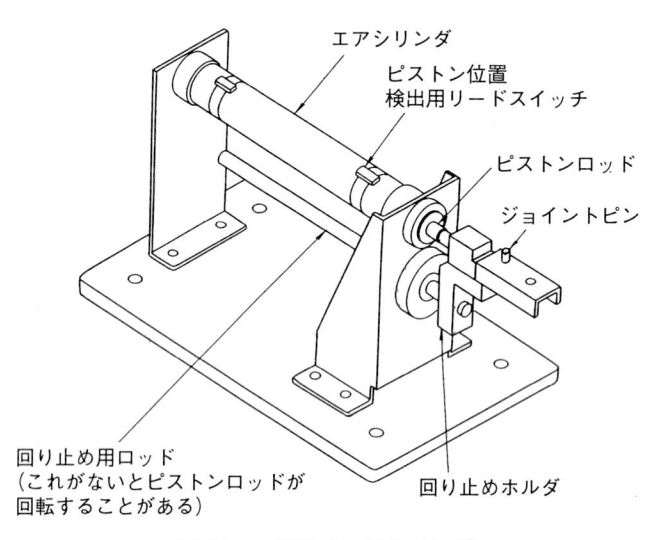

図 A1.1　固定式エアシリンダ

（1）　固定式エアシリンダ

①　固定式エアシリンダの構造

　固定式エアシリンダは図 A1.1 のような構成になっていて、空気圧でピストンを動かすため、シリンダの前後から圧力のかかった空気を出し入れできるようになっている。

　このようにピストンの前進と後退の両方を空気圧で行うものを複動型と呼んでいる。

　これに対し、シリンダの中にスプリングを入れて、スプリングの力で元に戻すようになっているシリンダをスプリングバックの単動型と呼んでいる。単動型はピストンの前進は空気圧で行うが、戻りは空気圧を使わずにスプリングで行われる。

　スプリングの分だけ前進の推力は下がることになる。

空気圧シリンダ

0.5 MPa

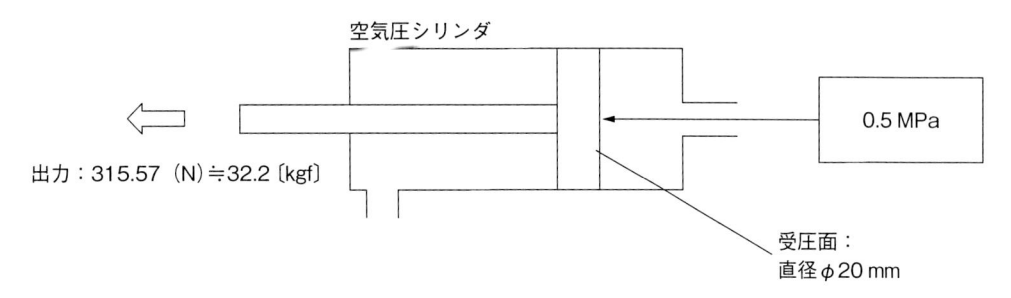

出力：315.57〔N〕≒32.2〔kgf〕

受圧面：直径φ20 mm

図A1.2　シリンダにかかる圧力と力

② 固定式エアシリンダの出力

エアシリンダの出力は、ピストンの受圧面積に空気圧力をかけたものになる。

出力＝圧力×面積で、圧力か受圧面積を大きくしていくと、大きな出力を得ることができる。空気圧は高圧になると爆発の危険性があるので一般的には1 MPa（約10.2 kg/cm^2）以下の圧力で使用されることが多い。

例えば、**図A1.2**のように、空気圧力が0.5 MPaで、シリンダの内径がφ20 mmとすると、1 kgf＝9.8 Nとして、出力は次のように計算できる。

3.14×10^2〔mm^2〕×0.5〔MPa〕＝315.57〔N〕

315.57〔N〕÷9.8〔kgf/N〕≒32.2〔kgf〕

理想的にはこれだけの推力を得られることになるが、実際には圧力が一時的に下がることや摩擦などを考慮して、70％程度の推力でも動作するような使い方をする。

特にピストンがストロークエンドで停止しているときには摩擦が大きく、受圧面積も減少しているので、力を出しにくいので注意する。また、片ロッドのシリンダの場合、ピストンを押し出すときよりも引き込むときの方がロッドの面積分だけ受圧面積が減るので力が弱くなる。

圧力と力の単位の換算を**表A1.1**に示す。

③ 固定式エアシリンダの速度調節

図A1.3に空気圧シリンダの構造を示す。

表A1.1　圧力と力の単位系

物理量	単位の換算	説　明
圧力〔P〕	1 N/m^2＝1 Pa、 1 N/cm^2＝0.01 MPa 1 N/mm^2＝1 MPa	SI単位系では、単位面積1 m^{2}に1〔N〕の力が作用しているときの圧力を1〔Pa〕と呼ぶ。Paはパスカルと読む。
力〔F〕	1 kgf＝9.8 N	1〔N〕は質量1 kgの物体を加速度1 m/s^{2}で動かすときの力である。Nはニュートンと読む。 1〔N〕＝1〔kg·m/s^2〕 重力単位系の場合は質量に重力加速度g＝9.8〔m/s^2〕を乗じた単位を用いる。 1〔kgf〕＝1〔kg〕×g〔m/s^2〕＝9.8〔kg·m/s^2〕＝9.8〔N〕
圧力単位の換算	1 kgf/m^2＝9.8 Pa 1 kgf/cm^2＝0.098 MPa	特に厳密でない場合は、1〔kgf/cm^2〕≒0.1〔MPa〕として簡易的に換算することがある。

■ 固定式エアシリンダ

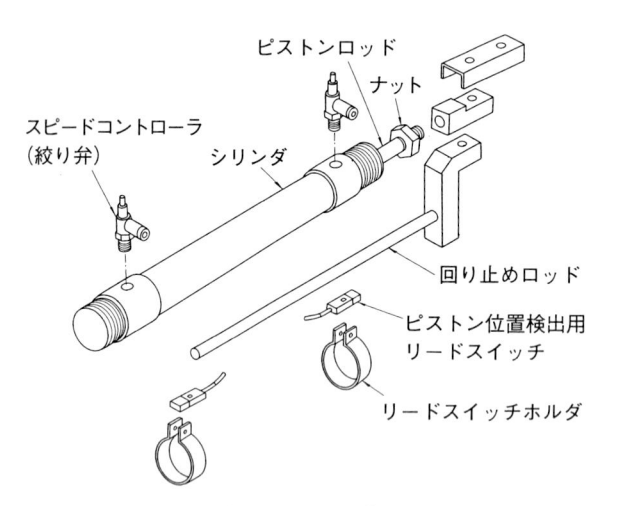

図A1.3　固定式エアシリンダユニットの構造

　ピストンの移動速度を調節するには、空気の出口側にスピードコントローラと呼ばれる絞り弁をつけて流出量を調整する方法が一般的である。このように流出量を制御するために使う絞り弁をアウト絞り弁と呼んでいる。逆に流入量を制御する絞り弁をイン絞り弁と呼んでいる。
　この図A1.3のようにアウト絞り弁をシリンダの両側の空気圧ポートにつけた場合、空気圧を加えるポートには空気圧源の圧力がかかるようにすると、反対の空気圧ポートから空気が抜けた分だけピストンが移動することになる。したがって、進行方向にあるアウト絞り弁を絞ると、その方向に移動する速度が遅くなる。
　もし、ピストンの前側に圧力がかかっておらず1気圧（大気圧）になっているときに、後ろから5気圧の圧力がかかると、ピストンは一気に全長の4/5も前進することになるので注意する。

④　固定式エアシリンダの位置検出

　エアシリンダにはピストンの位置を検出するためにリードスイッチが付けられるようになっているものを選択できる。一般的には、移動するピストンにマグネットが埋め込まれていて、その磁力でシリンダの表面に取り付けたリードスイッチのオンオフを行う。

⑤　絞り弁による空気流量の制御

　図A1.4に絞り弁のJIS記号を示す。絞り弁はOUT側からIN側に流れるときも、IN側から

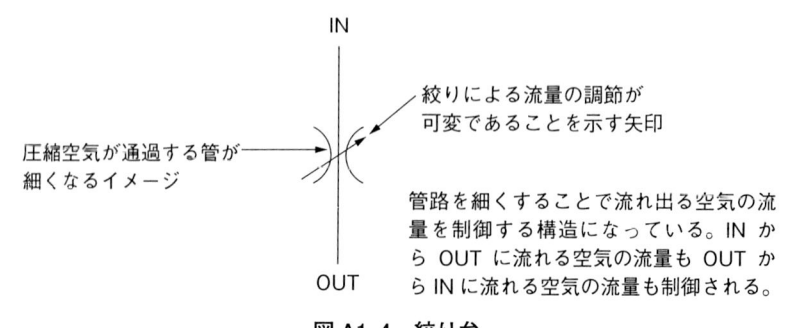

図A1.4　絞り弁

図 A1.5　一方向絞り弁

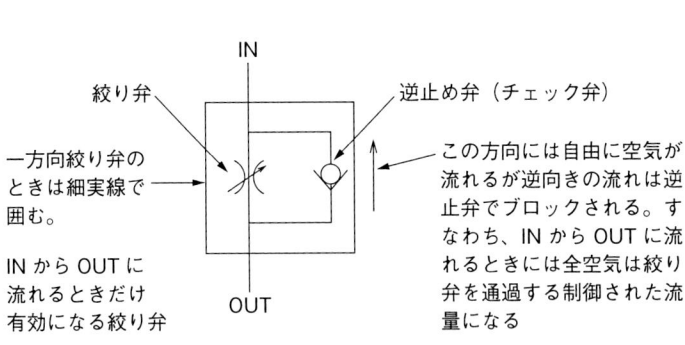

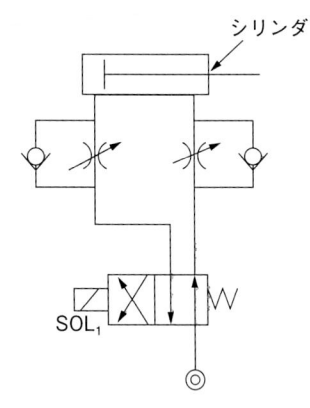

図 A1.6　Out絞りによる
シリンダの速度
制御

OUT側に流れるときも空気の流量が制限される。

図 A1.5 は一方向絞り弁の記号で、IN側からOUT側に流れるときには逆止め弁が閉じて空気を通さないので空気は絞り弁を通過して流量が制限される。逆にOUT側からIN側に流れるときには、逆止め弁が開放してそこから空気が流れるので絞り弁の効果はなくなる。

図 A1.6 のように絞り弁をつけると、ピストンが動作したときにシリンダから放出される空気量が制限されて絞り具合によってピストンの速度制御ができるようになる。

(2) 固定式エアシリンダの応用例
〔ロータリテーブルの往復駆動〕

図 A1.7 は、ラック＆ピニオンを使って空気圧シリンダの前進後退により、ロータリテーブルを往復運動させる機構である。

ラックの直線運動の動作がそのままピニオンを介してロータリテーブルを回転するので、エアシ

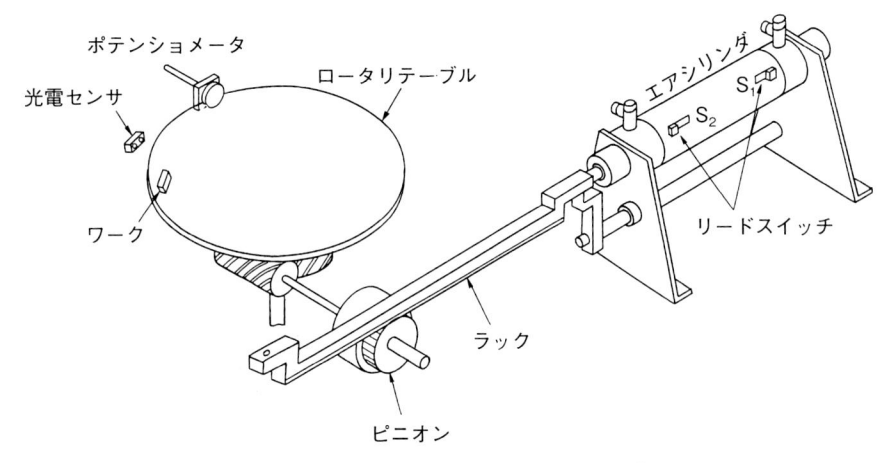

図 A1.7　ラック＆ピニオンのエアシリンダ駆動
（ロータリテーブルの揺動往復運動出力）

■ 固定式エアシリンダ

リンダの運動特性がそのままロータリテーブルに現れることになる。

　この機構を実際に駆動してみると、ロータリテーブルの慣性と、摩擦、ラック＆ピニオンの歯車のガタなどの影響で、安定したスムーズな動作にすることはそれほど簡単ではない。

　たとえば、シングルソレノイドバルブを使って駆動したときのロータリテーブルの運動特性をとってみると、図A1.8のように、なかなか一定速度で動作しにくい。

　さらにシリンダのストロークエンドでは大きな慣性をもつロータリテーブルが瞬時に停止することになるので衝撃も大きくなる。このような衝撃を吸収するショックアブソーバなどが必要になる場合もある。

　また、エアシリンダの速度を下げると空気には圧縮性があるために、駆動系の摩擦と慣性などによって図A1.9のように停止と前進を繰り返す、スティックスリップという現象を起こすようになる。

　空気圧シリンダを低速で動作させると、ゆっくりと空気がシリンダ内に入ってくることになる。もともとピストンロッドが止まっていたとすると、ある程度空気がたまってピストンロッドが静止しているときの摩擦力より空気圧による力が勝ったときにピストンロッドは前進するが、動き出すと動摩擦に変わるので、必要以上にピストンロッドは飛び出して、また停止するという動作を繰り返すことになる。これをスティックスリップ現象という。

　図A1.10はエキゾーストセンターバルブで往復駆動したときの動作特性の結果である。

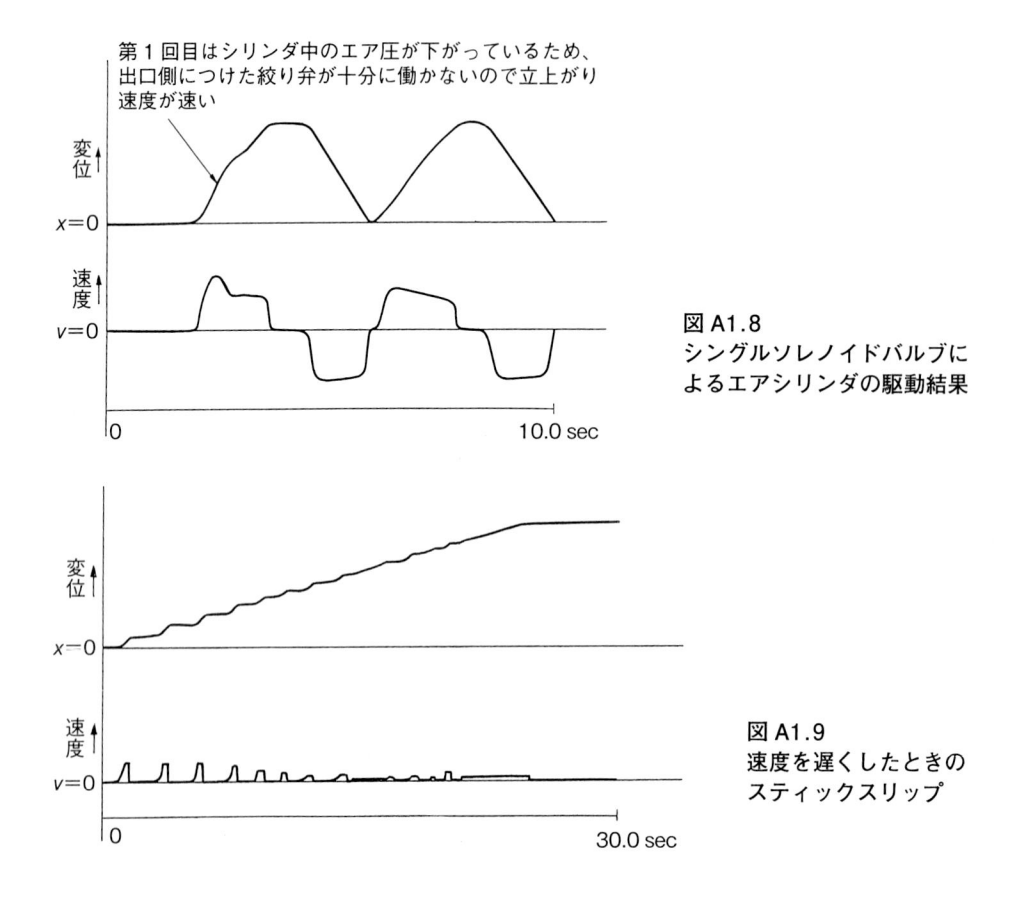

図A1.8
シングルソレノイドバルブによるエアシリンダの駆動結果

図A1.9
速度を遅くしたときのスティックスリップ

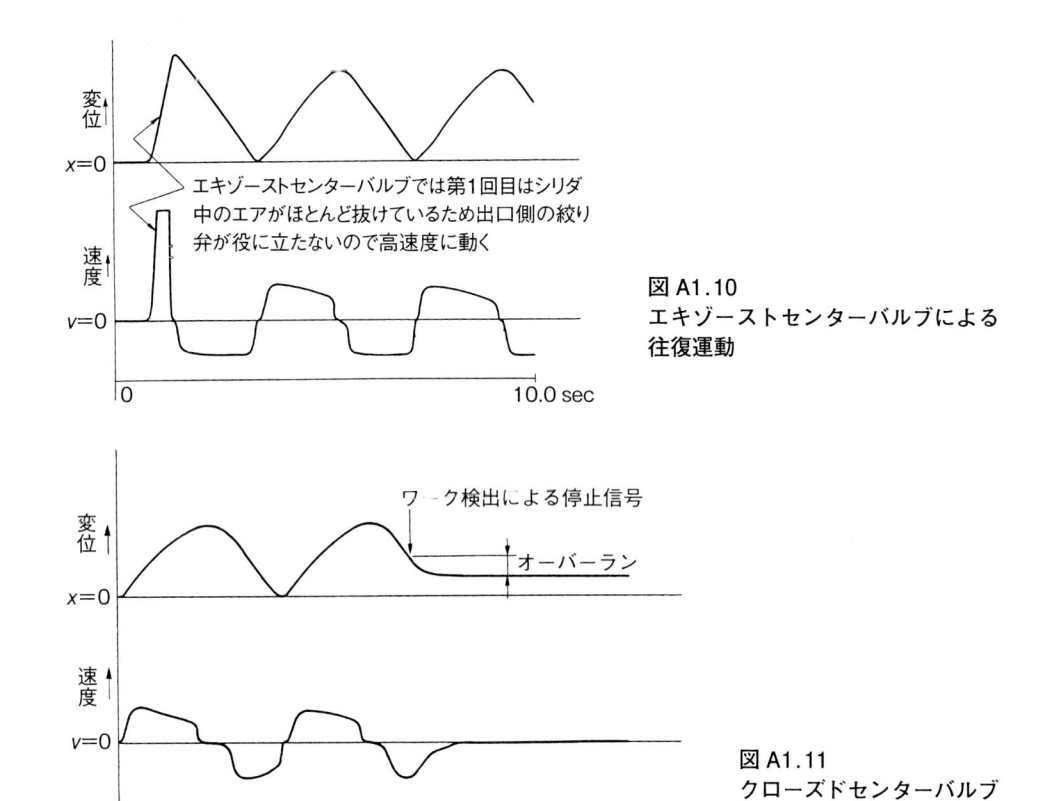

図A1.10
エキゾーストセンターバルブによる
往復運動

(グラフ中注記: エキゾーストセンターバルブでは第1回目はシリダ中のエアがほとんど抜けているため出口側の絞り弁が役に立たないので高速度に動く)

図A1.11
クローズドセンターバルブ

(グラフ中注記: ワーク検出による停止信号／オーバーラン)

　バルブがセンター位置にあるときから、シリンダを前進させる方向にバルブを切り替えたときには図A1.10の一番左の立ち上がりの速度特性のように、急激に速度が上がるので注意する。

　図A1.11はクローズドセンターバルブを使って2回ほど往復運転をしたのちにバルブを中間位置にして、空気の流れを止めてストローク半ばでピストンを停止しようとしたものである。変位特性に書かれた場所で停止信号を受けてすぐにバルブを中間のクローズドセンターの位置にした。しかし、その位置ですぐには停止できずにかなりオーバーランしていることがわかる。このオーバーランの度合いは、ピストンの移動速度、慣性エネルギー、空気圧源の圧力などの要素によって変化する。また、ストロークエンドで停止しているわけではないので、毎回安定して同じ位置で停止することは期待できない。

　クローズドセンターバルブの中間位置で空気の流れを止めても、空気は徐々に漏れて行くので、時間が経過するにつれて停止位置や停止トルクが変化するので注意する。

A-2	クレビス型エアシリンダ
特徴	運動変換：空気圧→(バルブ)→直進往復運動 速度特性：空気圧絞り弁によるスピードコントロール 力　特性：圧力とピストンの受圧面積による ストローク：限定直進

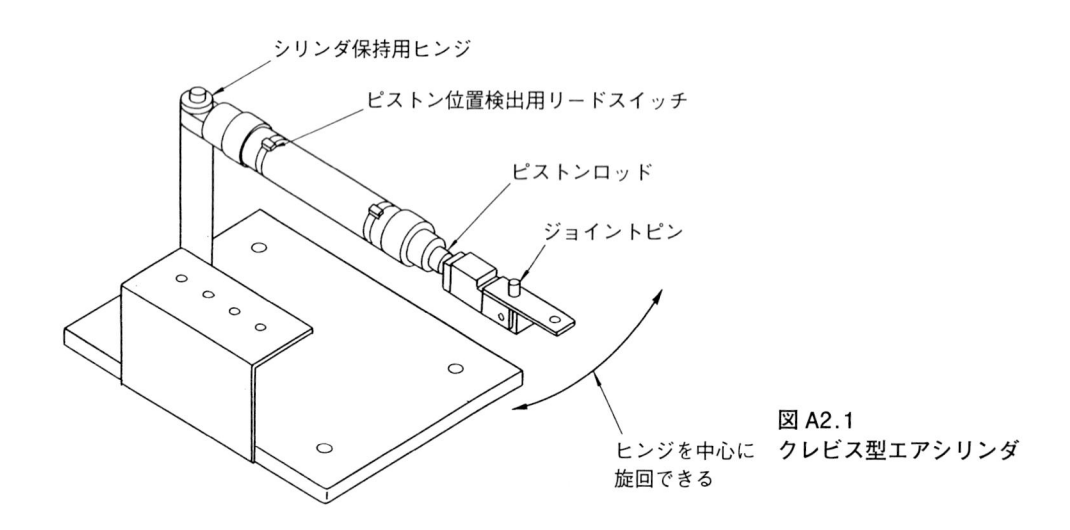

図 A2.1　クレビス型エアシリンダ
ヒンジを中心に旋回できる

(1) クレビス型エアシリンダ

① クレビス型エアシリンダの構造

クレビス型エアシリンダ（**図 A2.1**）の空気圧シリンダとしての構造は A-1 固定式空気圧シリン

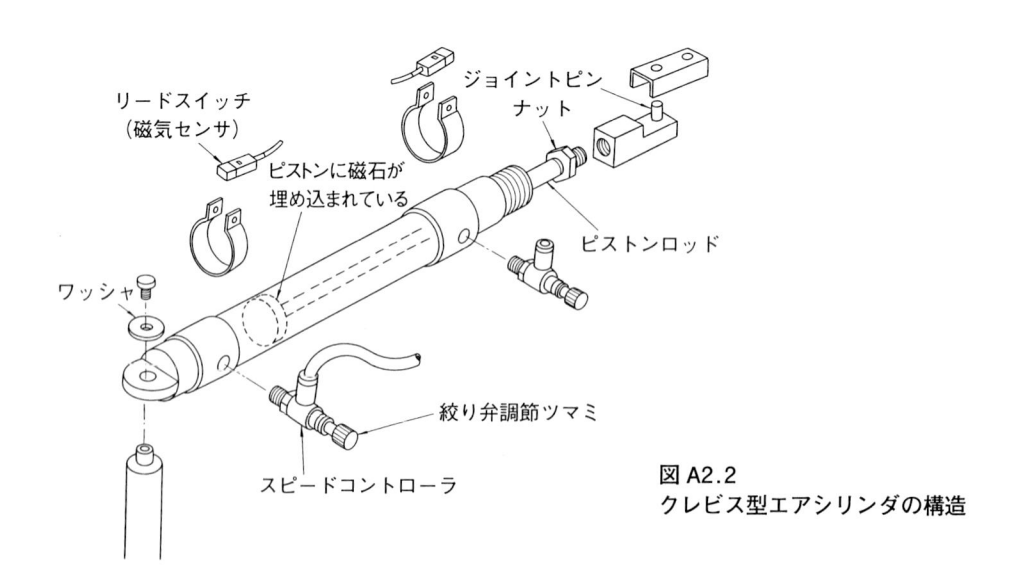

図 A2.2　クレビス型エアシリンダの構造

ダと同じであるが、図 A2.2 のようにシリンダの後ろ端にヒンジがあり、回転可能な取り付けができる構造となっていて、シリンダの「首振り」が可能にしてある。シリンダの中間位置にヒンジピンを立てて首振りができるようにしたトラニオン型と呼ばれるものもある。

シリンダの出力の計算の仕方は固定式空気圧シリンダと同じである。

クレビス型エアシリンダは運動方向が変化するような負荷に対して、これに追従して出力方向を変えながら駆動する場合に使用する。一般にシリンダは直角方向の力（ピストンロッドに掛かる横荷重）に対しての耐久性が乏しく、ロッドの芯と同じ方向の力だけに限定しないとシリンダの寿命を縮めることになる。クレビス型は首を振ることで負荷に追従するように使用するが、首を振るときの摩擦力などは横荷重の原因になる。クレビス型を使うときでもあまり大きな横荷重が発生しないように注意が必要である。

(2) クレビス型エアシリンダの応用例
〔クレビス型エアシリンダによるトグル機構の駆動〕

図 A2.3 のように、クレビス型エアシリンダにてトグルを駆動させ、直進テーブルに出力する。クレビス型エアシリンダが接続しているトグル機構の第1アームは円軌跡を描くが、クレビス型エアシリンダも後ろ側のヒンジを中心に自由に回転してトグル機構の動作に追従する。

図 A2.4 は、クレビス型エアシリンダのリードスイッチ S_1 をスタート点、S_2 を往端として往復させる制御回路にて連続運転したときの直進テーブルの動作特性である。往端のセンサは、トグルがちょうど伸びきった位置でオンするようにセットするのがよい。

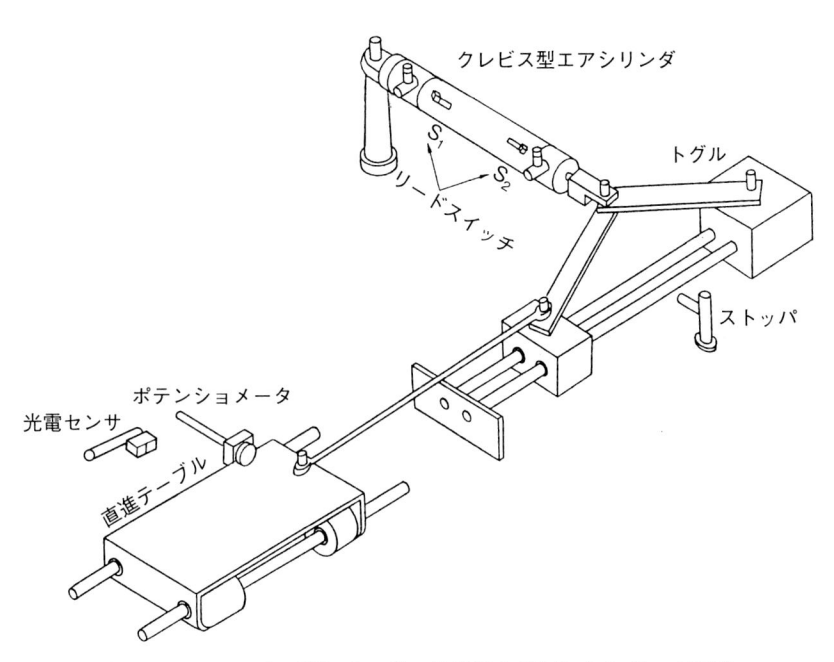

図 A2.3　クレビス型シリンダの首振りを利用したトグルの駆動

■ クレビス型エアシリンダ

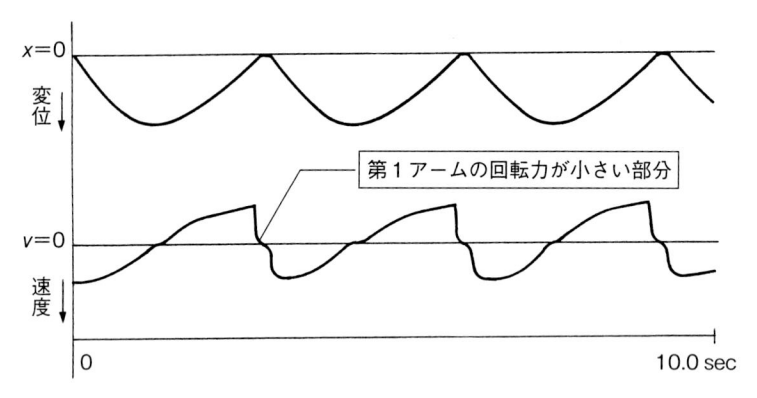

図 A2.4　直進テーブルの動作特性

　図 A2.5 のようにトグル機構とクレビス型エアシリンダを配置してピストンを引き込む運動を考える。図の上のようにトグル機構が伸びているときには負荷ブロックに対して大きな力がでることになる。図の下のような姿勢ではトグルを動作させる力はかなり弱くなる。
　クレビス型シリンダの力の分力 F_2 は、第 1 アームの固定端を引っ張るので無効成分になる。有効成分 F_1 はトグルの第 1 アームの回転接線方向の力になるので、F_1 は第 1 アームの回転力に相当する。

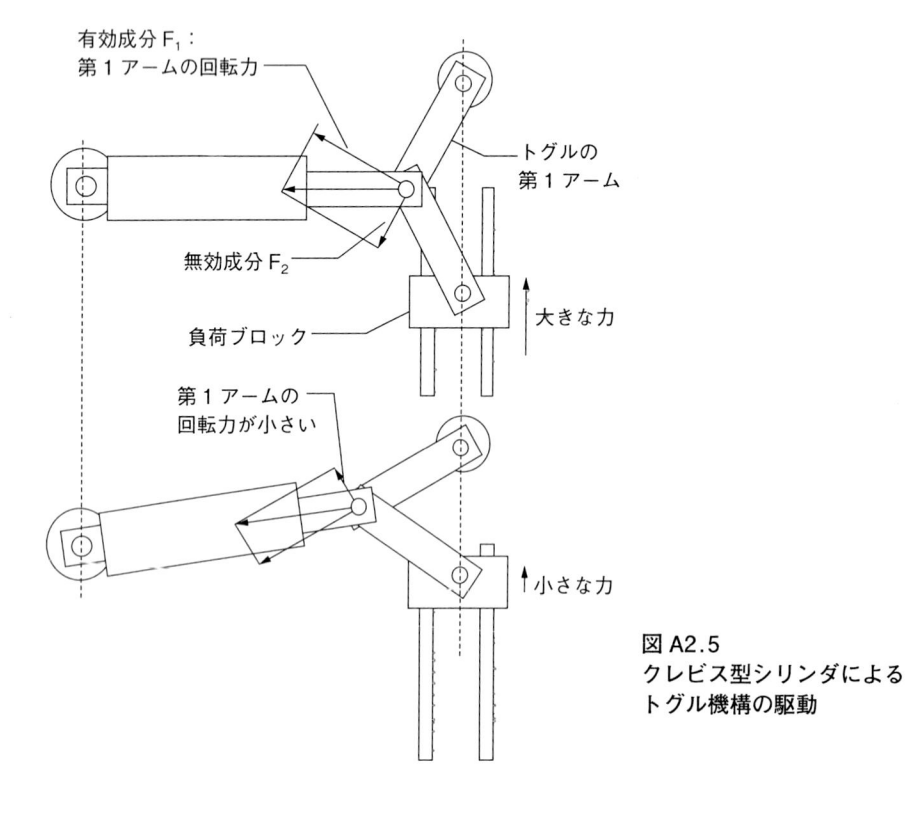

図 A2.5
クレビス型シリンダによる
トグル機構の駆動

そこで、**図A2.6**のようにクレビス型シリンダの取付位置を変更してみる。すると先ほどのトグルの姿勢と同じ角度でありながら、負荷ブロックを動かす力は大きくなる。

　このようにクレビス型シリンダを使った設計では負荷を移動するのに必要なストロークだけでなく、取付位置による力の方向を考慮しないとうまく動作しないことがあるので注意する。

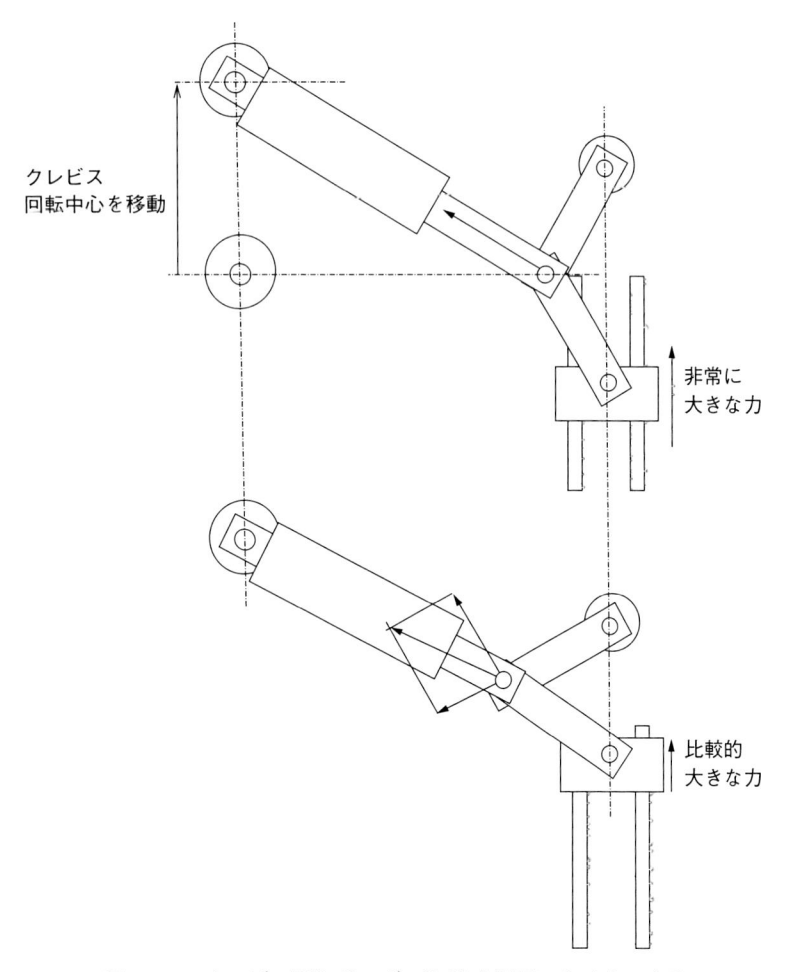

図A2.6　クレビス型シリンダの取付け位置による力の変化

A-3 ロータリエアアクチュエータ

特徴
- 運動変換：空気圧→(バルブ)→限定回転往復運動
- 速度特性：空気圧絞り弁によるスピードコントロール
- 力 特 性：圧力と受圧面積による
- 移動角度：限定回転

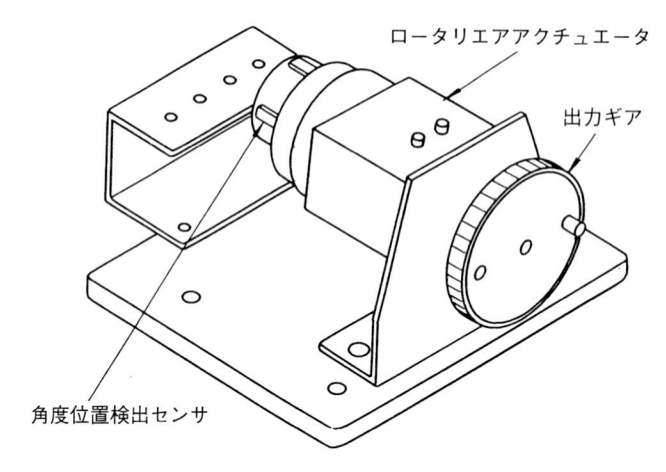

図 A3.1 ロータリエアアクチュエータ

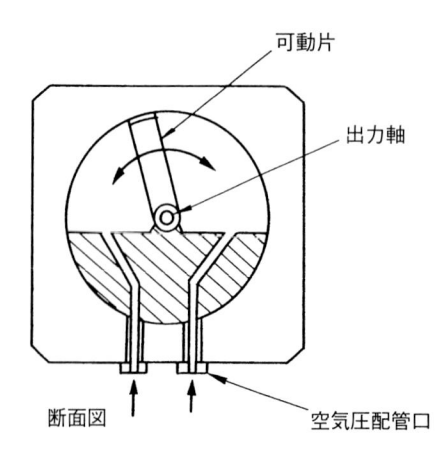

(1) ロータリエアアクチュエータの構造

図 A3.1 のロータリエアアクチュエータでは、出力軸を回転する方向に運動するようになっている。ちょうど、押し開きのドアを押すとヒンジを中心にして回転するように、空気圧でドアを押して回転出力を得るようにしたものが、ベーン型のロータリエアアクチュエータである。

ベーン型のロータリエアアクチュエータの構造は図 A3.2 のようになっていて、ベーン（可動片）が空気圧の流入によって回転し、出力軸を駆動する。この図のものは 180°回転するものであるが、

図 A3.2 ベーン型ロータリエアアクチュエータの構造

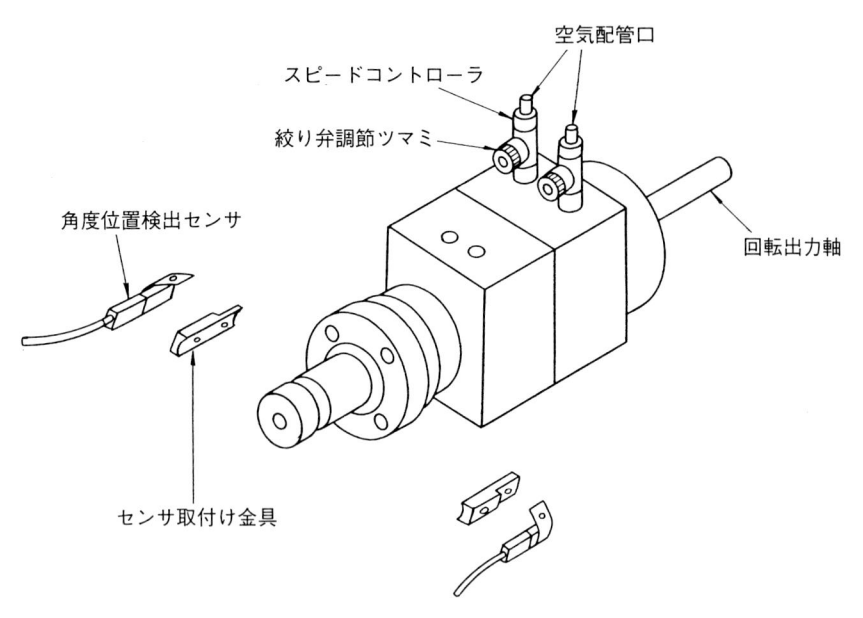

図 A3.3　ロータリエアアクチュエータの部品構成

270°や90°のものもある。あるいは、ストッパを設けてその位置を調節して無段階に回転角を設定できるようにしたものもある。

　このベーンの枚数によって、1枚のものはシングルベーン、2枚のものはダブルベーンと呼ばれる。シングルベーンのものは軸に対して偏心荷重（不均等な荷重）がかかるので注意する。

　ダブルベーンにすると、出力軸に2つのベーンが対象につくので、偏心荷重は解消されるが、移動できる角度が小さくなる。

　図 A3.3 にはロータリエアアクチュエータの部品構成を示す。出力軸の位置を知るために角度位置検出センサがついている。

(2) ラック&ピニオン型ロータリエアアクチュエータ

図 A3.4 はラック＆ピニオン型のロータリエアアクチュエータである。
　ラックと兼用になっているピストンが直線方向に動いて、ピニオン（小歯車）が回転駆動されて、

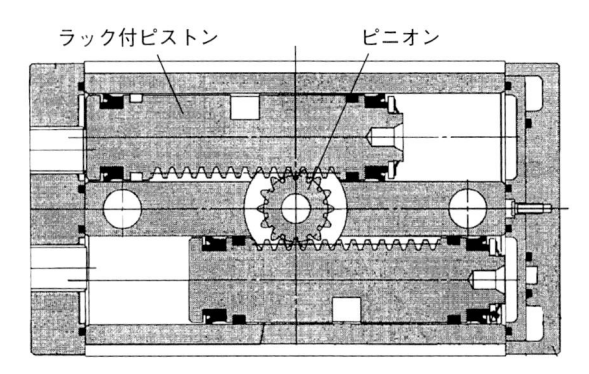

図 A3.4　ラックピニオン型のロータリエアアクチュエータの構造
（SMC製ロータリエアアクチュエータのカタログより抜粋）

■ロータリエアアクチュエータ

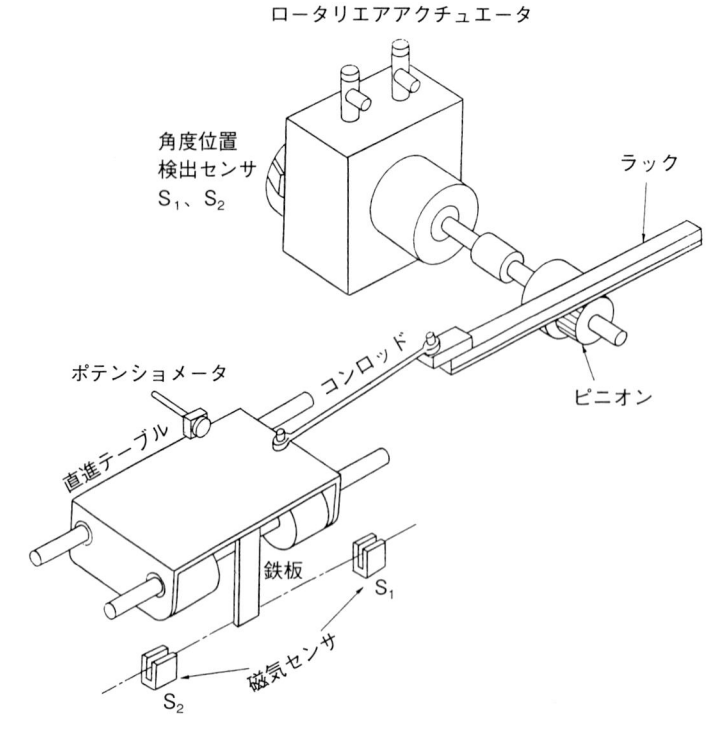

図A3.5 ラック＆ピニオンのロータリエアアクチュエータ駆動

ピニオンについている出力軸が回転する。
　ラック（ピストン）の移動量によって、ピニオンは360°を超えて回転することもできる。
　ストッパなどによって、ラックの動きを制限することで、回転量を調整できる。

(3) ロータリエアアクチュエータ応用例1
〔ラック＆ピニオンのロータリエアアクチュエータ駆動〕

　図A3.5のようにロータリエアアクチュエータでラック＆ピニオンを駆動し、直進テーブルに出力させる。
　図A3.6の運動特性は、ロータリエアアクチュエータの角度位置センサS_1、S_2を角度180°に設定して、S_1、S_2間を往復させる回路で連続運転させたときの、直進テーブルの動きを計測したものである。往復の絞り弁によって、復路行程を速くして実験した。
　ラック＆ピニオンは均等変換機構であるので、ロータリエアアクチュエータの特性がそのまま直進テーブルの動きとして現れる。

(4) ロータリエアアクチュエータ応用例2
〔平カムのロータリエアアクチュエータ駆動〕

　図A3.7は平カムをロータリエアアクチュエータの揺動出力にて回転駆動するものである。ロータリエアアクチュエータの最大回転角を180°として、回転軸を直交変換している歯車で1/2に減速

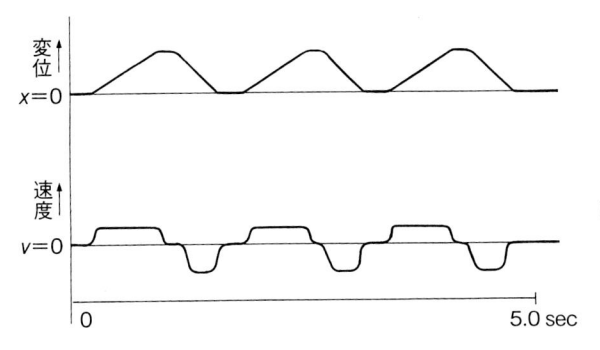

図 A3.6 ラック＆ピニオンのロータリエアアクチュエータ駆動の運動特性

されていると、平カムは 90°回転する。

　図のように、平カムの出力にてワンウェイラチェットを作動させると、カム曲線による間欠回転出力が得られ、コンベアを間欠駆動する。平カムがカムフォロワを押すときの強い力でコンベアを回転駆動するようにする。戻るときはラチェットが空回りして軽くなるので、このときにカムのレバーが戻るようにしておく。平カムのレバーが戻るときにはスプリングの力だけに頼るので力が弱い。

　図 A3.8は制御にロータリエアアクチュエータの後部に装着されている角度位置検出センサ S_1、S_2 を用い、S_1 を往端、S_2 を複端として1往復させたときの運動特性である。

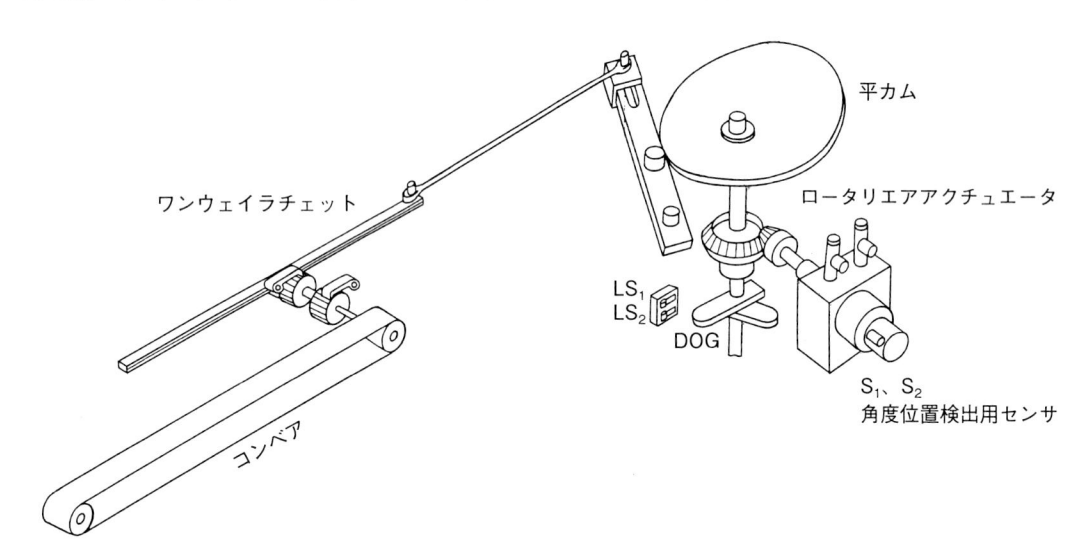

図 A3.7　平カムのロータリエアアクチュエータ駆動

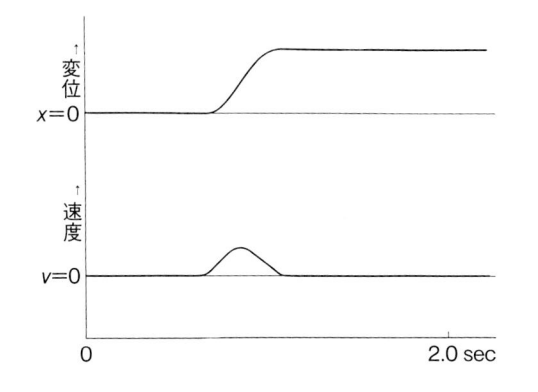

図 A3.8 ベルトコンベアの運動特性

A-4　空油圧変換シリンダ

特　徴
- 運動変換：空気圧→（バルブ）→油圧直進往復運動
- 速度特性：油圧絞り弁によるスピードコントロール
- 中間停止：ストップ弁による中間停止
- 力 特 性：圧力とピストン受圧面積による
- 運動特性：往復直進運動

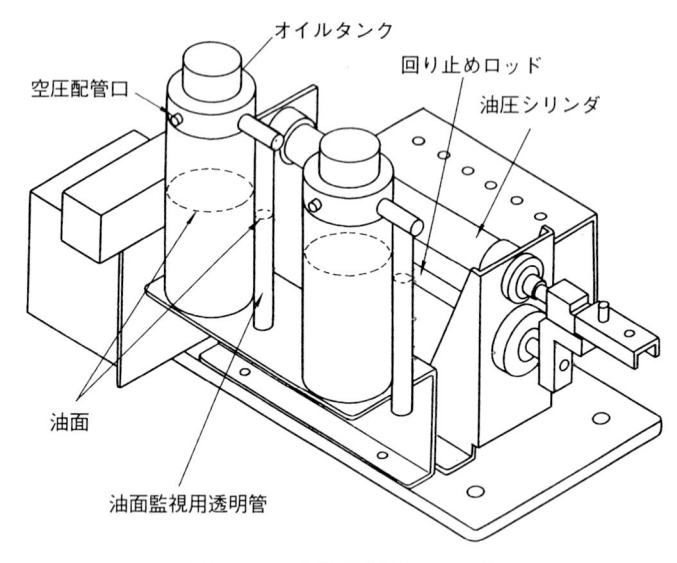

図 A4.1　空油圧変換シリンダ

（1）　空油圧変換シリンダの構造

　図 A4.1 の空油圧変換シリンダは、空気圧シリンダと基本は同じであるが、シリンダ内部に作動油を用いているので油圧の特性を示す。空油圧変換シリンダはシリンダのほかに2個のオイルタンクが設置され、そのオイルタンクの上部の空間に空気圧を入れて油圧を発生させる。タンクにかかる空気圧を空気圧バルブで切り替え得ると、シリンダに入る油の向きが変わってピストンが前後に動作する。

　一般に油圧は空気圧よりもはるかに高い圧力で用いるが、この空油変換では空気圧と同じ圧力を与えるため、シリンダ出力もほとんどエアシリンダと同じに考えられる。

　空油変換を利用する目的は、空気の圧縮性がシリンダの動特性にとって好ましく働かない場合、油の非圧縮性を利用してシリンダの動作を制御するためである。

　構造は図 A4.2 のようになっていて、速度調整用の絞り弁と油圧回路を遮断して瞬時に停止するための遮断弁（ストップ弁）は油圧回路の中に設けてある。

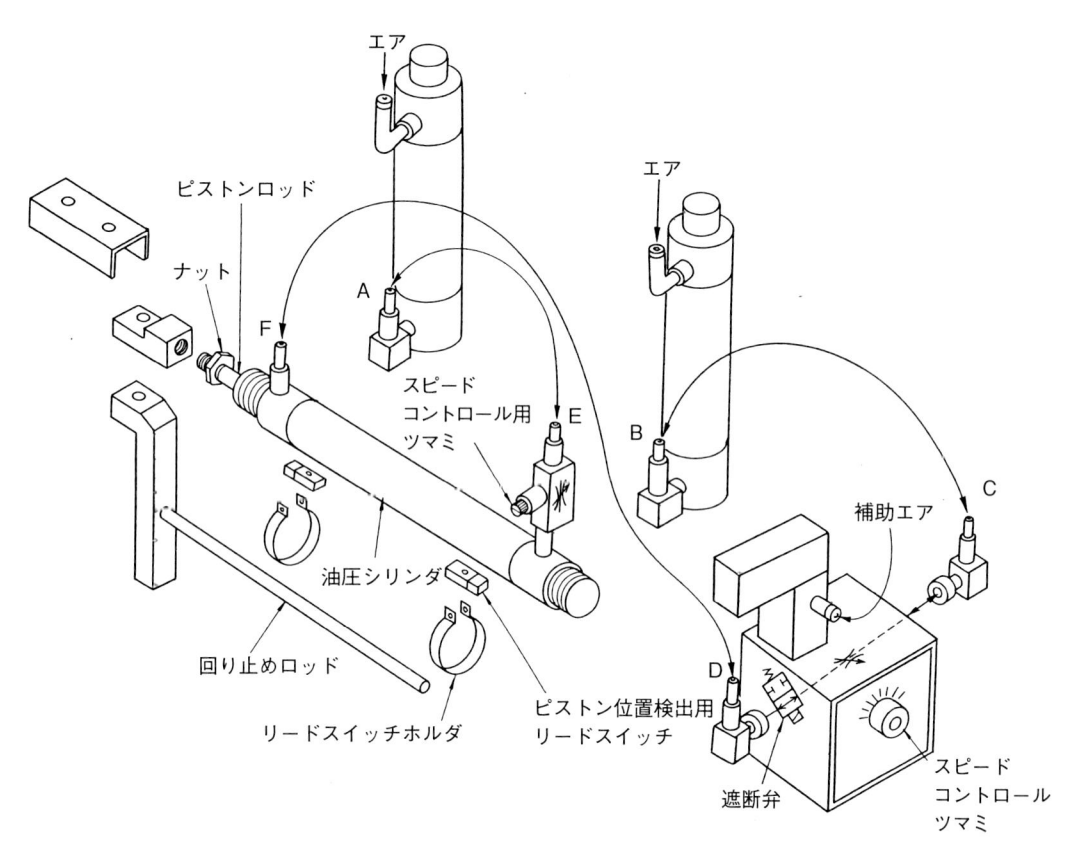

図A4.2　空油圧変換シリンダの構造

(2) 空油圧変換シリンダ応用例
〔空油圧変換シリンダによるロータリテーブル駆動〕

　図A4.3のような装置を作り、オイルタンク内の空気圧をソレノイドバルブで制御して、シリンダのリードスイッチS_1、S_2の間で往復駆動させた。

　慣性の大きいロータリテーブルの駆動実験であるが、図A4.4のダブルソレノイドバルブ、図A4.5のシングルソレノイドバルブの実験にあるように、全般的に安定した一定速度の運動特性が得られていることがわかる。

　2往復目が始まったところでバルブの電源を落とすと、ダブルソレノイドバルブはそのままのバルブの位置を維持するので、シリンダは往端で停止する。シングルソレノイドバルブは電源が切れるとスプリングでバルブが元の位置に戻るので、シリンダは後退して停止する。

　エキゾーストセンターバルブの場合には、図A4.6のように空気圧が供給されなくなるので、油の流れがとまったところで停止する。この場合外部から力が加わるとシリンダは動いてしまう。また、慣性や速度が大きいとオーバーランが大きくなる。

　図A4.7はストップ弁によってシリンダが移動中に油圧回路を直接遮断したもので、瞬時にシリンダが停止してロックされるので、きわめて正確に中間停止ができる。

■ 空油圧変換シリンダ

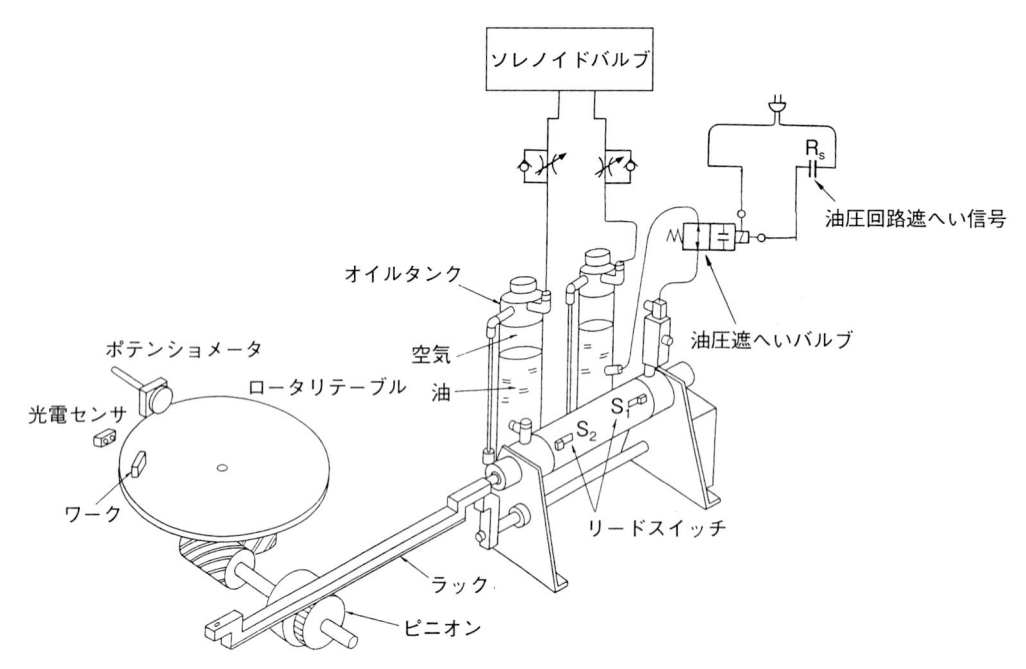

図 A4.3 空油圧変換シリンダによるロータリテーブル駆動

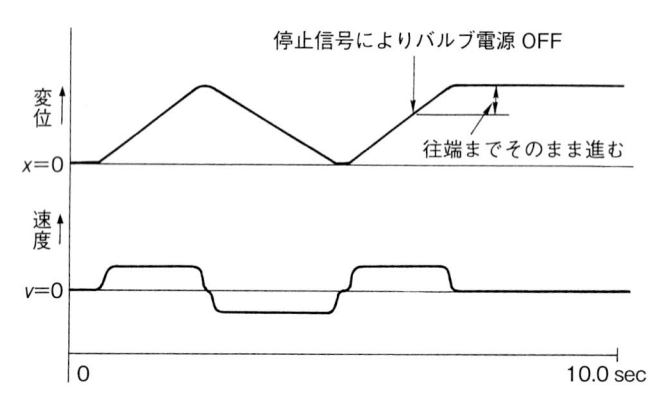

図 A4.4 ダブルソレノイドバルブによる動作特性

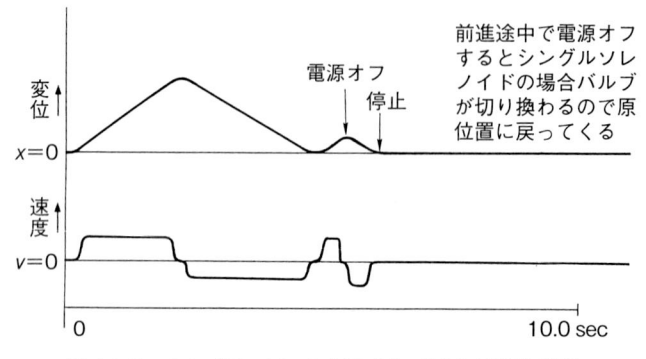

図 A4.5 シングルソレノイドバルブによる動作特性

一方、油圧系の特徴として駆動媒体である油が非圧縮性の液体なので、空気の場合に起こしたような低速域におけるスティックスリップのような現象は低減される。

　図 A4.8 は油圧シリンダを絞り弁を絞って超低速で動かしたものであるが、スムースな一定速度出力が得られていることがわかる。

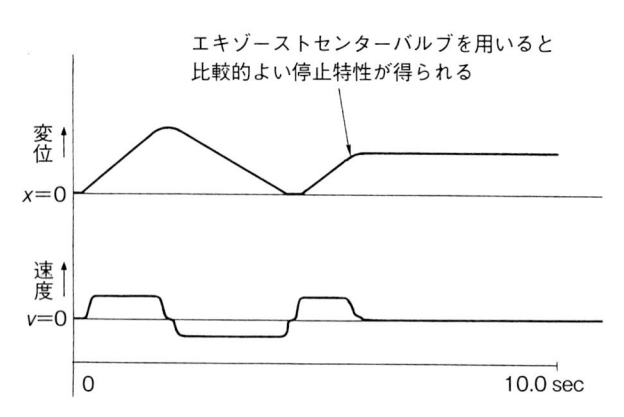

図 A4.6　エキゾーストセンターバルブによる中間停止特性

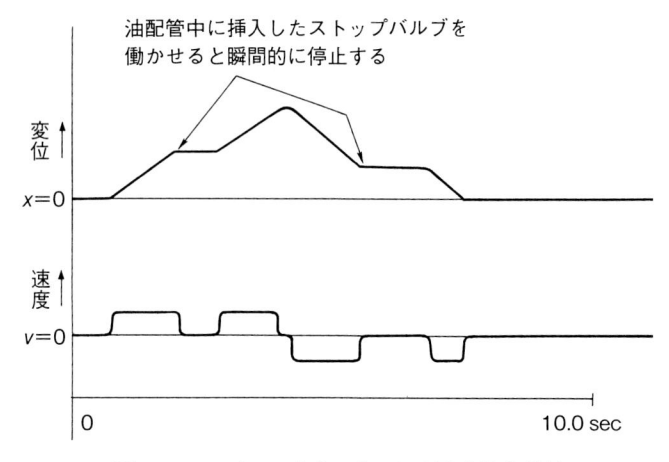

図 A4.7　ストップバルブによる瞬時停止特性

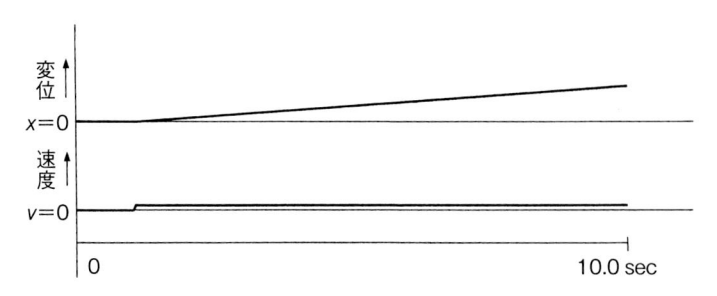

図 A4.8　空油変換シリンダによる超低速特性
（1 mm/sec 程度の超低速でもスティックスリップは起こさない）

A-5	リバーシブルモータ
特 徴	モータ種類：単相誘導モータ 運動変換：電気（AC 100 V）→回転出力 速度特性：電源周波数による一定速回転 力 特 性：モータトルク特性と減速機による増力 回転方向：CW、CCW

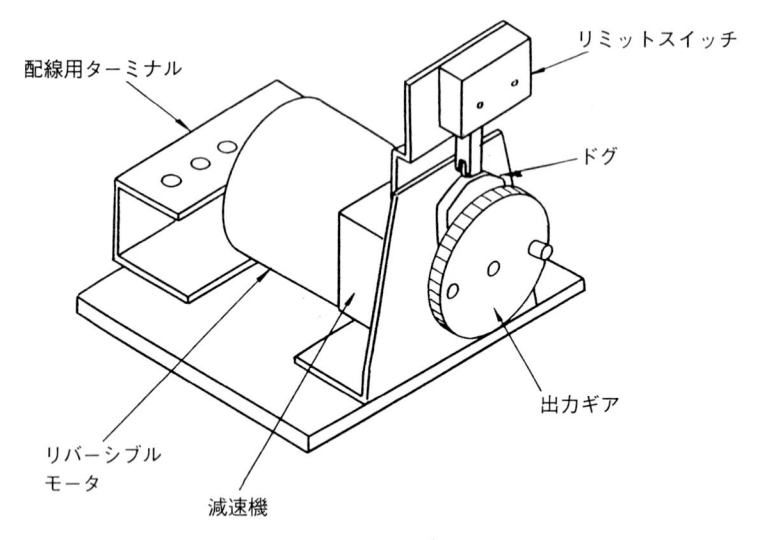

図 A5.1　リバーシブルモータ

（1） リバーシブルモータの構造

　図 A5.1 のリバーシブルモータは単相誘導モータ（シングルフェイズインダクションモータ）であるが、瞬時に正転と逆転を切り替えられるように改良が加えてあるので、この名前がついている。内容的には停止特性を改善するために摩擦ブレーキを内蔵していることと、起動トルクを大きくとってあること、一般のインダクションモータでの主コイルと補助コイルの関係を、両者を同じにすることで逆転切り替え回路が簡略化されていることがあげられる。

　すなわち、図 A5.2 のようにコンデンサのいずれの端かに電源をつなぐことによって、正転と逆転の切り替えが容易にできるようになっている。

　摩擦ブレーキを内蔵しているため、長時間連続運転するとモータ温度が上昇しすぎることがある。それぞれのモータに 30 分定格といった連続運転の限界があるので注意する。

　リバーシブルモータの構造は図 A5.3 のようになっていて、インダクションモータのヘッドに減速機がついた形になっている。減速機の減速比は例えば、1/3 から 1/1500 程度までさまざまなものが用意されているので用途によって選択する。

　定格回転数が 1500 rpm であるとすると、1/3 減速で 500 rpm 程度、1/1500 減速で 1 rpm 程度ということになる。実際の回転速度は理論値よりも若干遅くなる。一般に減速比が大きいと出力トル

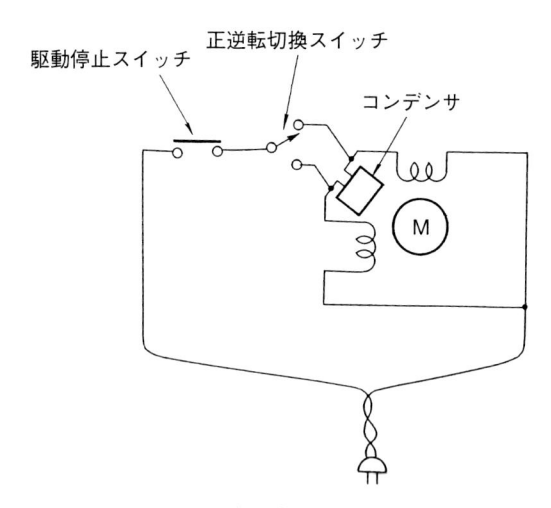

図 A5.2　正転逆転の切り替え回路

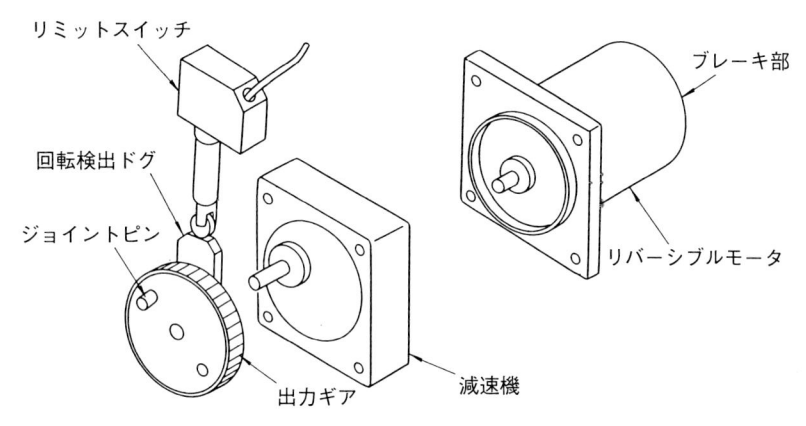

図 A5.3　リバーシブルモータの部品構成

クは大きくなるが歯車効率によってある程度以上になると高減速してもトルクがそれほど大きくならない場合もある。

(2) リバーシブルモータの動特性

リバーシブルモータの停止特性を調べる実験を行う。

図 A5.4 のようにベルトコンベアをリバーシブルモータで回転して、ベルトにつけた黒色のテープを反射型光電センサが検出したらリバーシブルモータの電源をオフにして停止する。

そのときのベルトコンベアの動作特性をポテンショメータで検出してグラフにする。

リバーシブルモータには 1/30 の減速機が付けられている。

実験結果は、毎秒 130 mm の速度で走行中に光電センサが反応して停止命令が入ったとき、図 A5.5 に示すように約 12 mm のオーバーランが記録された。

この停止特性を改善するには、減速比を大きくしてモータの出力速度を遅くするか、負荷の慣性を小さくするか、ブレーキパックと呼ばれる電子回路を追加することによって瞬時停止をかける方法がある。

■ リバーシブルモータ

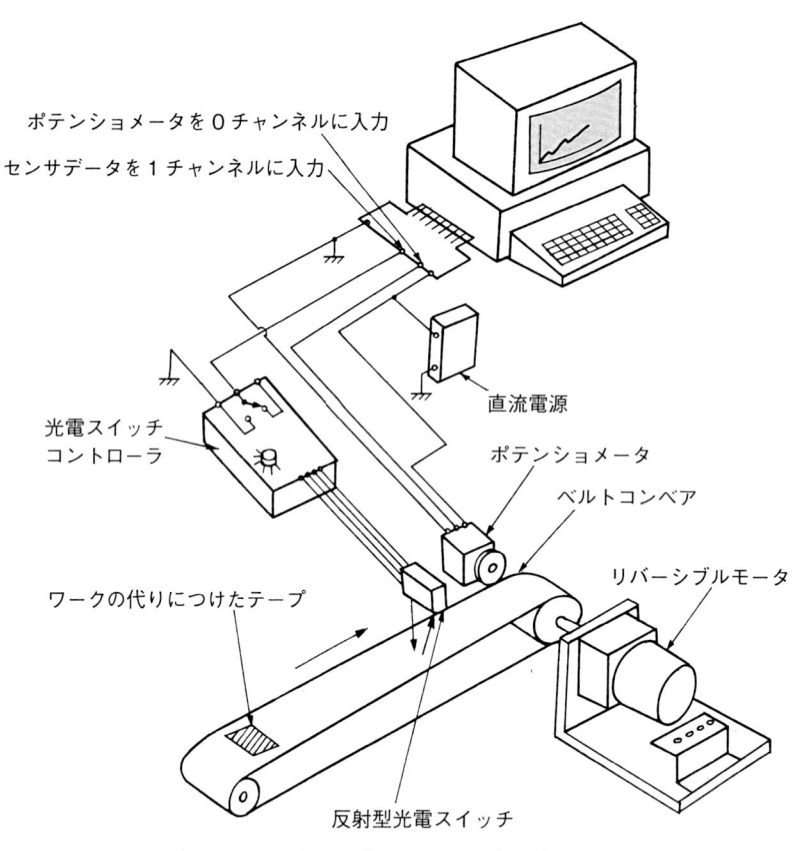

図 A5.4　リバーシブルモータの停止特性実験

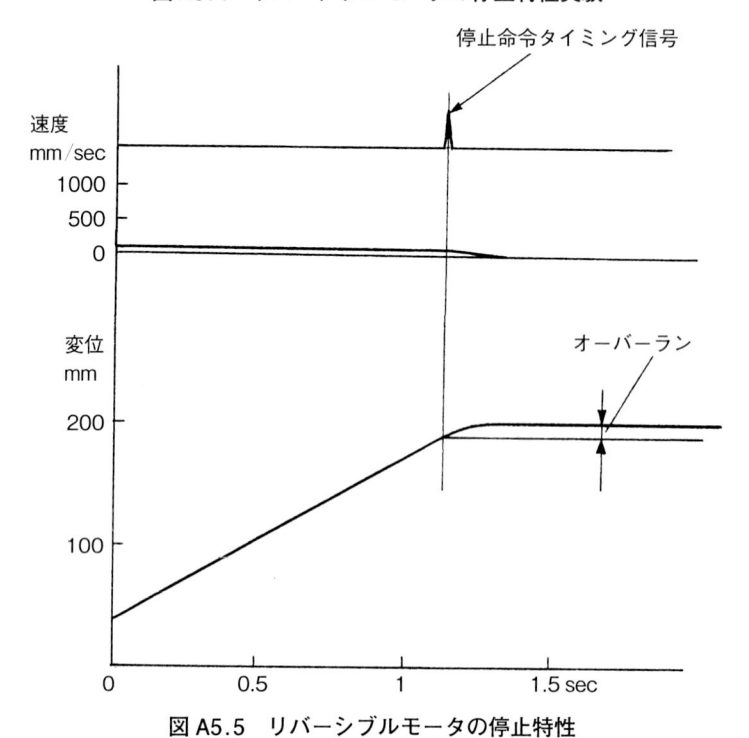

図 A5.5　リバーシブルモータの停止特性

A-6 スピードコントロールモータ

特徴	
モータ種類	単相誘導モータ
運動変換	電気（AC 100 V）→回転出力
速度制御	PWM方式速度制御ユニット
力特性	モータトルク特性、減速機、速度制御ユニットの電子制御による
フィードバック	タコジェネレータによる速度フィードバック
回転方向	CW、CCW

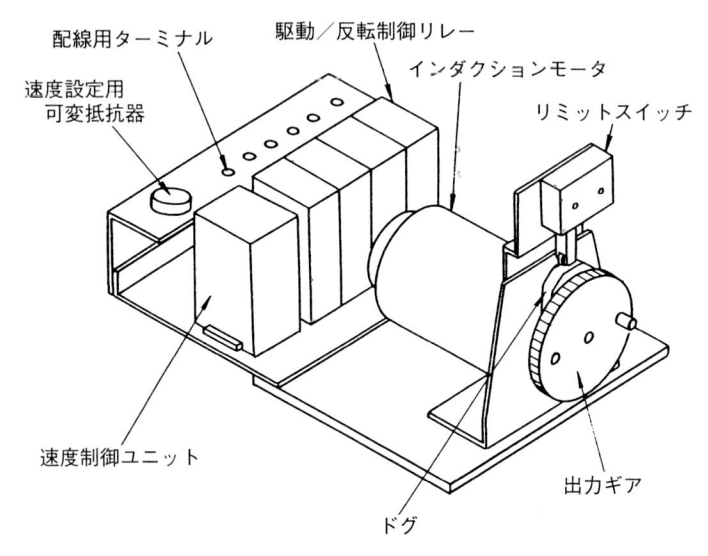

図A6.1 スピードコントロールモータ

(1) スピードコントロールモータの構造

図A6.1のスピードコントロールモータは、普通の単相誘導モータ（シングルフェイズインダクションモータ）にタコジェネレータを組み込んだもので、タコジェネレータの出力電圧でモータの回転速度を速度制御ユニット（スピードコントローラ）にフィードバックしている。速度制御ユニットは、タコジェネレータの発生電圧と速度設定用可変抵抗器（ボリューム）による設定電圧との差を検出してモータに与える電流をコントロールするので、ボリュームの指定電圧が速度指令として働くことになる。

モータの速度はフィードバック制御されている。立ち上がり時には、指定電圧とタコジェネレータの電圧の差が大きいので、大きな電流がモータに流れて急激に速度が変化するような特性を生じることがある。

正転と逆転の切り替え回路は図A6.2のように、リバーシブルモータに比べてやや複雑になる。

また、電子ブレーキを内蔵したスピードコントローラであれば、モータ停止時に直流を流して半ば強制的にモータの回転を止める瞬時停止ができる。

■ スピードコントロールモータ

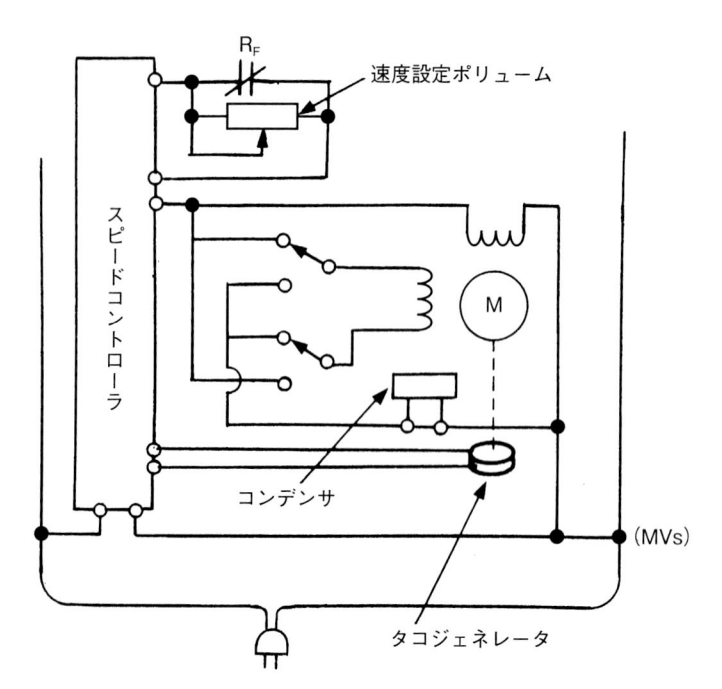

図 A6.2　スピードコントローラの制御回路例

　この場合大きな直流電流が流れるので、その電力を消費するために容量の大きな抵抗器をつけることがある。

　スピードコントロールモータの構成部品を図 A6.3 に示す。

　モータのヘッドには減速機がついている。減速機の減速比は例えば、1/3 から 1/1500 程度までさまざまなものが用意されているので用途によって選択する。

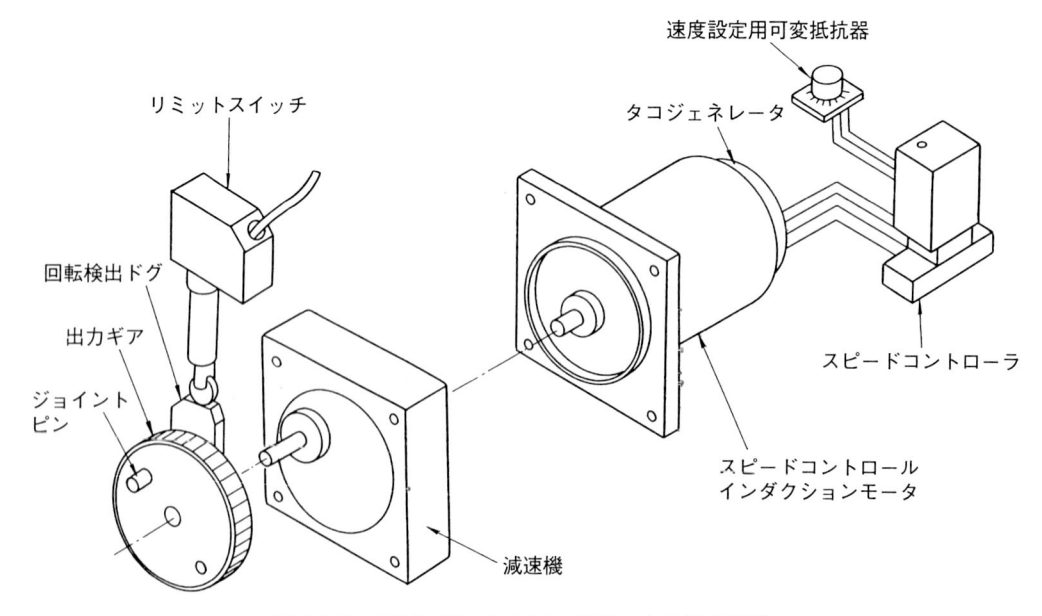

図 A6.3　スピードコントロールモータの構成部品

A-7	**ステッピングモータ**
特　徴	モータ種類：ステッピングモータ（パルスモータ） 運動変換：パルス入力→回転出力 速度制御：パルスの発信周波数による 回転方向：CW、CCW

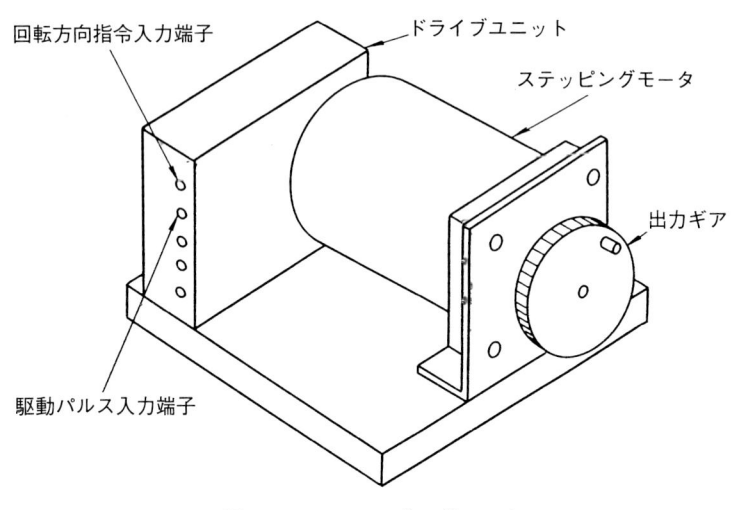

図 A7.1　ステッピングモータ

（1）　ステッピングモータの構造

　図 A7.1 にステッピングモータの外観を示す。ステッピングモータには専用のドライブユニットがあり、パルス入力を受け付けるたびに固定子（ステータ）の励磁相を切り替える役割をしている。回転子（ロータ）には永久磁石が埋め込まれていてステータの磁力を切替えて回転させる。

　図 A7.2 の模型図ようにステータに励磁用のコイルがあり、これらのコイルに順々に電圧を印加して行くことで中央のロータがそれに引かれて回転すると思えばよい。実際には、A 相から B 相に通電を切り替えたときのロータの回転角は、0.36°あるいは 0.72°といったようにきわめて細かいステップになっている（図 A7.3）。

　ステップ角が 0.36°であれば、毎秒 1000 パルスを与えると、1 秒間で 1 回転することになる。高速域や急激な加速度領域では出力トルクが落ちることがあるが、一般に毎秒 1000 パルス程度までであれば、ほぼ一定のトルクが得られるものが多い。

　ドライブユニットに微弱なパルス信号入力を与えると、ロータが 1 ステップずつ回転するように自動的に各相のコイルへ順次電力を配分してくれる。

　入力するパルス信号は相を切り替えるタイミングを指定することになるので、微弱な信号でよく、コンピュータの I/O ボードなどから直接与えることもできる（図 A7.4）。与えるパルス間隔を短くすれば速くなり、長くすれば遅く回転するので、任意の速度特性が容易に得られる。

■ ステッピングモータ

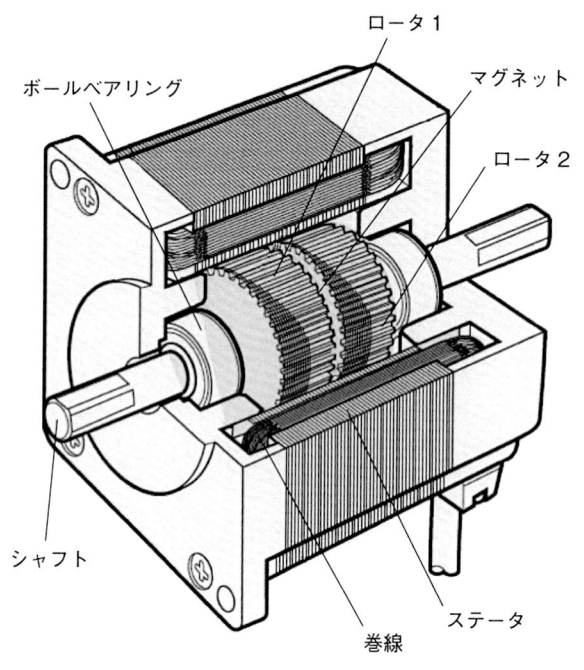

図 A7.2
ステッピングモータの構造
（オリエンタルモータカタログより抜粋）

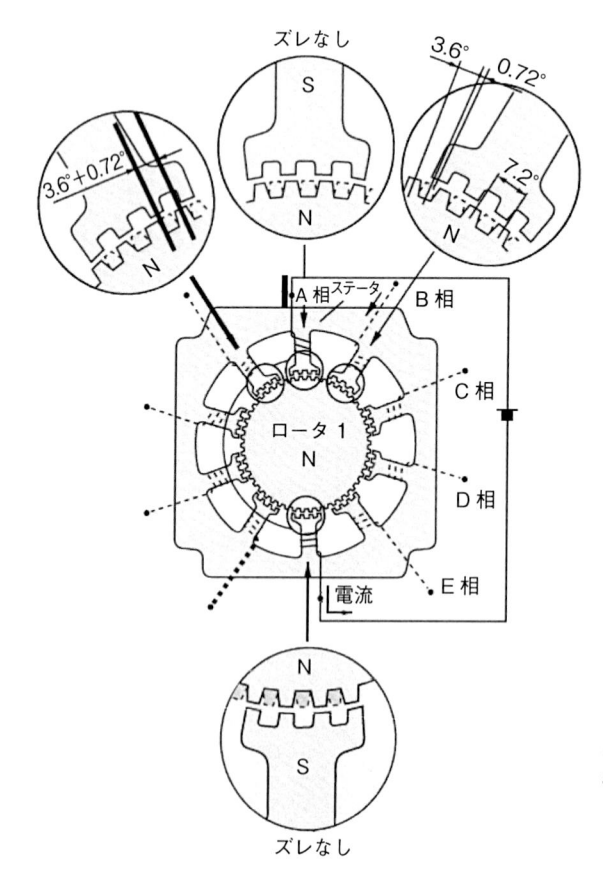

図 A7.3
5相ステッピングモータの動作原理
（オリエンタルモータカタログより抜粋）

入力パルス

ステッピングモータドライブユニット

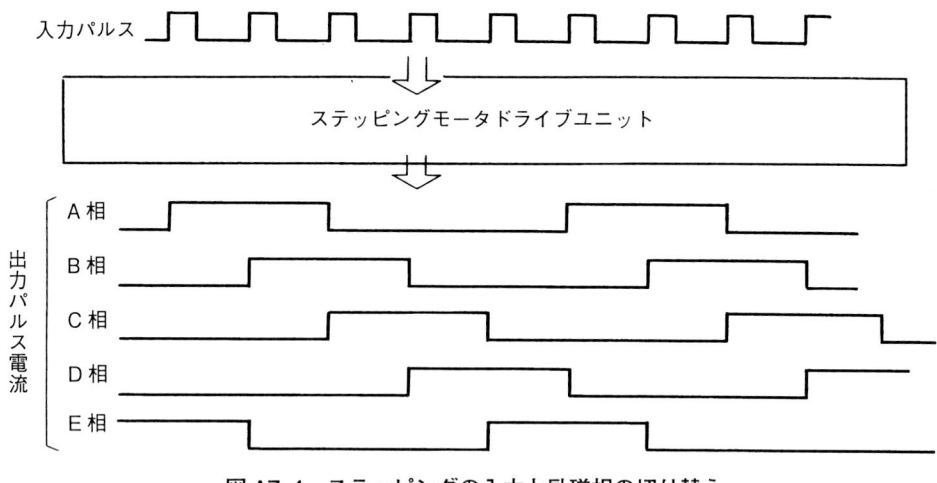

出力パルス電流
A相
B相
C相
D相
E相

図 A7.4 ステッピングの入力と励磁相の切り替え

I-2 アクチュエータ〔A〕

(2) ステッピングモータの応用例
〔ステッピングモータの駆動と停止特性〕

図 A7.5 示すようにベルトコンベアをステッピングモータで直接駆動する。

ステッピングモータには減速機などは組み込んでいないので、モータの回転が直接ベルトコンベアのプーリの回転となる。

この図では、シングルボードコンピュータにデジタル I/O ボードを取り付けて、ステッピングモータに対するパルス信号を出している。この信号をインターフェイスユニットで増幅してステッピングモータのドライブユニットに接続してある。

シングルボードコンピュータとしては、Z80、PIC、H8 などがよく利用される。シングルボードコンピュータでなくても、パソコンの拡張バススロットにデジタル I/O ボードを装着してパルス出力を出すこともできる。あるいは、位置決めユニットと呼ばれる専用のパルス発振器が使われることもある。

パルス出力を出す I/O ボードの出力端子の電圧の High と Low を 1 回切り替えると、1 パルス出力したことになる。1000 パルス出すには High と Low を 1000 回切り替える。

この High と Low の切り替えの間隔によって速度が変化する。1 秒間当たりに発生するパルス数を発信周波数という。

ステッピングモータは、負荷がつながっていない状態でも、いきなり速い（周波数が大きい）パルスを与えると、正しくスタートできなくなる。

この限界を自起動周波数という。

この実験では、毎秒 1800 パルス程度になると、立ち上がりがきわめて不安定になったので、毎秒約 1,430 パルス（1430 pps）で動作特性をとった。その結果が図 A7.6 の実験結果 (1) である。

ベルトの速度を V 〔mm/sec〕、プーリ直径を D 〔mm〕とすると、ステッピングモータの 1 ステップが 0.36°すなわち 1/1000 回転の場合、毎秒 P パルスなら、

■ ステッピングモータ

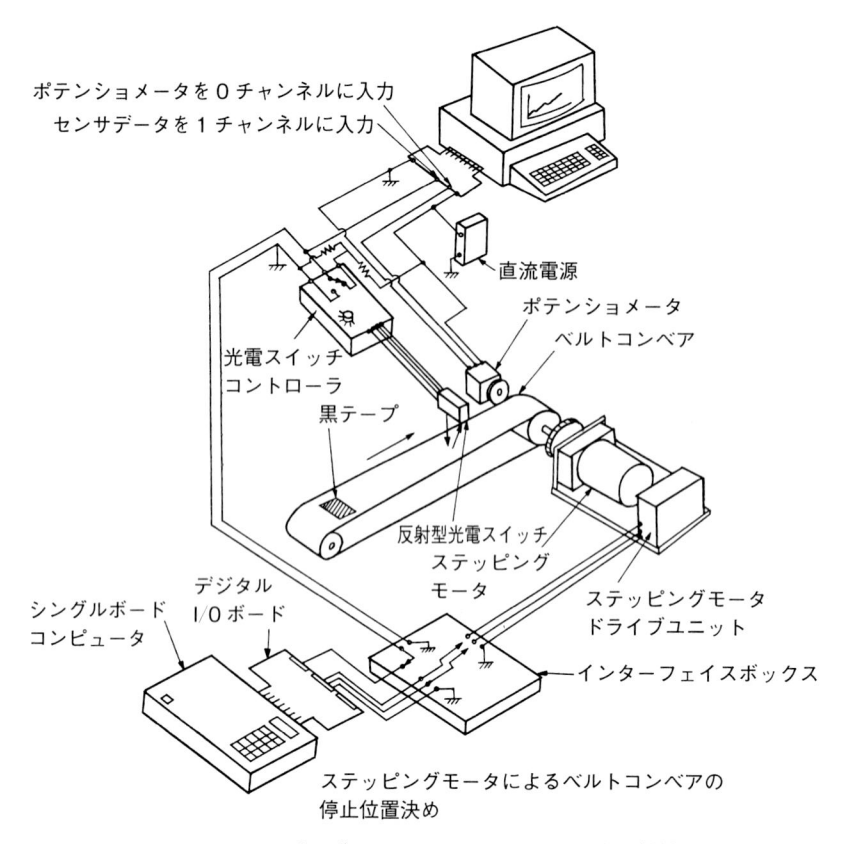

図 A7.5　ステッピングモータによるコンベアの停止特性実験

$V = \pi DP/1000$　　となり、
$P = 1430 \text{ pps}$　　　$D = 60 \text{ mm}$　で、
$V = 269.5 \text{ mm/sec}$

となる。

　図からわかるように、この程度の速度の場合、オーバーランは 2 mm 足らずであり、ステッピングモータのロータが若干オーバーランしたものと考えられる。

　これに対し、**図 A7.7** の停止特性実験の結果（2）のように、パルス速度を 880 pps、速度 150 mm/sec 程度まで下げるとオーバーランは完全になくなる。

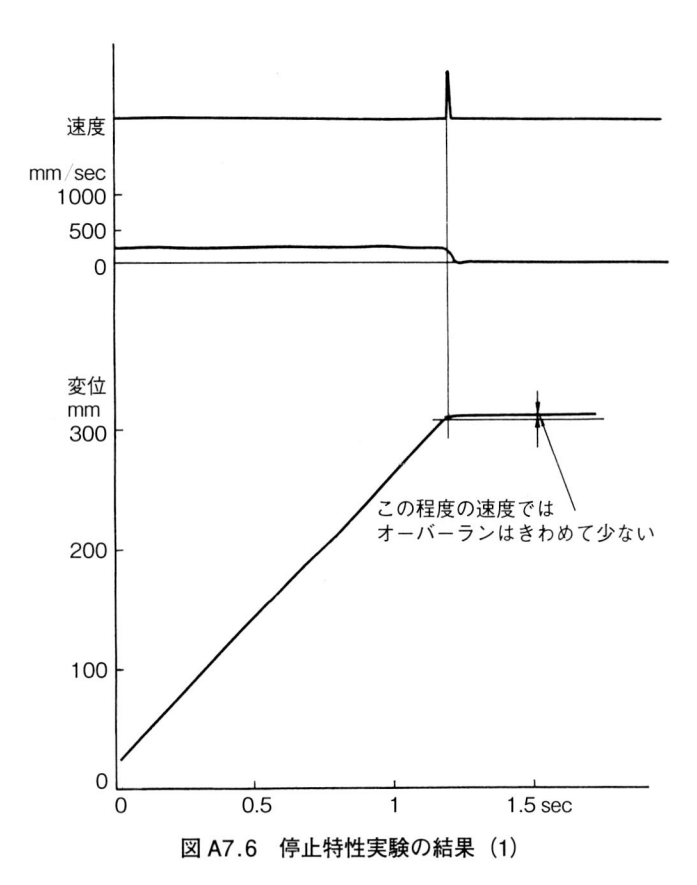

図A7.6　停止特性実験の結果 (1)

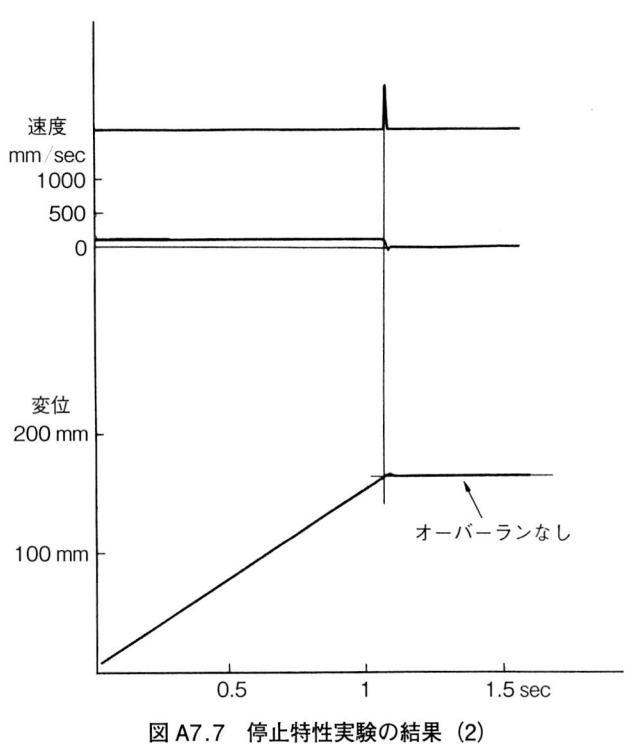

図A7.7　停止特性実験の結果 (2)

A-8	**サーボモータ**
特　徴	モータ種類：AC サーボモータ 運動変換：パルス列入力→回転出力 速度制御：パルスの発信周波数による 回転方向：CW、CCW

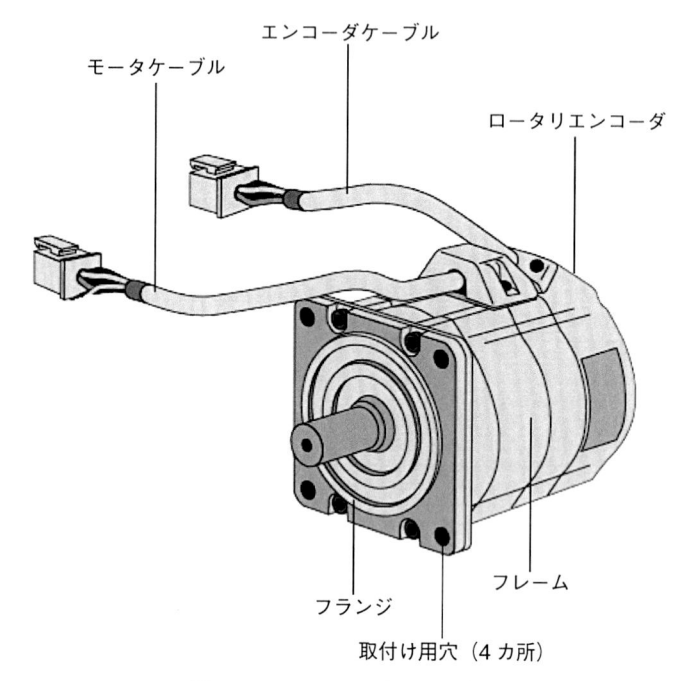

図 A8.1　AC サーボモータ本体
(パナソニック製 Minas A シリーズのカタログより抜粋)

（1）　サーボモータの構造

　AC サーボモータは図 A8.1 のようにモータを回転させるための動力線であるモータケーブルと回転量をカウントするロータリエンコーダからの信号取り込むエンコーダケーブルが出ていて、この 2 つの線がサーボアンプ（サーボドライバユニット）に接続される。

　サーボアンプで作られた三相交流のモータ制御電流はモータケーブルを使ってモータに与えられる。

　ロータリエンコーダはサーボモータの後ろに内蔵されていてモータの回転軸についている。

　モータが回転するとパルス信号を出すようになっている。

　図 A8.2 のものは円盤に 16 個の孔が開いていて、a 相の受光素子がオンになっていて、b 相の受光素子がオフになっているところが示してある。孔に対して a 相と b 相は 1/4 ピッチずれて配置されているとすると、モータの回転によって円盤が回転すると、図 A8.3 のようなパターンで a 相と

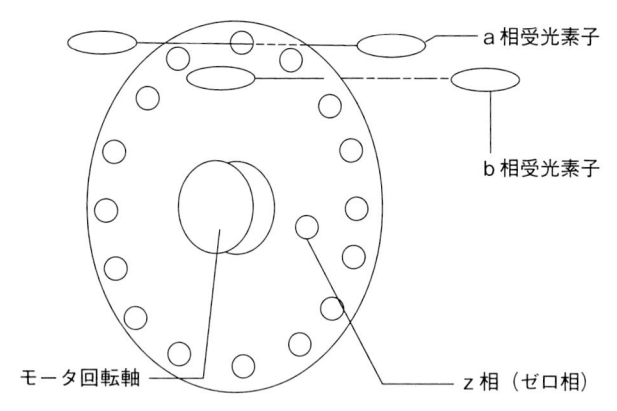

図 A8.2　ロータリエンコーダの原理（16 p/rev）

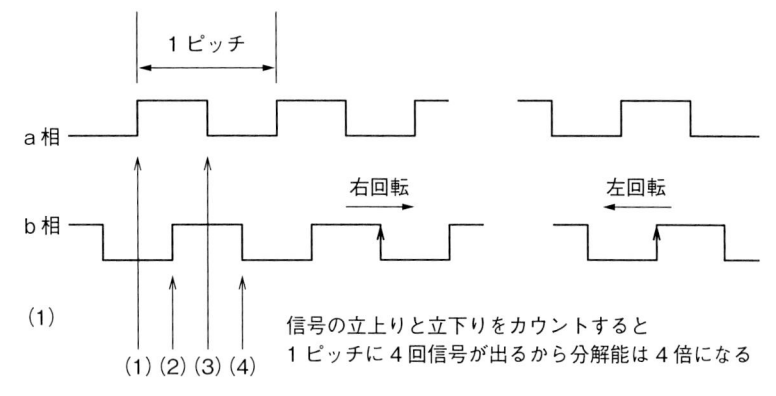

図 A8.3　ロータリエンコーダの回転方向と4倍の分解能

b相の信号はオンオフすることになる。

b相が立ち上がったときにa相がオフの状態であれば円盤は右回転していることになる。

逆にa相がオンしているときにb相の信号が立ち上がれば円盤は左回転していることになる。このようにb相がa相と1/4ピッチ位相がずれていることによって回転方向が分かるようになる。

一方、同図(1)、(2)、(3)、(4)にあるように、a相とb相の立上がりと立下りの数をカウントすると1ピッチで4回のカウントができるので分解能を4倍にすることができる。ロータリエンコーダの分解能が2500 p/rev の場合1回転で2500個のa相のパルスがカウントされる。a相とb相を使うと、1回転でa相のパルス数の4倍をカウントできるから、最大分解能は10,000分の1ということになる。

図 A8.4 はサーボモータとサーボアンプの接続例である。サーボアンプのL1、L2、L3には機種によって三相または単相の電源を接続する。モータへの動力はU、V、W端子から三相の形でモータケーブルを経由して供給される。

エンコーダからの信号は専用のエンコーダ用中継ケーブルでコネクタ CN SIG へ接続する。

エンコーダの線にノイズが乗るとサーボの動作に狂いが生じるのでエンコーダのケーブルはシールドされている専用のものを使用し、できるだけ動力線と離しておくようにする。

サーボアンプに入ったロータリエンコーダからの回転量の信号はサーボアンプの高速カウンタに

■ サーボモータ

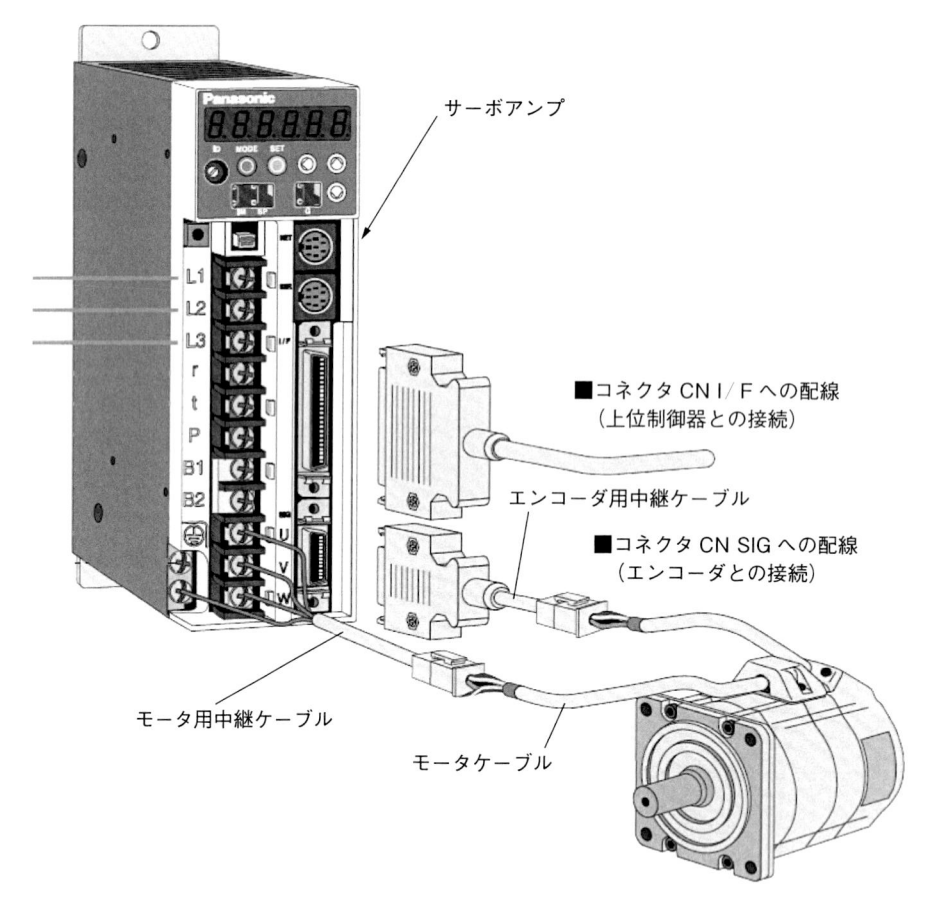

図 A8.4　サーボモータとサーボアンプの接続
(パナソニック製 Minas A シリーズのカタログより抜粋)

　入って演算処理される。原理的にはパルス発振器からサーボアンプに与えられたパルス数を積算カウントし、そのカウント数がゼロになるまでモータを回転させることになる。モータが回転するとロータリエンコーダからCW方向かCCW方向のパルスが出るので、そのパルス数を積算したカウントから差し引きされる。その結果、カウント値がゼロになれば目標位置まで到達したということになる。

　したがって、サーボモータは指令値に当たるコントローラからのパルス列入力に対して消化しきれないパルスがカウンタに残るので、モータの回転は若干遅れて動作することになる。サーボアンプを使った制御イメージを図 A8.5 に示す。

　サーボモータを使うときにはパラメータ設定が重要である。図 A8.6 にはサーボアンプに設定するパラメータの例を示す。

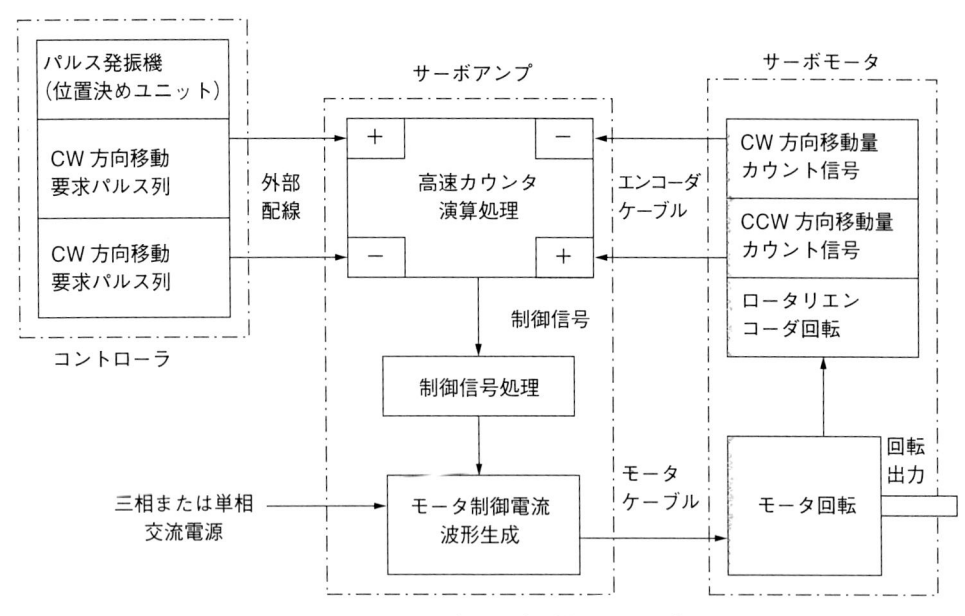

図A8.5 サーボアンプの制御イメージ

パラメータ番号	パラメータ名称	設定値	内容
10	位置ループゲイン	1〜2000 〔1/sec〕	設定値を大きくすると位置決めの応答性が高まる
11	速度ループゲイン	1〜3500 〔Hz〕	設定値を大きくすると速度ループの応答性が高まる。設定値が小さいと位置決めの応答性がよくならない
12	速度ループ積分時定数	1〜1000 〔msec〕	小さく設定すると停止後の速度偏差が速く零に追い込まれるようになる
20	イナーシャ比	0〜10000 〔%〕	（負荷イナーシャ÷ロータイナーシャ）×100%で算出する。イナーシャ比を大きくすると硬くなる
46	分周逓倍分子	1〜10000	分周逓倍部の演算： $\dfrac{(分周逓倍分子)}{(分周逓倍分母)} \times 2^{(分周逓倍倍率)}$
4A	分周逓倍倍率	0〜17	
4B	分周逓倍分母	1〜10000	

図A8.6 サーボアンプのパラメータ設定例
（パナソニック製 Minas A シリーズの例）

I-3 メカニズム〔M〕

M-1 ラック&ピニオン

特徴	
運動変換：直進→回転・回転→直進
回 転 量：ピニオンの径とラックのストロークによって回転量が変化する
直 動 量：ピニオンの径と回転量によってラックのストロークが変化する
速度変換：ピニオンの径によって速度が変化する
速度特性：均等変換（全ストロークを通して一定）

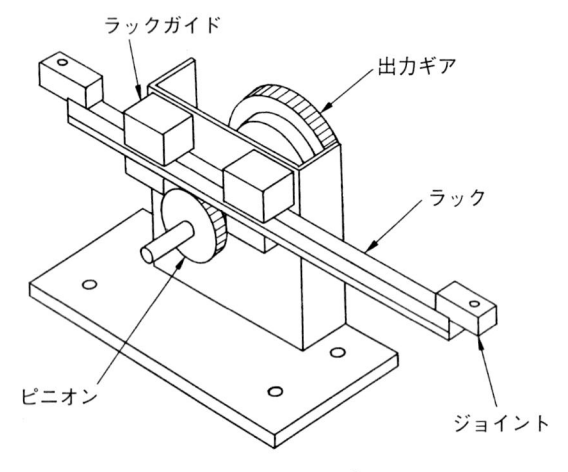

図 M1.1　ラック&ピニオン

（1）ラック&ピニオンの構造

ラックとは直線歯のことで、ピニオンとは直線歯にかみ合う小歯車のことをいう。ラック&ピニオンは**図 M1.1**のように直線歯と小歯車を組み合わせた機構で、直線運動と回転運動の間の変換を行うものである。

ラックを直線駆動すると、ピニオンについた回転軸が回転運動する。図 M1.1 のユニットでは、ピニオンの軸に連結している出力ギアが回転する。この駆動の場合、直線から回転への運動変換になる。

ラックの移動量とピニオンの回転角の関係は、どの位置でも一定となるので入力と出力の関係をあらわす速度特性は均等変換である。直進と回転の関係は、ラックの移動量がピニオンのピッチ円円周に等しいとき、ラックの1駆動にてピニオンが1回転することになる。

たとえば、**図 M1.2**のようなラック&ピニオンがあり、ピニオンのピッチ円直径を 40 mm とする

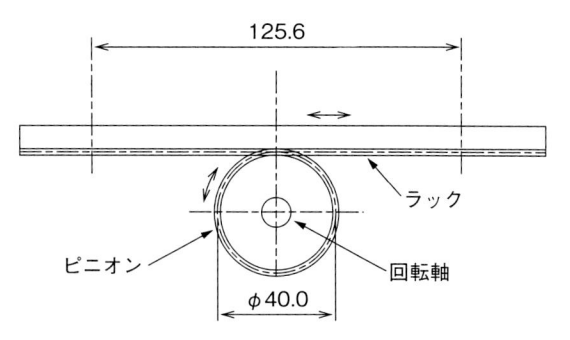

図 M1.2 ラック＆ピニオンの移動量

と、ラックが、40π＝40×3.14＝125.6〔mm〕だけ移動したときに、ピニオンが1回転する。

ピニオンのピッチ円直径を小さくすれば同じラックの移動量でも回転数は増え、同じラックの移動速度でも高速な回転になるが、回転出力軸に働く力は小さくなる。

反対にピニオンを回転駆動してラックを直線運動させることもできる。速度は均等に変換されるので、ピニオンの回転角とラックの移動量は比例する。この駆動の場合、回転から直線への運動変換になる。

図 M1.3にはラック＆ピニオンユニットの構造を示す。ラックは長手方向に自由に動けるように、ラックガイドで挟み込んで若干の隙間があいていて滑るようになっている。

このような滑りを使ったラックガイドでなく、ローラでガイドを作ってもよい。

ピニオンの回転軸にはピニオンが自由に回転できるようにするために、ベアリングが使われている。ベアリングの外周をハウジングに固定し、回転軸はベアリングの内側に接触している。回転軸の両サイドにはピニオンと出力ギアがセットビスで固定されている。

組み付けに当たっては、ラックとピニオンの間のガタが問題になる。ガタを小さくしようとしてラックとピニオンの接触を強くすると重くて渋い動きになる。また、ラックが若干でもひずんでい

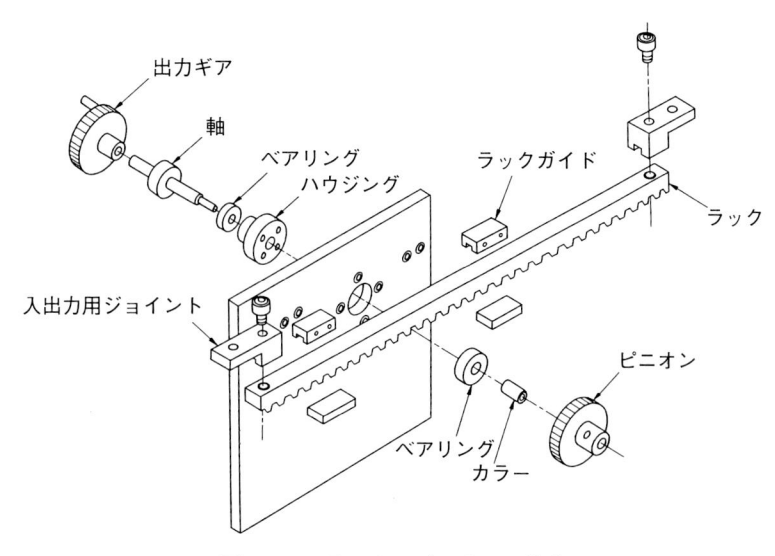

図 M1.3 ラック＆ピニオンの構造

■ ラック&ピニオン

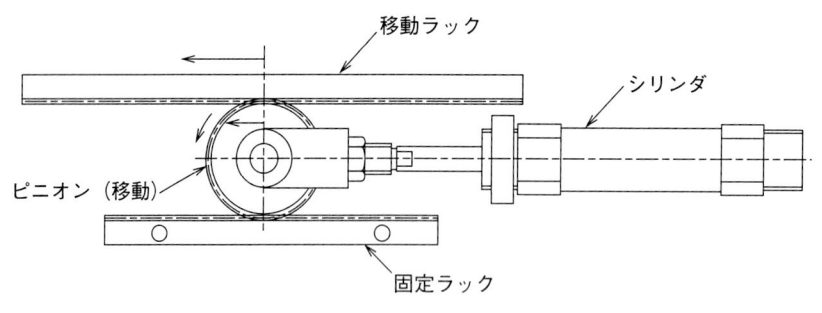

図 M1.4　ラックの倍速移動

ると、動きが硬くなる部分が出てしまう。

　ラック&ピニオンの応用例として、倍速移動をする機構がある。**図 M1.4**はその例で、回転しながら移動できるようにしたピニオンをシリンダの先端に付けてある。ラックは上下に2個用意して両方のラックにピニオンが噛合うようにしてある。シリンダは固定してある。移動ラックは横方向に自由に動くようになっている。下側のラックを固定しておいてシリンダを前進すると、上側のラックはシリンダの移動ストロークの2倍移動する。

(2)　ラック&ピニオンの応用例
〔ラック&ピニオンのモータ駆動〕

　図 M1.5はラック&ピニオンを使ってモータの回転運動をラックの直進出力に変換して直進テーブルを駆動する例である。同図右側は直進テーブルの動作結果であるが、モータ本来の駆動特性がそのまま直進テーブルの動作になっている。

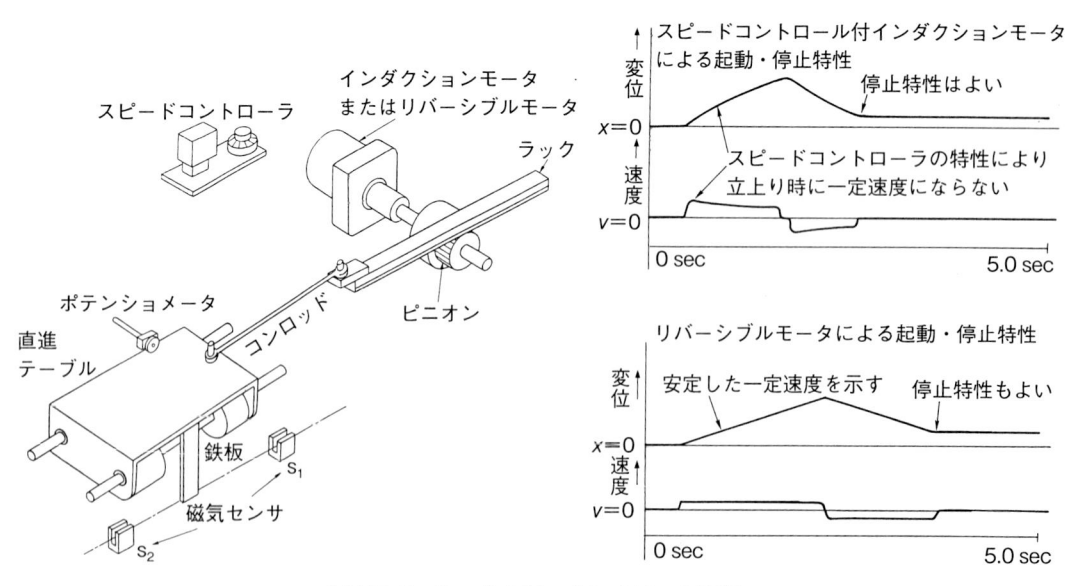

図 M1.5　ラック&ピニオンのモータ駆動

M-2	**ワンウェイラチェット**
特徴	運動変換：往復直進→間欠一方向回転
	回転量：ピニオンの径とラックの移動距離によって回転量が変化する
	停止時：停止時は出力軸はフリーになるが逆転しない
	速度変換：ピニオンの径によって速度が変化する
	速度特性：回転時は均等変換

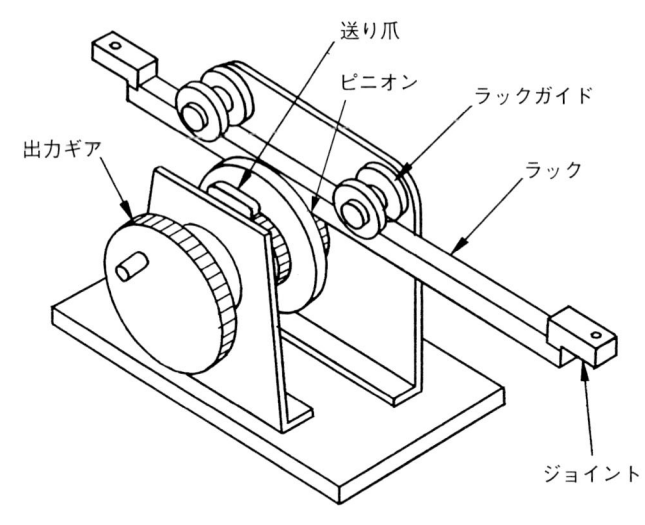

図 M2.1　ワンウェイラチェット

(1) ワンウェイラチェットの構造

ラチェットは、歯車の歯を爪で送って行く機構である。

ワンウェイラチェットは、図 M2.1 のように、ラック＆ピニオンにラチェットを組み合わせたもので、ラックを往復すると出力ギアが一方向に回転する。ラックを図の左方向に動かしたときには出力ギアは反時計方向（CCW）に回転するが、ラックを図の右方向に動かしたときには送り爪が滑って出力ギアは回転しない。そのときに出力軸が自由になると摩擦で回転してしまうことがあるので、戻り止め爪が出力軸の逆回転を阻止するように働く構造になっている。

ワンウェイラチェットの構成部品を図 M2.2 に示す。

爪には送り用と戻り止め用の爪がある。戻り止め爪は出力ギアが逆回転しないように逆回転のときだけロックする役割をしている。

仮に戻り止め爪を外しておくと、ラックの往復につれて摩擦の力でピニオンも往復して出力ギアが一方向に進まない。そこで、まわり止め歯車に戻り止め爪をセットして、逆転できなくしている。

ラックが図の右方向に動くときには、送り爪は送り歯車をひっかけて出力ギアを回す。このとき戻り止め爪は戻り止め歯車の上を滑ることになる。

ラックが左方向に動くときには、戻り止め爪は戻り止め歯車をおさえ、送り爪は上に逃げて爪が

■ ワンウェイラチェット

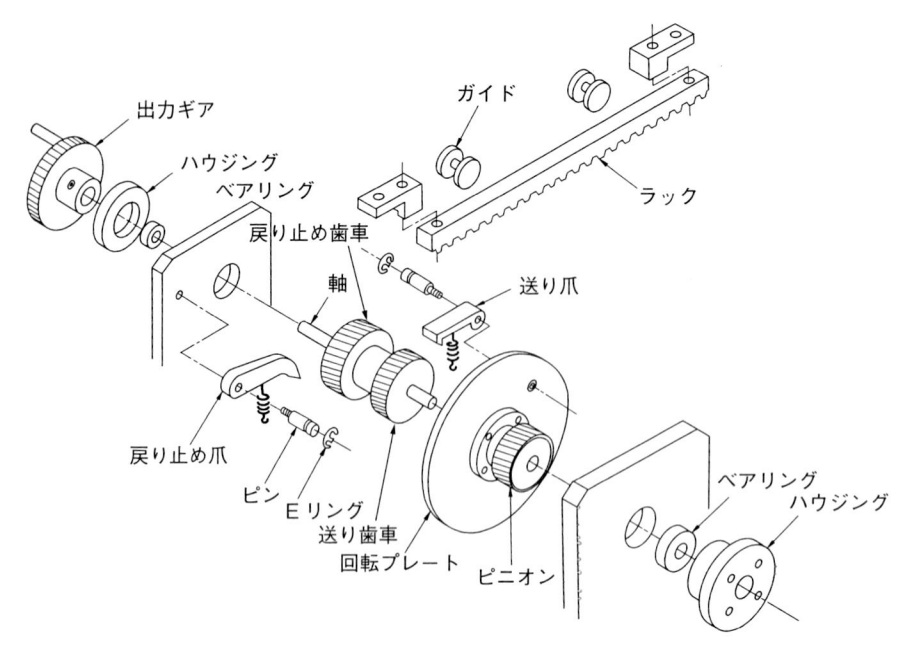

図 M2.2 ワンウェイラチェットの構造

送り歯車の歯の上を滑るので、出力ギアは回転しない。このようにして、出力軸は一方向のみに回転する。

(2) ワンウェイラチェットの応用例 1
〔空気圧シリンダによるベルトコンベア駆動〕

図 M2.3 は固定式空気圧シリンダでワンウェイラチェットのラックを駆動し、コンベアを間欠駆動するものである。この機構では、シリンダの引込行程だけがラチェットを駆動して、シリンダの前進の戻り行程は回り止めが有効になるのでコンベアの軸は一方向の間欠回転となる。

このシステムは、たとえば超低温でモータの潤滑油が凍ってしまうようなときや爆発の危険のある雰囲気のなかでのコンベアの駆動などに使われることがある。

通常の送り動作をしているときは、毎回ほぼ一定のピッチでベルトコンベアが駆動される。このベルトコンベアの場合には、摩擦が大きいので、シリンダのストロークエンドでコンベアがオーバ

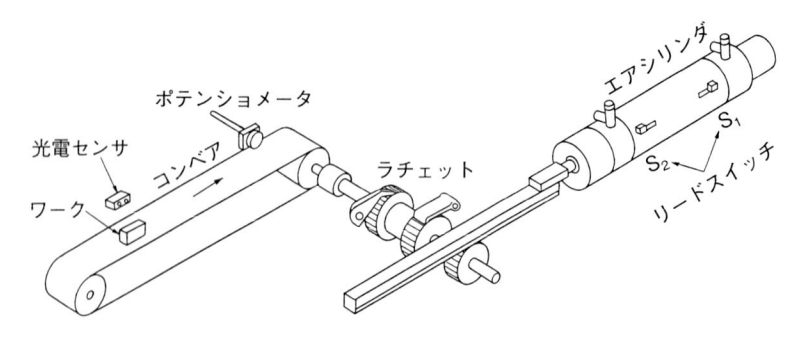

図 M2.3 ワンウェイラチェットの空気圧シリンダ駆動

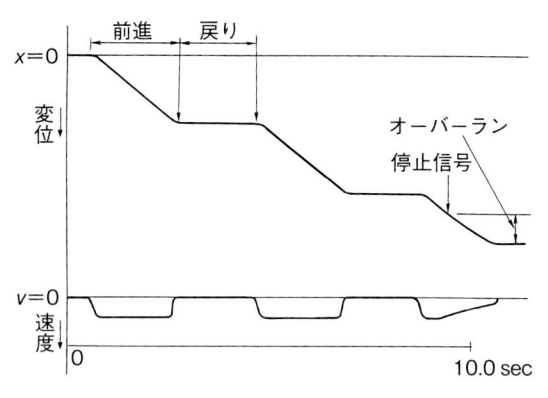

図 M2.4 コンベアの運動特性

ーランする量はさほど顕著に表れていない。

しかしながら、ワンウェイラチェットは逆転方向には機械的な停止力があるが、正転方向はロックされないので、ロータリテーブルのような、慣性が大きくて摩擦が小さいような負荷を高速で駆動すると、シリンダがストロークエンドに達して停止したあと、テーブルが慣性でオーバーランしてしまうことがある。

ワークを光電センサで検出した所でコンベアを停止するには、検出した信号でシリンダを戻すようにする。この停止信号が入ってバルブを切り替えたときには、エアシリンダはすぐに戻ることができず、図 M2.4 の運動特性のように、かなりのオーバーランが生じるので注意する。

(3) ワンウェイラチェットの応用例 2
〔ワンウェイラチェットを使ったテーブルの一方向回転〕

空気圧シリンダとワンウェイラチェットの組合せで、ロータリテーブルを一方向に間欠回転する。ロータリテーブルが慣性でオーバーランしてしまうような場合には、シリンダのストロークエンドで速度を減速するような機構を用いるとよい。

図 M2.5 は、クレビス型エアシリンダでトグルを作動させ、トグルの往復出力でラチェットのラックを駆動するようになっている。ラチェットの回軸出力軸にはロータリテーブルが接続してある。

トグルが真っ直ぐに伸びるときに減速され、伸びきったときには、ラックの速度はゼロになるので、ロータリテーブルの慣性の影響を小さくできる。それでもラチェットの出力軸は運動する方向にはフリーな自由運動になっているので、シリンダの速度を速くするとロータリテーブルのオーバーランは大きくなる。

(4) ワンウェイラチェットの応用例 3
〔レバースライダの末端減速特性を利用したコンベアの間欠駆動〕

図 M2.6 は、レバースライダの出力でラチェットを回転させる機構である。

レバースライダのスライダピンをインダクションモータで、右側の図の CW 方向に連続で回転している。

■ ワンウェイラチェット

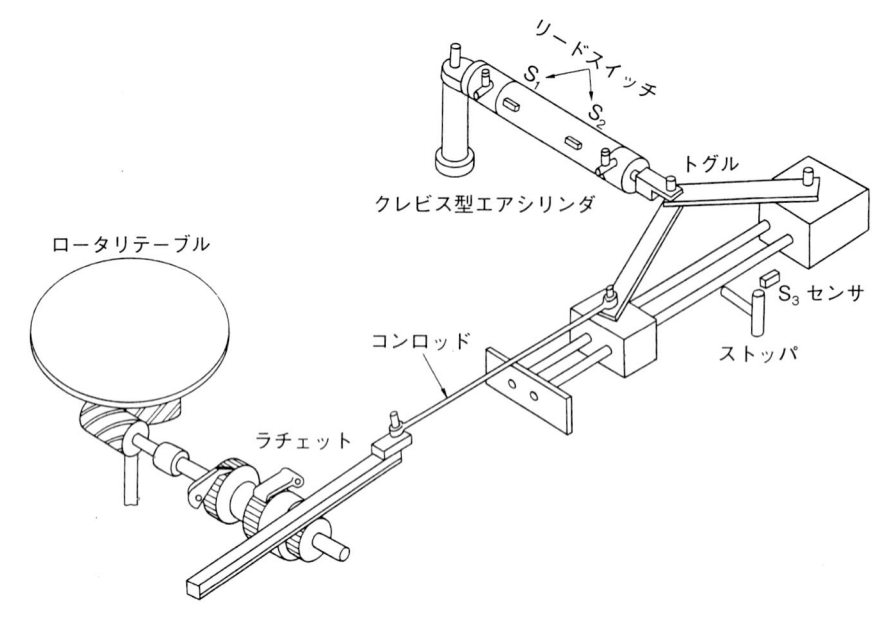

図 M2.5　トグルを使ったワンウェイラチェットの速度特性改善

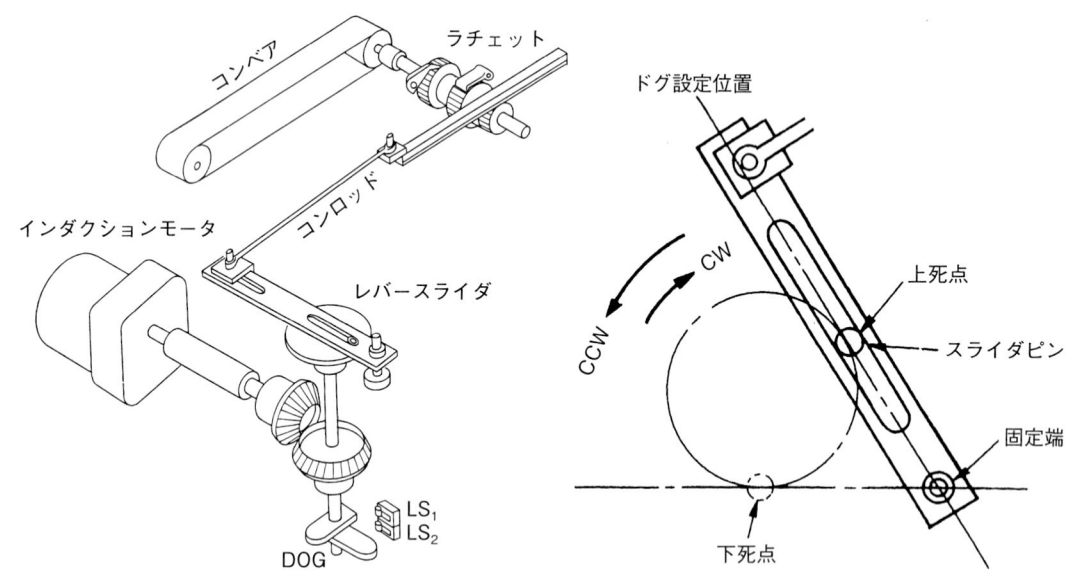

図 M2.6　レバースライダによる間欠早戻り直進運動を利用した改善

　レバースライダのレバーにコンロッドで連結しているラックは、ゆっくり送られてラチェットの送り爪を回転するのでオーバーランを小さく押さえることができる。
　さらにスライダピンが回転して、上死点に達すると、レバーの速度がゼロになってから今度はレバーが戻ってくる動きになる。CW方向に回転したときの上死点から下死点に移動するときには短いパスを通るのでレバーは短い時間で戻ってくる。

M-3	**ワンウェイクラッチ**
特徴	**運動変換**：往復直進→間欠一方向回転 **回転量**：ピニオンの径とラックの移動距離によって回転量が変化する **停止時**：停止時は出力軸はフリーになるが逆転しない **速度変換**：ピニオンの径によって速度が変化する **速度特性**：回転時は均等変換

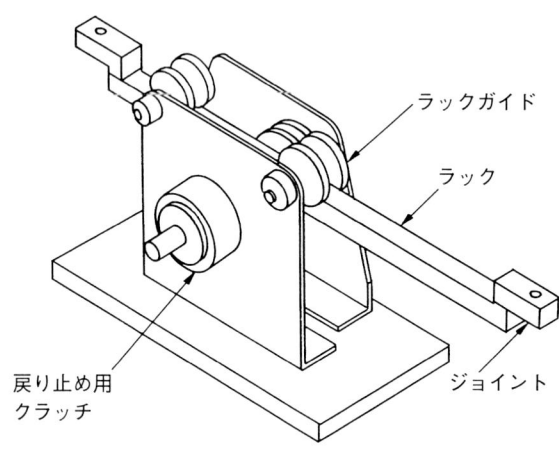

図 M3.1　ワンウェイクラッチ

（1）ワンウェイクラッチの構造

ワンウェイクラッチは、図 M3.1 のようにラック&ピニオンにクラッチ機構をつけて、ラックを押し引きすると、出力軸が一方向に回転するようにしたものである。

ワンウェイラチェットと同じように一方向回転になるが、ワンウェイラチェットとの違いは、ラチェットの代わりに運動伝達用クラッチを使い、戻り止め爪の代わりに戻り止め用クラッチを使っていることである。

クラッチには、図 M3.2 の断面図のように、くさび形の溝にボールまたはコロ状のものが食い込むものを円周上に配置してある。ラックが図の左側に移動するときには、ボールまたはコロがくさび形溝に食い込むため、クラッチの外周が回転する。ラックが図の右側に移動するときには、ボールまたはコロがくさび形溝から逃げるので、クラッチの外周は回転しない。

戻り止め用クラッチは出力軸に取り付けられており、ラックが左に移動するときには空回りして、右に移動するときには固定されるようにして、出力軸の戻り止めの作用をしている。

（2）ワンウェイクラッチの応用例 1
〔空気圧シリンダによるロータリテーブルの間欠駆動〕

図 M3.3 は、空気圧シリンダでワンウェイクラッチのラックを前進後退してロータリテーブルを

■ ワンウェイクラッチ

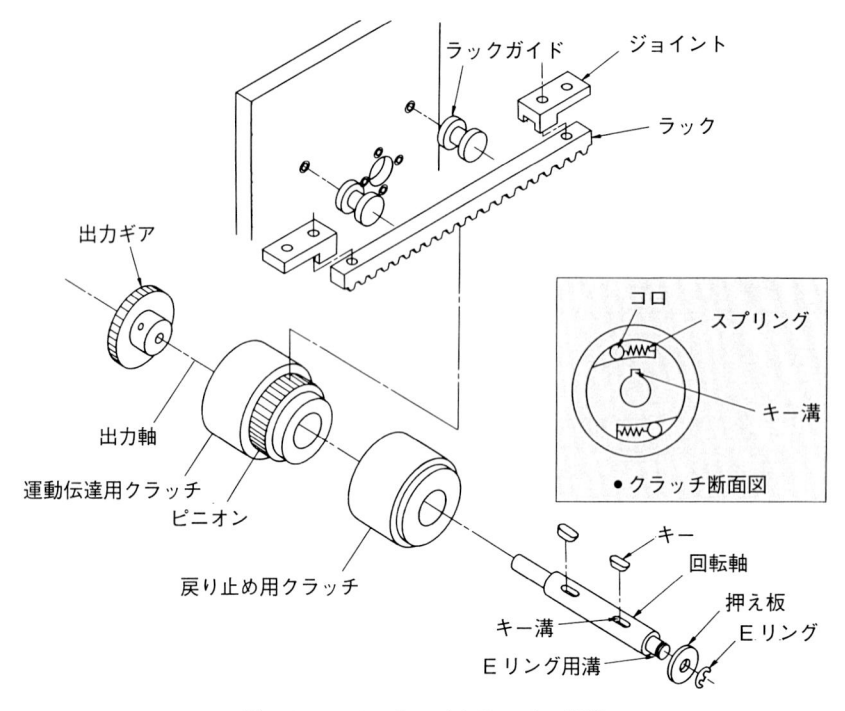

図 M3.2 ワンウェイクラッチの構造

一方向に回転駆動するようにした機構である。エアシリンダが前進するとテーブルが回転するが、シリンダが戻るときには戻り止め用クラッチが働くので、ロータリテーブルは回転しない。

　図の右側は、この装置をクローズドセンターバルブを使って中間停止したときの特性である。

　ワンウェイクラッチはラチェットに比べて構造的に摩擦抵抗が大きいので、比較的オーバーラン

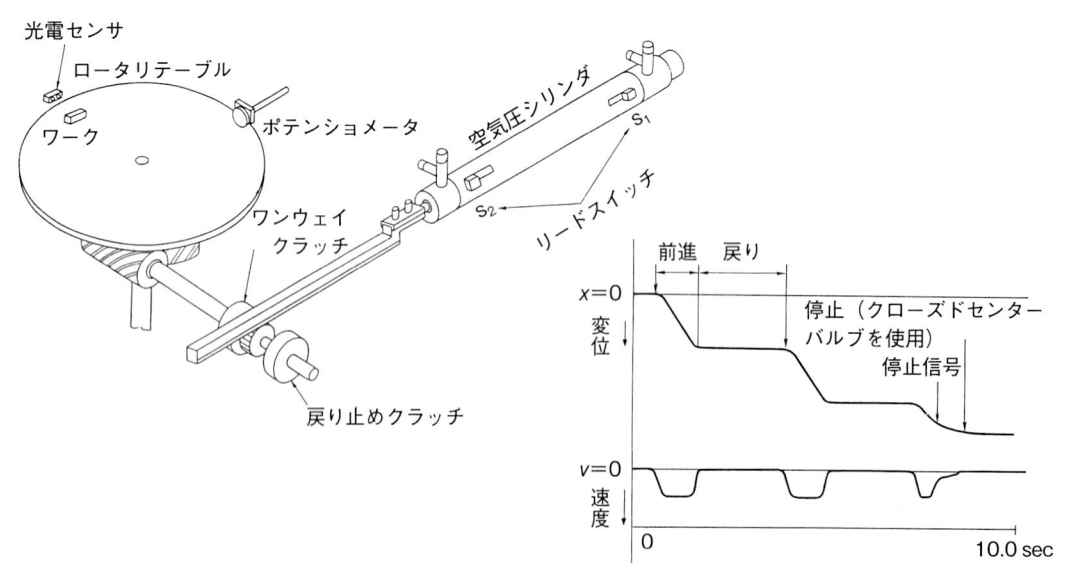

図 M3.3 ワンウェイクラッチのエアシリンダ駆動

が少なくなっている。

(3) ワンウェイクラッチの応用例2
〔平カムを使ったロータリテーブルの一方向回転〕

図 M3.4 に示すものは、カム曲線による間欠回転出力を得る機構である。

インダクションモータにより平カムを回転させ、カム外周の曲線に沿った変位が出力レバーよりコンロッドを介してワンウェイクラッチに伝達される。本制御はカム曲線の最下点ドゥエルで LS_1 がオンするように DOG を設定し、最下点を起点として最高点を通過して1回転させる。

図 M3.5 のようにロータリテーブルはカム曲線によって回転終端で減速して停止するようになる。ワンウェイ機構によって、カムの戻り側の速度曲線は現われず、ロータリテーブルの回転速度に影響しない。

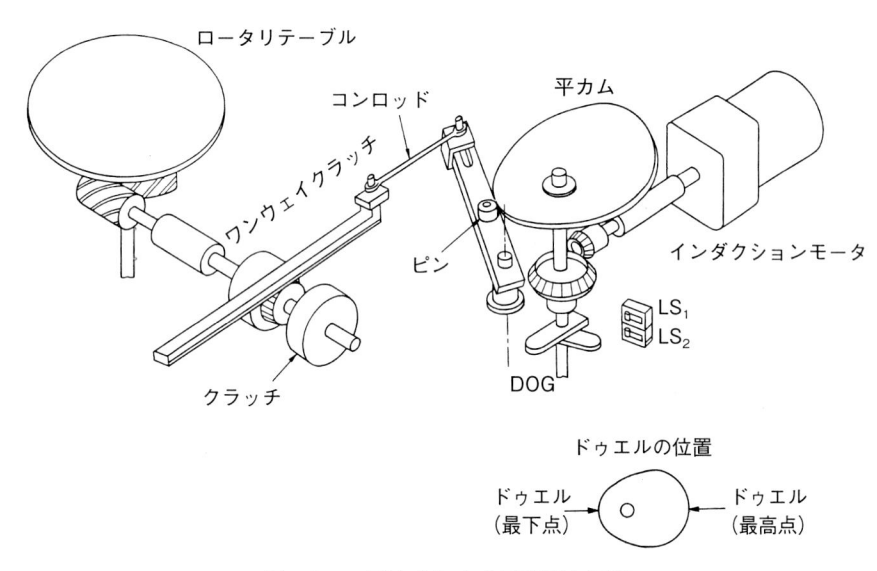

図 M3.4 平カムによる減速間欠回転

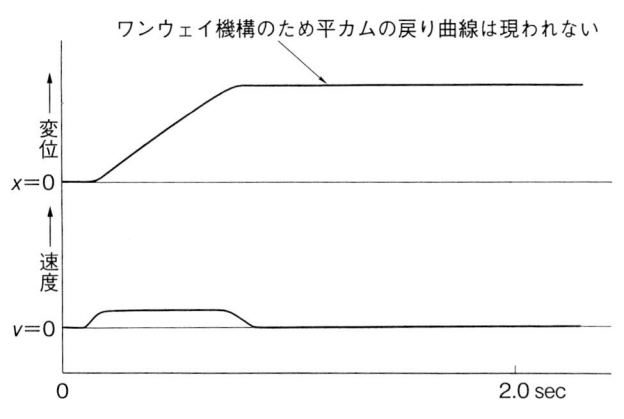

図 M3.5 平カムによる駆動結果

M-4	**クランク**
特 徴	運動変換：連続回転→往復直進（両端減速） ストローク：クランクアームの長さで変化する 速度変換：一定速度回転入力からストロークの終端で減速する特性が得られる 速度特性：ストローク両端における末端減速 逆運動変換：直動側から回転出力を得ることもできる

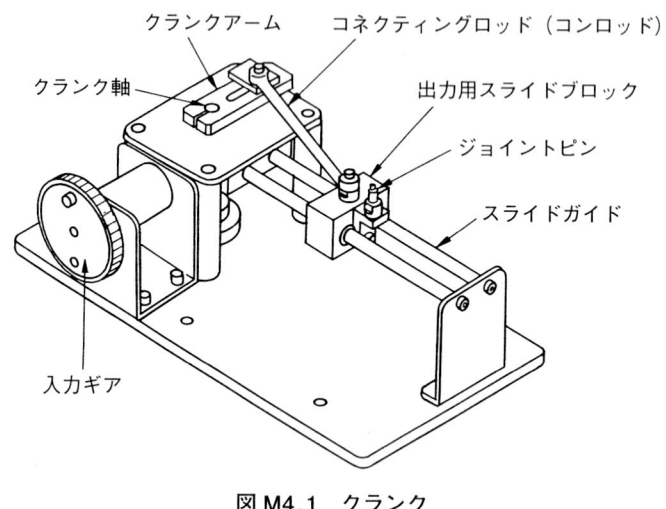

図 M4.1　クランク

（1）　クランクの構造

クランクは回転するアーム（クランクアーム）の運動を直進運動に変換する機構である。

図 M4.1 のクランクの構造は、回転するアームにコネクティングロッドを連結して出力用のスライドブロックを駆動している。

一般には入力ギアのある回転入力軸を回して直進運動を得る。出力用スライドブロックは、スライドガイドに沿って滑り、直進往復運動をするようになっている。

逆方向からの駆動も可能であるが、不均等変換であるため、逆方向からの駆動は難しい。特に上死点、下死点においてはクランク軸に直進側から回転方向の力を与えられないので駆動しにくい。

このクランク機構は図 M4.2 のように入力軸の回転エネルギーが歯車によって 90 度方向変換されてクランクアーム軸に伝えられている。

クランクの停止や原点復帰などを司る検出スイッチは、出力用スライドブロック側でなく、クランクアームの回転位置を検出するようにしないと位置検出精度が悪くなる。

ここではリミットスイッチのレバーをたたき、接点をオンオフするアルミ製のドグと呼ばれるブロックを 2 個有し、クランク回軸の任意の位置にセットできるようになっている。

例えば上のドグを上死点にセットし、下のドグを下死点にセットすれば、上死点と下死点間で往

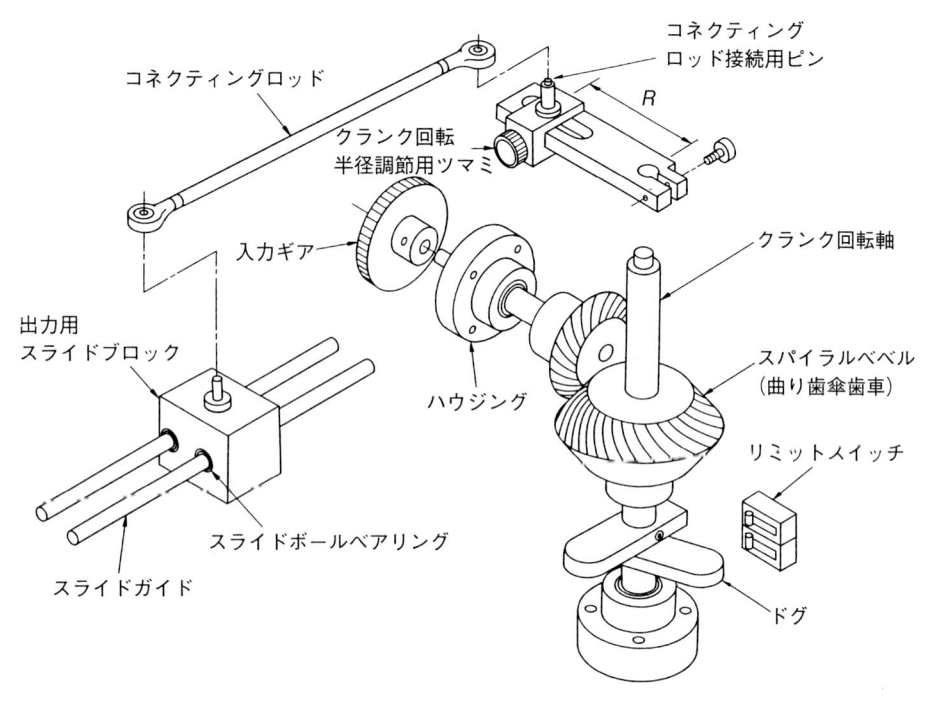

図 M4.2　クランクの分解図

復運動の制御などに利用できる。

　クランクの回転半径（R）は、調節用ツマミをゆるめてコネクティングロッド接続用ピンを移動することで調整することができるようになっている。出力軸の最大ストロークは $2R$ となる。コネクティングロッドを長さの異なるものと交換することにより、出力の基準位置が変えられる。

　クランクの速度特性は、クランクアームとコネクティングロッドが直線上に重なった、上死点と下死点にあるときが最小で、この瞬間に速度はゼロになる。

　クランクアームが出力用のスライドガイドと直角になる付近で速度は最大になる。

　すなわち、等速に回転するクランクアームに対して、出力軸の変化は、ほぼサインカーブに等しくなる。ただし、コネクティングロッドの長さによって、最大速度になる位置が変化するので、その分サインカーブから外れてくる。

(2) クランク応用例 1 〔クランクのモータ駆動〕

　図 M4.3 は、インダクションモータでクランクを駆動して、直進テーブルを往復運動させる機構である。この機構を上死点と下死点の中間近くをスタート点として、ほぼ 2 回転させたときのテーブルの変位特性と速度特性を取ったものが、**図 M4.4** の動作特性である。

　この変位特性を見て、上に膨らんでいるのが上死点を通過した軌跡で、下に膨らんでいるのが下死点を通過した軌跡である。その山の頂点のところが速度ゼロの死点になる。

　図 M4.3 のクランク機構の理論図の中に描かれているコンロッドと出力軸の成す角 θ の分だけ、サイン（正弦波）曲線からずれる。これは、図 M4.4 のように円を内接してみるとその差がよくわ

■ クランク

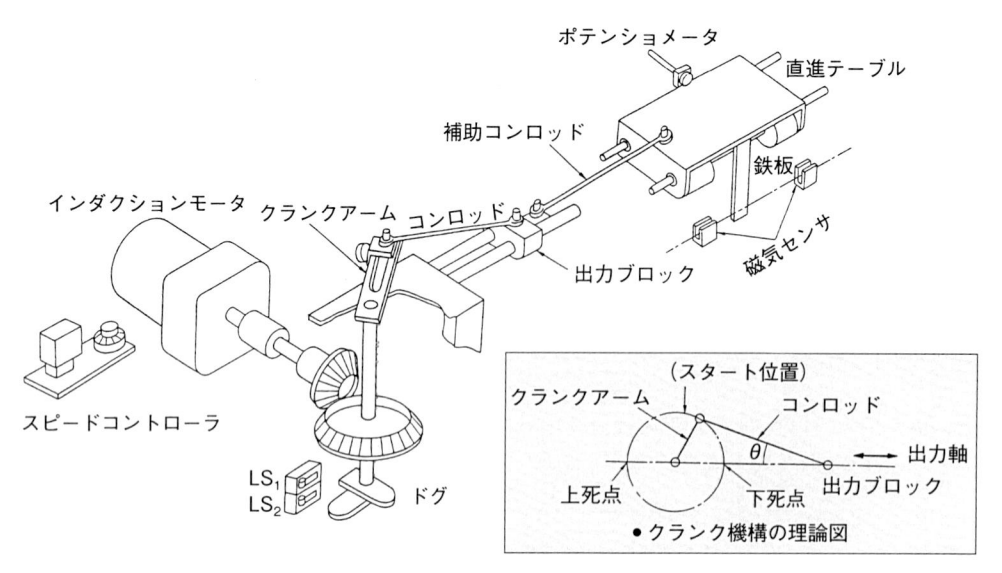

図 M4.3　クランクのモータ駆動

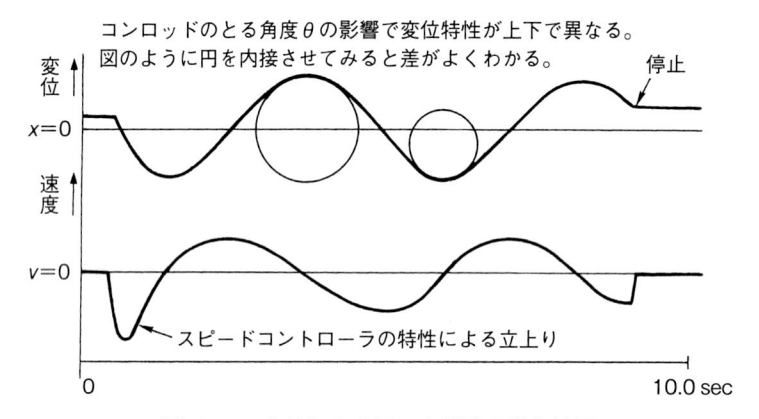

図 M4.4　クランクのモータ駆動の動作特性

かる。

いずれにしても、クランクは連続回転を末端減速往復に変換する機構であることがわかる。

(3) クランク応用例 2 〔クランクのロータリエアアクチュエータ駆動〕

図 M4.5 のように、ロータリエアアクチュエータによりクランクを駆動し、その出力を直進テーブルに与えて往復運動をさせる。

ロータリエアアクチュエータは、90 度〜270 度くらいの間の回転をするので、クランクアームの一部分だけを利用した駆動となる。

クランクアームを下死点から約 90 度回転させたときの直進テーブルの往復運動の特性が図 M4.6 である。

上死点側と下死点側でカーブが異なるのは、クランク自身の特性であり、同一図中で速度が異なるのは、アクチュエータのスピードコントローラの絞り方の差による。

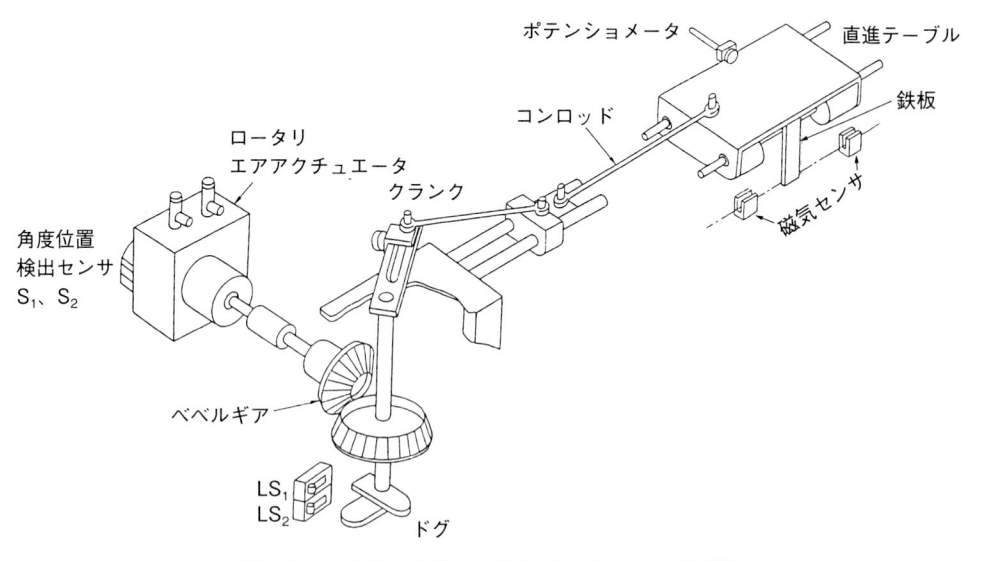

図 M4.5　クランクのロータリアクチュエータ駆動

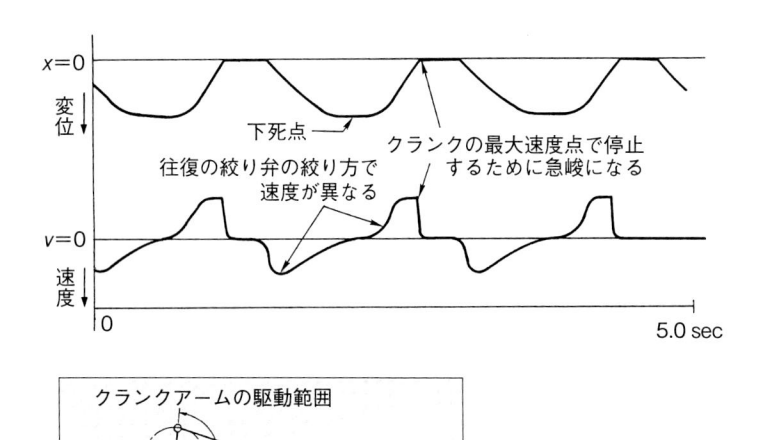

図 M4.6　下死点の往復

この構成では、クランクアームをほぼ最大速度の点で止めることになるので、片端だけが減速停止する。

(4)　クランク応用例 3
〔クランクによる直進往復機構（両端減速）〕

クランクを空気圧アクチュエータで両端減速にするには、空気圧アクチュエータの回転ストロークの終端をクランクの上死点と下死点の位置に合わせるようにする必要がある。

図 M4.7 は、エアシリンダの直線運動をラック＆ピニオンにて回転運動に変換し、クランクの入力軸を回転させ、クランクにて回転運動を直進運動に変換している。

■ クランク

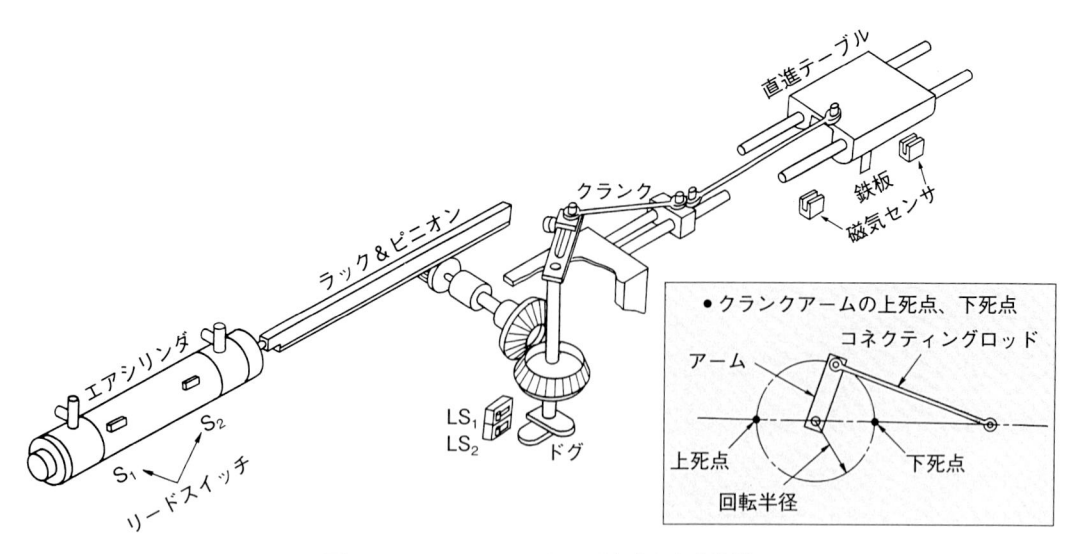

図 M4.7　クランクによる両端減速直進機構

　この装置では、ラック＆ピニオンの出力回転軸をちょうどクランクの上死点と下死点に機械的に合わせるのが難しいので、上死点はシリンダの戻り端に合わせ、リードスイッチ S_1 が下死点に相当する位置でオンするように設定して、この点でエアシリンダを後退させるようにした。

　ラック＆ピニオンは均等変換であるから、クランク軸についているドグを使って制御してもよいし、エアシリンダ側の検出スイッチを使ってもよい。

　ただし、クランクの直進出力は終端で減速されているので、直進テーブルの位置検出用の磁気センサでは位置精度が出ないので、制御には使わないようにする。直進テーブルの移動量は、クランクアームの長さによって決まる。運動特性は**図 M4.8**のようになる。

　コンロッドが十分に長いと、直進テーブルの運動は、ほぼサイン（正弦波）曲線になる。

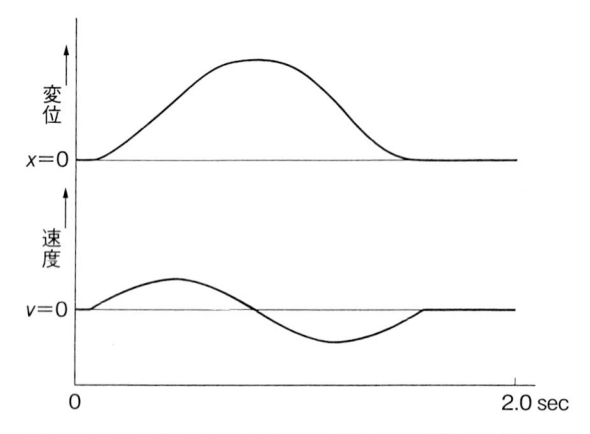

図 M4.8　クランクによる両端減速直進機構の動作特性

(5) クランク応用例4
〔クランクとラック＆ピニオンによる揺動機構（両端減速）〕

クランクを使って、スムーズな回転（揺動）往復運動を作る機構を図M4.9に示す。

リバーシブルモータでクランクアームを回転して、回転運動を末端減速の往復直進に変換し、さらにラック＆ピニオンでこれを回転往復運動に変換する。

出力軸の回転量はクランクのアーム長によって決まる。

図M4.10はモータを連続駆動した結果、往復回転する出力軸の運動特性をとったものである。両方の回転端にて出力軸の速度は減速し、ゼロになってから逆転を始めるようになっている。高速で往復運動させても振動や衝撃が比較的少なく、スムーズに動作する揺動運動になる。

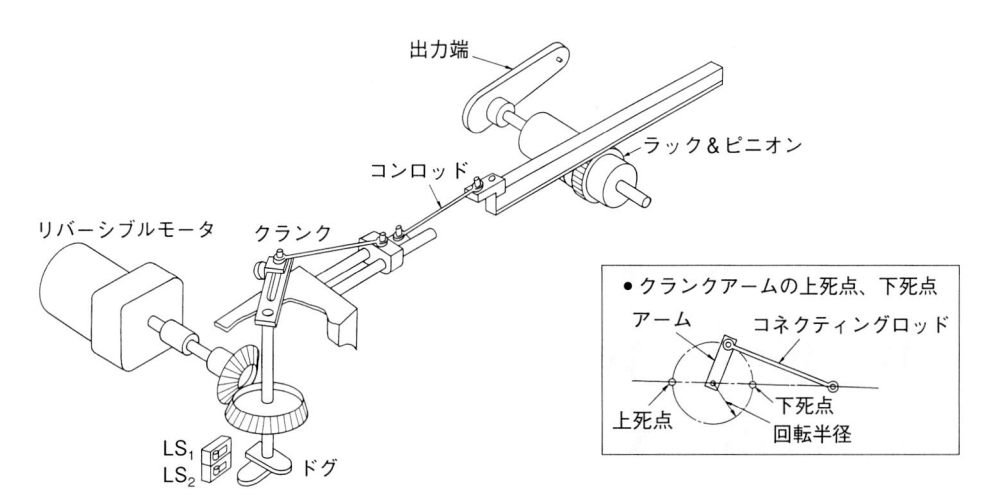

図 M4.9　クランクとラック＆ピニオンによる揺動運動

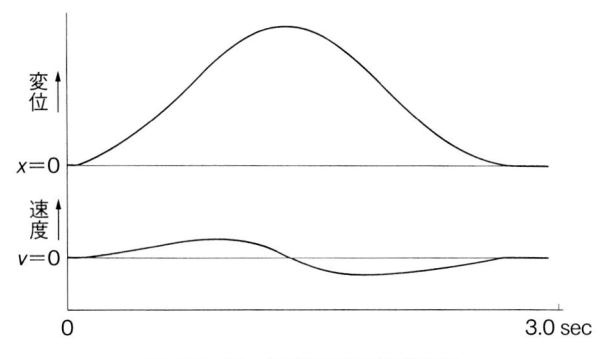

図 M4.10　揺動運動の運動特性

M-5　レバースライダ

特　徴	**運 動 変 換**：連続回転→往復直進（両端減速・早戻り） **ス ト ロ ー ク**：レバーアームの長さとスライダ（クランクピン）の位置で変化する **速 度 変 換**：一定速度回転入力からストロークの終端で減速する特性が得られる **速 度 特 性**：ストローク両端における末端減速 **逆運動変換**：直動側から回転出力を得ることもできる

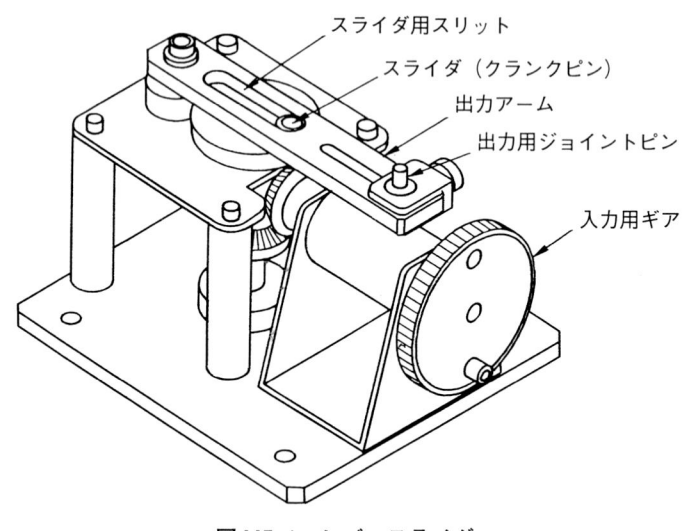

図 M5.1　レバースライダ

(1) レバースライダの構造

レバースライダは、出力アームのスリット（溝）の中をスライダ（クランクピン）が滑るように回転運動することにより、アームを動かす構造になっている（**図 M5.1**）。

クランクピンの1回転に対し、出力アームが1往復する。出力アームの出力用ジョイントピンから、揺動出力を取り出せるようになっている。

出力アームの動きは、クランクと同様に上死点と下死点がある。クランクの場合は上死点と下死点がほぼ180°の位置にあったが、レバースライダでは、クランクピンとクランクピンの回転中心を結ぶ線と、出力アームが直行する位置が上下の死点になるので、180°の関係にならない。

レバースライダの構造は、**図 M5.2** のようになっている。

軸間距離 $=L$ として、クランクピンの回転半径 $=R$ とおくと、$R=L\sin\theta$ の位置が上死点であり、この場合の θ を最大振れ角という。

また、上死点の線対称の反対側が下死点になる。

出力アームが上死点から下死点に移動するとき、出力アームの回転中心軸から見て、クランクピンが遠い方を通過するときには180°よりも長く移動するので、出力アームの移動速度は遅くなる。一方、死点間の近い方を通過するときは180°よりも短い角度を移動するので速くなる。このように

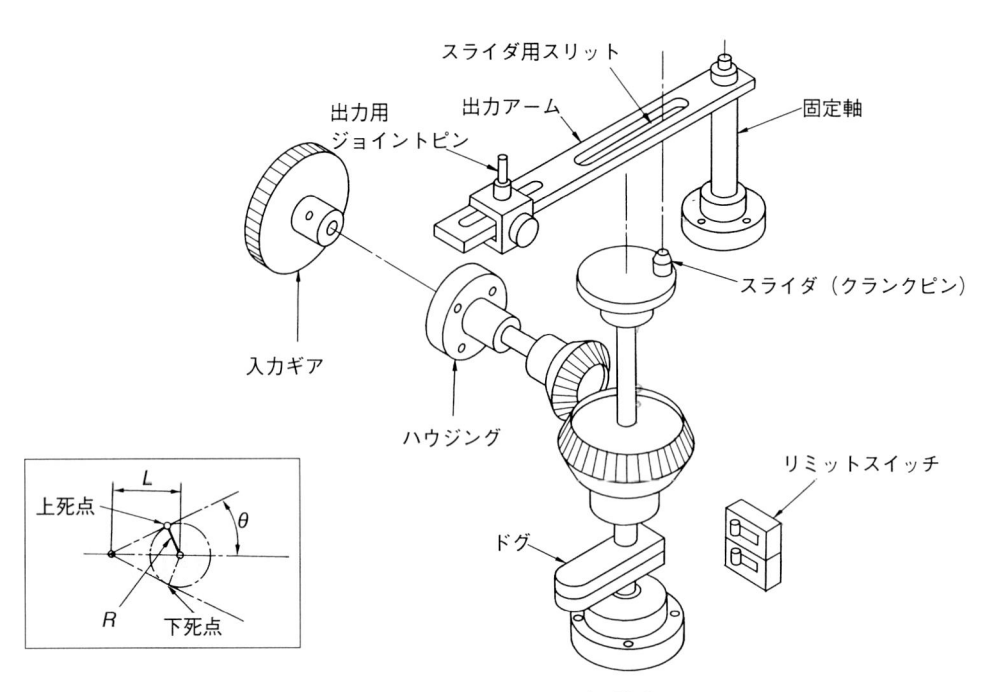

図 M5.2　レバースライダの構造

　入力軸を一方向に一定速度で回転したときに、出力アームの行きと帰りの速度が異なるので、早戻り機構とも呼ばれている。この図のものはジョイントピンの位置を移動することで、ストロークを調整できるようにしてある。

　出力アームの一端が回転中心軸に固定されて、他端が円弧を描いて往復運動することを揺動という。レバースライダの出力アームの動きは、回転入力の揺動出力機構といえる。出力軸からの逆向きに駆動することは不可能ではないがほとんど行われない。

(2)　レバースライダの応用例1　〔レバースライダのモータ駆動〕

　図M5.3は、スピードコントロール付きのインダクションモータでレバースライダを駆動し、揺動出力を直進テーブルに連結して、直線往復運動として利用する機構である。

　インダクションモータの速度設定を一定にしておき、早戻りの中間点をスタート点として、約2回転で停止させたときの直進テーブルの動作特性を取ったものが図M5.4である。

　直進テーブルの運動が往路と復路で速度が異なる早戻りになっていることがわかる。

(3)　レバースライダの応用例2　〔直線往復機構（両端減速）〕

　図M5.5は、空気圧シリンダを使ってレバースライダを駆動した揺動出力を直進テーブルに接続して直進テーブルを直線往復する機構である。

　レバースライダの構造は、図M5.6のようになっているので、上死点と下死点が往復の終端になるようにシリンダのストロークを調整すれば、末端で減速する特性が得られる。

　上死点から下死点へCCWの方向に動くときにはゆっくり動作するので安定する。

　一方、上死点から下死点へCWの方向に動くときには早い動きになる。スライダピンが回転して、

■ レバースライダ

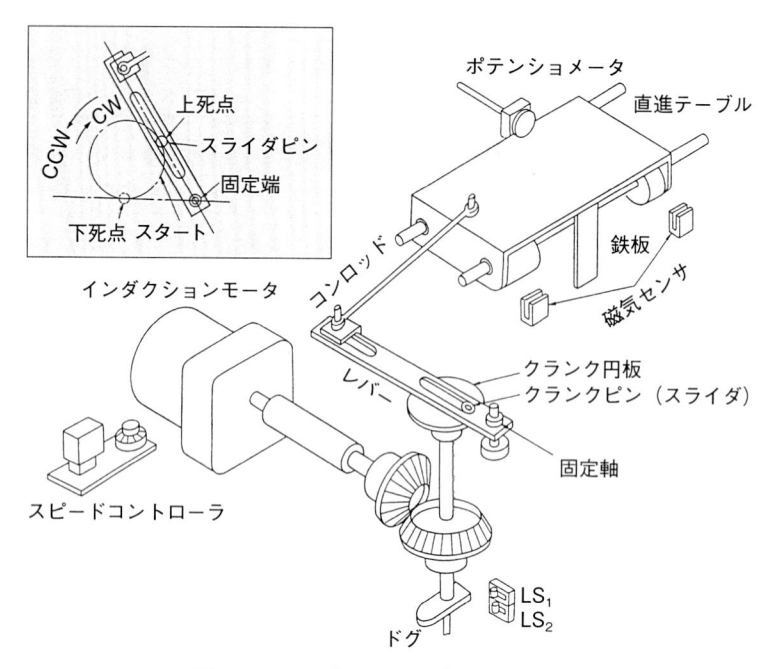

図 M5.3　レバースライダのモータ駆動

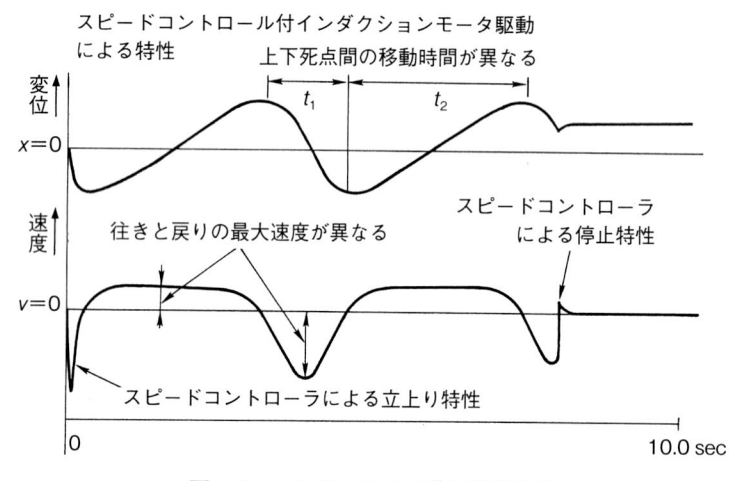

図 M5.4　レバースライダの運動特性

固定軸と最も近づくときに、テコの原理でレバーの出力端に伝達される力が最も小さくなり、負荷が大きいときなどには速度特性が不安定になることがあるので注意する。

（4） レバースライダの応用例 3　〔ベルトコンベアの駆動〕

図 M5.7 は、ロータリエアアクチュエータを使ってレバースライダを駆動して末端減速特性を作り、その特性でコンベアをスムーズにピッチ送りする機構である。

レバースライダの早戻り側の特性を使えば、コンベアの送り速度は速くなる。しかしながら、早戻りの反対側のゆっくりした動作を使ったときに比べると、駆動に大きな力が必要になるので力特性が悪くなり、速度も急激に立ち上がるようになる。

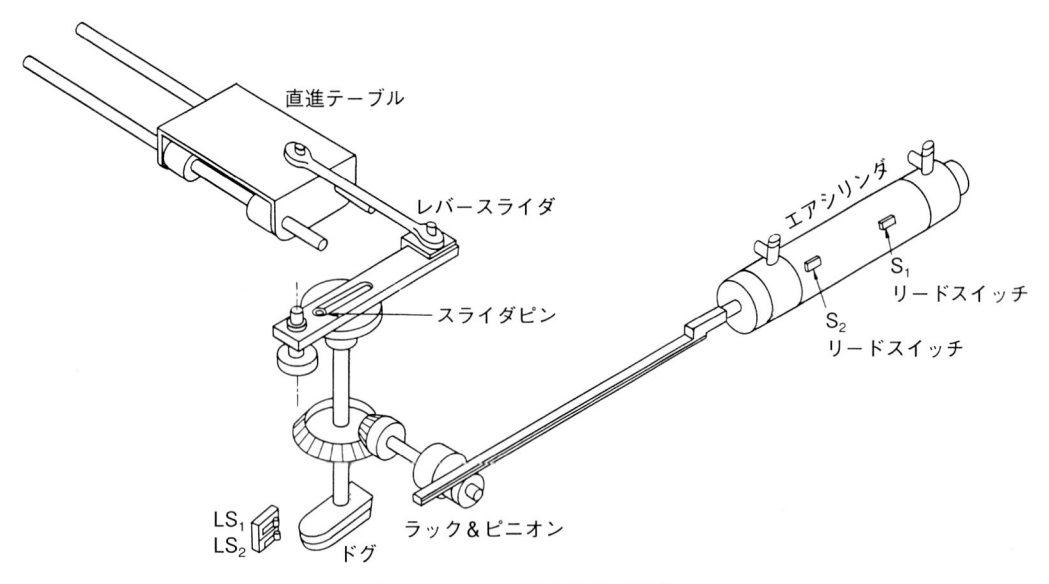

図 M5.5　早戻り直進揺動機構

　レバースライダのスライダピンによって出力レバーの押し引きをするので、スライダピンには横からの大きな荷重がかかることになるので、スライダピンの回転軸受けはしっかりとした構造にしておく必要がある。

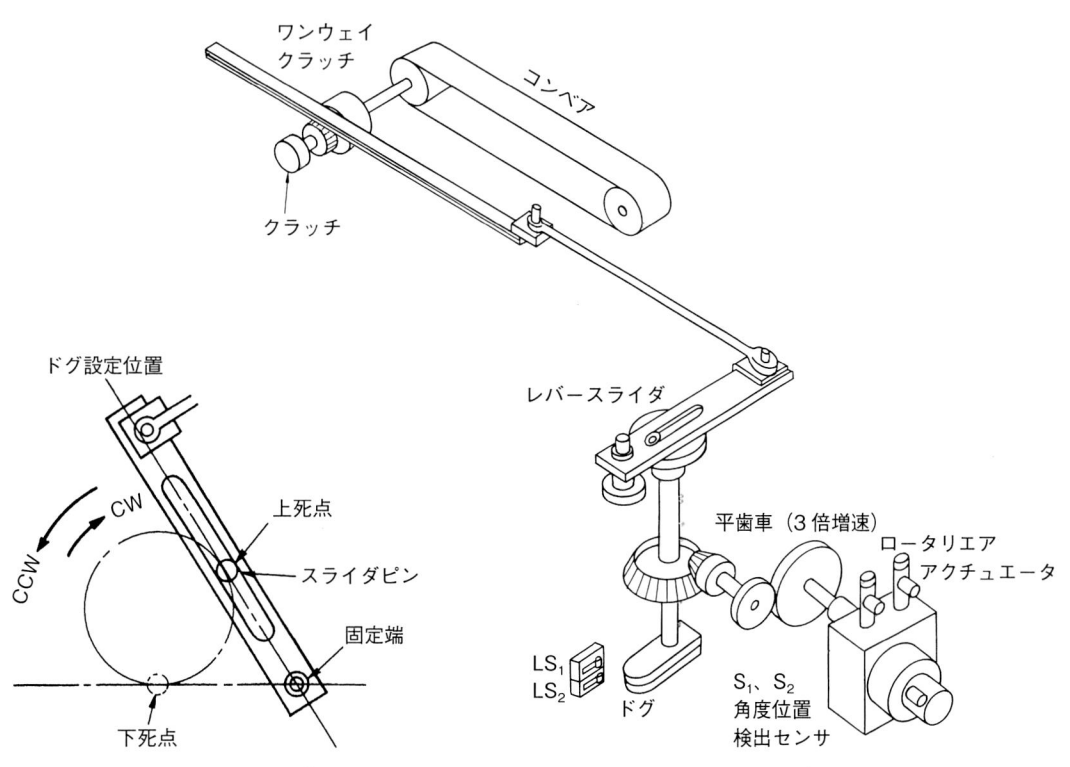

図 M5.6　レバースライダの動作

図 M5.7　レバースライダとワンウェイクラッチを使ったコンベア駆動

M-6	**送りねじ**
特　徴	運動変換：回転→直進 ストローク：送りねじの回転量で変化する 速度変換：均等変換 速度特性：ねじのリードによって変換速度が異なる 逆運動変換：ねじのリードが大きい時には直動側から駆動して回転出力を得ることもできる

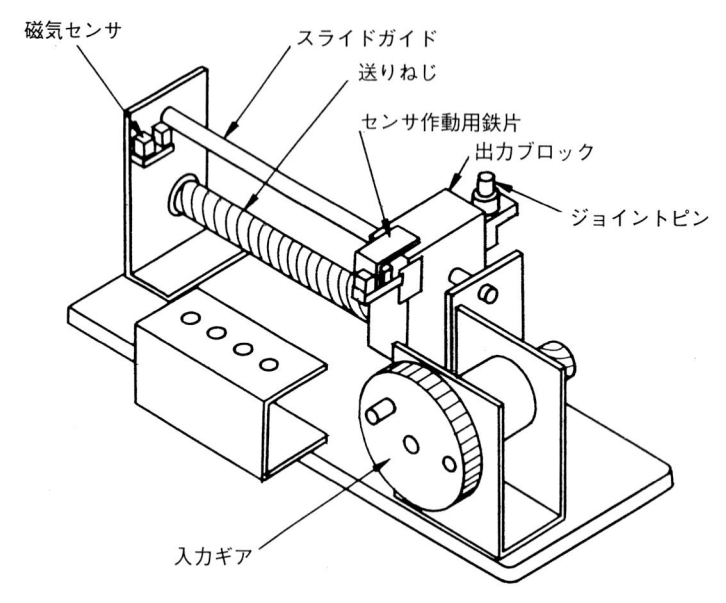

図 M6.1　送りねじ

（1）送りねじの構造

　送りねじは図 M6.1 のような構造で、ねじとナットを使って回転運動を直進運動に変換する機構である。入力の回転角と出力の移動量が常に一定の割合になっているので、均等変換機構の1つになる。

　ナットにボールスライド機構が採用されて、摩擦の影響を小さくしたものはボールねじと呼ばれている。

　送りねじの直進運動側から回転運動を得るには、ねじのリードが大きければ可能である。ねじのリードとは、送りねじ1回転で、出力ブロックが進む距離のことである。ねじを横から見て、ねじの線が斜めに傾いているほどリードが大きい。これをねじピッチが粗いともいう。リードをさらに大きくすると、多条ねじになる。

　この送りねじの構造は、図 M6.2 のようになっていて、入力ギアの回転をヘリカルギアで 90° 運動変換して、ねじを回転している。出力ブロックにはフィードナットがついていて、ねじの回転に

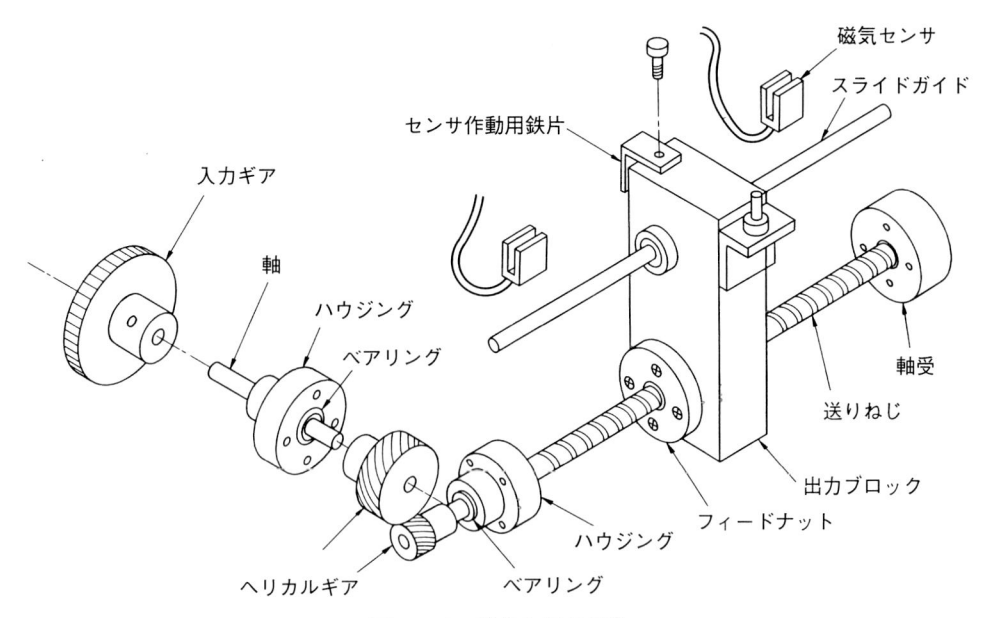

図 M6.2　送りねじの構造

よって動作する。ねじの回転方向によって出力ブロックの移動する方向が変わる。

出力ブロックの移動位置を検出するために、磁気センサが出力軸の両端に付けられている。

このU字型の空隙に鉄板が挿入されることにより出力ブロックの位置を検出する。信号は無電圧接点タイプである。

送りねじは、移動ストロークを超えて入力を回転し続けると、フィードナットが軸受けにかじりつくことになる。これを避けるためには、磁気センサよりも外側にフィードナットが移動しないように、制御する必要がある。

この機構は入力軸と出力軸を同軸上に直結せず、直交ヘリカルギアで連結している。ヘリカルギアは入力軸と出力軸が同一平面上にない場合、直角に運動方向を変更するものである。

(2) 送りねじの応用例 1 〔送りねじのモータ駆動〕

図 M6.3 は送りねじをインダクションモータで駆動して直進テーブルの往復運動制御を行う機構である。

送りねじについている磁気センサ S_1 と S_2 は、出力ブロックがオーバーランしないようにするための限界センサとして使っている。テーブルの位置決めセンサは、直進テーブルについている磁気センサを使った。

この機構を駆動したときの直進テーブルの運動特性をとったものが図 M6.4 である。

変位が直線に変化しているのは、一定速度で移動していることを示している。すなわち、インダクションモータの一定速度回転の特性が、そのまま均等変換されて直進テーブルの運動特性になっているということになる。

また、インダクションモータの出力はねじによって減速されているので、モータの立ち上がりの

■ 送りねじ

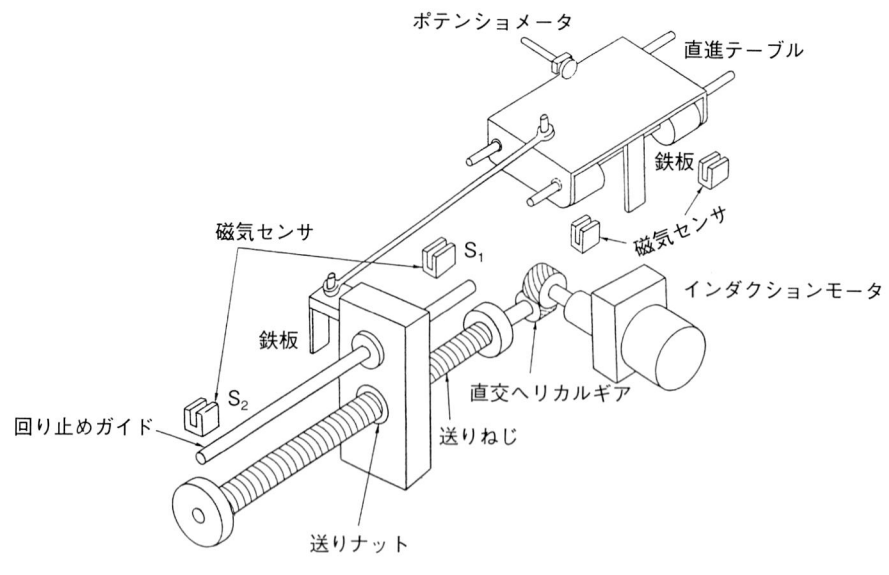

ポテンショメータ　直進テーブル　鉄板　磁気センサ　インダクションモータ　磁気センサ　S₁　鉄板　S₂　回り止めガイド　直交ヘリカルギア　送りねじ　送りナット

図 M6.3　送りねじのモータ駆動

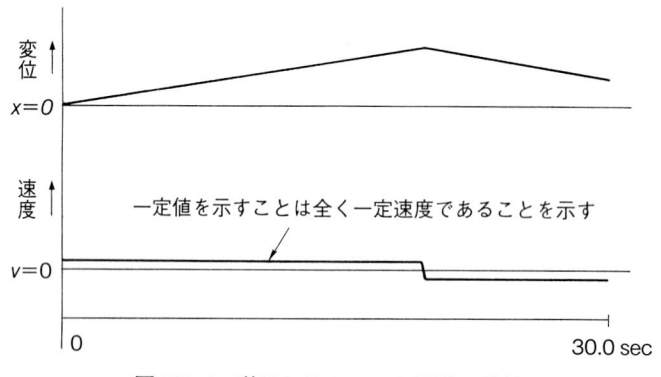

一定値を示すことは全く一定速度であることを示す

図 M6.4　送りねじのモータ駆動の特性

変化などの影響も受けにくい。

(3) 送りねじの応用例2 〔送りねじで減速した等速揺動機構〕

図 M6.5 は、リバーシブルモータで送りねじを回転し、回転運動を均等に減速された直進運動に変換し、コンロッドを介してラックピニオンを作動させて減速した揺動出力を得る機構である。

運動特性は図 M6.6 のように、一定速度で変化するようになる。言い換えると、モータの運動特性がほぼそのまま出力軸に出てくることになる。

図 M6.7 はこの機構に近い構造によって水平回転運動をするピック＆プレイスユニットを構成したものである。リニアフィーダの先端からビスを取り出して、パレット上のビス供給位置1と2の2カ所に供給するようにしたシステムになっている。ここではラック＆ピニオンの代わりにレバーを使っている。

供給用のピック＆プレイスユニットは回転移動型で、1台で1つのパレットに対して2回のビス

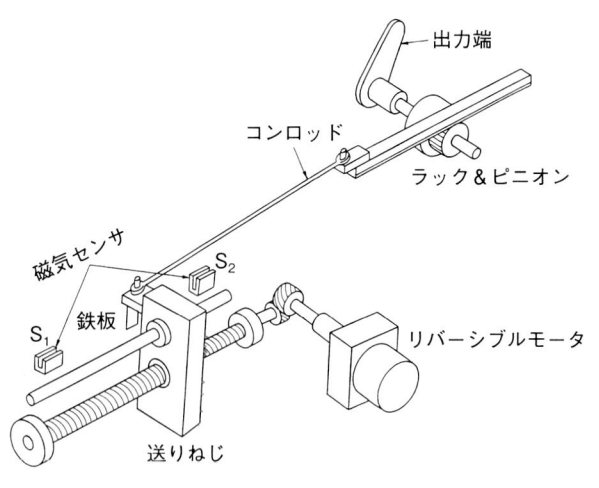

図 M6.5　送りねじによる揺動機構

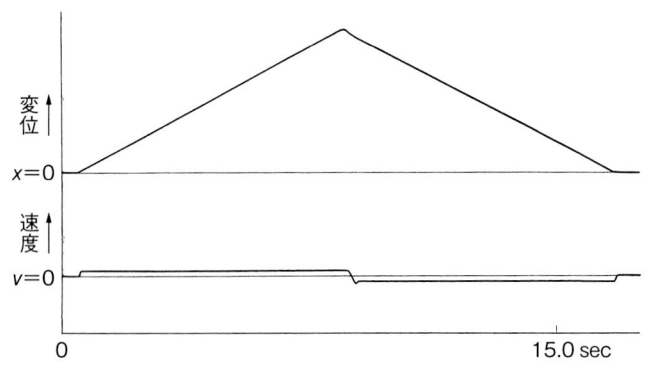

図 M6.6　送りねじによる揺動機構の特性

供給動作を行う。図 M6.8のように、ピック＆プレイスユニットの回転中心は供給位置1と2を結んだ線分の垂直2等分線になくてはならず、距離は各供給位置からアーム長（a）だけ離れた点になる。

　送りねじの駆動にスピードコントロールインダクションモータを使ったときにはリミットスイッチの信号が入ったときにできるだけ早く停止できるように瞬時停止のできるものを利用するとよい。

　このような構造の場合には数値制御型のモータを利用すると水平軸の移動を原点位置からの回転角度で指定できるようになる。

■ 送りねじ

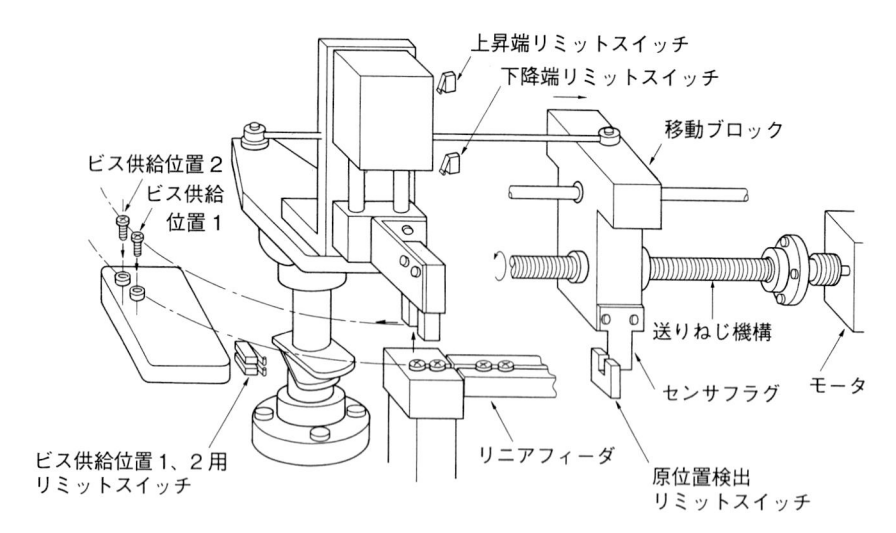

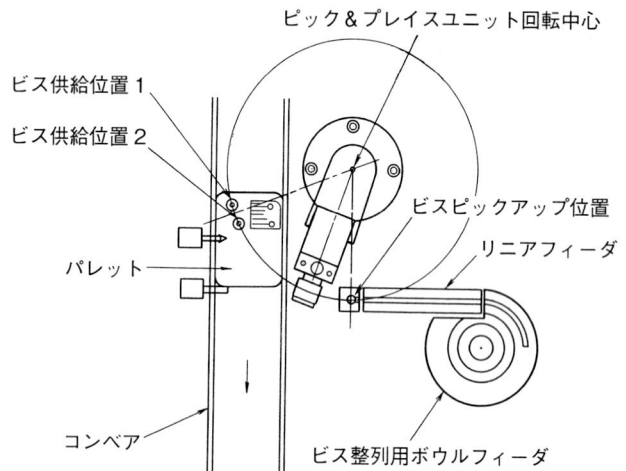

図 M6.7　ビス供給ユニット

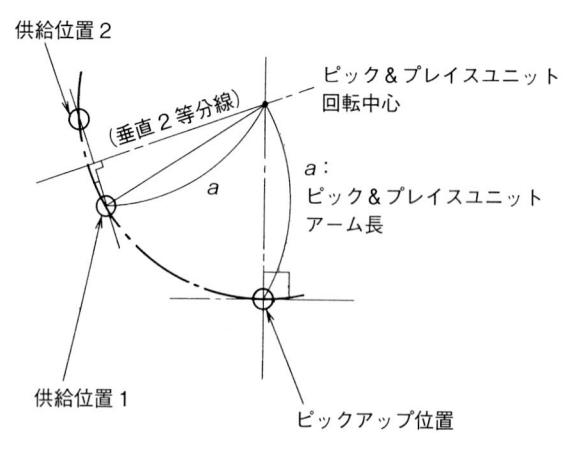

図 M6.8　ピック＆プレイスユニットの設置位置

M-7	**トグル**	
特 徴	運動変換：揺動→直進 ストローク：入力のストロークによる 速度特性：片端減速 逆運動変換：可能だが、死点にあると駆動できない	

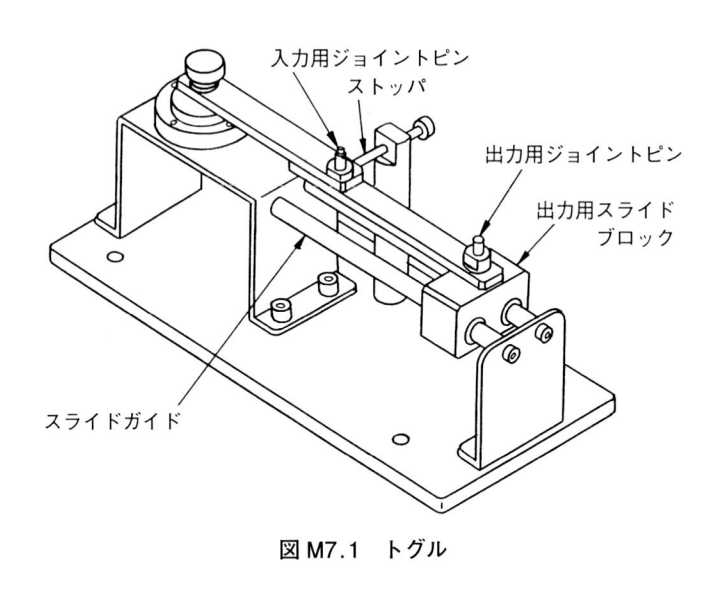

図 M7.1　トグル

（1）　トグルの構造

　トグルは**図 M7.1**のような構造で、入力用ジョイントピンを揺動させると出力用スライドブロックが直進往復をする。図のジョイントされた2本のアームは"く"の字に折れ曲がるようになっていて、くの字の頂点から垂直方向に押すと、くの字が伸びてゆく構造になっている。

　本機構の出力用スライドブロックは、くの字が伸びるにつれて減速して、2本のアームが伸びきった点で速度がゼロになる。トグルはクランクの下死点と同様の動きになり、クランクのアームが部分的にしか回転しない構造のものと考えられる。

　くの字が大きく角度を持っているときには出力側からでも楽に動かすことができる。

　しかし、くの字が直線に伸びきったところでは、出力側に力を加えても出力ブロックは動かないので、出力側から動かそうとするものに対してのツッパリとして使用することがある。たとえば、電車やバスのドアの開閉にトグル機構を利用すると、閉まり始めのときは出力側からでもドアを押し戻すことができるが、いっぱいに伸びきると、強い力を加えてもドアが開かないようになる。

　図 M7.2のように、トグルにストッパをつけて、調整ねじでアームが直線になるところより少し行き過ぎたところにセットすると、アームがストッパに当たっているときに出力側から元に戻せなくなる。このときには、出力側からの逆方向推力に対して、ストッパにはきわめて軽い力しか加わらない特徴がある。

■ トグル

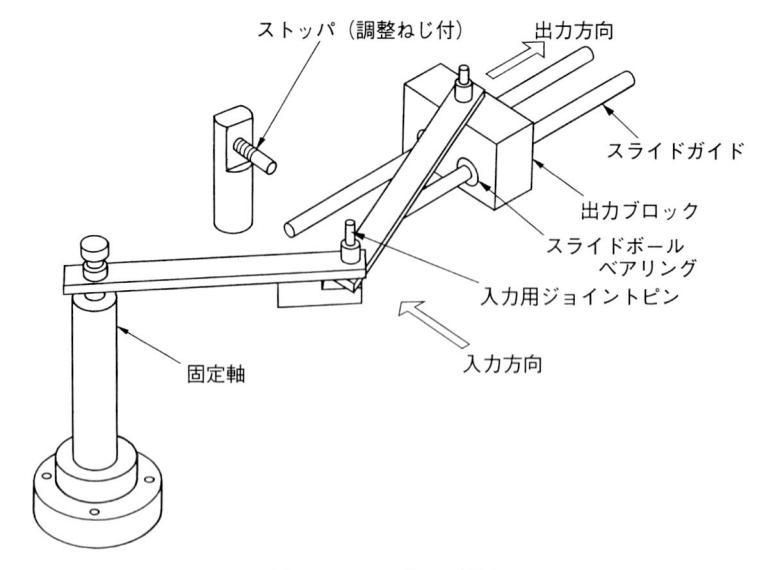

図 M7.2 トグルの構造

(2) トグルの応用例 1 〔トグルによる揺動機構（往端減速特性）〕

図 M7.3 は、クレビス型エアシリンダとトグルのアームを接続し、トグルとラック＆ピニオンをコンロッドにより連結したものである。

本機構はシリンダの直進往復運動をトグルにて、片端減速型の直線運動に変換してラック＆ピニオンを作動させるので、図 M7.4 のようにピニオンの回転出力軸は片端減速型揺動出力を得ることができる。

(3) トグルの応用例 2 〔トグルとラチェットによる往端減速間欠回転機構〕

図 M7.5 の機構では、クレビス型エアシリンダにてトグルを作動させ、トグルの往復出力にてラチェットを回転させるもので、ラチェットとトグルはコンロッドにて接続されている。

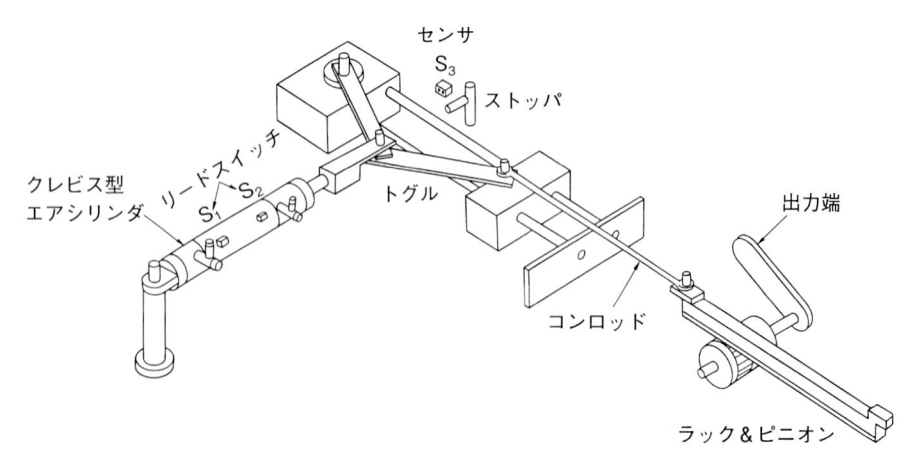

図 M7.3 トグルによる往端減速の揺動機構

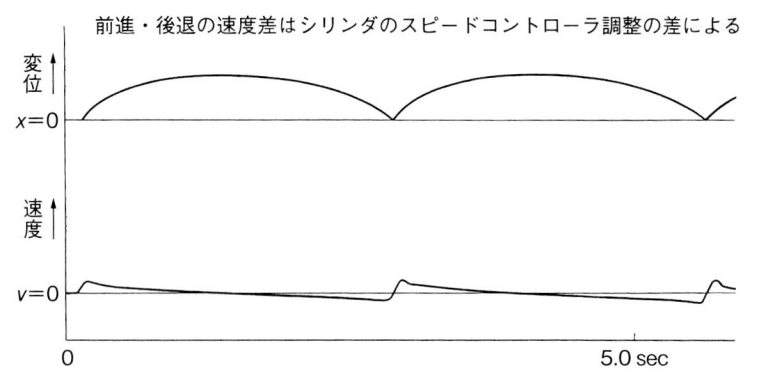

前進・後退の速度差はシリンダのスピードコントローラ調整の差による

図M7.4　トグルによる往端減速の揺動機構の特性

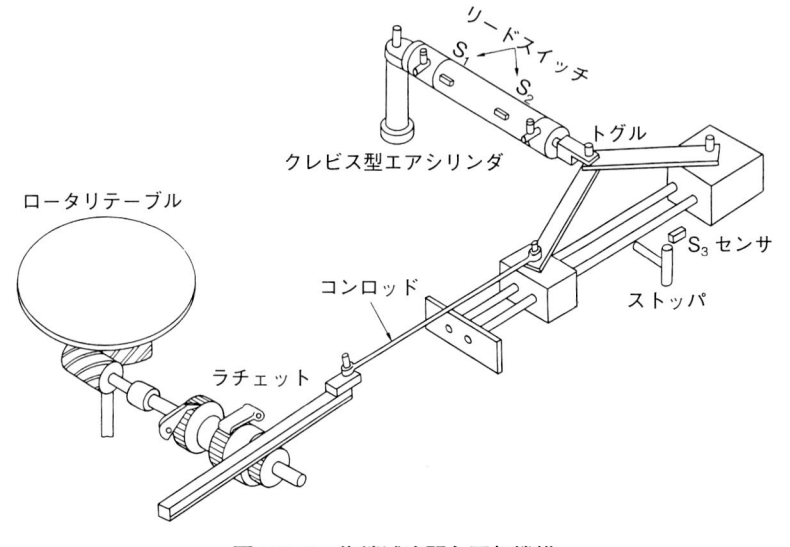

図M7.5　往端減速間欠回転機構

シリンダのストロークはシリンダの位置検出用リードスイッチS_1と、トグルの往端センサS_3によって位置決めを行う。

本機構はトグルで末端減速された運動にてラチェットが駆動されるため、ラチェットによる回転

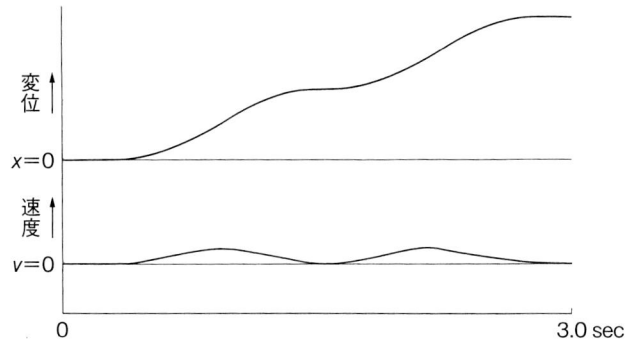

図M7.6　往端減速間欠回転機構の動作特性

■ トグル

移動が終了するときに速度がゼロまで減速されるのでよりロータリテーブルのオーバーランを小さくできる。ロータリテーブルの回転の運動特性は図 M7.6 のように末端減速の間欠回転となる。

(4) トグルの応用例 3 〔トグルと早戻り機構を使った高減速機構〕

図 M7.7 の機構はレバースライダの出力にてトグルを作動させるものである。

レバースライダは両ストロークエンドにおいて、減速する特性を持っているが、トグルが伸びきるときの減速特性を使ってさらに高減速にしている（図 M7.8）。

レバースライダの下死点の位置から上死点に CW の方向に移動すると、上死点に近づくに従って強い直進出力が出る。さらに同じ CW 方向に回転すると、下死点に移動する間、レバースライダは早戻りする。

本機構は、早戻りプレスなどの用途に適する。

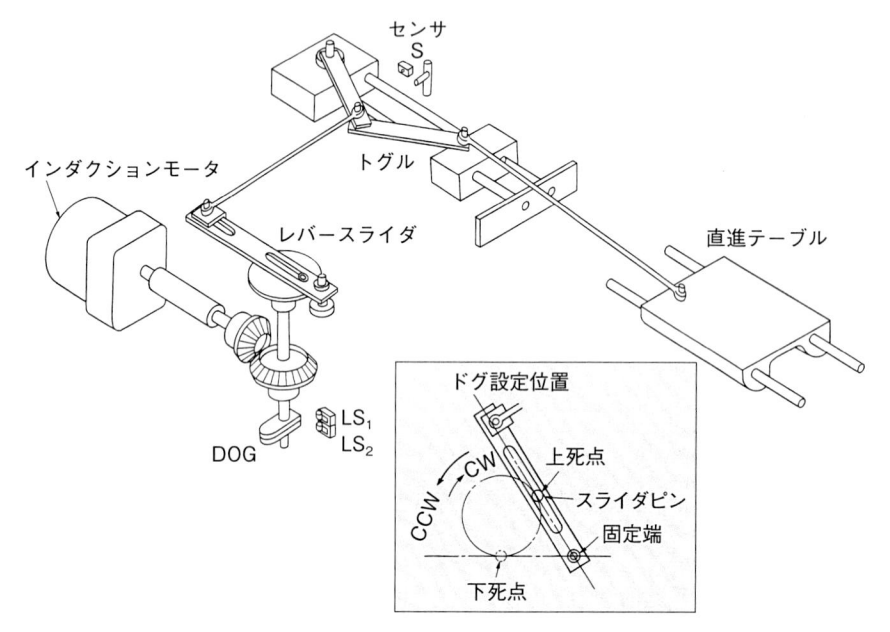

図 M7.7　トグルとレバースライダによる高減速機構

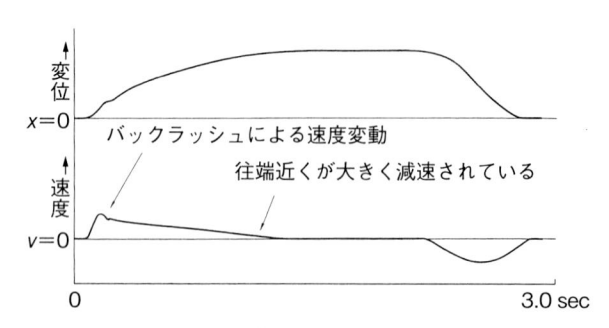

図 M7.8　高減速機構の動作特性

M-8	**ゼネバ**
特 徴	運動変換：連続回転→間欠回転 送りピッチ：ゼネバギアの分割数による 速度特性：両端減速 逆運動変換：できない

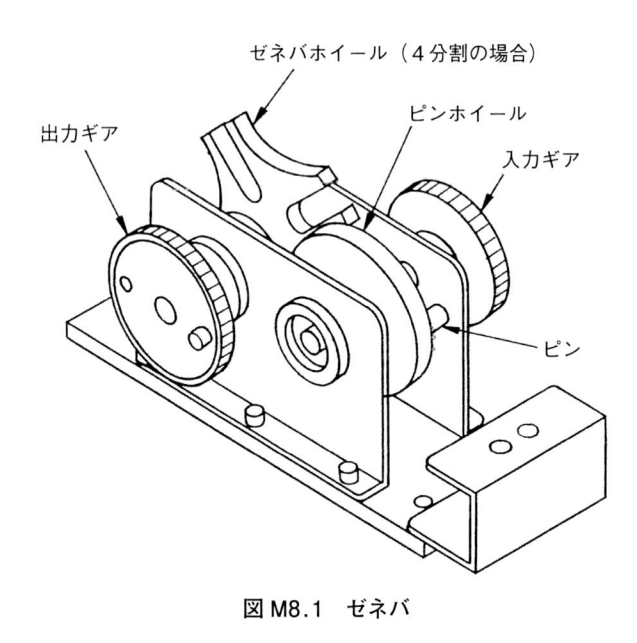

図M8.1 ゼネバ

（1） ゼネバの構造

　図M8.1のゼネバは、入力ギアに連結しているピンホイールが回転して、ゼネバホイールの溝の中にピンが飛び込み、そのピンがゼネバホイールの溝をスライドしながらゼネバホイールに回転を与える。ピンが溝から抜けると、ゼネバホイールの外周の半月状のくぼんでいる部分にピンホイールの半月状のカムが食い込み、ゼネバホイールをその位置に停止したまま保持する。このような機構をゼネバという。ゼネバの回転時の運動特性はレバースライダの早戻り側の特性と同じである。

　図M8.2に6分割ゼネバの構造を示す。

　ピンが入る瞬間の角度は、入力軸と出力軸から直角三角形を描くことにより求められる。

　6分割の場合、ゼネバホイールにして30°、ピンホイールにして−60°から入って+60°で抜けるので、ピンがゼネバホイールを駆動している時間は120°であり、次の溝に入るまでの時間は240°である。

　したがって、入力軸1回転のうち、120°で出力軸を回転し、残りの240°で出力軸は停止する間欠回転出力が得られる。

　ゼネバホイールの外周の半月状の凹部に食い込むピンホイールの半月状のカムを、停止用半月状カムまたは、ストップカムという。

■ ゼネバ

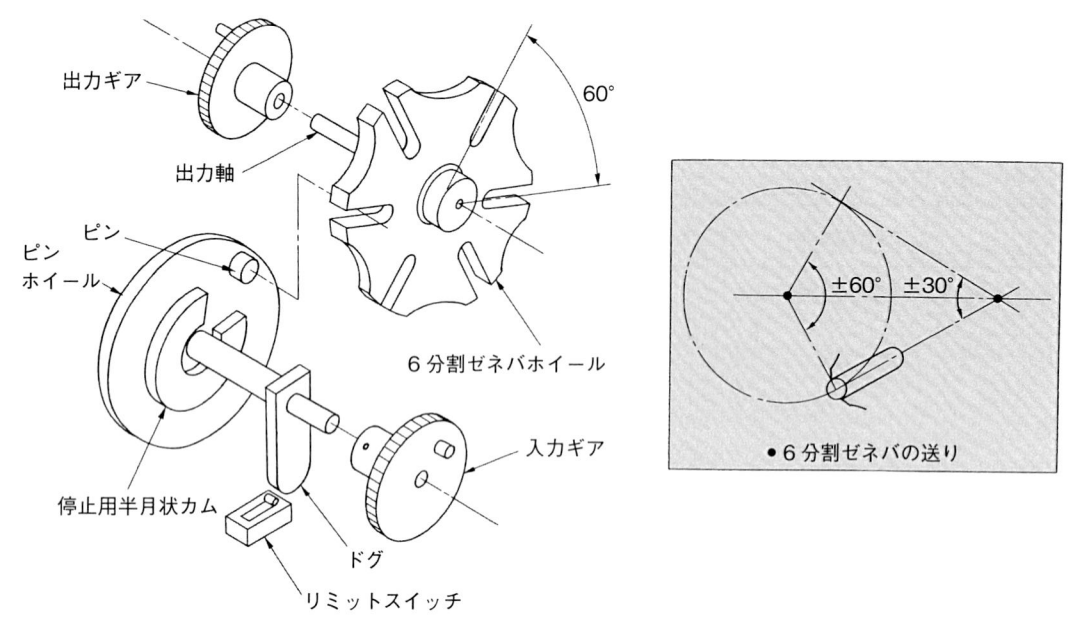

図 M8.2　6分割ゼネバの構造

　ゼネバの入力軸にドグが1個あるが、通常ピンが抜けてから次にピンが入るまでのほぼ中間の位置に停止するようにリミットスイッチを調整して入力軸の駆動を止めるようにする。
　これは間欠駆動において、ピンホイールのストップカムがゼネバホイールの外周に確実に食い込んでいる位置に相当するからである。

(2) ダブルピンゼネバ

　ダブルピンゼネバは、**図 M8.3**のような構造で、カムフォロワが2つ付いているピンホイールを回転してゼネバホイールを駆動する。ゼネバホイールには角度分割された溝が切ってあり、半回転で1分割ピッチ分送られる。この図の例では、ピンホイールの1/2回転でゼネバホイールを45°送ることになる。ピンホイールを1回転すると、2分割分の90°送られる。
　このピンが図の垂直に近い位置にあるところでゼネバホイールは同心円になっているので入力を連続回転していてもここで出力軸はいったん停止する間欠回軸となる。この位置でピンホイールを停止すればゼネバホイールは安定して停止できる。

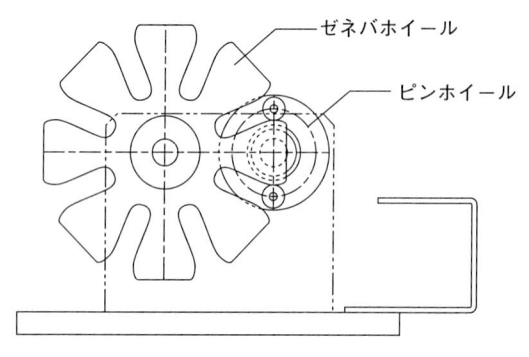

図 M8.3
ダブルピンゼネバ

ダブルのピンは片方のピンが溝から飛び出すときに反対側のピンが次の溝に飛び込むように設計されている。

(3) ゼネバの応用例1 〔ゼネバ機構のモータ駆動〕

図M8.4は、インダクションモータでゼネバを駆動し、コンベアを間欠回転させる機構である。ポテンショメータでコンベアの動作を検出して、その変位特性と速度特性をとったものが図M8.5である。この実験では、インダクションモータを連続運転したものであるが、コンベアは一方向に回転と停止を繰り返す間欠回転になっていることがわかる。

このようにゼネバ機構は回転開始端と終端で減速特性を持つ回転から間欠回転への変換機構で、連続回転入力を間欠回転に変換する。

ゼネバには、4分割、6分割、8分割、12分割など種々のものがある。分割数が多いほど、停止時間と駆動時間の比が1:1に近づく。

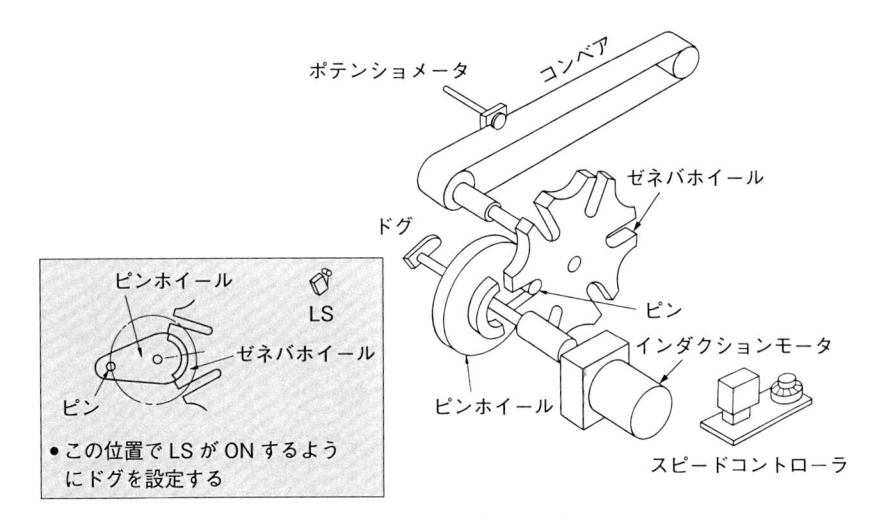

図M8.4 ゼネバ機構のモータ駆動

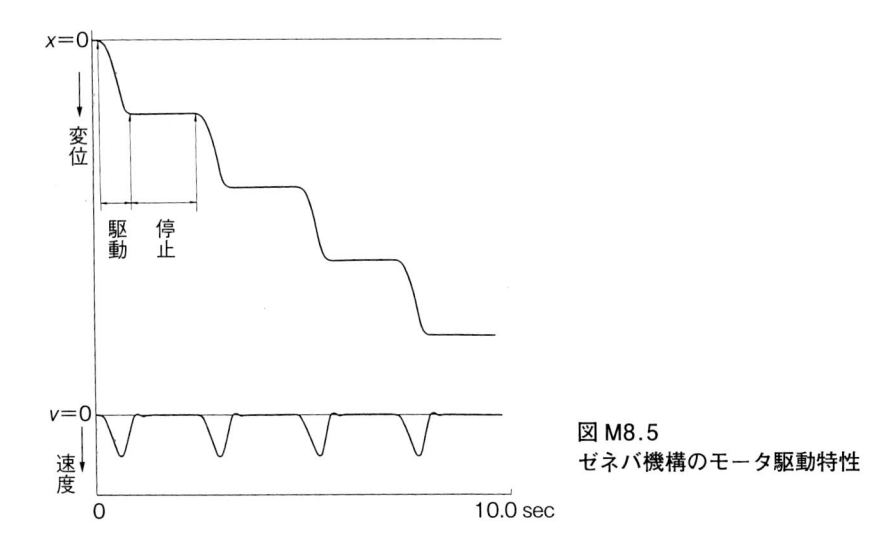

図M8.5 ゼネバ機構のモータ駆動特性

M-9 増減速平歯車

特徴
- 運動変換：連続回転→連続増速回転または連続減速回転
- 回転方向：歯車の枚数が偶数のときに逆向きになる
- 速度特性：均等変換
- 逆運動変換：できる

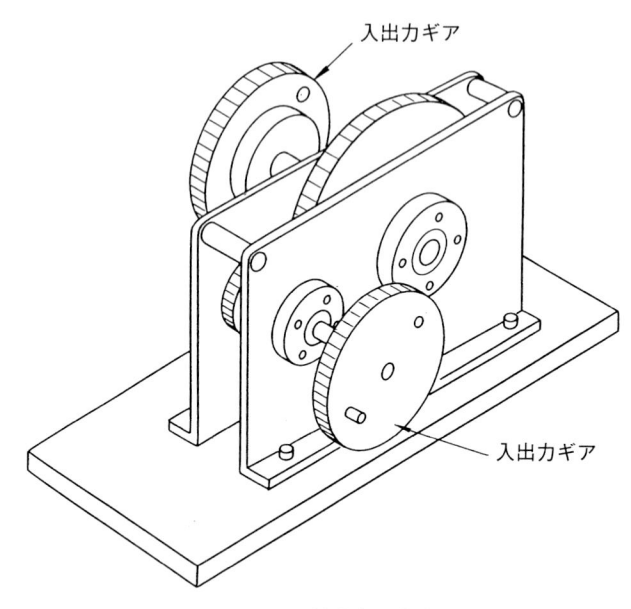

図 M9.1　増減速平歯車

(1) 平歯車の構造

図 M9.1 の増減速平歯車は、大小２枚の平歯車を組み合わせて回転入力を増減速して回転出力を得るようにしたものである。

図 M9.2 に平歯車増減速機の構造を示す。

入出力は大小の平歯車に直結されている歯車を介して、大小いずれの側からも行うことができる。増速の場合は大きい平歯車側より入力し、減速の場合は小さい平歯車から入力する。

２枚の平歯車の組み合わせのため、入力側の回転方向が出力側においては逆方向になる。

このモデルの入出力の増減速比は、１：３になっていて、入出力歯車の回転比が３倍に増速または1/3 に減速される。

使用するときには平歯車同士のかみ合わせに必要なわずかな空隙によるバックラッシュに注意する。歯車で減速すると減速比と反比例して出力軸の力は大きくなる。理論上は減速比が 1/3 であれば力は３倍になる。ただし、何段階も減速するときには歯車の機械効率による力の減衰の影響が大きくなるので注意する。

また、サーボモータのように慣性の影響を受けやすいアクチュエータで大きな負荷を制御すると

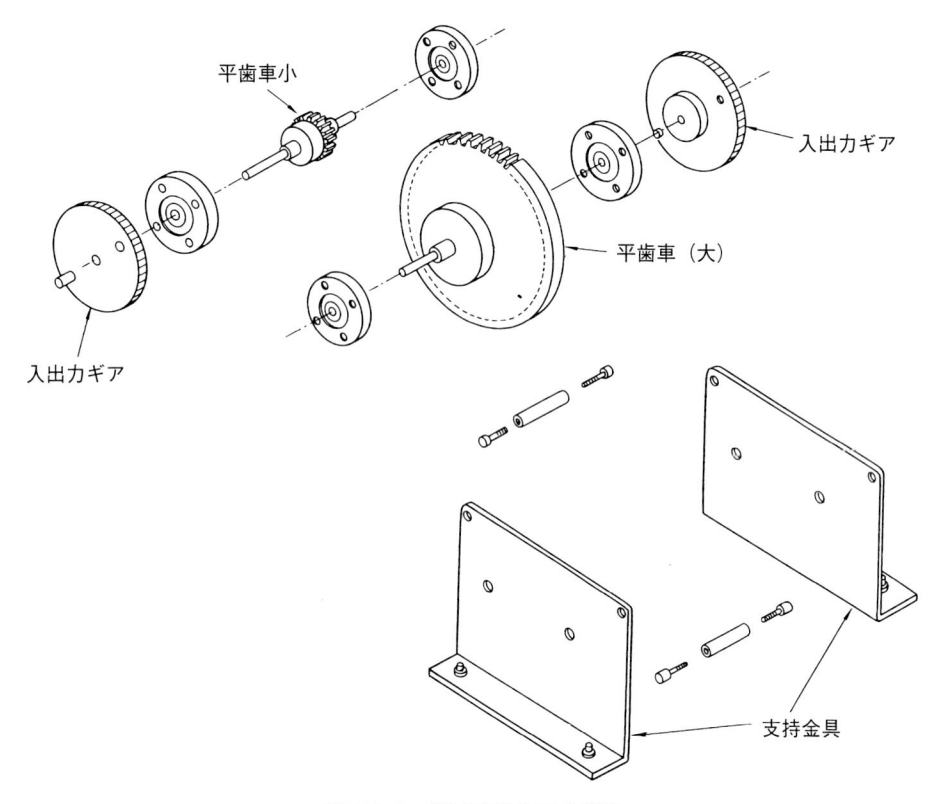

図 M9.2　増減速平歯車の構造

きにはサーボモータの回転出力を歯車で減速することで、負荷からサーボモータ本体にかかる慣性の影響を小さくすることができる。

　大きな慣性負荷を駆動するときにはサーボモータを直結して低速で駆動するよりも、サーボモータの回転出力を歯車で機械的に減速してサーボモータを高速に回転させたほうが安定する。

　この場合、歯車の噛み合わせのバックラッシュによって最終端の位置決め精度が悪くなることがあるので注意する。

(2)　増減速平歯車の応用例1　〔リバーシブルモータの3倍増速〕

　図 M9.3 のようにリバーシブルモータの出力軸に3倍の増速歯車を組み合わせてベルトコンベアを駆動する。

　図 M9.4 はその結果で、毎秒約 400 mm で走行中に反射型光電スイッチから停止信号が入った位置から停止するまでに、約 36 mm のオーバーランが生じた。

　速度が大きくなると、このオーバーランも大きくなる。

(3)　増減速平歯車の応用例2　〔平歯車増速によるレバースライダの部分使用〕

　図 M9.5 は、回転角が 90°のロータリエアアクチュエータの出力を3倍にして、レバースライダの下死点から上死点までの回転角度の 270°になるように平歯車増速機を利用したものである。平歯

■ 増減速平歯車

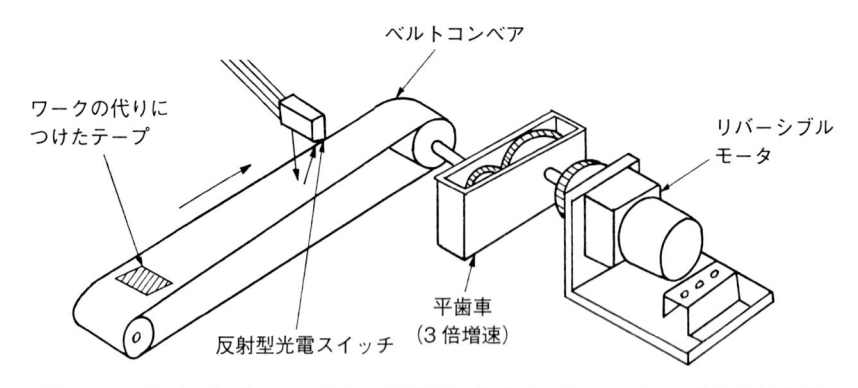

図 M9.3 リバーシブルモータの3倍増速によるベルトコンベアの停止特性実験

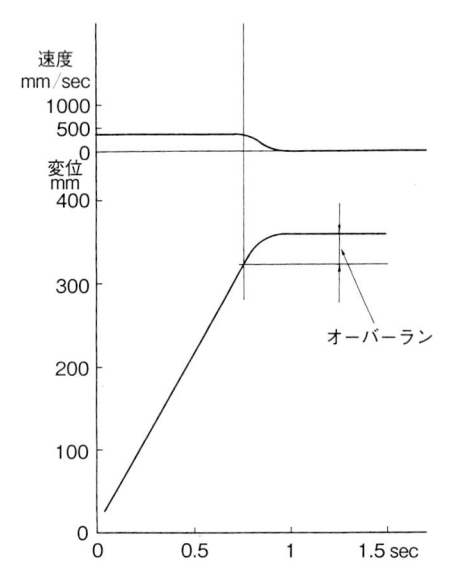

図 M9.4 光電センサの信号が入ってからコンベアが停止するまでの動作特性

車による3倍増速で、ロータリエアアクチュエータの回転角度90°でレバースライダのクランク円盤が270°回転する。

レバースライダのスライダピンがどの部分の270°を動くかによって速度特性は大きく変わる。例えば、図 M9.5 の位置から270°動くと、「途中減速の特性」になる。あるいは上死点と下死点の間の270°を動かすと、末端減速の特性となる。

図 M9.6 はこの装置を駆動する空気圧回路である。

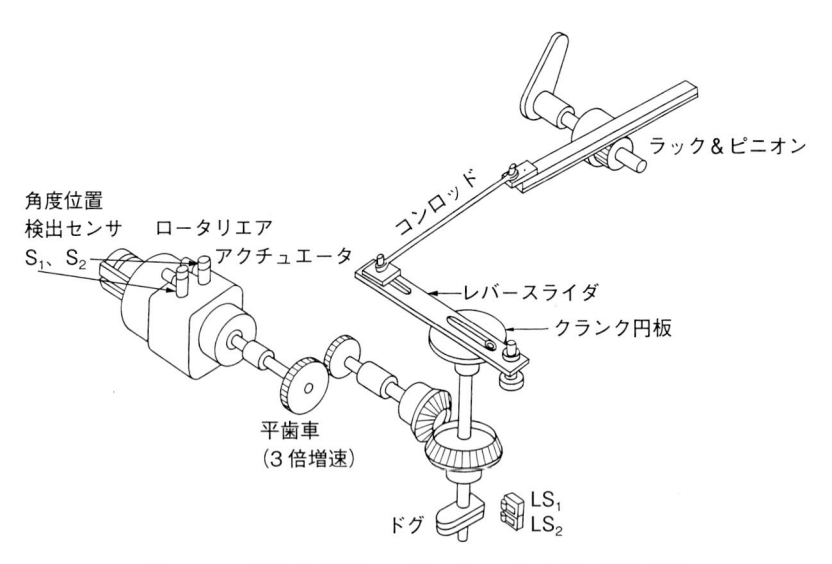

図 M9.5　平歯車増速によるレバースライダの部分使用

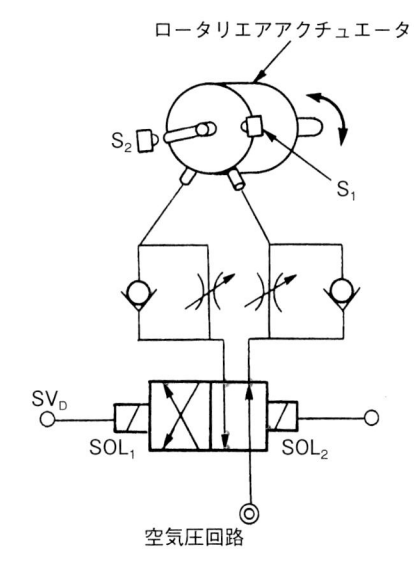

図 M9.6　ロータリエアアクチュエータの空気圧回路

M-10	ウォームギア
特　徴	運 動 変 換：連続回転→減速回転 回 転 方 向：正転・逆転 速 度 特 性：均等変換 逆運動変換：できない

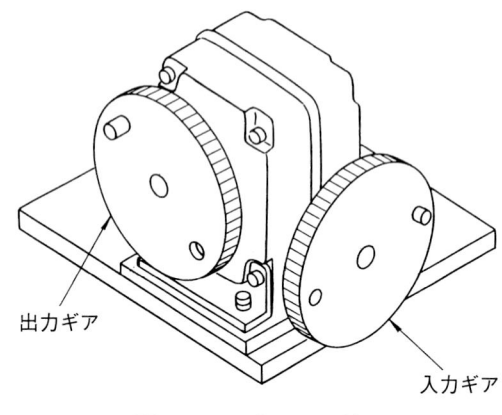

図 M10.1　ウォームギア

（1）　ウォームギアの構造

ウォームギアの外観は図 M10.1 のようになっている。内蔵されているウォームギアは図 M10.2 に示すとおり、ウォームとウォームホイールの組み合わせにより構成されている。ウォーム側を入力軸とし、ウォームホイール側が出力軸となる。

本ウォームギアはケースに内蔵されて、すべり摩擦を低減するために油に浸されている。

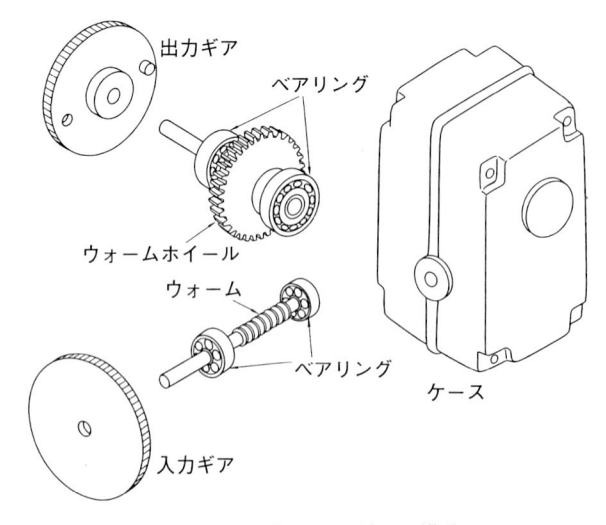

図 M10.2　ウォームギアの構造

ウォームの1回転により、ウォームホイールの歯1枚を送るため、大幅に減速されることになるので逆からの駆動は難しい。本図のものは、ウォームホイールを1回転するためにウォームの50回転を要するので、1/50減速になっている。

　減速比の大きなウォームによって増力されて逆からの駆動ができないので、バレーボールやテニスコートのネットを張るときにハンドルを回してワイヤを巻き取る機構にも使われている。ウォーム側にレバーをつけて手で回転してテンションを張るが、手を離しても高減速のウォームギアになっているためにゆるまない。

　そのほか、カム機構などを駆動するときに、カムから受ける反力によって回転軸が押し戻されないようにするときなどにもウォームギアが使われることがある。

　ウォームホイールはウォームとウォームホイールのかみ合わせをより確実にするため、ウォームの外形を中細りにしてウォームホイールの外径に合わせてあることもある。

　ウォームギアはねじ送り機構であるため、ウォームホイールの歯にはリード角がついていて、ウォームの歯にもこれに合わせた傾斜がついている。

M-11　インデックスドライブ

特　徴	運動変換：連続回転→間欠回転
	回転方向：正転・逆転
	速度特性：末端減速
	逆運動変換：できない

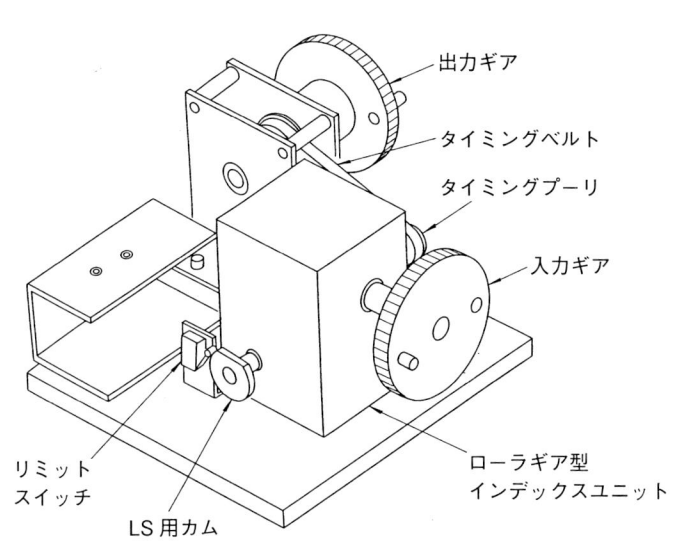

図 M11.1　インデックスドライブ

■ インデックスドライブ

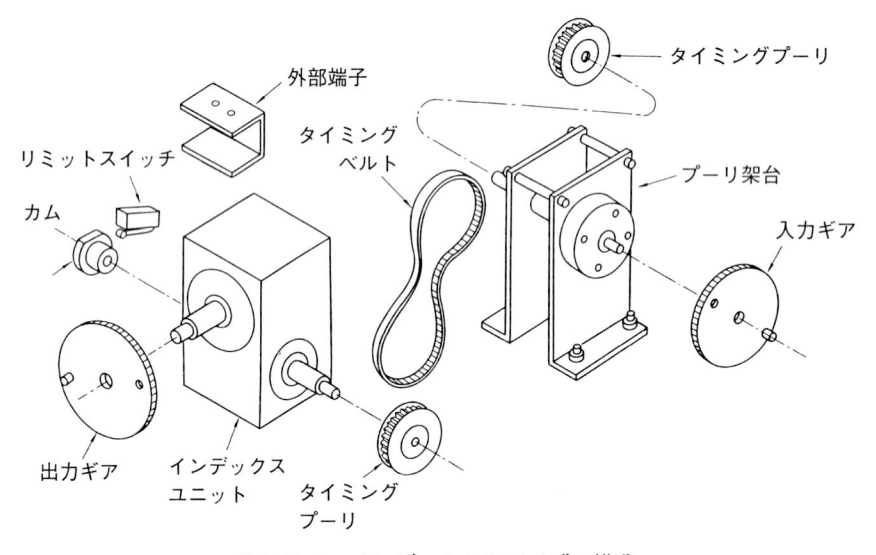

（1） インデックスドライブの構造

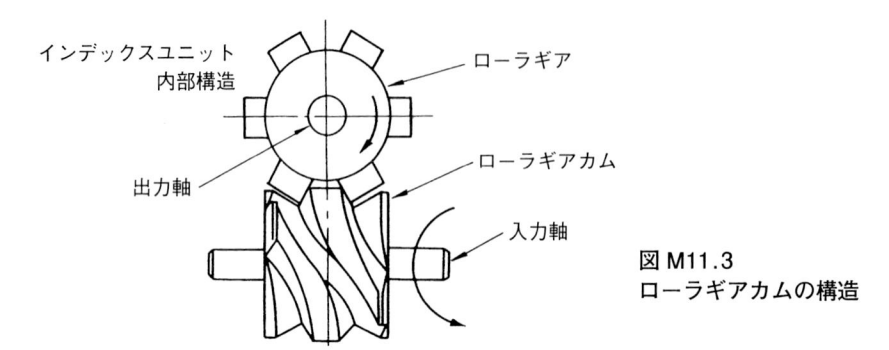

インデックスドライブは一般に図 M11.1 のようにケースの中にインデックス機構が内蔵されている。ケースからは入力軸と出力軸が出ている。機種によっては回転位置を検出するためのリミットスイッチを操作する補助的な軸が出ているものもある。

インデックスドライブはゼネバと同じように出力回転軸の回転角度を分割する機構である。図 M11.1 のインデックスドライブは入力 1 回転に対して出力軸が 1/6 回転する。

図 M11.2 にインデックスドライブの構造を示す。

インデックスのメカニズムはウォームとウォームホイールの関係に類似している。

図 M11.3 はローラギアカムを使ったインデックスドライブの内部構造を示している。ウォーム状のローラギアカムは、ローラギアのピンを送る角度（ねじれ部）と出力軸を動かさないで固定する角度（ドゥエル部）を有しているため、入力軸 1 回転ごとに出力軸のピンを 1 個分送る動作と停止動作を行う間欠回転出力となる。

ローラギアカムのねじれ部の形状は出力軸を送るときの速度特性にそのまま反映されるので、各種の特性曲線が考案されている。送り動作時間とドゥエル時間の比率や、加速度を最小に抑えなが

図 M11.2　インデックスドライブの構造

図 M11.3　ローラギアカムの構造

ら最高速度を高くするなど、早く正確に目的の角度を移動するだけでなく、駆動のショックを減らし、駆動パワーを小さくするように工夫してある。

ここで使用したインデックスドライブはその中の「変形正弦曲線」を用いてある。

運転制御は入力軸に取り付けられたカム（ドグ）とリミットスイッチにより行う。

インデックスドライブはギアの噛み合いのガタを最小にするために、予圧をかけているので、入力軸の駆動は重くなっていることがある。

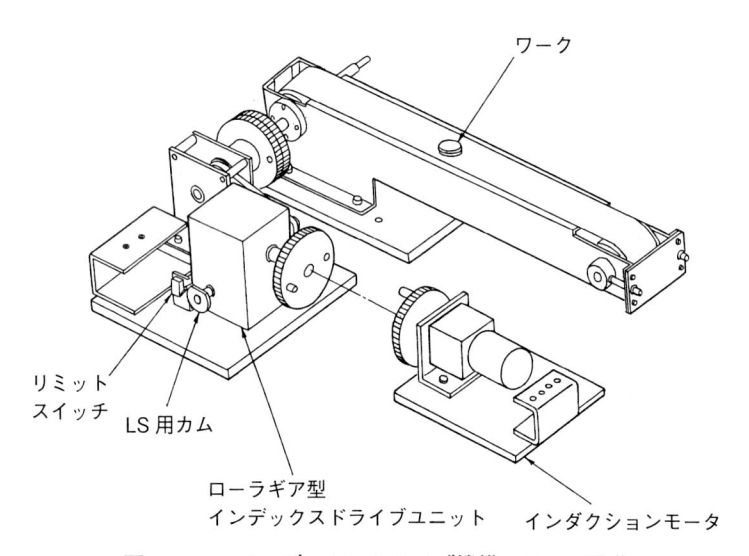

(2) インデックスドライブの応用例 1 〔インデックスドライブ機構のモータ駆動〕

図 M11.4 は、インダクションモータでインデックスドライブを駆動し、コンベアを間欠送りする機構である。

コンベアの変位特性と速度特性をとったものが図 M11.5 である。インダクションモータを単純に連続運転するだけでコンベアは一方向に回転と停止を繰り返す間欠回転になる。このようにインデックスドライブは連続回転入力を滑らかな間欠回転に変換する。

ベルトコンベアの替わりにロータリテーブルを接続すると、回転テーブルの角度分割機構になる。

図 M11.4 インデックスドライブ機構のモータ駆動

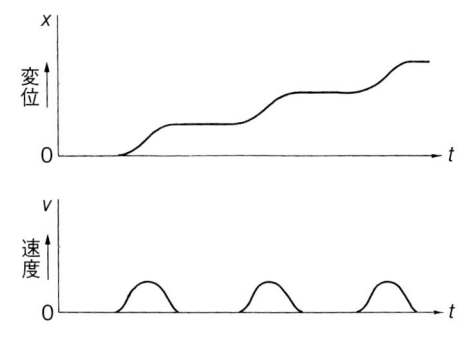

図 M11.5 インデックスドライブ機構の運動特性

M-12 平カム

特　徴	運 動 変 換：連続回転→揺動出力 ストローク：カム形状により任意 速 度 特 性：カム形状により任意 逆運動変換：できない

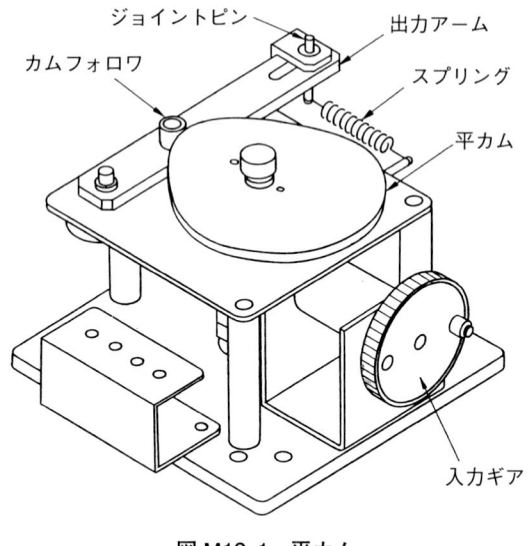

図 M12.1　平カム

（1）　カムの構造

カムにはいろいろな形状があるが、図 M12.1 のカムは平板を用いているので平カムという。

出力レバーは平カムに接するローラピン（カムフォロワという）により、カムの外周の曲線に沿って駆動される。本図に示すものは、カム軸1回転により出力レバーが1往復する。

平カムの使用においては、カムフォロワを平カム面に常に当てておくことが必要である。そのために、出力レバーをカム側に引くようにスプリングが掛けてある。

カムの外形の曲線をカム曲線という。カム曲線が回転中心から同心円になっている部分ではカムを回転しても出力レバーは動かない。この回転中心からの距離が一定になっている曲線部分をドゥエル（DWELL）と呼ぶ。

カムの構造は図 M12.2 のようになっていて、カムプレートは上面のねじを外して交換できるようになっている。もちろんカムの形状によって、2往復以上の動作や多段動作も可能である。

図 M12.3 は矢印の部分が半径 r_1、r_2、r_3 の同心円になっている3段階のストロークを持つカムである。CCW 方向に回転すると、$r_1 \to r_2 \to r_3$ の順にカムフォロワが移動し、CW 方向に回転すると、$r_1 \to r_3 \to r_2$ の順にカムフォロワが移動する。

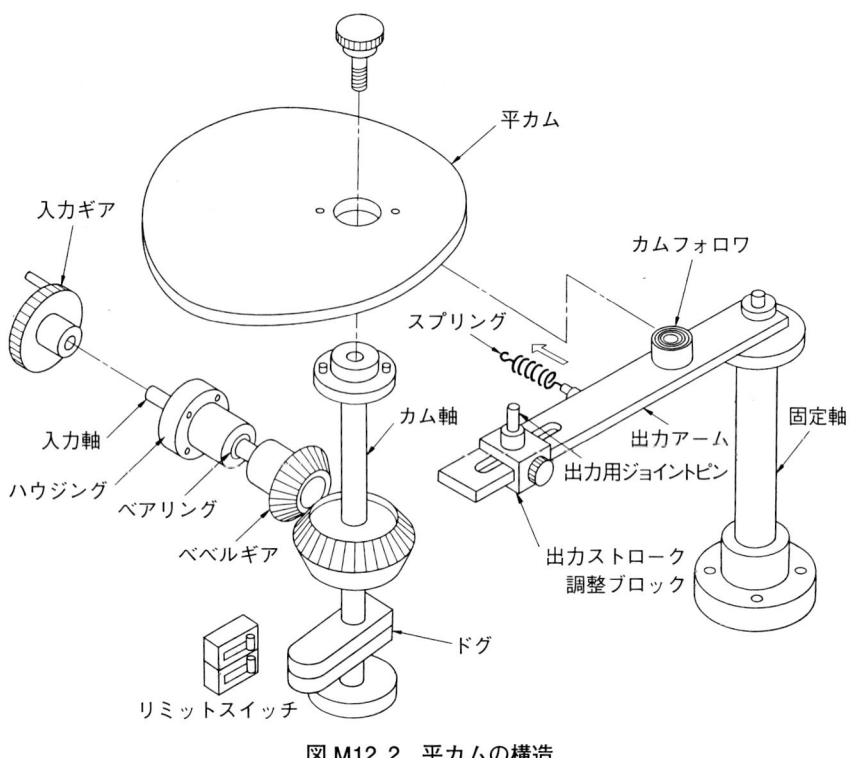

図 M12.2　平カムの構造

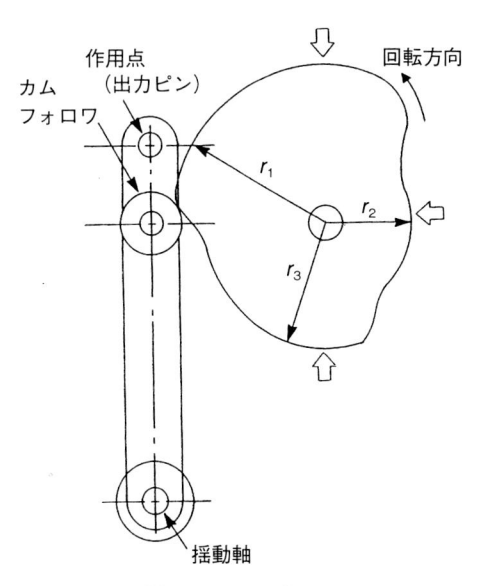

図 M12.3　3段カム

(2) 平カムの応用例 1 〔平カムのモータ駆動〕

図 M12.4 は、インダクションモータで平カムを駆動し、直進テーブルに出力させるものである。ドゥエル部をスタート点として連続運転した結果が図 M12.5 である。

■ 平カム

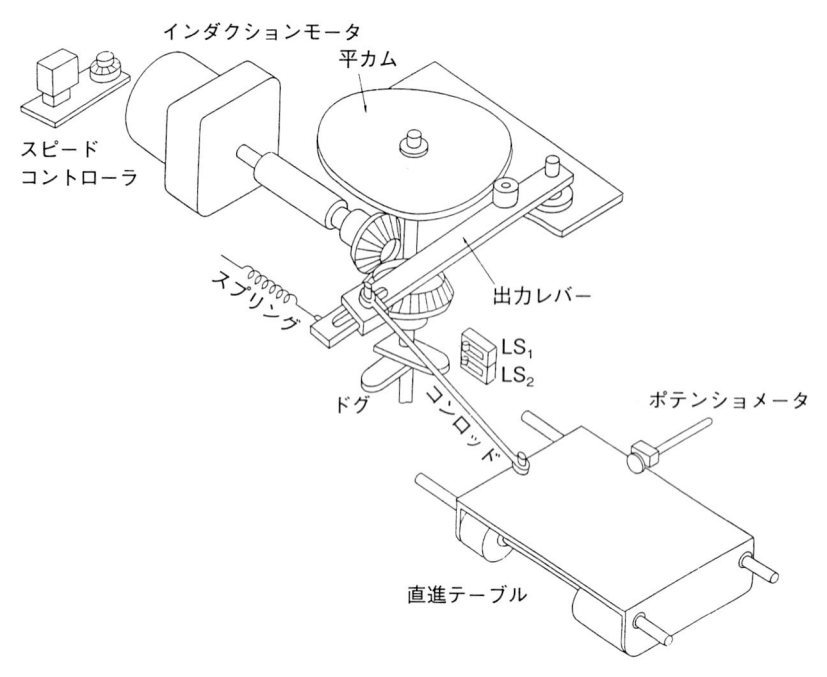

図 M12.4 平カムのモータ駆動

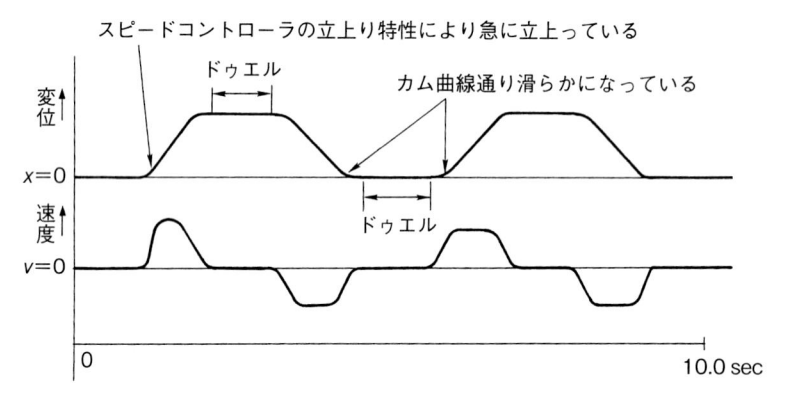

図 M12.5 平カムのモータ駆動特性

　運動特性は、当然カムの曲線どおりの特性が得られることになるが、出力レバーは固定軸を中心に揺動するので、その角度分だけ実際のカム曲線とずれがでる。

　カム曲線を変えれば任意の速度特性が得られるので、任意変速型の回転揺動運動変換機構である。

　この平カムのようにスプリングの力でカムの外周にカムフォロワを押し付けているタイプでは、直進テーブルを戻す力はスプリングの力に頼ることになる。また、ドゥエルとドゥエルの中間の勾配を持つ部分では、スプリングによってカムに回転力がかかることになるので駆動に必要な力が変わってくる。特に短いスプリングを使うとカムの半径が大きい場所と小さい場所でスプリングによる力が大幅に変化することになる。

　また、カムのドゥエルを外れた中間位置で駆動モータを停止してもスプリングの力でカムが強制的に回転してしまうことがある。

このようにスプリングの影響は避けられないので選定には十分注意する。

駆動アクチュエータが停止しているときにカムに外から力が掛かっても回転しないようにする必要があるときには、モータの減速比を大きくしたり、出力軸から駆動できないウォームギアを使ったり、ブレーキ付きのモータで駆動したりする。

また、高速でカムを回転するときには、負荷になる直進テーブル側の慣性と摩擦力によってカムフォロワがカムの端面から外れてしまうことがある。重い負荷などを駆動するときにはスプリングでカムフォロワをカムに押し付ける方法ではなく、カムフォロワが溝の中を滑って移動するようにした溝カムなどを使うようにする。

(3) 平カムの応用例2 〔カム曲線による一方向両端減速間欠回転機構〕

図M12.6は、カム曲線による間欠回転出力を得る機構である。

インダクションモータにより平カムを回転させ、カム外周の曲線に沿った変位が出力レバーより

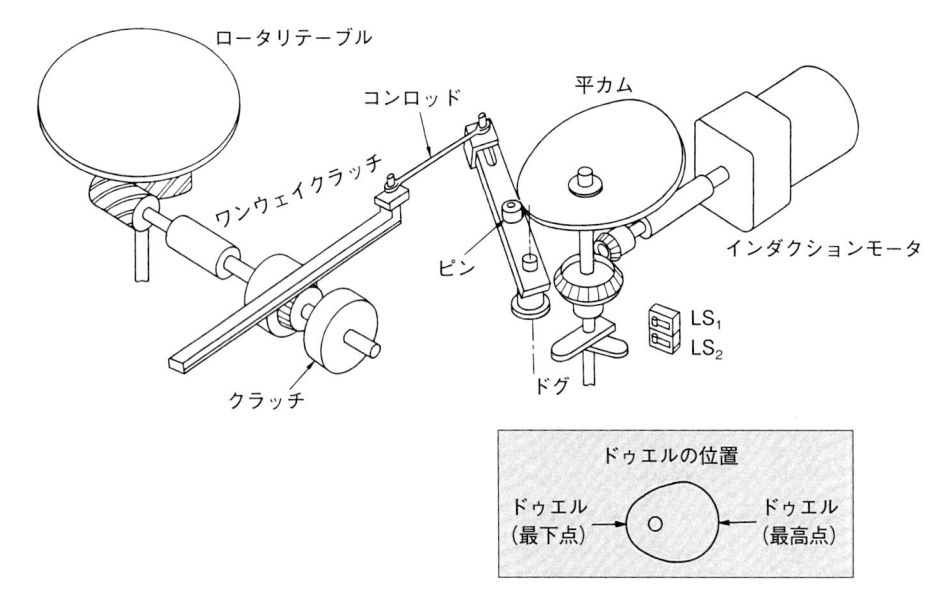

図M12.6 カム曲線による一方向両端減速間欠回転機構

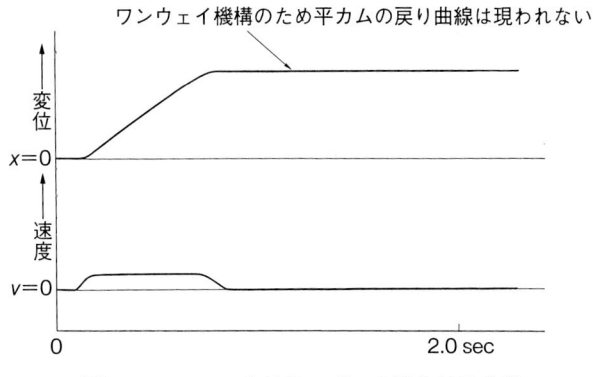

図M12.7 ロータリテーブルの動作特性曲線

■ 平カム

コネクティングロッドを介してワンウェイクラッチに伝達される。

本図の制御はカム曲線の最下点ドゥエルでLS_1が入るようにドグを設定し、最下点を起動点として、最高点を通過して1回転停止させる。

その結果が図 M12.7 である。

（4） 平カムの応用例3

平カムのその他の利用方法として、たとえば図 M12.8 に示すようなワークをA位置からB位置へ移動するピック＆プレイスユニットに使われることがある。この内部の駆動部の構造は図 M12.9 のようになっている。

前後駆動用カムと上下駆動用カムの2枚のカムが図 M12.10 のように同軸上に配置されている。カムの運動を取り出すのはレバー方式で、リンク機構になっている。

このリンク機構には、カムによるストロークや始点と終点の位置などを調節できるように、ストローク調節部と終端調節部が設けてある。

この中で前後駆動用カムに相当する部分を取り出してみると、原理的には図 M12.11 のようになっていると考えられる。すなわち、このカムのドゥエルによって前進端と後退端の停止位置を決めるようになっていて、この2位置の中間を末端減速型の速度特性をもつカム曲線で連続して接続されている。

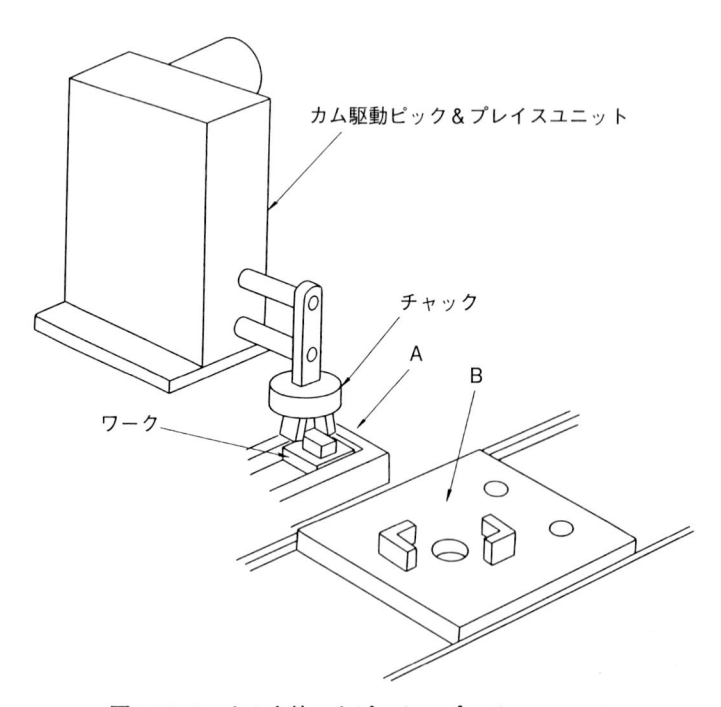

図 M12.8 カムを使ったピック＆プレイスユニット

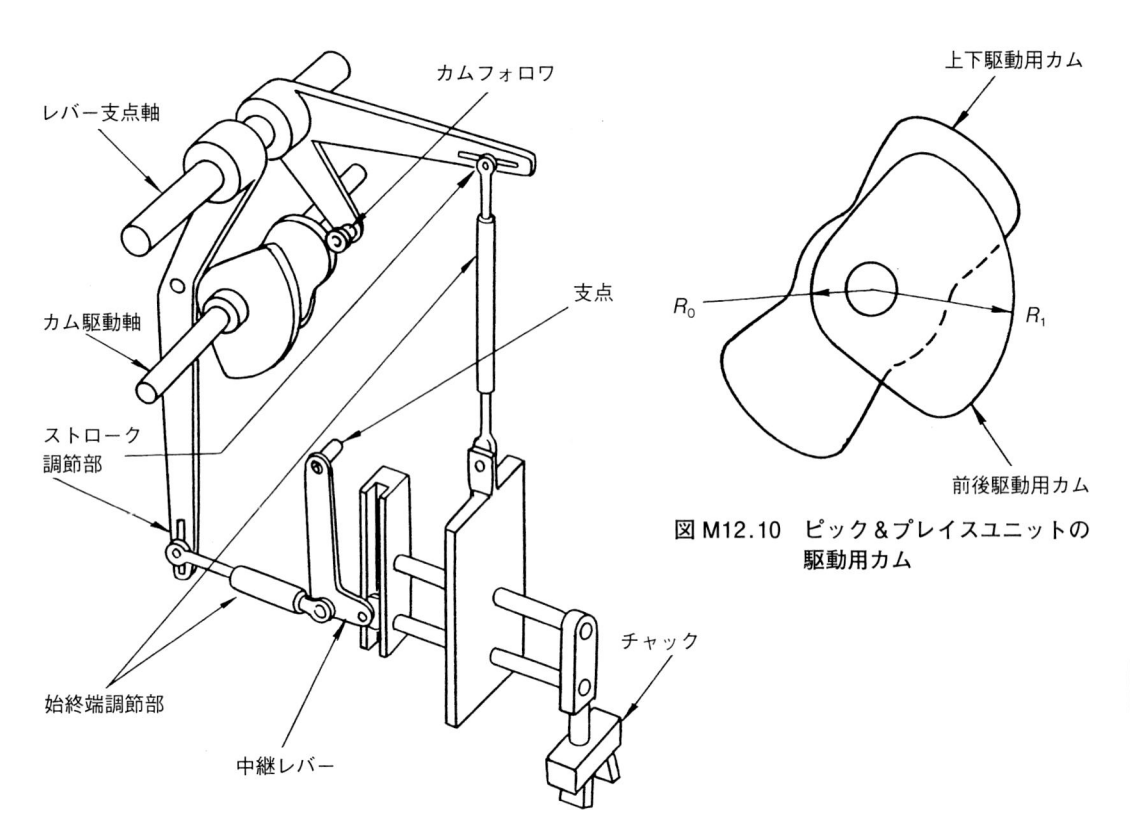

図 M12.9　ピック&プレイスユニットの内部構造

図 M12.10　ピック&プレイスユニットの駆動用カム

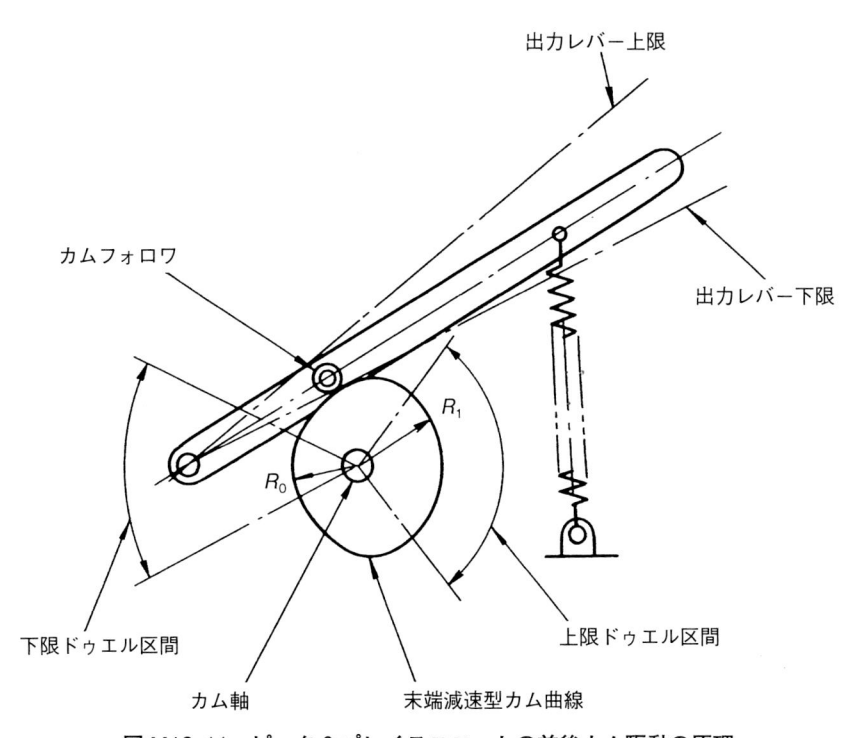

図 M12.11　ピック&プレイスユニットの前後カム駆動の原理

M-13 直進テーブル

特　徴	運動変換：直動または揺動→直進
	移動方向：直進往復
	速度特性：均等変換

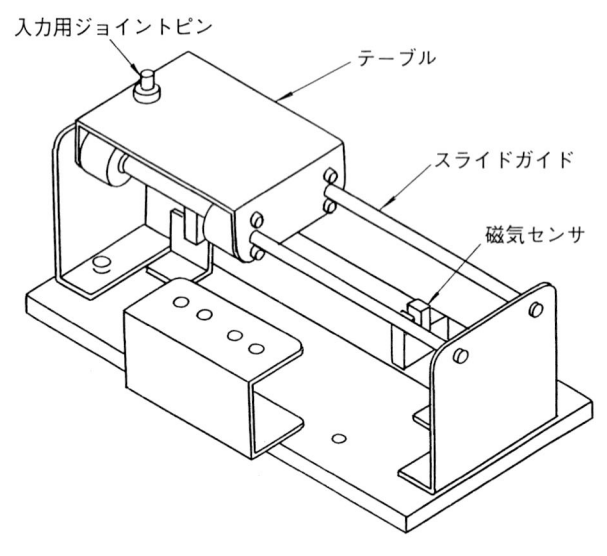

図 M13.1　直進テーブル

（1）　直進テーブルの構造

　直進テーブル（スライドテーブル）は図 M13.1 のような構成になっていて、スライドガイドを使って直進往復をするテーブルである。スライドガイドには、スライドボールベアリングまたはリニアガイド機構などが使われる。駆動入力はテーブル上に立っている入力用ジョイントピンにコネクティングロッドを取り付けて行う。

　入力には、直進運動入力や揺動運動入力を接続し、ガイドされた直進往復出力を得るのに用いる。テーブルの位置検出用に2個の磁気センサが付いていて、取り付けのねじをゆるめると、任意の位置に移動できる。

　図 M13.2 に直進テーブルの構造を示す。

　空気圧シリンダの出力軸、ラック＆ピニオンのラックの直進出力、クランクやレバースライダの直進または揺動出力、トグルの直進出力、送りねじの直進出力などの、直動または揺動出力を直進テーブルの入力用ジョイントピンにコネクティングロッドで連結できる。

　また、テーブルの上にはロボットアームユニットなどを装着できるようになっている。

　図 M13.3 はレバースライダで直進テーブルを往復駆動する連結例である。

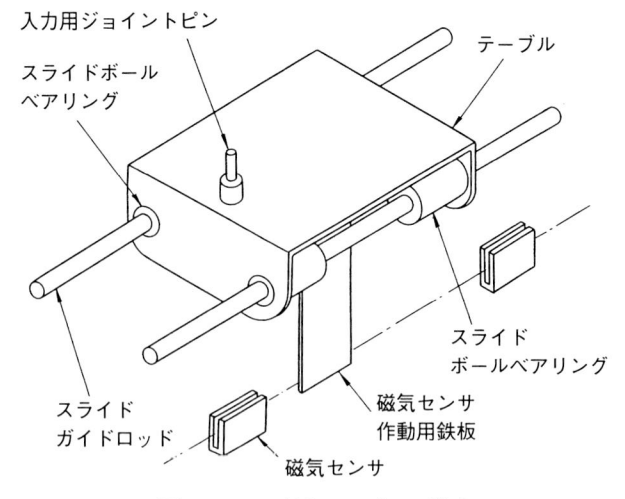

図 M13.2　直進テーブルの構造

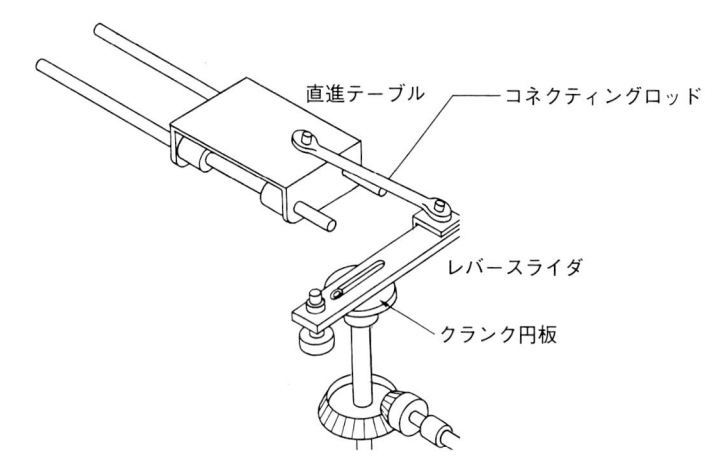

図 M13.3　揺動運動をするレバースライダとの連結

(2)　直進テーブルの応用例 1　〔直進テーブルを使ったピック＆プレイスユニット〕

　空気圧シリンダで直進テーブルを往復駆動し、直進テーブルの上に上下駆動のエアシリンダユニットを装着して、ピック＆プレイスユニットを構成する。

　システム構成は図 M13.4 のとおりで、水平方向と上下方向にチャックが移動するようになっている。

　PLC（シーケンサまたはプログラマブルコントローラ）との接続は図 M13.5 のようにした。

　バルブは全てシングルソレノイドバルブを用いた。

　空気圧配管図を図 M13.6 に、空気圧回路図を図 M13.7 に示す。

　実務上の製作図としては図 M13.6 のような実態配管図が提供されることはあまりない。

　この装置を図 M13.8 のフローチャートに表現したような動作順序で動かすものとする。

　PLC の制御プログラムは図 M13.9 のようになる。

■ 直進テーブル

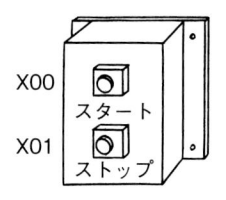

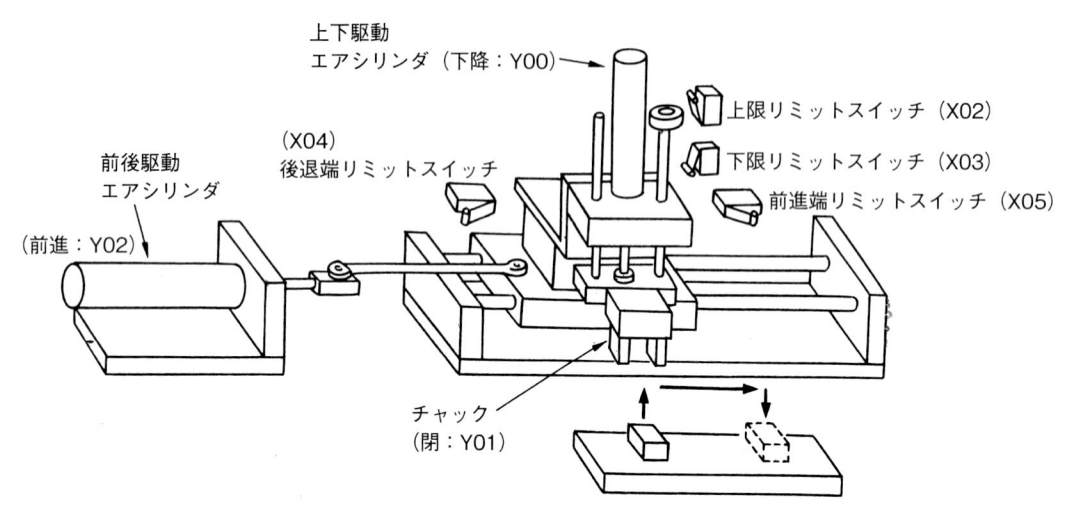

図 M13.4　直進テーブルを使ったピック＆プレイスユニット

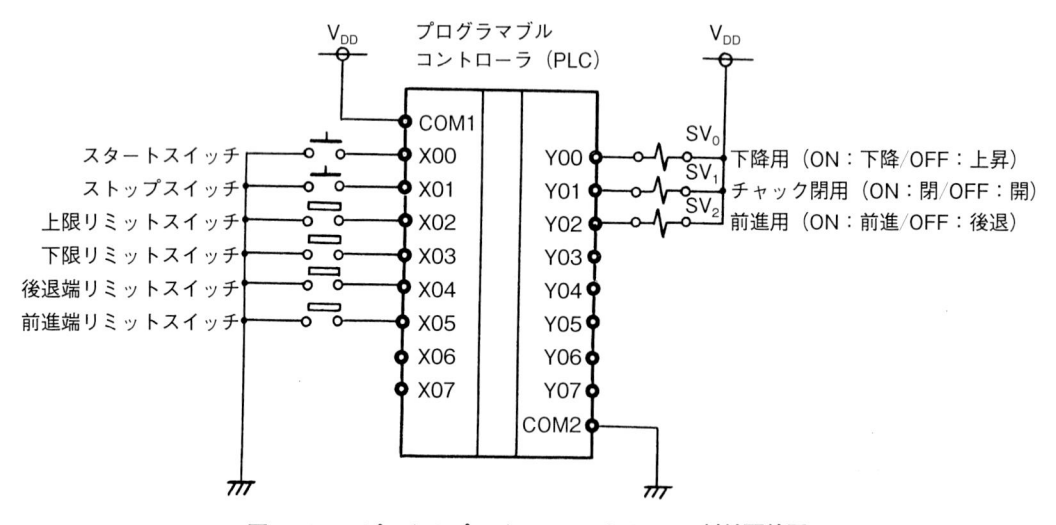

図 M13.5　ピック＆プレイスユニットの PLC 割付配線図

　図 M13.9 中の＠マークにはステップ停止をする場合のスイッチ入力の接点を挿入する。
　例えば、X06 をステップ停止用のスイッチだとすると、X06 の b 接点を＠マークの位置に挿入しておくと、X06 を押したときにピック＆プレイスユニットをその場で停止できるようになる。

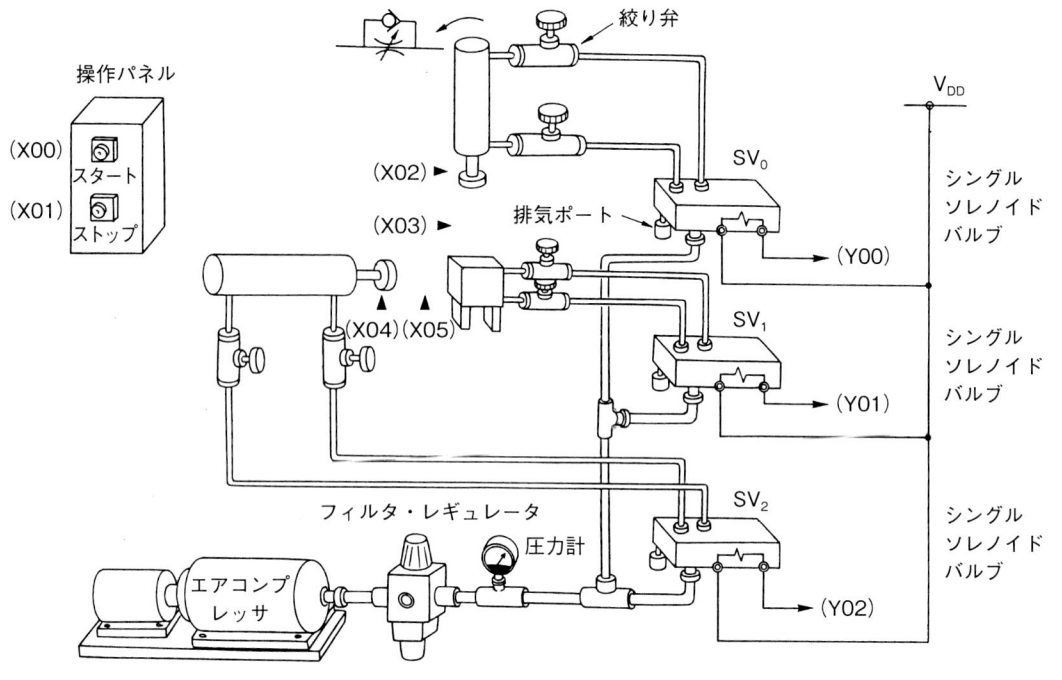

図M13.6 ピック＆プレイスユニットの配管図

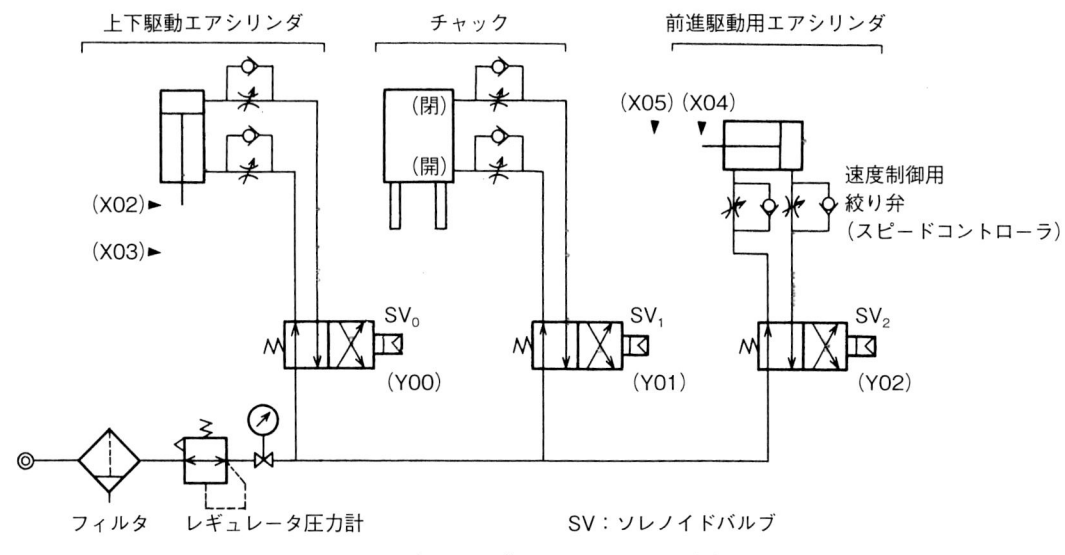

図M13.7 ピック＆プレイスユニットの空気圧回路

■ 直進テーブル

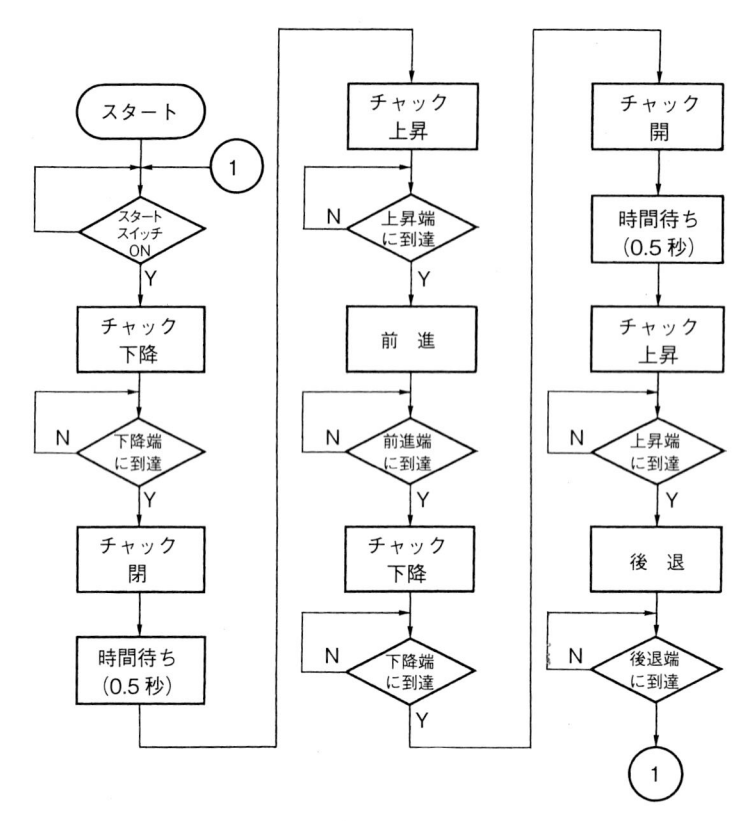

図 M13.8　ピック＆プレイスユニットの制御流れ図

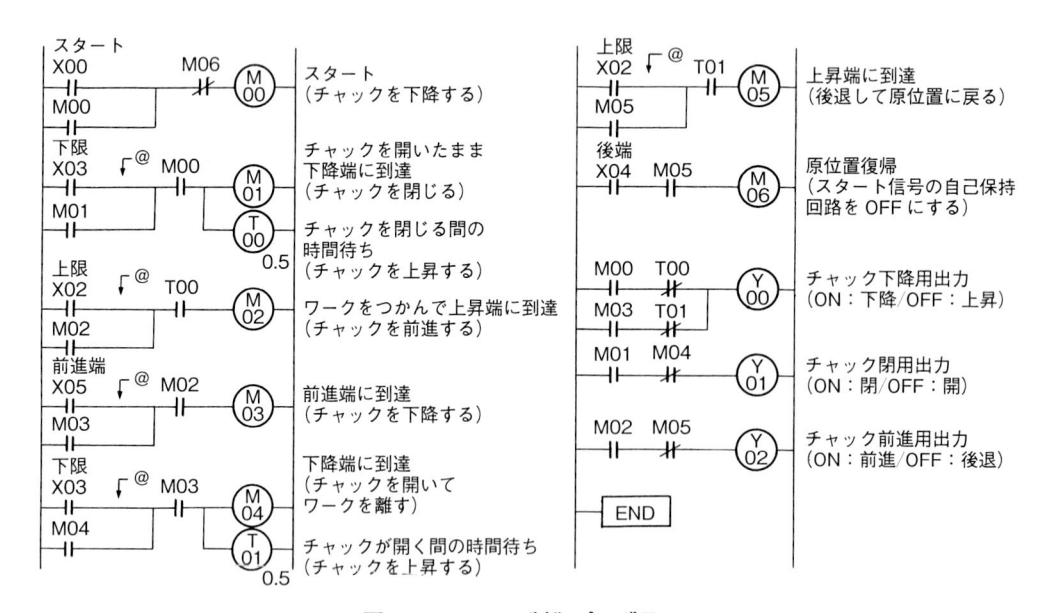

図 M13.9　PLC 制御プログラム

(3) 直進テーブルの応用例2 〔振動板の自動供給ユニット〕

図 M13.10 は振動板と呼ばれているオルゴールの部品をパレットに自動供給する作業を自動化したものである。基本動作は次のようにピック＆プレイスの動きをする。

```
（動作順序）
下降→チャック閉→上昇→前進→下降→チャック開→上昇→後退
```

直進テーブルの前後方向の移動はモータで駆動したクランク機構を使っている。チャックの上下移動にもクランク機構を利用している。

この理由は、クランク機構のような末端減速型のメカニズムを利用すると上死点、下死点の付近において良好な停止位置決め精度が得られることにある。

クランクアームとコネクティングロッドが直線上に重なって最も速度が遅くなる点で停止するように制御するのが理想的だが実際には若干のずれが出る。

図 M13.11 は直進テーブルを前後に移動する構造を表したものである。

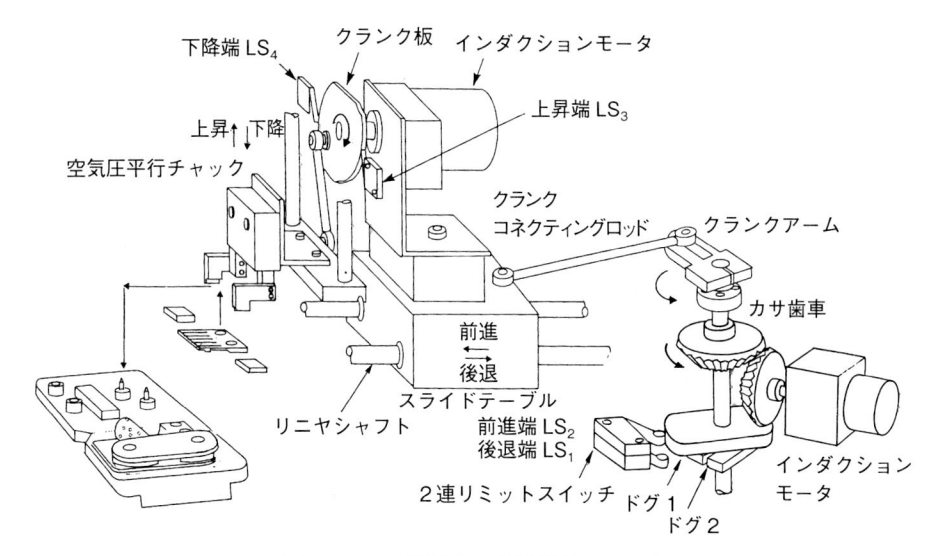

図 M13.10　振動板の自動供給ユニット

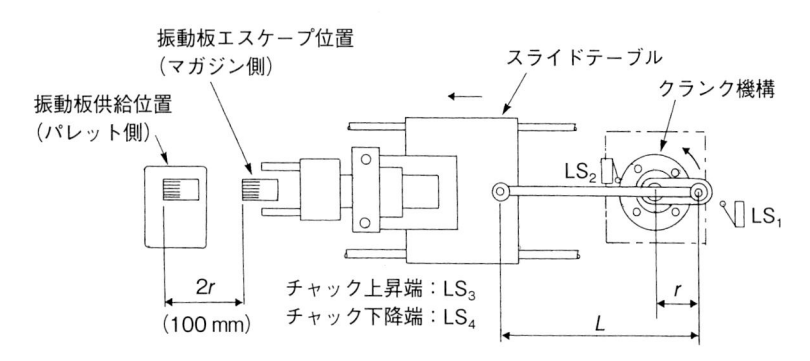

図 M13.11　クランク機構による直進テーブルの往復移動

■ 直進テーブル

長さrの回転半径を持つクランクアームが円の中心を軸として回転する。

クランクアームの先端には長さLのコネクティングロッドがつけられていて、円の中心を通る直線出力軸上をロッドの反対端が滑るようにして往復運動を行う。

回転位置をクランクの回転軸につけられたリミットスイッチで検出して停止するが、クランク回転軸を駆動している汎用モータはいくらかのオーバーランの後停止することになる。

図M13.12の（1）は$r=50$ mm、$L=150$ mmとして、直線出力軸に対してクランクアームが90°になったところで停止信号を与えたときに、オーバーランする角度θによってどの程度の停止位置誤差が出るかを計算したものである。行き過ぎ角度を少なめに5°としてみても4.42 mmもの停止位置誤差が出る。

$\begin{cases} r：クランクアーム長 \\ L：コネクティングロッド長 \end{cases}$

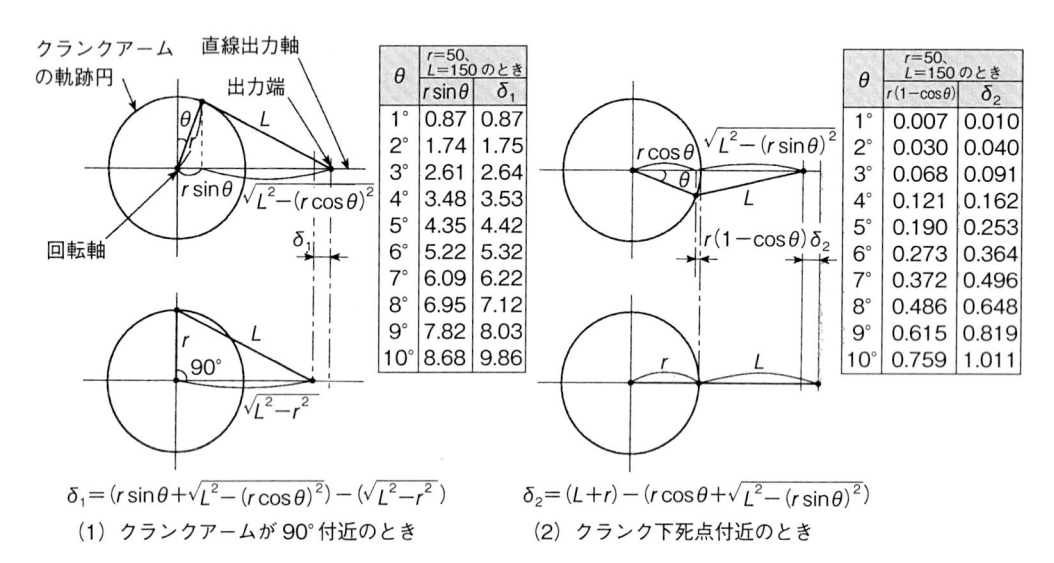

(1) クランクアームが90°付近のとき

θ	$r\sin\theta$	δ_1
1°	0.87	0.87
2°	1.74	1.75
3°	2.61	2.64
4°	3.48	3.53
5°	4.35	4.42
6°	5.22	5.32
7°	6.09	6.22
8°	6.95	7.12
9°	7.82	8.03
10°	8.68	9.86

$\delta_1 = (r\sin\theta + \sqrt{L^2-(r\cos\theta)^2}) - (\sqrt{L^2-r^2})$

(2) クランク下死点付近のとき

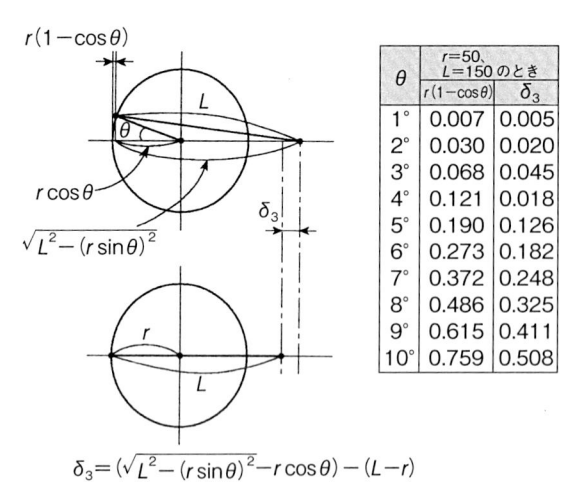

θ	$r(1-\cos\theta)$	δ_2
1°	0.007	0.010
2°	0.030	0.040
3°	0.068	0.091
4°	0.121	0.162
5°	0.190	0.253
6°	0.273	0.364
7°	0.372	0.496
8°	0.486	0.648
9°	0.615	0.819
10°	0.759	1.011

$\delta_2 = (L+r) - (r\cos\theta + \sqrt{L^2-(r\sin\theta)^2})$

(3) クランク上死点付近のとき

θ	$r(1-\cos\theta)$	δ_3
1°	0.007	0.005
2°	0.030	0.020
3°	0.068	0.045
4°	0.121	0.018
5°	0.190	0.126
6°	0.273	0.182
7°	0.372	0.248
8°	0.486	0.325
9°	0.615	0.411
10°	0.759	0.508

$\delta_3 = (\sqrt{L^2-(r\sin\theta)^2} - r\cos\theta) - (L-r)$

図M13.12 クランク機構による停止位置決め精度

図中 (2) はクランクアームとコネクティングロッドが伸びきった下死点付近で停止した場合であるが、同じように θ が 5° オーバーランしても出力端では 0.253 mm の位置ずれにしかならない。さらに上死点では図中 (3) にあるように θ が 5° オーバーランしたときの出力端の停止位置ずれは 0.126 mm となり、さらに停止精度はよくなっていることがわかる。

このように末端減速型のメカニズムの上死点、下死点での停止位置決めを行うと安定したストロークで動作できるようになる。

次に末端減速特性を持たない均等変換メカニズムであるラック＆ピニオンや送りねじ機構を使って前後の駆動をしたときの停止位置精度について考えてみる。

図 M13.13 はクランクの代わりにラック＆ピニオンを使った例である。モータは同じものを使うことにする。

片道の移動時間が 1 秒であったとすると、振動板を移動する距離は $2r=100$ mm であるから平均速度は秒速 100 mm ということになる。このときのモータ出力軸の回転速度は 30 rpm になっている。

モータの速度を変更せずに、ラック＆ピニオンをクランクと同じ時間で移動するように動作させるためのピニオン直径 D_p を計算すると、0.5 回転で 100 mm ラックが進めばよいから次のように求められる。

$$D_p = \frac{100 \text{ mm}}{0.5 \text{ 回転} \times \pi} \fallingdotseq 63.7 \text{ mm}$$

この条件でモータの出力軸のオーバーランが 5° であったとすると、停止位置は次のようになり、クランクに比べて 10 倍以上も停止精度は悪くなる。

$$\frac{5°}{360°} \times 63.7 \text{ mm} \times \pi \fallingdotseq 2.78 \text{ mm}$$

次に、**図 M13.14** のように送りねじを使って同じ平均速度で前後に移動したときの停止精度につ

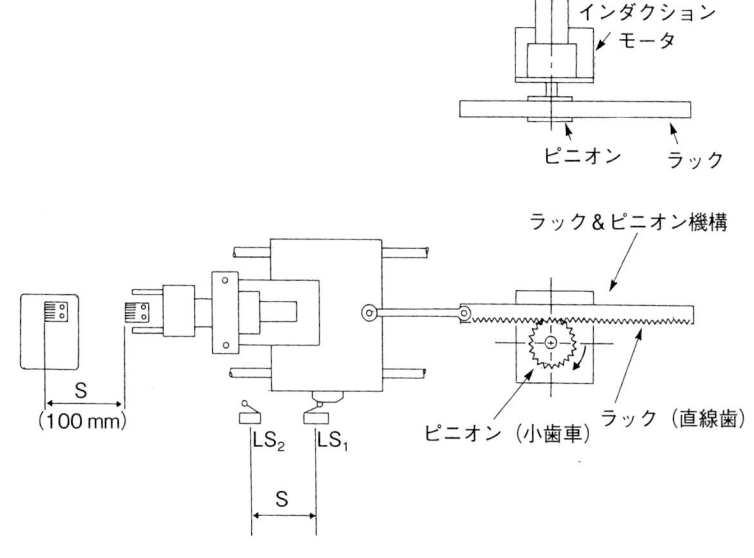

図 M13.13 ラック＆ピニオン機構による直進テーブルの往復移動

■ 直進テーブル

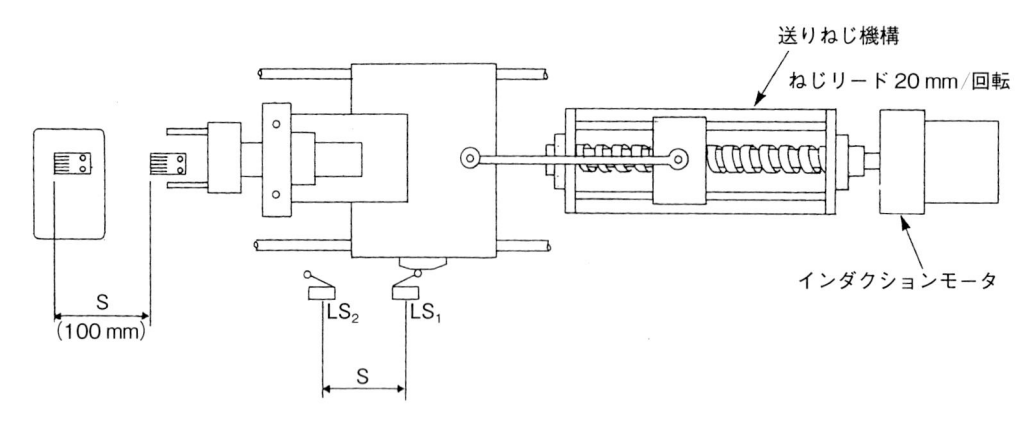

図 M13.14 送りねじ機構による直進テーブルの往復移動

いて考えてみる。

　ねじのリードがモータの1回転当たり20 mmとすると100 mmテーブルを移動するのにモータ軸を5回転しなければならない。これを1秒間で終わらせるのであるから、クランクを駆動したときの10倍の300 rpmの速度でモータを回転する必要がある。

　モータの回転速度を上げれば停止時のオーバーラン角度は大きくなることが予想されるが、実際の出力軸の停止位置精度は実験によらなければわからない。しかしながら、仮に5°の倍の10°のオーバーランしかなかったとしても、

$$\frac{10°}{360°} \times 20 \,\mathrm{mm/回転} = 0.55 \,\mathrm{mm}$$

となり、さらに30 rpmの低速で駆動したときと同じ5°のオーバーランとしても、停止精度は

$$\frac{5°}{360°} \times 20 \,\mathrm{mm/回転} = 0.277 \,\mathrm{mm}$$

となって、ラックピニオンのときよりも1/10も減速しているにもかかわらず、クランクの停止精度よりも劣っているという結果になる。

M-14 ベルトコンベア

特徴
- 運動変換：連続回転→連続直進
- 回転方向：正転・逆転
- 速度特性：均等変換

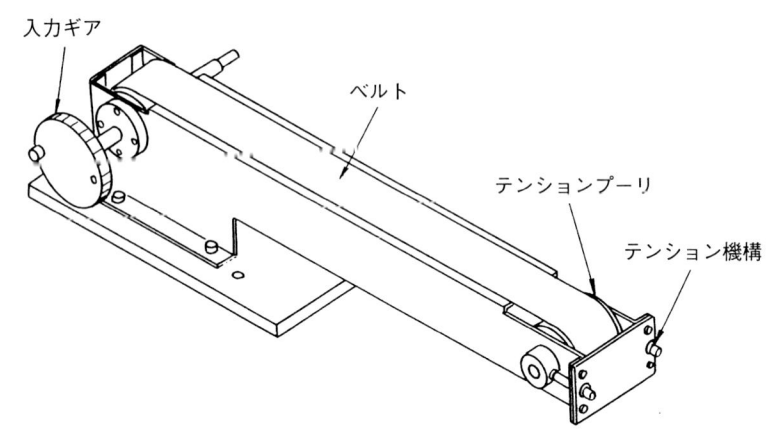

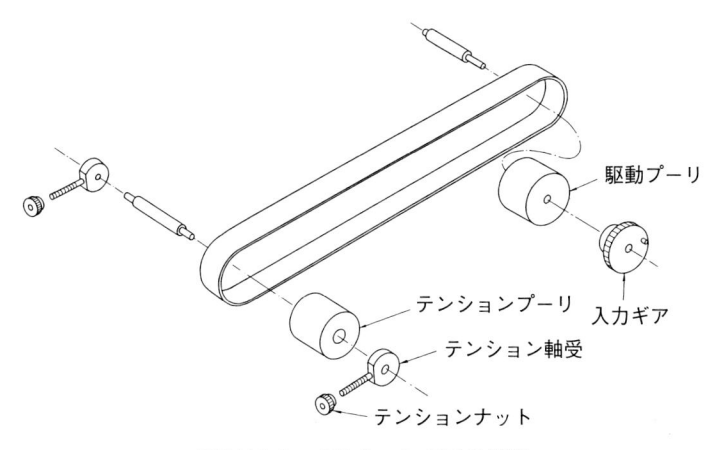

図 M14.1　ベルトコンベア

（1）ベルトコンベアの構造

図 M14.1 はベルトコンベアのユニットで、入力ギアを回転するとギアの軸に連結している駆動プーリが回転し、駆動プーリに巻きついているベルトが摩擦力で回される。ベルトの上面と下面は直進出力となる。

ベルトコンベアは回転から直進への運動変換を行っていて、速度は駆動プーリの径によって変わるが、運動変換は均等変換で入力特性がそのまま出力される。

図 M14.2　ベルトコンベアの構造

■ ベルトコンベア

入力軸の1回転によりベルトの進む距離は、駆動プーリの半径を R として、$2\pi R$ になる。

図 M14.2 にベルトコンベアの構造を示す。

ベルトの駆動は駆動プーリとベルト間の摩擦力によるので、摩擦力が大きくなくては滑ってしまうことになる。摩擦係数を μ、駆動プーリとベルト間にかかる力を p とすると、μp が摩擦力になる。

μ は材質によって一定とすると、p を大きくする必要がある。本機構では、駆動プーリの反対側にテンションプーリを置き、テンションナットによってベルトの張り強さ（テンション）を調節できるようにしてある。

ベルト幅の片側に偏ってテンションがかかると、ベルトが片側に移動してしまうので、左右均等に掛けるようにテンションナットで調整する。

（2） ベルトコンベアの応用例1 〔ワークの自動捺印システム〕

図 M14.3 のようにベルトコンベアと上下に移動するロボットアームユニットを使って、自動捺印システムを構成して制御してみる。

ベルトコンベアに載せられて送られてくるワークを光電センサで検出して定位置でいったん停止し、モータ式上下移動ユニットにつけられた捺印ヘッドを下降してワークに捺印をする。

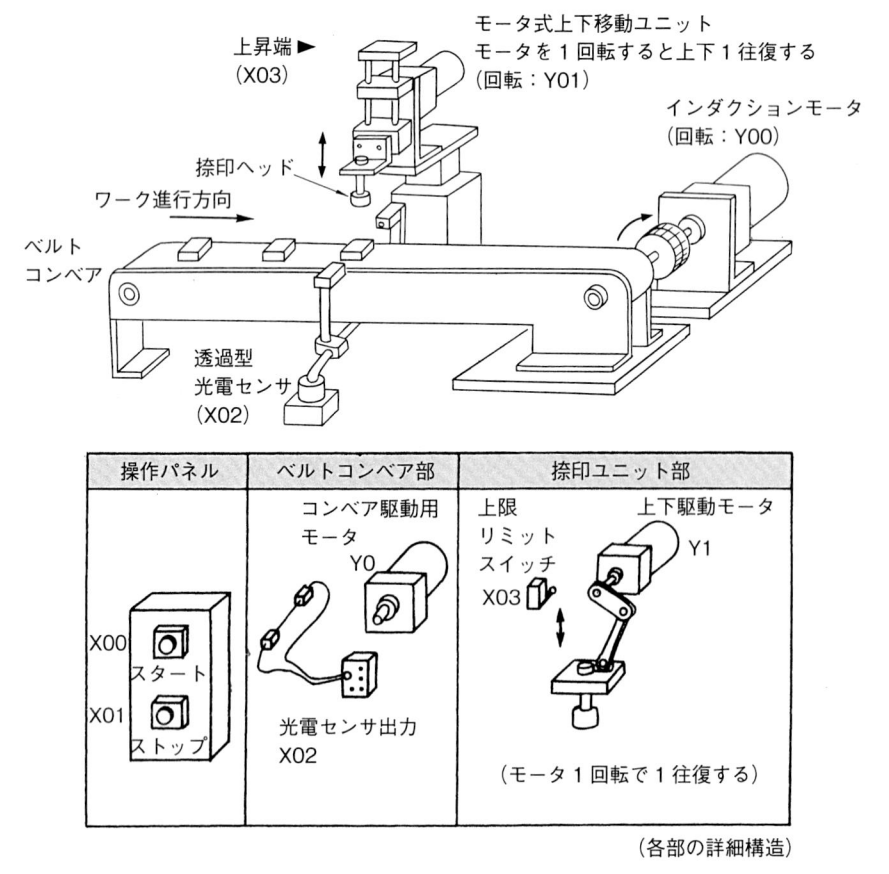

図 M14.3 ベルトコンベアを使ったワークの自動捺印システム

捺印作業が完了してヘッドが上昇端に戻ったら、コンベアを回転して捺印したワークを先に送り出す。次のワークがセンサの位置に来たらまた同様の動作を繰り返す。

　制御装置には PLC を用いることにして、図 M14.4 の電気回路図のとおりに配線した。

　スタートスイッチを押したら、自動捺印動作を連続して開始する。

　リセットスイッチを押すと自動運転が停止するようにしておく。

　PLC の制御プログラムの例を図 M14.5 に示す。

　機械装置を始動するときには機械の各要素が原点位置にあることが前提になる。

　この制御プログラムでも、初期状態で捺印ヘッドが上昇端にあって、入力 X03 がオンしていないと捺印作業を開始できないようになっている。

　また、この制御プログラムでは、スタートした時点で捺印位置に作業の完了していないワークがあると、これについては捺印作業が行われないで先に送られる。また、2つのワークがつながってくると、2個目のワークは捺印作業が行われないので注意する。

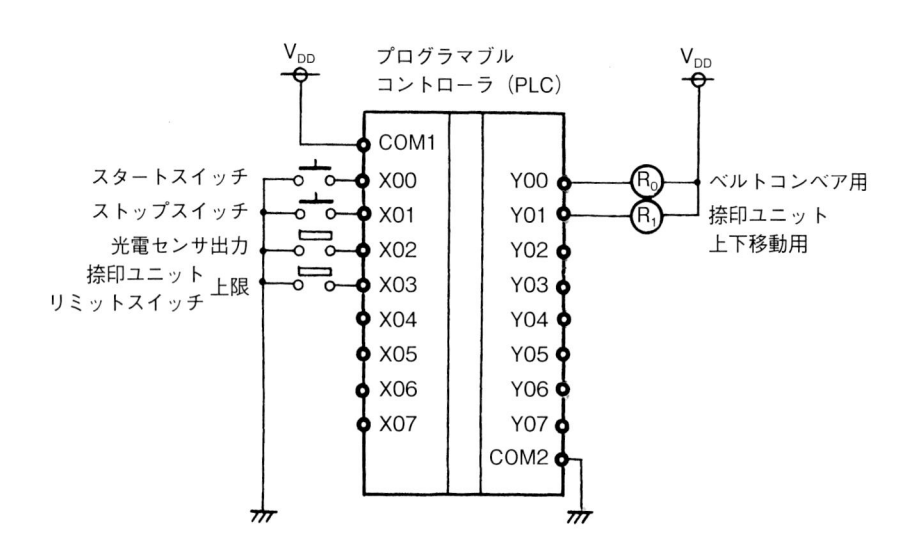

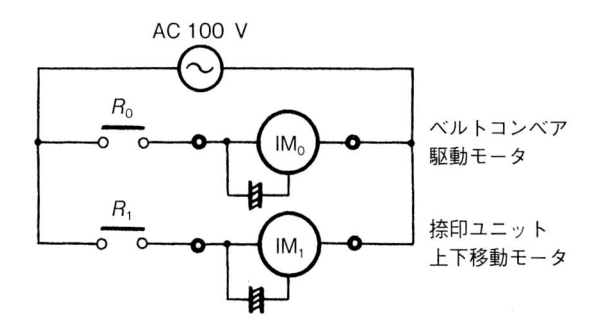

図 M14.4　自動捺印システムの電気回路図

■ベルトコンベア

```
        スタート  ストップ
        X00    X01           ┌──┐
     ┌──┤├────┤/├──────────┤M │
     │                       │00│
     │  M00                  └──┘
     ├──┤├──┐
     
        捺印ヘッド上限LS
        X03    M00    M05   ┌──┐
     ┌──┤├────┤├────┤/├────┤M │    スタート信号が入って
     │                      │01│    M01 が ON したらコン
     │  M01                 └──┘    ベアモータ駆動開始
     ├──┤├──┐
     
        光電センサ OFF
        X02           M01    ┌──┐
     ┌──┤/├──────────┤├────┤M │
     │                      │02│    （捺印位置ワークなし）
     │  M02                 └──┘
     ├──┤├──┐
     
        光電センサ ON
        X02           M02    ┌──┐    ワークを検出して、
     ┌──┤├──────────┤├────┤M │    M03 が ON したら、
     │                      │03│    コンベアモータ停止
     │  M03                 └──┘    捺印ユニット駆動開始
     ├──┤├──┐
     
        捺印ヘッド上限LS OFF
        X03           M03    ┌──┐    （捺印ユニットが下降して
     ┌──┤/├──────────┤├────┤M │    いったん上限LSが離れた
     │                      │04│    状態を記憶）
     │  M04                 └──┘    （捺印作業が完了して
     ├──┤├──┐                       M05 が ON したら、
                                    一連の動作終了）
        捺印ヘッド上限LS ON
        X03           M04    ┌──┐
        ┤├──────────┤├────┤M │    捺印ユニット停止
                             │05│
                             └──┘
                             
        M01    M03           ┌──┐
        ┤├────┤/├──────────┤Y │    コンベアモータ
                             │00│    駆動リレー ON
                             └──┘
                             
        M03                  ┌──┐
        ┤├──────────────────┤Y │    捺印ユニット
                             │01│    上下駆動リレー ON
                             └──┘
                             
        ┌─────┐
        │ END │
        └─────┘
```

（LS：リミットスイッチ）

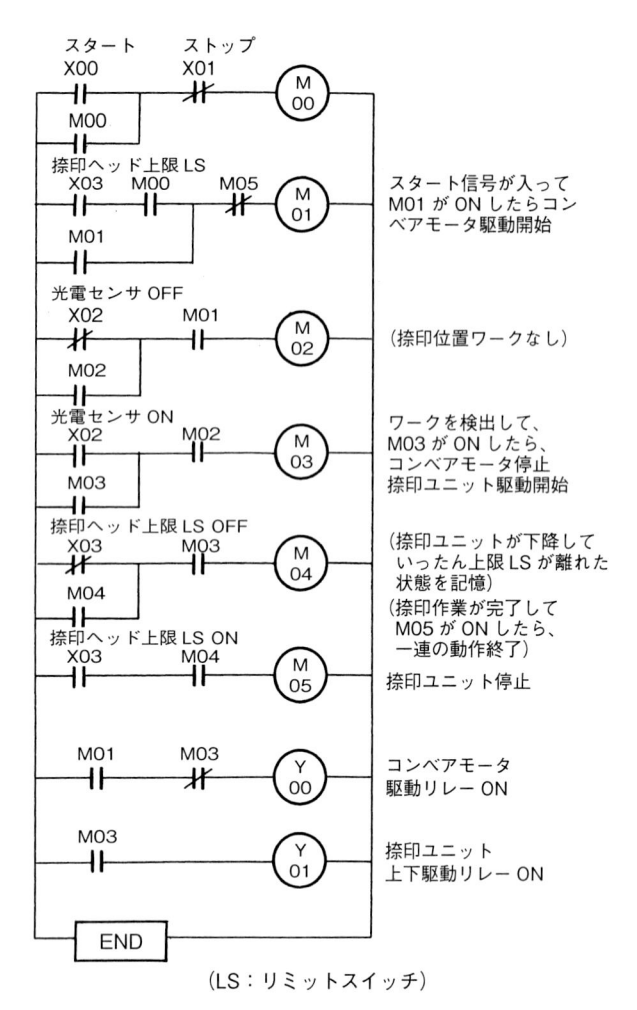

図 M14.5　PLC 制御プログラム

M-15	ロータリテーブル
特　徴	運動変換：連続回転→連続回転
	回転方向：正転・逆転
	速度特性：均等変換

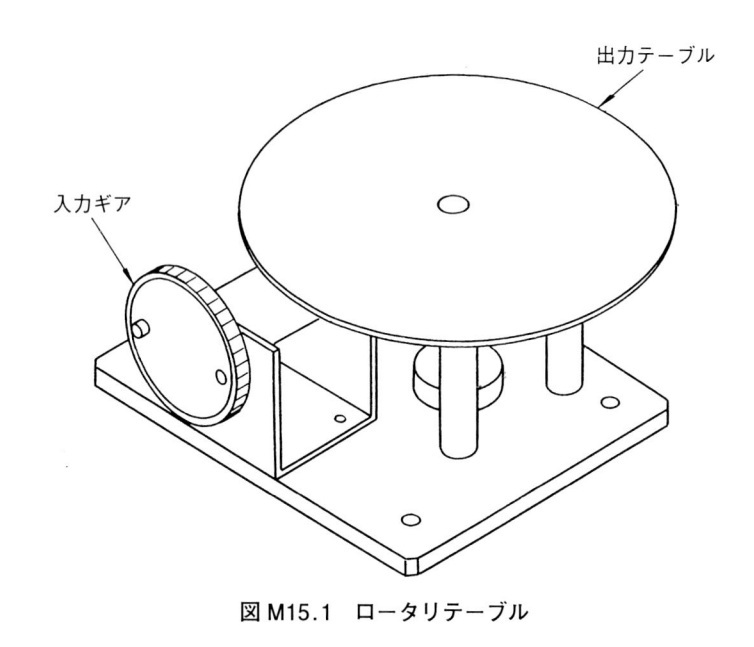

図 M15.1　ロータリテーブル

（1）　ロータリテーブルの構造

ロータリテーブルは**図 M15.1** のような構成になっていて、入力ギアから出力テーブルの回転出力を得る。

入力ギアがついている入力軸と出力テーブルの回転軸は直行している。このようなときの軸への伝達は、直交変換用のヘリカルギアまたはベベルギアを介するとよい。ベベルギアは2つの回転軸が同じ平面上に位置する必要がある。図 M15.1 のものは、2つの回転軸がずれているのでヘリカルギアが使われている。

図 M15.2 にロータリテーブルの構造を示す。

出力テーブル軸の最下部にはドグが2個つけられていて、テーブルの任意の位置を2ヵ所リミットスイッチで検出できるようになっている。

ロータリテーブルの入力ギアには、回転出力を持つ機構を連結する。

例えば、インダクションモータやロータリエアアクチュエータなどの回転出力型アクチュエータであれば直接接続できる。また、エアシリンダなどの直進往復出力であればラック＆ピニオンなどを介して接続すればよい。

図 M15.3 は、インダクションモータとクランク機構で直進往復運動を作り、その往復運動をラッ

■ ロータリテーブル

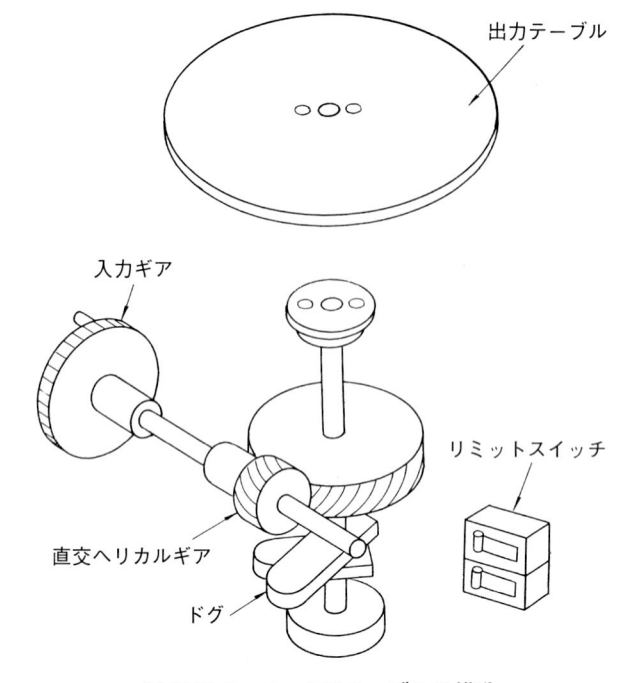

図 M15.2 ロータリテーブルの構造

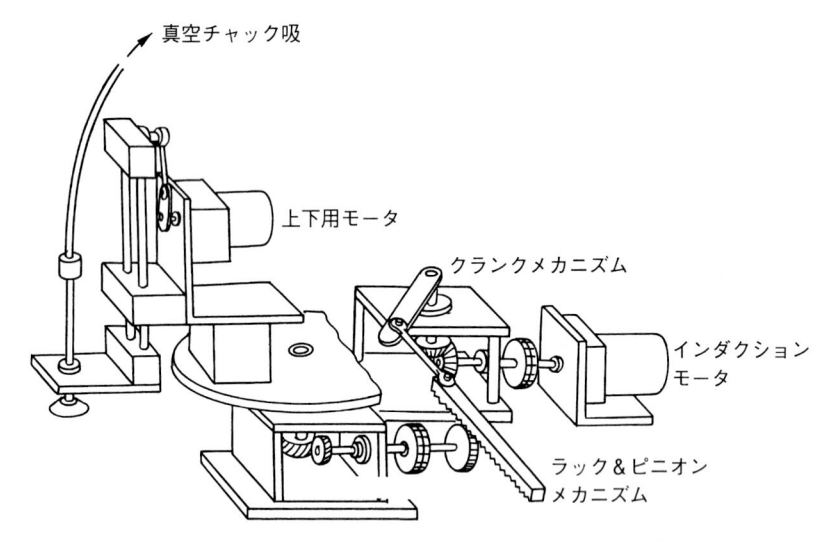

図 M15.3 クランクによる揺動運動とアームユニットのテーブル上への設置

ク&ピニオンで回転揺動出力に変換したものをロータリテーブルの入力としている。

ロータリテーブルには上下移動するアームユニットが搭載されていて、慣性が大きくなっているので直接インダクションモータで回転制御するとオーバーランが大きくなって、停止位置が大幅にばらつくことになる。

そこで、この装置のようにクランクの末端減速特性を利用して終端における速度を減速してちょうど速度がゼロになったところでモータを停止すると、位置決め精度が改善される。

(2) ロータリテーブルの応用例 〔ロータリテーブルを使った自動排出システム〕

図 M15.4 はロータリテーブルの上に空気圧シリンダ式の垂直移動ハンドを搭載したピック＆プレイスユニットを構成したものである。生産ラインのフリーフローコンベア上を流れてくるパレットに載せられている完成品を自動で完成品排出コンベア上に移動する。

ここで一番問題になるのが回転方向の停止位置決め精度である。この停止位置決め精度はロータリテーブルを回転駆動する機構によって大幅に変化する。このロータリテーブルの構造は図 M15.5 のようになっていて、正転逆転メカニズムはいろいろなものに交換できるようになっている。

この機構を PLC で制御するのであれば、例えば図 M15.6 のように PLC と接続する。

図 M15.5 の正転逆転メカニズムとして、汎用アクチュエータを利用したものが図 M15.7 である。

(1-1) のロータリエアアクチュエータの場合は一定速度で回転するので、回転端におけるショックが大きくなる。これを解消するにはエアダンパーを内蔵したロータリエアアクチュエータにするか機械的なオイルダンパを追加するなどして衝撃を吸収するとよい（113頁参照）。

(1-2) の汎用モータによる方法はモータの減速特性に頼ることになるので、特にロータリテーブル全体の慣性エネルギーが大きいとオーバーランが大きくなる。オーバーランを小さくするには減速比を大きくしてゆっくり動かすか、ブレーキ付きのモータにして摩擦力によって運動エネルギーを消費させることが考えられる。クラッチブレーキなどで急激にモータの回転を停止すると大きな衝撃を受けて、把持している完成品を落としてしまったり機構部分に負担がかかったりするので注

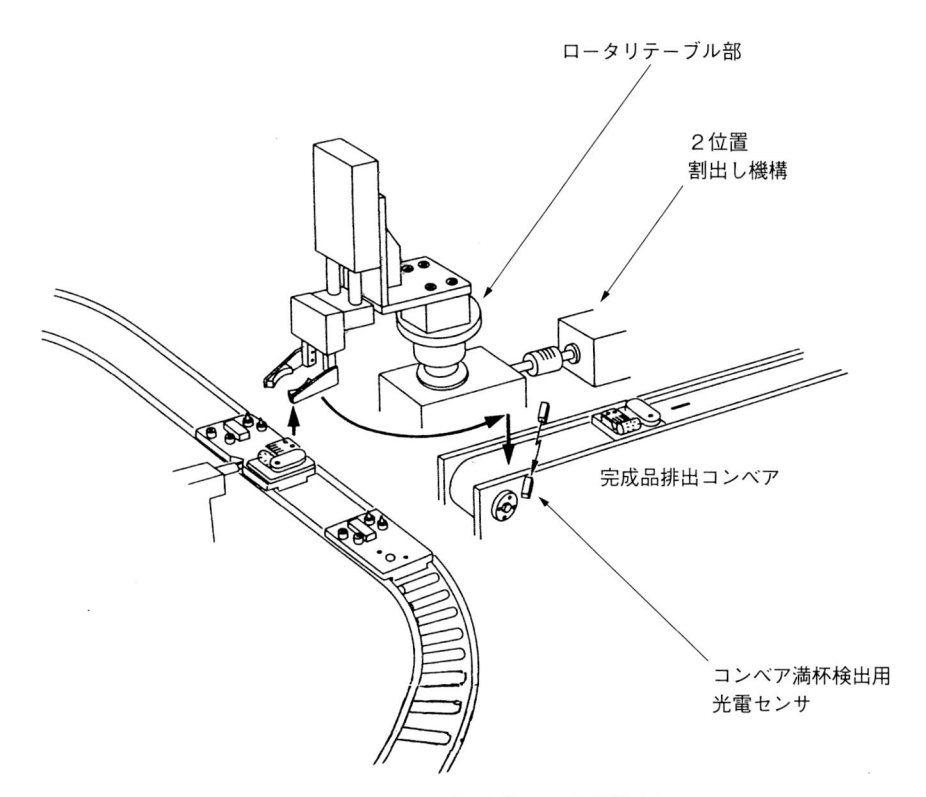

図 M15.4　ロータリテーブルを使った自動排出システム

■ ロータリテーブル

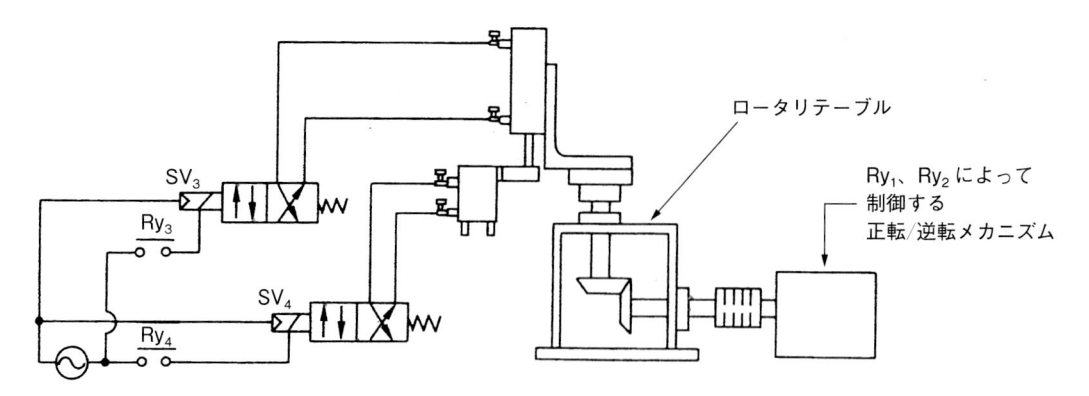

図 M15.5 ロータリテーブルの駆動と上下機構の空気圧回路

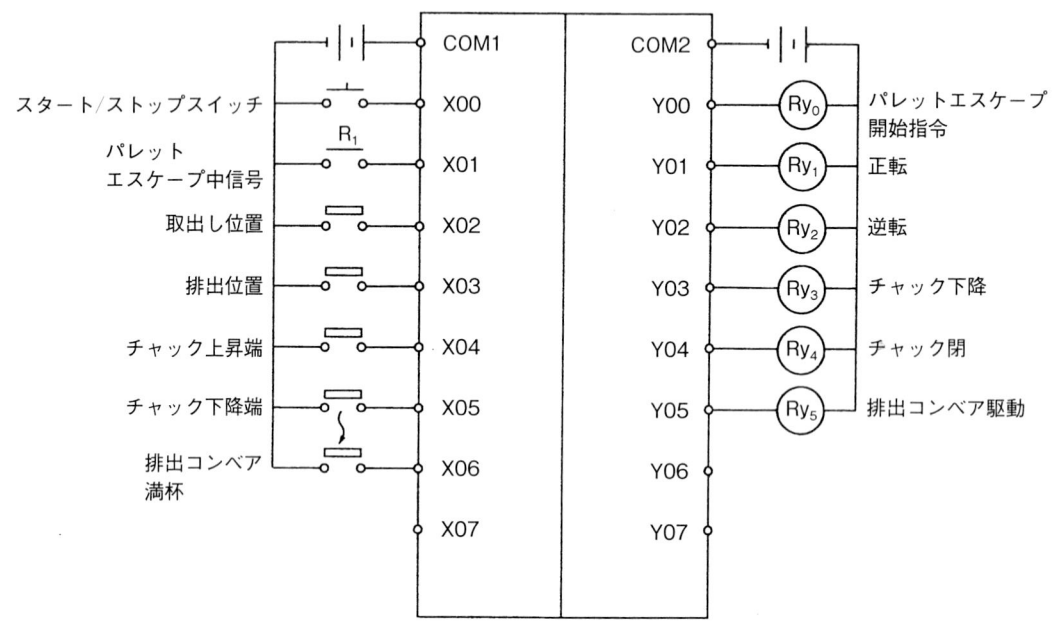

図 M15.6 PLCとの接続例

意する。

(1-3)の電子ブレーキによる方法は、インダクションモータに直流電流を流して強制的にロータ―の回転を停止するものである。これもクラッチブレーキを使った場合に似て急激に回転が止まるので機構部分にかなりの負担がかかる。機械的なブレーキと違って、モータが完全に停止してしまうと電子ブレーキによる停止トルクは期待できない。

図 M15.8 は末端減速特性をもつメカニズムを汎用モータで駆動して回転往復運動を作った例である。

(2-1)はクランクをモータで回転してその直進往復出力をラック＆ピニオンで回転運動に変換してロータリテーブルの往復運動を作っている。クランクの出力速度がちょうどゼロになったところで停止すれば停止精度もよく運動エネルギーも最小になっているので衝撃もなく停止できる。ただ

| (1-1) | ロータリエアアクチュエータによる直接駆動 |

ストロークエンドで急停止するので、衝撃が大きい。

| (1-2) | 汎用モータ（リバーシブルモータ）による直接駆動 |

オーバーランによる停止位置のバラツキが大きく安定しない。中間にウォームギアを入れたり、減速比を大きくしたりすると、精度は上がるが遅くなる。

| (1-3) | 電子ブレーキ付インダクションモータによる直接駆動 |

モータを電気的に急激に停止するので、衝撃が大きい。停止時のトルクが小さい。

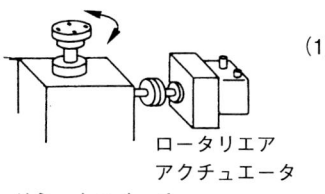

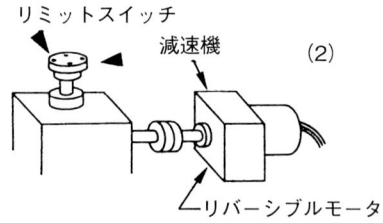

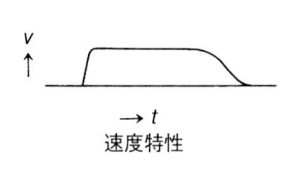

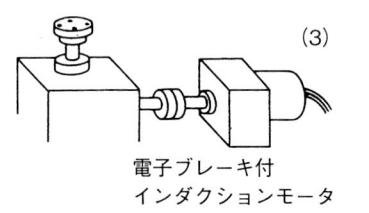

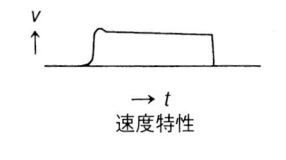

図 M15.7 汎用アクチュエータによる直接駆動

| (2-1) | クランクとラック＆ピニオンを使ったモータによる駆動 |

ストロークエンドで減速して停止するので、比較的スムーズに運動する。
クランクアームの長さでテーブルの回転角度と停止位置がかわるので、調節にくい。
歯車伝達やジョイント部が多く、バックラッシの大きい構造となりやすい。

| (2-2) | レバースライダとラック＆ピニオンを使ったモータによる駆動 |

往きと戻りのストロークで速度特性が異なる。
急峻な速度特性をもつ戻り側（スライドピンが支点に近い側を通るとき）は、慣性の影響を大きく受ける。

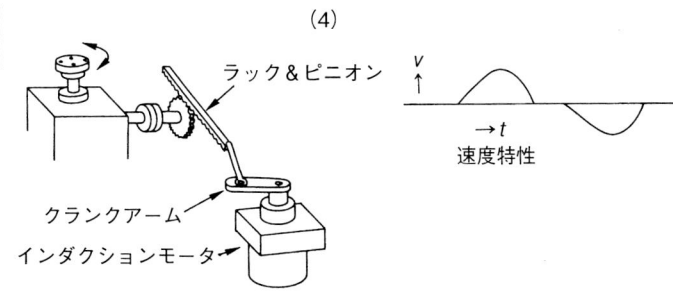

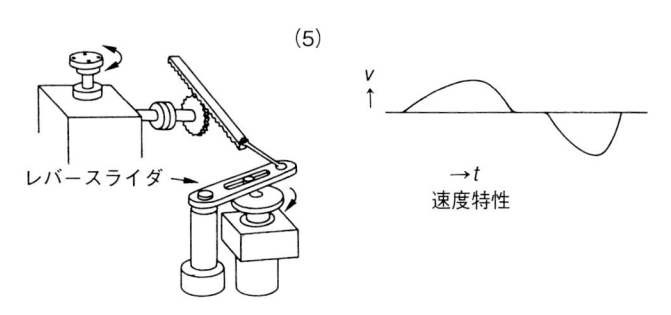

図 M15.8 末端減速機構を利用したモータ駆動

■ ロータリテーブル

し、ラック&ピニオンの噛み合わせ部やメカニズムのジョイント部や歯車機構にガタ（バックラッシュ）があるので最終端であるロータリテーブルにもある程度の遊びが出ることを覚悟したほうがよい。終端における停止精度を上げるために、テーブルにV字型の切れ込みを入れて外部からそのV字溝にクサビを入れるなどといった機械的な位置決めをすることがある。

　(2-2)のレバースライダも基本的な注意事項はクランクと変らないが、戻りのストロークが早くなる分、停止精度は悪くなることがあるので注意する。

　図M15.9は回転割出し機構を利用したロータリテーブルの一定角度送り機構である。

　(3-1)はゼネバを汎用モータで駆動するものである。ゼネバの特性はレバースライダの早戻りのときの運動特性と同じで移動中の速度特性が比較的急峻に立ち上がるので負荷が重い場合などには注意する。停止位置においてはゼネバの停止用半月状カムによって出力軸がロックされるので安定している。ただし、構造上の問題でカムに予圧がかけられず、多少のガタが出るので精密位置決めに使うときには注意する。

　(3-2)はローラギアカムを使ったインデックスドライブユニットを使って、ロータリテーブルの回転往復運動を作るものである。ローラギアカムは移動時の速度特性や移動角度などを指定できるので高価ではあるが目的に応じた角度位置決めを実現しやすい。また、予圧をかけてガタをなくすようにできるので停止時のガタも最小限に抑えられる。

(3-1) ゼネバ機構を使ったモータによる駆動

　ゼネバの速度特性はレバースライダの急峻な側の速度特性とほぼ一致している。
　割出しが完了したストロークエンドではテーブル側から力がかかっても動かない。
　予圧をかけられないので多少のガタがある。

(3-2) ローラギアカム内蔵インデックスドライブユニットを使ったモータによる駆動

　ローラギア用のカムのねじれ部の形状によって速度特性を変更できるので、最適な特性で駆動できる。
　予圧をかけやすく、ガタが少ない。
　ここでは変形正弦特性のものを使用。

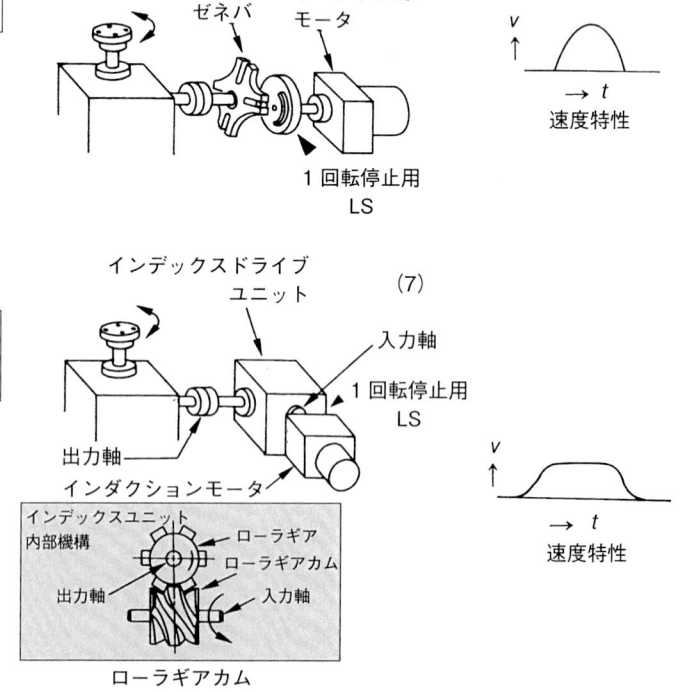

図M15.9　割出し機構を利用したモータ駆動

I-4 センサ〔S〕

S-1 リミットスイッチ

特徴 機械の可動部によって作動する位置検出スイッチ

　機械的な動作を検出するための最も簡便に用いられるものにリミットスイッチがある。

　リミットスイッチは機械の可動部によって作動するスイッチで、位置検出スイッチとも呼ばれる。

　リミットスイッチは図S1.1のように、マイクロスイッチを保護ケースに組み込んだ形になっていて、それに操作用の操作子（レバー）が付いている。マイクロスイッチを内蔵しているので、封入形マイクロスイッチとも呼ばれることもある。

　マイクロスイッチは図S1.2のようにスナップアクションによるパチンとスイッチが切り替わって開閉動作する接点機構をもっている。

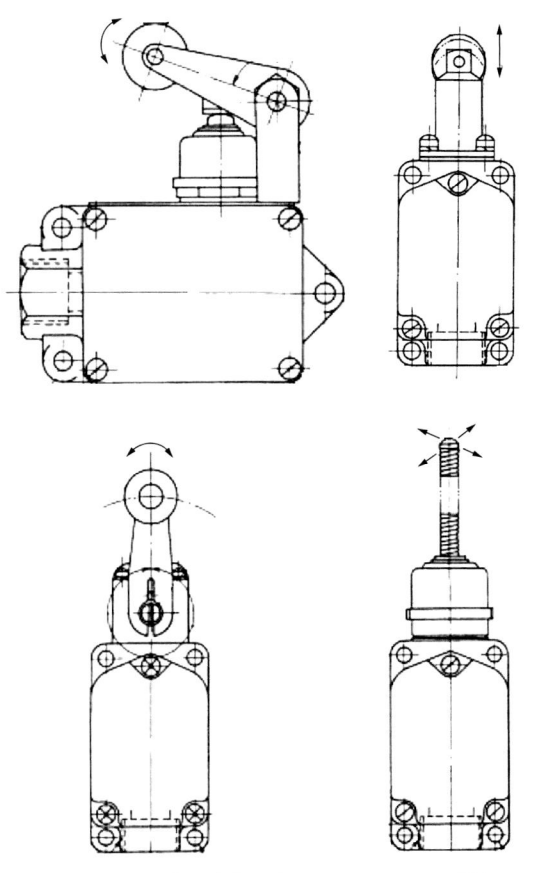

図S1.1　いろいろなリミットスイッチの形状
（オムロン技術資料より抜粋）

■ リミットスイッチ

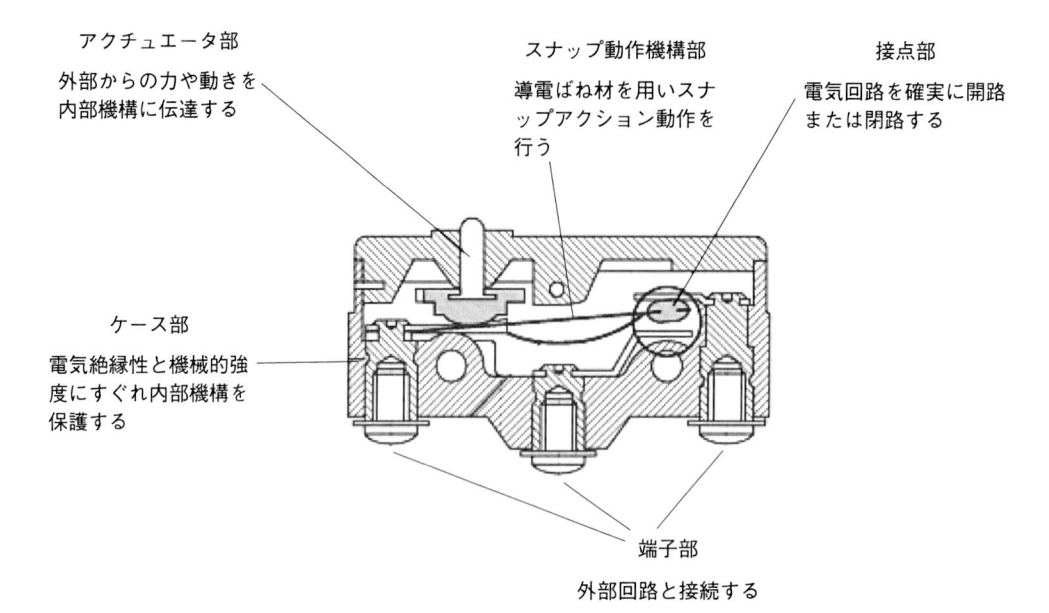

アクチュエータ部
外部からの力や動きを内部機構に伝達する

スナップ動作機構部
導電ばね材を用いスナップアクション動作を行う

接点部
電気回路を確実に開路または閉路する

ケース部
電気絶縁性と機械的強度にすぐれ内部機構を保護する

端子部
外部回路と接続する

図 S1.2　マイクロスイッチの構造
（オムロン技術資料より抜粋）

　通常リミットスイッチに付いているレバーを機械的に押して接点の開閉をすることになるから、機械的にある程度しっかりしたものが検出する対象になる。
　運動している機械の一部を直接使ってリミットスイッチのレバーを押すこともあるが、レバーを押すために専用に作られたドグ（DOG）を使うこともある。
　また、レバーを次第に押して行って接点が閉になる位置と、いったん閉になった接点がレバーを戻すことによって開になる位置とが異なるので、精密な位置決めに用いるときには注意を要する。
　図 S1.3 はリミットスイッチを使ってモータの出力軸が何回まわったかをカウントするものである。モータの出力軸にドグを付けてそのドグでリミットスイッチのレバーを操作している。
　リミットスイッチの接点出力は、PLC（シーケンサ）の入力ユニットやカウンタの電気回路などに接続して利用する。

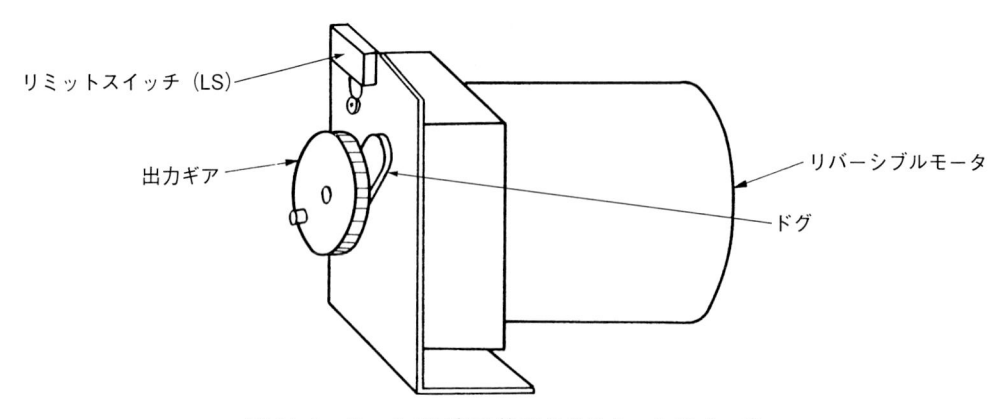

図 S1.3　モータの回転を検出するリミットスイッチ

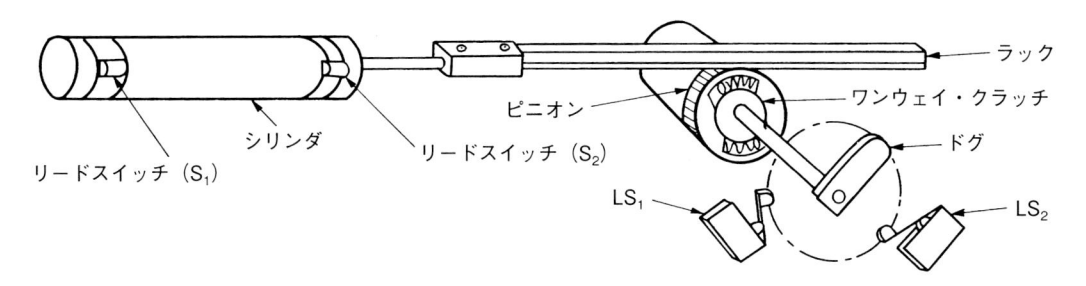

図 S1.4　リミットスイッチの使用例

　図 S1.4 は LS₁ と LS₂ のリミットスイッチを使って、ワンウェイクラッチの回転軸の位置を検出する機構である。ワンウェイクラッチの回転軸にはドグが付けられていて、LS₁ と LS₂ の位置にドグが来るとリミットスイッチの接点が切り替わってシャフトの位置を検出できる。

　この例では、シリンダにもリードスイッチ S₁ と S₂ が付いていて、ワンウェイクラッチを駆動するラックの位置を検出できるようになっている。きちっとシリンダのピストンが毎回同じストローク移動するように制御するのであれば、シリンダのリードスイッチ S₁ と S₂ を使って往復させる。

　シリンダのストローク途中で LS₁ または LS₂ の回転位置で停止するような場合には、リミットスイッチを使って制御する。

S-2　リードスイッチ

特　徴　マグネットで動作するリードによるスイッチング

　リードスイッチは、図 S2.1 にあるように 2 枚のリードと呼ばれる磁性体片が、常時は相互にやや離れているが、磁力線が働くと相互に吸引して接触するようになっている。

　このリードは一般にスナップアクションにより、パチンと接触するような形状になっている。

　このように、リードスイッチは磁気的な力による機械的な接点の開閉である。

　図 S2.2 のシリンダの前後に 1 個ずつ配置してある S₁ と S₂ がリードスイッチで、シリンダ内で動くピストンに永久磁石が埋め込まれており、ピストンの位置によって磁力線が発せられる。ピストンの永久磁石がリードスイッチの位置に来るとリードスイッチの接点が切り替わる。

　接点相互の接触圧力はきわめて小さいので、数十ミリアンペアといった小さい電流しか流せないものが多いので駆動する負荷に注意する。

　一方、リードスイッチの中には、スイッチ本体に永久磁石などの発磁体を内蔵していて、外部に鉄板などの磁性体が近づくと接点が切り替わるようなものもある。

　図 S2.3 の磁気スイッチ（LS₁）がそれで、コの字型の磁路の空隙部に鉄片などの磁性体が入って磁路を埋めることでリードスイッチが働くようになっている。

■ リードスイッチ

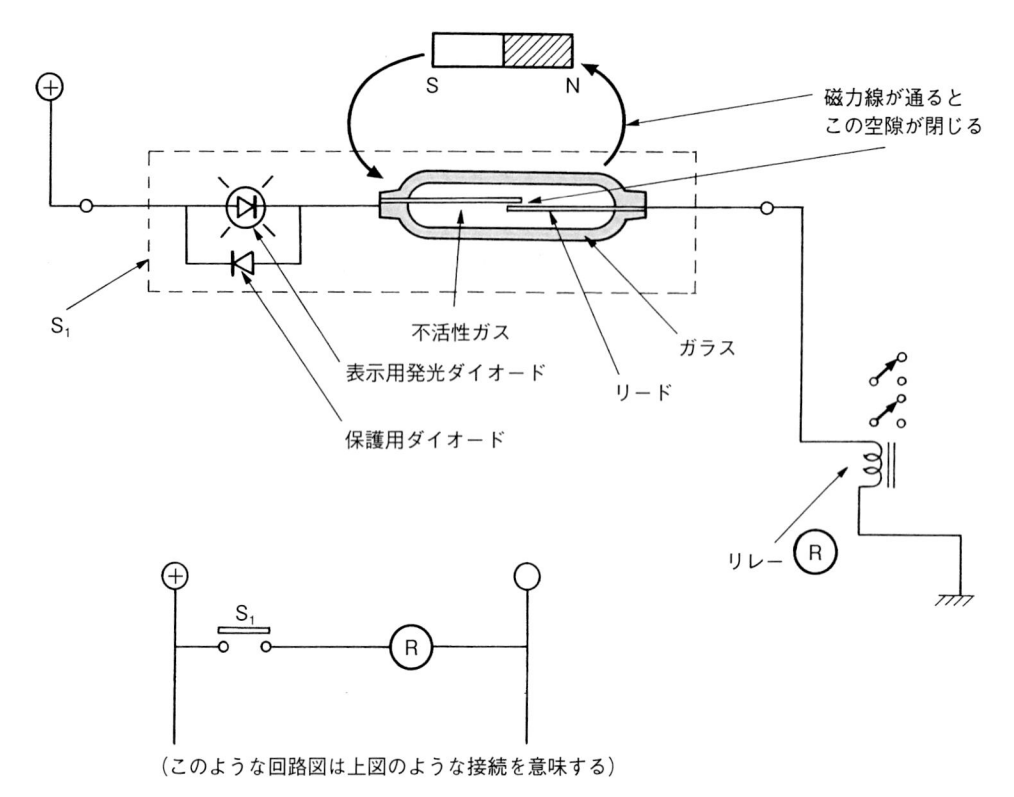

(このような回路図は上図のような接続を意味する)

図 S2.1　リードスイッチの構造

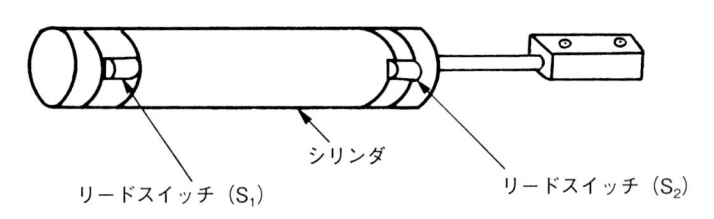

図 S2.2　シリンダのリードスイッチ

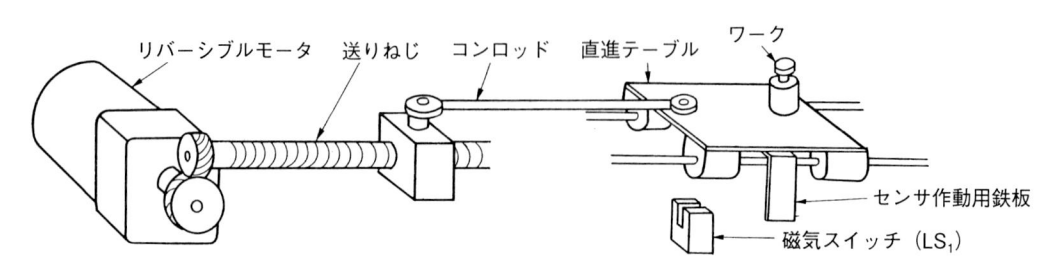

図 S2.3　リードスイッチを内蔵した磁気スイッチ

S-3 光電センサ

特　徴　光を使った有無検出

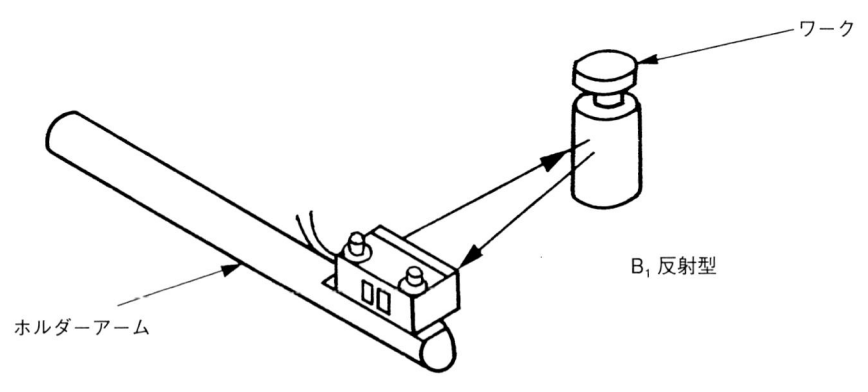

図 S3.1　反射型光電センサ

（1）光電センサ

　光電センサには透過型（投受光型）と反射型の2種類がある。**図 S3.1** のセンサは反射型でセンサヘッドから出た光がワークに反射して戻ってきた光を受光してワークの有無を判断する。もちろん検出対象はワークでなく機械の一部でも同じことである。

　図 S3.2 はセンサの先端が光ファイバになっている反射型の光電センサで、1本から数本の投光用の光ファイバと受光用の光ファイバが細い管の中におさめられていて、光ファイバを経由してワークの有無を判断する。

　光ファイバの検出距離は短いが、ごく細かい部分の検出などに有効である。

　図 S3.3 は投光器と受光器からなる透過型で、投光器から発した光がワークで遮られることでワ

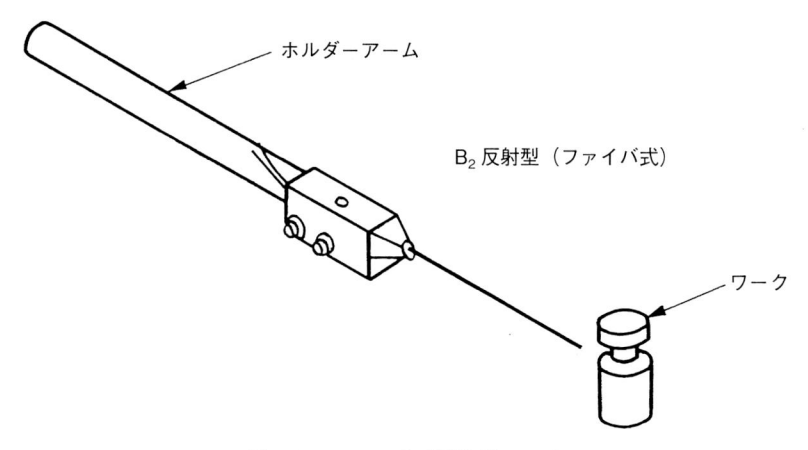

図 S3.2　ファイバ型光電センサ

■ 光電センサ

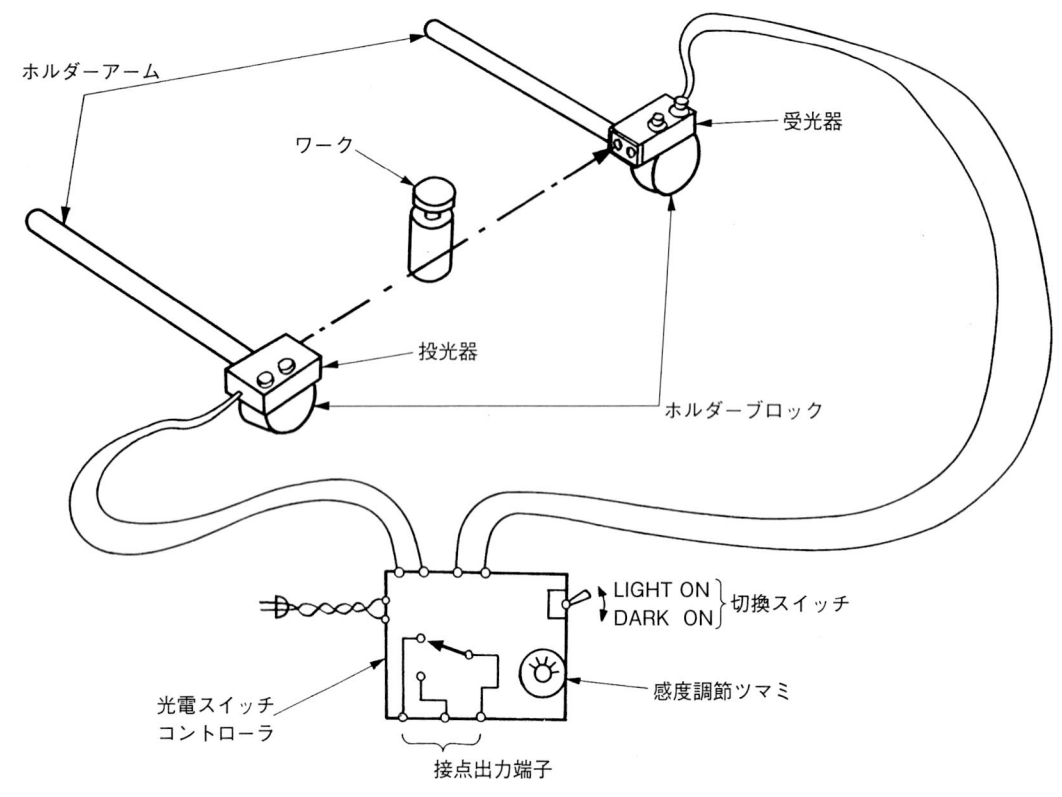

図 S3.3　透過型光電センサとセンサアンプ

ークの有無を検出する。

　光電センサには、このようなアンプとセンサヘッドが分離しているタイプと、アンプがセンサヘッドに内蔵しているタイプがある。

　一般的な光電センサには、光が遮断されたときに接点が閉じる（LIGHT ON）か、光が受光器に入射したときに閉じる（DARK ON）かを、切替えスイッチのようなもので切替えられるようになっている。感度調整ツマミは、対象物のサイズ、色、反射率、外乱光の状態などに応じてワークの検出が的確に行えるように最適な値に調整する。

(2) 光電センサの応用例 1 〔ワークの姿勢検出〕

　図 S3.4 はワーク B にワーク A を挿入する工程で、ときどきワーク A のチャッキング時に姿勢不良があって機械が停止してしまうものとしてみよう。

　この場合、例えばワーク A のチャッキング時の姿勢不良が 10％くらいあったとすると、10 回に一度は機械が停止することになる。挿入不良の場合、作業員をブザーで呼ぶシステムとすることが多いが、このやり方ではサイクルタイムが 3 秒として、10 回に 1 回作業員が 1 分かけて手直しをすれば、稼働率は 30％くらいになってしまう。

　そこで対策として、光電センサを使って、挿入ユニットでつかみあげたワークの姿勢をチェックする。ワーク A を挿入する前にワーク A の姿勢を検出できるように複数の光電センサを使って異

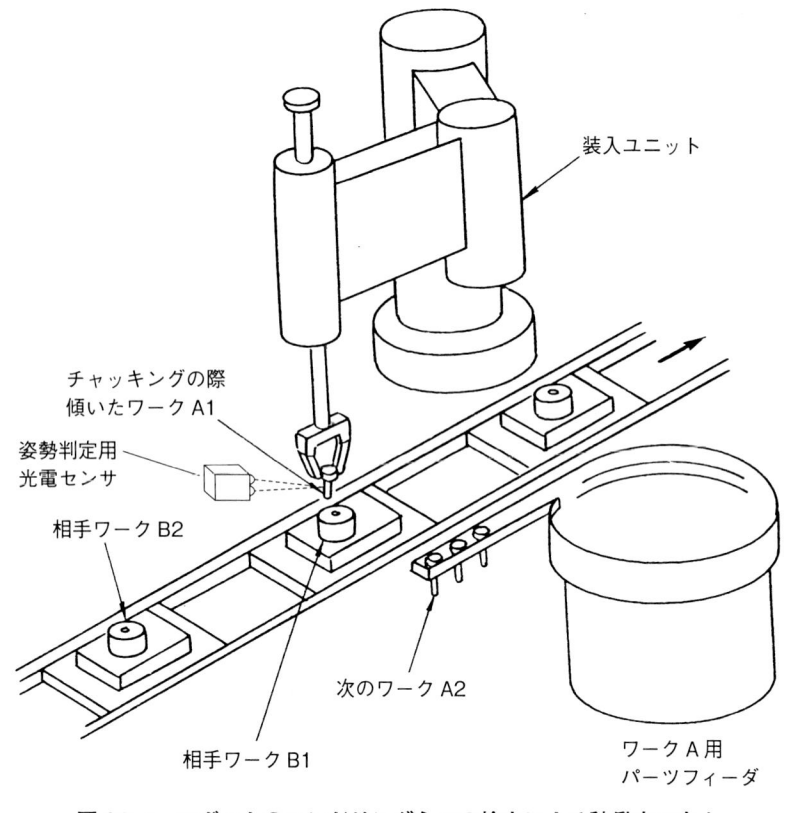

図 S3.4　ロボットのハンドリングミスの検出による稼働率の向上

常な姿勢を判定するように光軸をあわせる。チャックミスの判断ができるようになったら、その信号を PLC などのコントローラに接続して、オンオフの組み合わせによってチャックしたワークをどのように処理するかを決める。

　例えば、正規の状態の信号は挿入ユニットの挿入動作指令にして、他の信号を中止指令にする。すると、挿入前に機械が停止するので、作業者はチャックしているワーク A1 を排除するか姿勢を修正する作業を行えばよいことになる。光電センサを使わなければ、挿入ユニットが下降して、ワーク A1 と B1 がかみ合った状態から異常復帰をすることになるので、それよりもずっと短時間で異常から復帰できるようになる。

　もう1つの改善方法は、チャッキング時のミスで傾いた姿勢を検出したときに、ワーク A1 が不良ならこれを捨てるかワーク A 用のホッパフィーダに戻すようにして、次のワーク A2 を取るようにすれば、10 回に1回ワーク A1 を捨てるだけで済むので稼働率は 90% を超えるようにできる。

（3）　光電センサの応用例2　〔光電センサによる姿勢判別〕

　複数の光電センサを配列することで、ワークの姿勢を検査することができる。
　先ほどの図 S3.4 のような装置で傾いたワークの姿勢を判別することを考えてみよう。
　図 S3.5 に示すようにセンサの検出位置をセットすると、ワークの傾きによって図 S3.6 のように各センサのオンオフの状態が変化してワークの姿勢を検出することができる。

■ 光電センサ

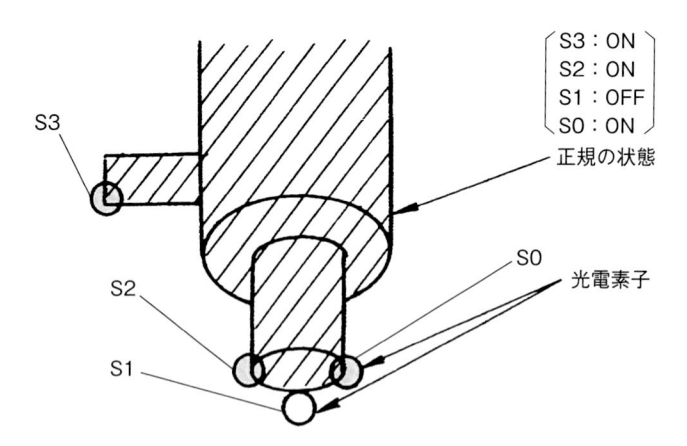

図 S3.5　複数の光電センサによるワークの姿勢チェック

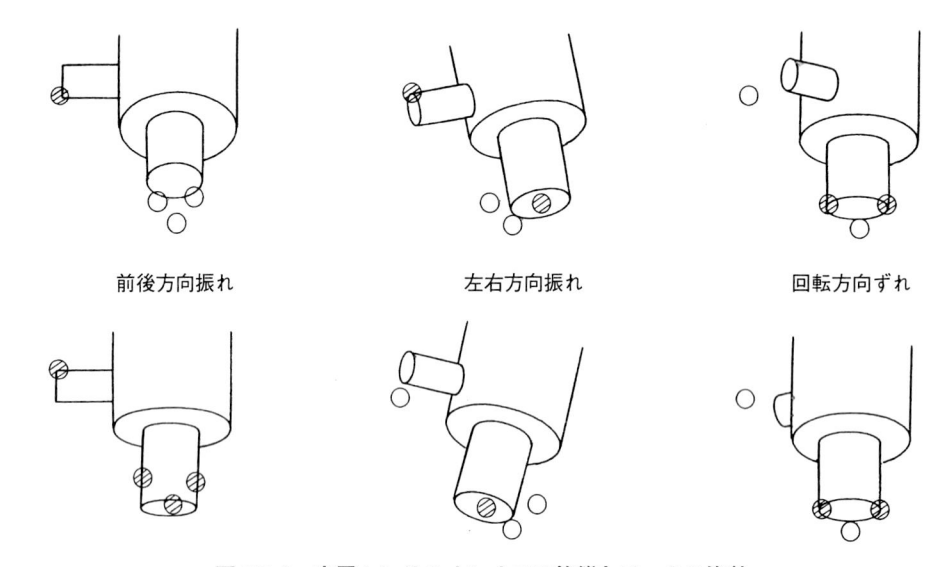

図 S3.6　光電センサのオンオフの状態とワークの姿勢

表 S3.1　センサのオンオフとワークの姿勢

センサ番号	S3	S2	S1	S0	2進数	16進数	10進数
正規の状態	ON	ON	OFF	ON	1101	D	13
前後方向振れ	ON	OFF	OFF	OFF	1000	8	8
	ON	ON	ON	ON	1111	F	15
左右方向振れ	ON	OFF	OFF	ON	1001	9	9
	OFF	ON	OFF	OFF	0100	4	4
回転方向ずれ	OFF	ON	OFF	ON	0101	5	5

　このオンオフの状態を表したものが、**表 S3.1** である。姿勢を示すセンサのオンオフの組み合わせによってワークがどのような状態にあるかを判定できる。同じ状態がないかどうかを簡単に知るために、2進数や16進数などを使って表現すると間違えにくい。

(4) 光電センサの応用例 3 〔走行中のワークの品種判別〕

塗装工程などのように、いくつかの異なった形状のワークが流れるラインにおいて、品種の判別信号を光電センサを使って検出するものである。特にワークが連続して移動してくるような場合に、複数の光電センサを使って、ゲート信号を用意するとうまく検査ができる。

図S3.7は、ゲート信号としてA、Bの2素子を用いた例で、矢印の方向に移動しているワークの寸法 x がある範囲に入っているかを検査することを目的としている。

この場合、例えばセンサA「オフ」、B「オン」となった瞬間のセンサC、Dの状態を検出すればよいことになる。

A、B、C、Dの信号の組み合わせは、0100、0101、0110、0111の3種類だけになる。このうち正規の信号は、0101の1つだけになる。

移動物体などはこのように、ゲートとなる信号を使うとうまく検出できるようになることが多い。

(5) 光電センサの応用例 4 〔マガジン内のワーク検出〕

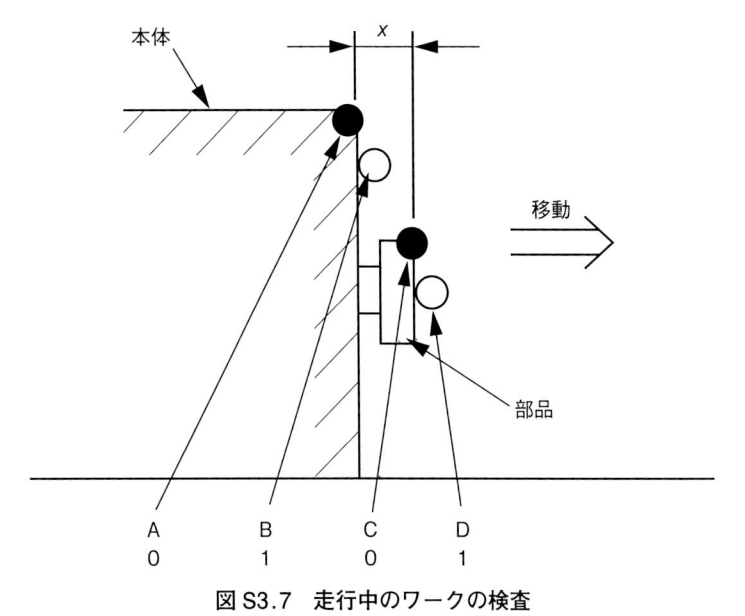

図S3.8はマガジンを使ったワークの自動供給装置の例である。

マガジン内のワークをインダクションモータで駆動されている送りねじユニットで上昇してワークがある程度浮き上がったところで停止する。

ワークの検出は透過型光電センサで行っているが、センサの感度(センシティビティー)と取り付け高さによってワークを持ち上げる量が変ってくる。

図S3.9はその例で、光電センサの感度調節と停止位置の関係を記載してある。

図 S3.7　走行中のワークの検査

■ 光電センサ

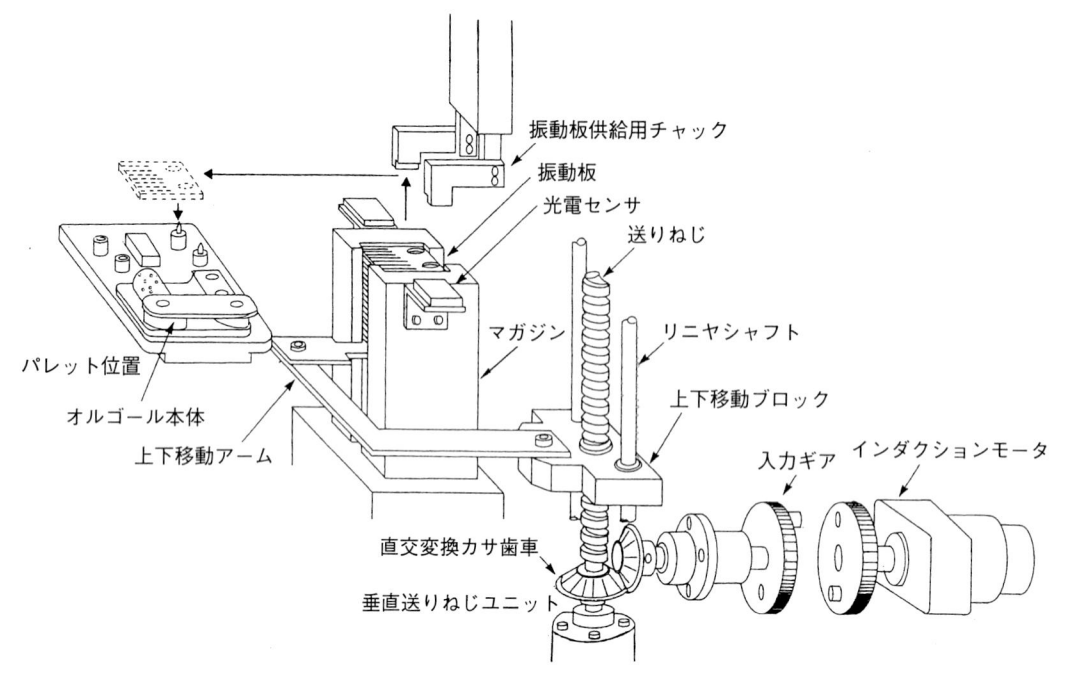

図 S3.8 マガジンによるワークの自動供給装置

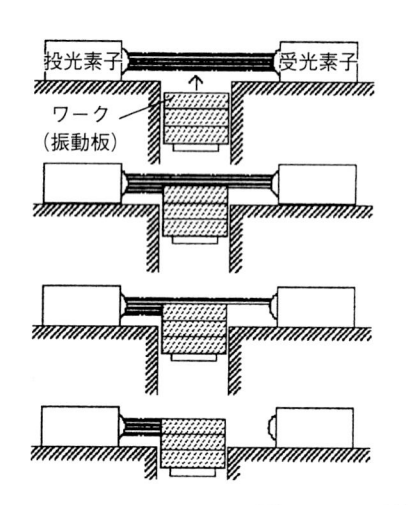

(1) 初期状態

(2) 光電センサのセンシティビティを上げておくと、ワークがわずかに光束を遮るところでスイッチングする

(3) 光電センサのセンシティビティを下げぎみにしておくと、ワークがある程度の量の光束を遮ったときにスイッチングする

(4) ワークを持ち上げすぎた状態でチャックすると、下のワークもつかんでしまい2枚供給のトラブルとなる

図 S3.9 マガジン内のワーク検出

(6) 光電センサの応用例5 〔リニアフィーダ先端のビス検出〕

　ボウルフィーダで同じ姿勢に整列した後、リニアフィーダで送られてきたビスを光電センサで検出してワークが固定テーブルの先端に密着したところでリニアフィーダの振動を停止する。ビスの自動整列供給装置である（図 S3.10）。

　図 S3.11 の (a) のようにセンサをワークの停止位置の中央に配置して、センサがオンした時点ですぐにリニアフィーダを停止すると、所定の位置までビスが送られずに中途半端な位置で停止し

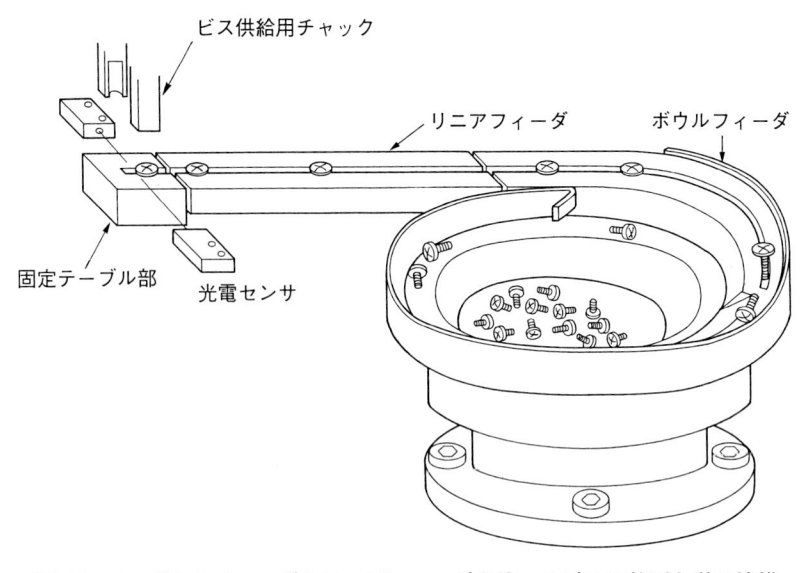

図 S3.10　ボウルフィーダとリニアフィーダを使ったビスの整列と送り機構

(手前で完全に遮光される)

(正しい停止位置)

(正しい停止位置でも光は透過している)

(a) センサヘッドを安定した位置に設定した場合

(b) センサヘッドを停止位置でぎりぎりに ON するように設定した場合

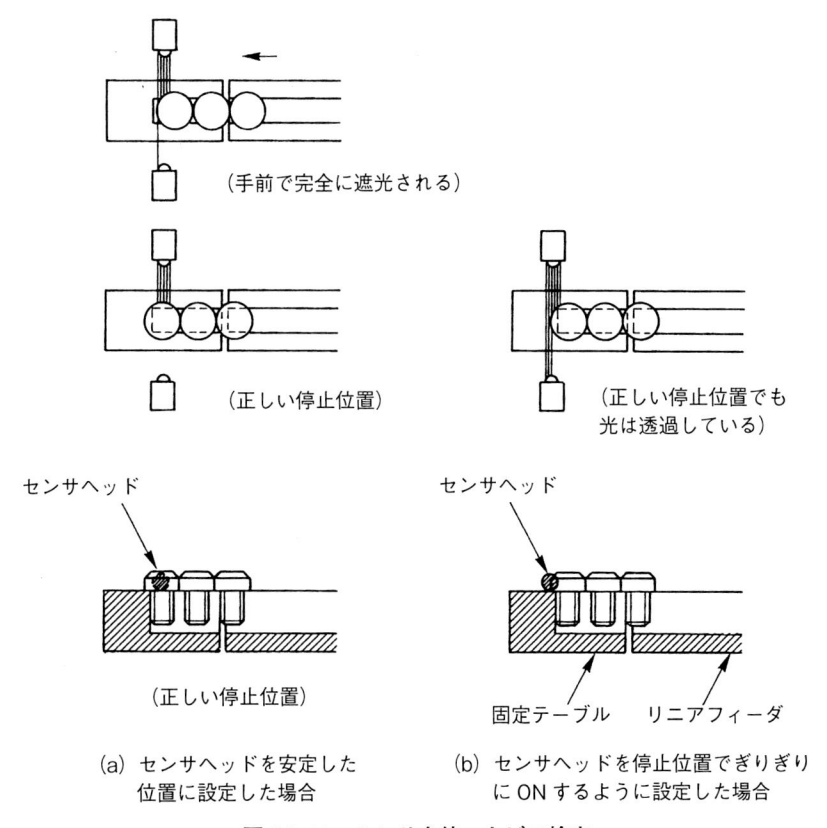

図 S3.11　センサを使ったビス検出

■ 近接センサ

てしまうことがよく起こる。センサの位置を変更せずに制御回路のタイマを使ってセンサがオンしてから何秒間かリニアフィーダを動かしてから停止するという方法をとることもあるが、これには落とし穴がある。例えば、リニアフィーダの先端にビスが2個しかなかったら、センサがオンしている時間が長くても後ろから押されないので、先端のビスは端面まで移動できない。また、ビスがリニアフィーダ上にいっぱいになっているときに、センサがオンしてからも長い時間リニアフィーダをオンし続けていると、後ろからの力で後のビスが前のビスの頭の上に乗り上げてしまうことが起こりやすくなる。

一方、このような状況を嫌って、(b)のようにセンサヘッドを停止位置ギリギリのところに設定して、感度調節でビスを検出するようにすると、リニアフィーダからの振動でビスが手前に戻されたり、頭が多少傾き気味になっただけでセンサがオンできないということになり、不安定なオンオフを繰り返す動作になってしまうこともある。

実際には (a) と (b) の中間あたりの適度な場所で安定した位置に来るように、十分時間をかけて設定する必要がある。

S-4 近接センサ

特　徴　磁界を利用した非接触検出センサ

近接センサは高周波発振型、静電容量型、永久磁石を使った磁気型の3種類がある。

高周波型は、センサヘッドから高周波の磁界を発生している。この磁界に金属が近づいたときの磁界の変化を検出して対象物の有無を検知している。したがって、磁性体に有効である。アルミニウムのような非磁性体の金属でも検出できるが、検出距離が短くなり設定が難しくなる場合もある。高周波型は一般に応答速度は速く、機種によって異なるが、0.01〜0.001秒程度の検出時間のものが選択できる。

静電容量型は金属や誘電体に適用できるので、ほとんどの物体を検出できる。誘電体を検出するので、透明な液体やプラスチックなどの検出もできる。応答速度は高周波型のものに比べて遅く、実用上は0.1秒くらいの反応の遅れがあると考えたほうがよい。

磁気型は検出する対象物に取り付けた永久磁石が近づくと、接点が切り替わるようにしたスイッチであったり、センサに磁石が埋め込まれていて金属体を近づけるとスイッチが切り替わったりするものである。リードスイッチも磁気型の1つである。このようなタイプは機械的な接点の切換えになるので感度調整などの機能は持っていないのが普通である。また、高速で対象物を検出するという用途や高精度が要求されるときには余り利用されない。

近接センサには磁気型のようなアンプが必要ないもの、2線式磁気センサのようにアンプが内蔵されているが感度が固定されているもの、感度調整機能をもつアンプが内蔵されているもの、センサとアンプが分離しているものなどに分けられる。

そのほかに複数のセンサ出力の差を取った信号を出したり、ピーク信号をホールドしたり、時間差を付けたり、データの履歴を保存したりする専用のセンサコントローラが利用されることがある。

例えば非常に短い時間しかオンしていないセンサ信号を検出したり、2つのセンサ信号を同期して比較したりするときにはPLC（シーケンサ）のような制御機器の入力端子に接続しただけでは正しく判断できないことがある。このときに専用のセンサコントローラで信号を高速に処理したり一時的に保存したりして、その結果をPLCに渡すようにするとよい。

近接センサにはシールドタイプと非シールドタイプがある。

シールドタイプはセンサ周囲からの影響を受けにくいように側面をシールドしてあるものである。このタイプは**図S4.1**（a）のように金属内に埋めこんで使用できる。

シールドしていないものは同図（b）のように検出範囲は広いが、近接センサを取付けた金属や取り付けナットの影響まで受けてしまうので注意する。**図S4.2**のように非シールドタイプではセンサ直径の3～4倍程度の範囲にセンサ取付けよりも前に周囲金属が存在しないような場所でないと設置できない。

取付けるときの締付けトルクも性能にかかわってくる。カタログの締付けトルクの範囲内にしないとセンサ内部の素子がひずんで出力が出なくなったりする。実際に近接センサの締付けトルクによる不具合の発生率は低くない。

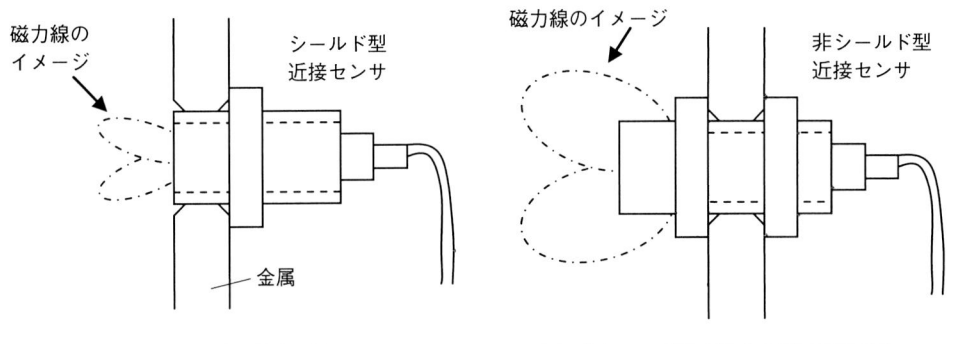

(a) シールド型の場合埋込める　　(b) 非シールド型の場合金属に埋込めない

図S4.1　近接センサ種類による取付け方法の違い

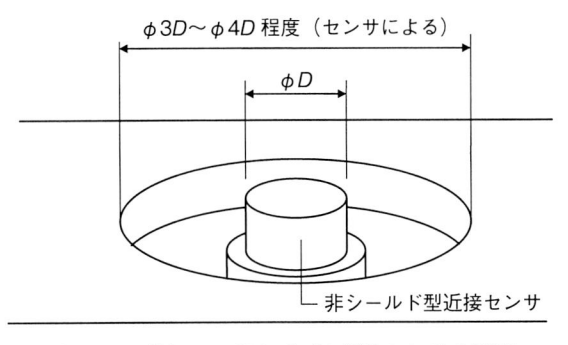

図S4.2　非シールドタイプの近接センサの設置

I-5 ロボットアーム〔R〕

R-1 シリンダ式垂直移動アーム

特 徴	駆　　動：空気圧
	運動方向：垂直
	チャック：真空チャック（他のチャックに交換可能）

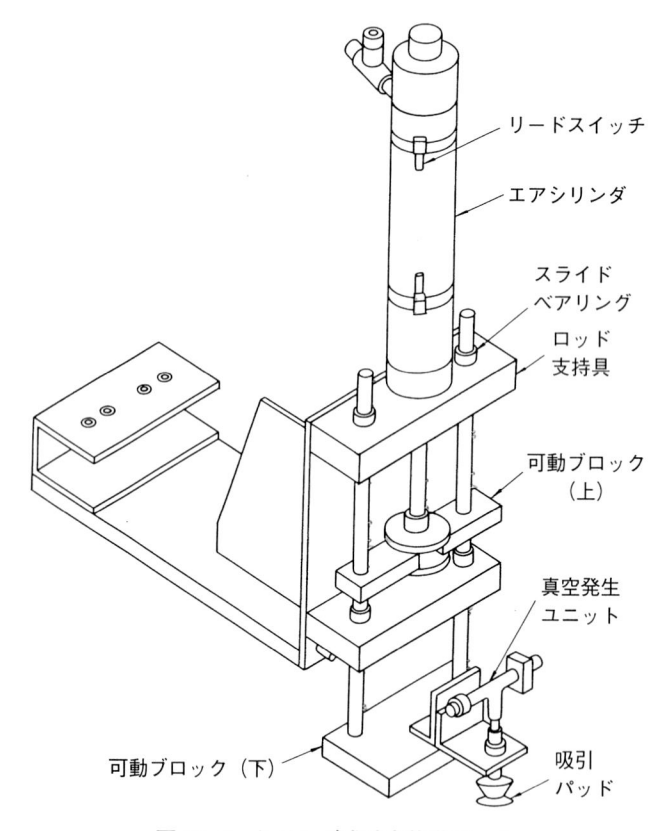

図R1.1　シリンダ式垂直移動アーム

(1) シリンダ式垂直移動アーム

　図R1.1に示すユニットはエアシリンダにて垂直方向（Z軸方向）に真空チャックを上下する機構で、図R1.2がその分解図である。上下2カ所にあるロッド支持具の中間に可動ブロック（上）があり、ロッドには可動ブロック（上）と可動ブロック（下）とが固定されている。ロッド支持具は直動スライドベアリングを使っている。

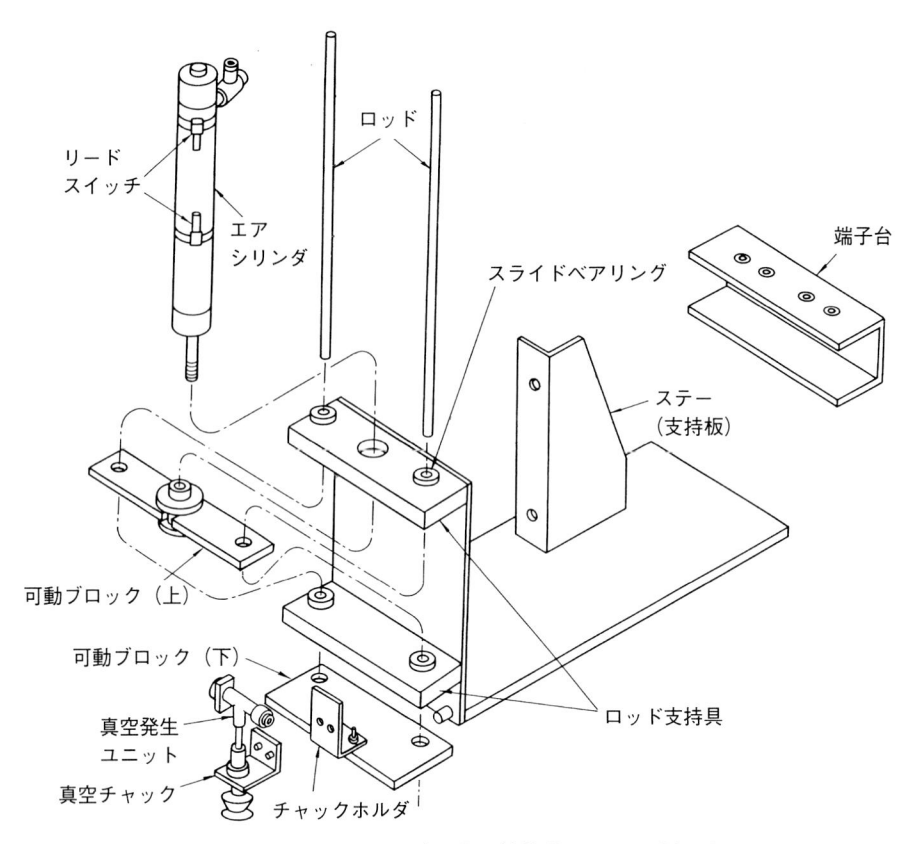

図R1.2 エアシリンダ駆動Z軸移動アームの分解図

　エアシリンダにより可動ブロック（上）を上下させることにより、可動ブロック（下）に取り付けられた真空チャックが上下してワークをつかまえる。

　垂直の移動端検出はエアシリンダのリードスイッチにより行う。

　もちろん真空チャックに限らず、平行チャックや揺動チャックなどといった他の形式のチャックに自由に交換できる。

(2) シリンダ式垂直移動アームを使った応用例1　〔ピック＆プレイスユニットの構築〕

　図R1.3のように、シリンダ式垂直移動アームを直進テーブル上に取り付け、これをスピードコントロールインダクションモータで駆動するクランク機構で水平方向に移動させる。

　チャックは平行チャックを用いてあり、万一電源を落としてもワークを落とさないように、ダブルソレノイドバルブ（SV_D）でオンオフした。

　上下用のシリンダはシングルソレノイドバルブ（SV_S）で駆動し、オンすると下降、オフすると上昇するようにした。空気圧回路は図R1.4のとおりとする。

　図R1.5はクランクを駆動しているスピードコントロールインダクションモータの電気回路図である。

　このように垂直移動するアームユニットを水平にも動けるようにすると、ワークをつかみあげて別の場所に移動する動作ができるようになる。例えば部品を決められた位置の間で移動したり組み

■ シリンダ式垂直移動アーム

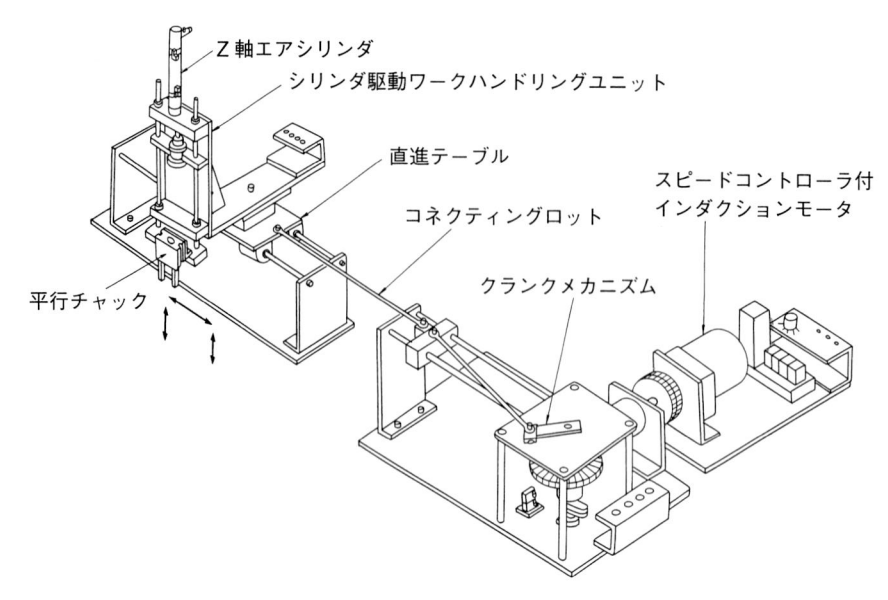

図R1.3 ピック＆プレイスユニット

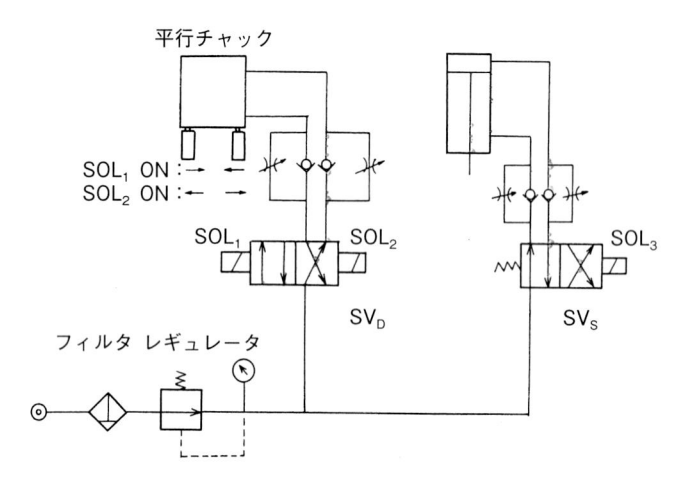

図R1.4 ピック＆プレイスユニットの空気圧回路

付けたりするときなどに利用される。

　このようなワークを拾い上げる動作（ピックアップ）とワークを別の場所に置く動作（プレイスメント）をするユニットをピック＆プレイスユニットを呼んでいて、自動化のハンドリング装置として多用されている。

　図R1.3のピック＆プレイスユニットをPLCで制御してみる。

　まず、制御に必要な入力信号を**図R1.6**の左側のように、PLCの入力ユニットに配線する。

　次に、ピック＆プレイスユニットのアクチュエータの駆動部をPLCの出力ユニットに図R1.6のように配線する。

　スタートスイッチX1を押したときに、**図R1.7**の動作順序で動くようにしたPLC制御プログラムは**図R1.8**のようになる。

図R1.5 水平移動用モータの電気回路

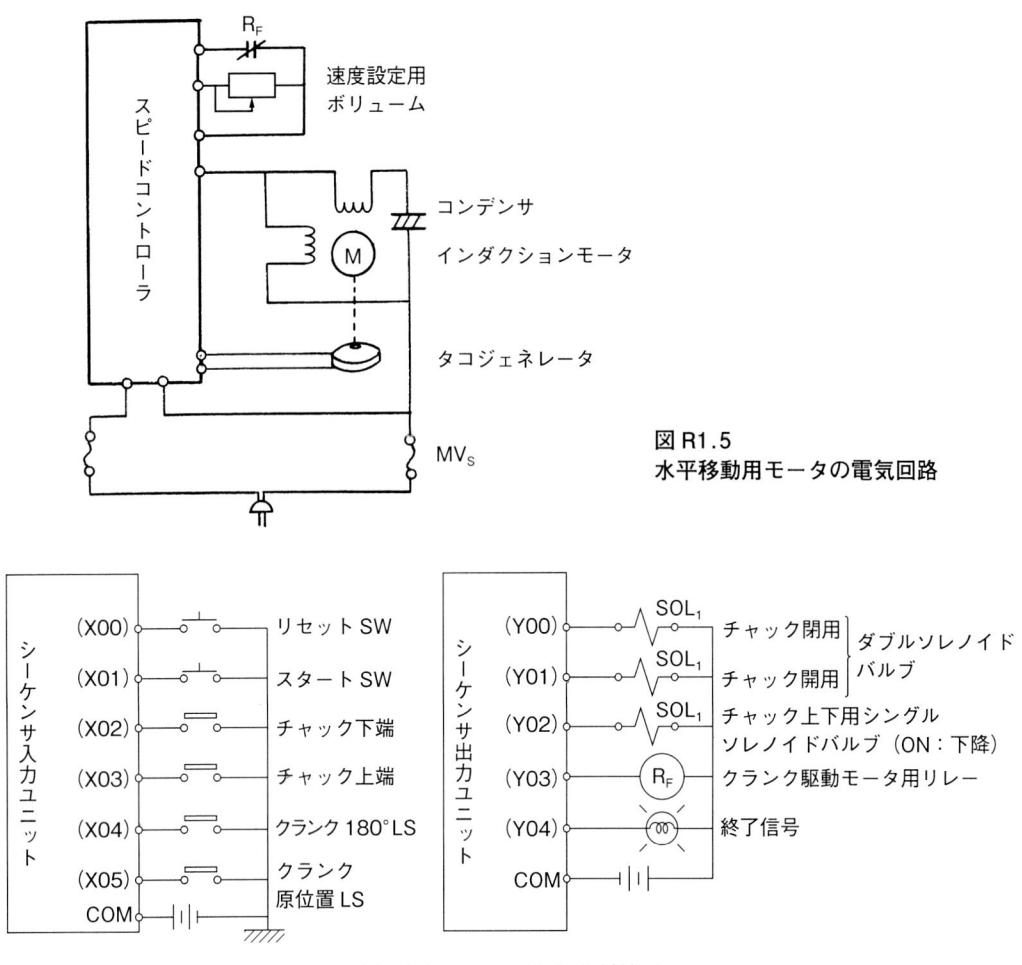

図R1.6 PLCの入出力割付図

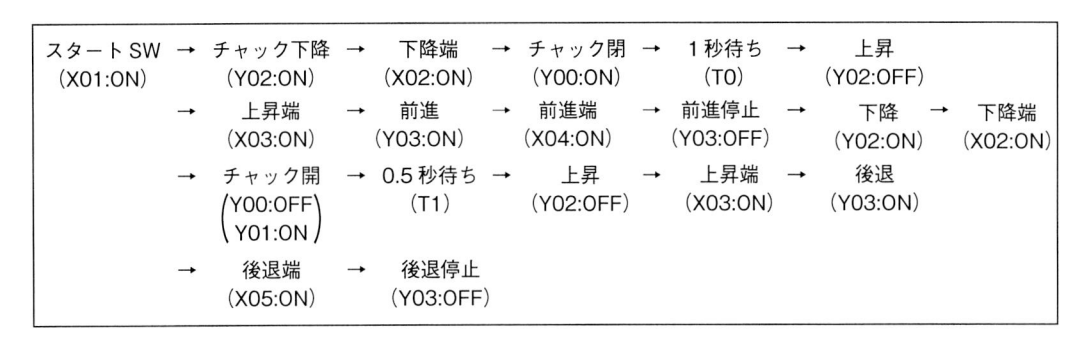

図R1.7 動作順序

ここでXは入力リレー、Yは出力リレー、Mは内部リレー、Tはタイマを意味している。プログラムではタイマのベース時間は0.1秒としてあるので、T0 K10となっているのはタイマ番号T0に1秒を設定したことを意味している。Kは10進数であることを意味している。

■ シリンダ式垂直移動アーム

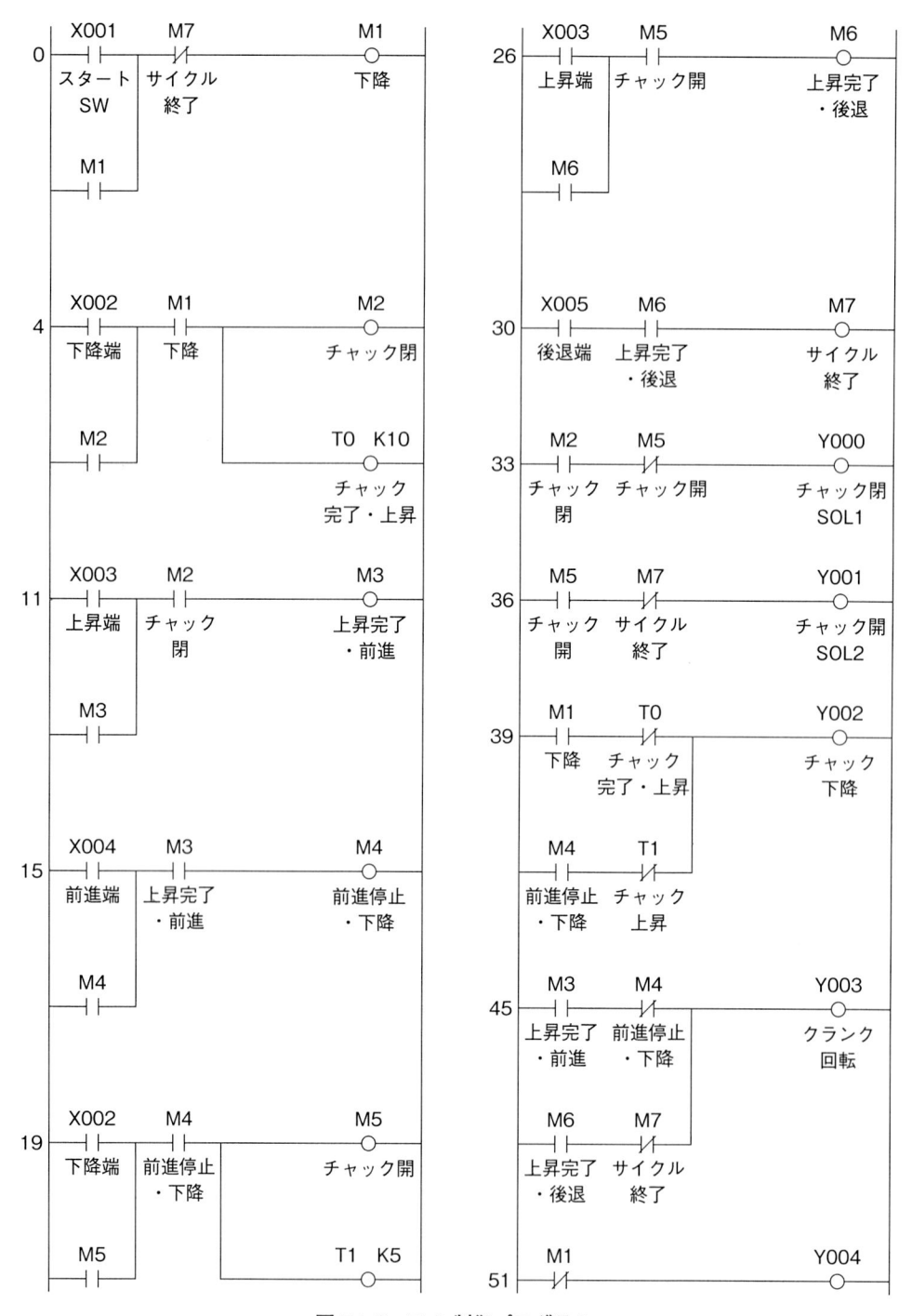

図R1.8 PLC制御プログラム

R-2	**モータ式垂直移動アーム**		
特 徴	駆　　　　動：インダクションモータ		
	上下運動機構：クランク		
	運 動 方 向：垂直上昇・下降		
	チ ャ ッ ク：平行チャック（他のチャックに交換可能）		

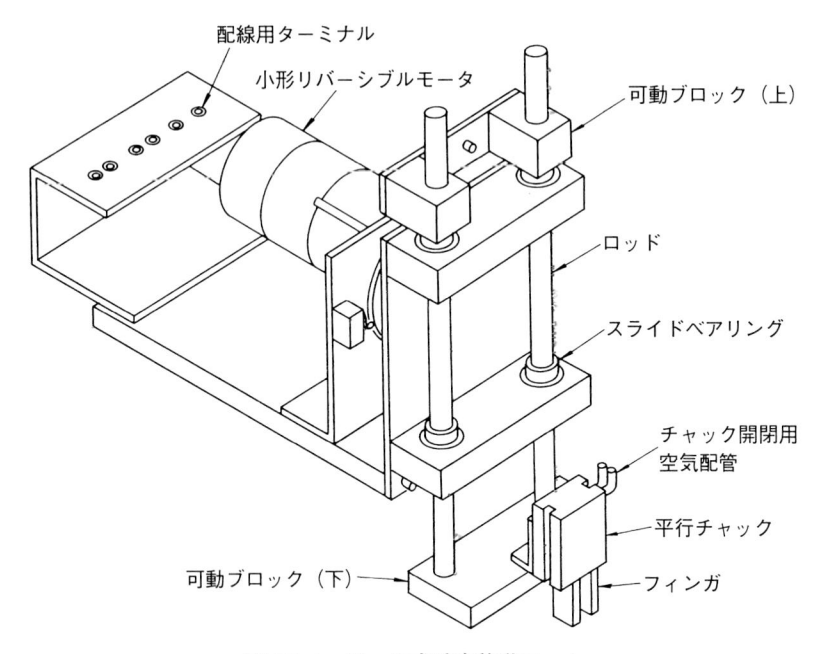

図R2.1　モータ式垂直移動アーム

(1) モータ式垂直移動アーム

　図R2.1に示すユニットは平行チャックを垂直（Z軸）方向に運動させるアームユニットで、図R2.2がその分解図である。モータにてクランク円盤を回転し、クランクピンと可動ブロック（上）のおのおののピンをコネクティングロッドにて接続してある。

　可動ブロック（上）と（下）とはスライドベアリングを貫通するロッドにて連結されている。したがって、クランク円盤の回転運動が可動ブロックの上下運動に変換されて、平行チャックを上下動させる一種のクランク機構である。

　運転制御は、モータ支持台に取り付けられたリミットスイッチ2個と、モータ軸に取り付けられたカムにより行う。もちろん平行チャックに限らず、他の方式のチャックと自由に交換できる。

　チャックの上昇端と下降端で停止するときに、クランクが真直ぐに垂直になった状態で停止することが望ましい。

　特に上昇端で停止するときにクランクが角度を持っていると、重いワークを持ったときなどにその重みでクランクに回転力がかかってチャックが自重で落ちてくることがある。

■ モータ式垂直移動アーム

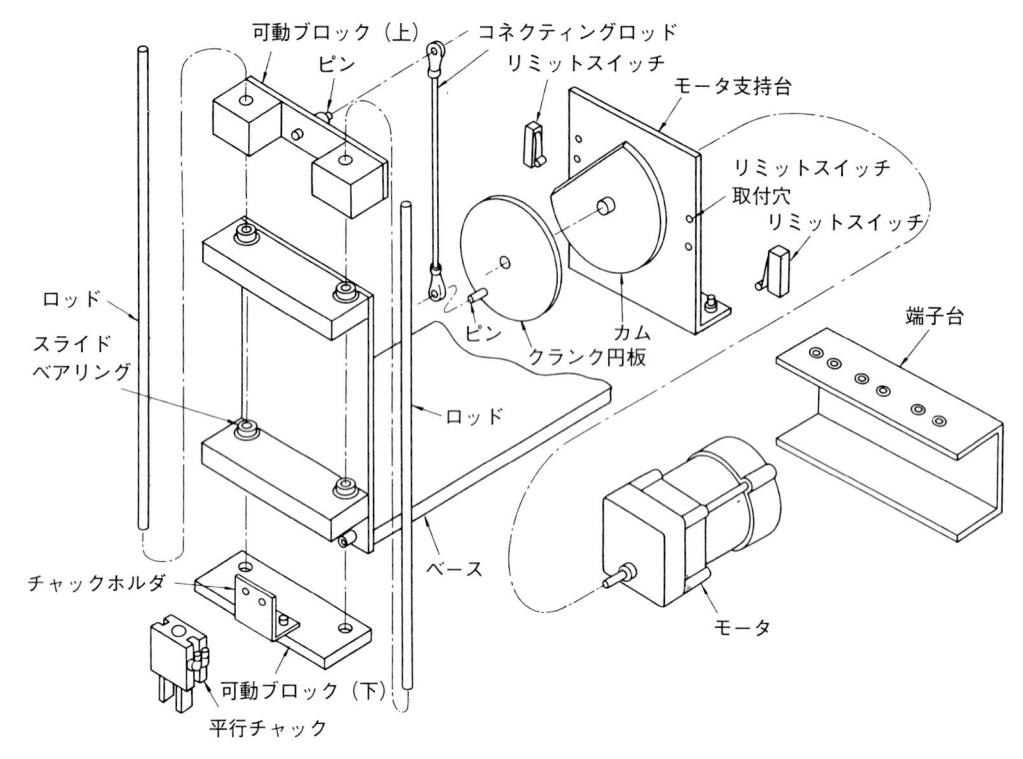

図 R2.2 モータ式垂直移動アームの分解図

これを避けるためには、モータの減速比を大きくしてできるだけ正確な上昇端の位置で停止するようにするとよい。減速比を大きくするとクランク側からモータを回転するときに重くなるので、モータを停止しやすくなる。

一方、減速比を大きくすると上下の速度が遅くなって思わしくないという場合には、モータをブレーキつきのものにするか停止位置でクランク円盤をロックする機構を追加する。

(2) モータ式垂直移動アームの応用例 1 〔水平回転型ピック＆プレイスユニット〕

モータ式垂直移動アームを用いて水平回転型のピック＆プレイスユニットを構築したものが図 R2.3 である。

ロータリテーブル上にモータ式垂直移動アームを装着してある。エアシリンダは直進往復運動をするので回転運動に変換するためにラック＆ピニオンを使っている。

ロータリテーブルは空気圧で回転往復運動をする。

ピニオンの径は一定であるから回転量はシリンダのストロークで決まる。

回転量が大きすぎたときにはシリンダのストロークを小さくするか、ラックの回転出力を歯車機構などで減速することになる。

空気圧で水平回転移動をするのであれば、この装置に使ったラック＆ピニオンとエアシリンダの組み合わせのほかに、ロータリエアアクチュエータを直接使うこともできる。

上下移動の電気回路は図 R2.4 のようにリレー R_F の入り切りでモータを単純に回転させている。

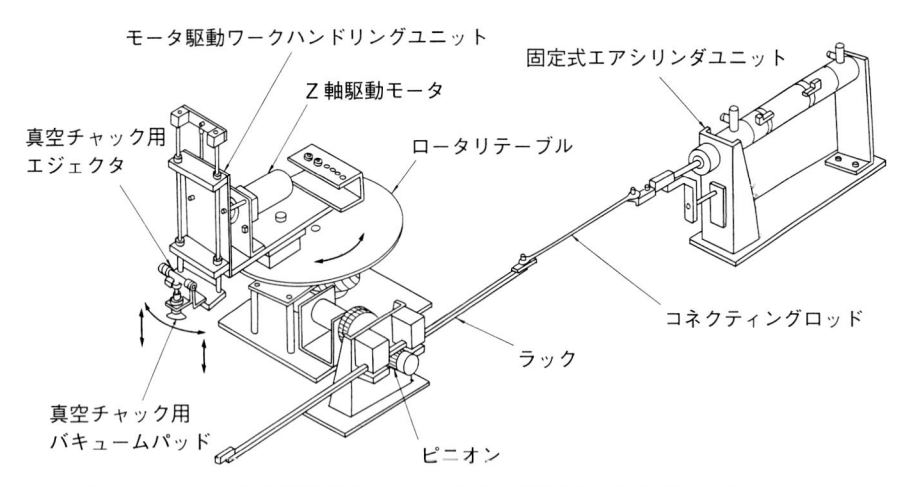

図R2.3 モータ式垂直移動アームによる回転型ピック&プレイスユニット

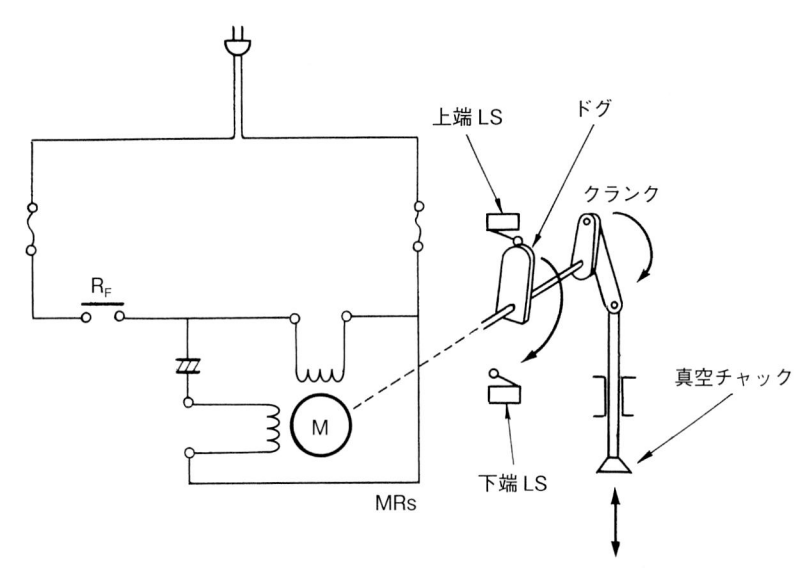

図R2.4 回転型ピック&プレイスユニットの上下駆動部

　回転から直進への運動変換はクランクで行っているのでクランクの回転軸で上昇端と下降端の位置検出ができるようにリミットスイッチがつけてある。

　空気圧回路は**図R2.5**のようになっていて、SOL_2がオンするとエアシリンダは前進し、SOL_2を切ってSOL_3を動作させると後退する。

　真空チャックはSOL_1をオンすると吸引する。

　この装置をシーケンサ（PLC）で制御してみる。PLC入出力割付図は**図R2.6**のように設計した。

　スタートSWを押したときに、ピック&プレイスユニットがワークを拾い上げて、前進移動し、前進端で下降してワークを離して元の位置に戻るというのが1サイクルの動作である。PLCの制御プログラムは**図R2.7**のようになる。

　このプログラムでは、1サイクル運転を完了すると、終了信号のY04がオンする。

　終了信号のランプはリセットスイッチで消灯する。

I-5 ロボットアーム〔R〕

■ モータ式垂直移動アーム

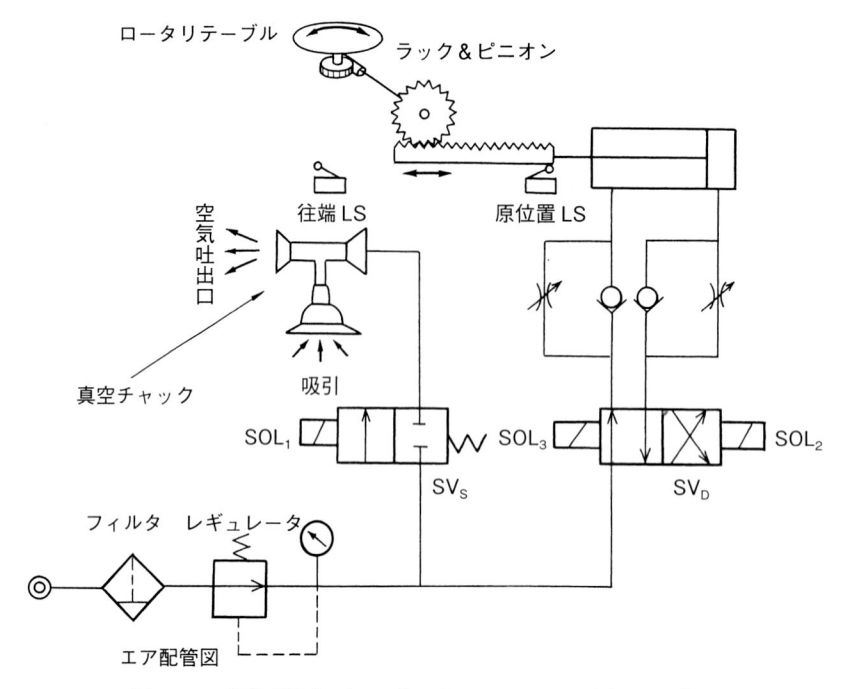

図R2.5 回転型ピック＆プレイスユニットの空気圧回路図

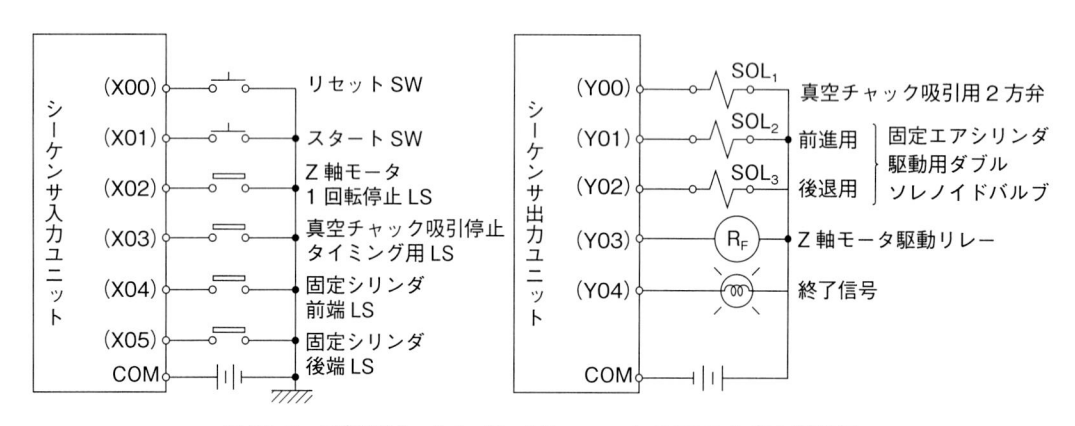

図R2.6 回転型ピック＆プレイスユニットのPLC入出力割付図

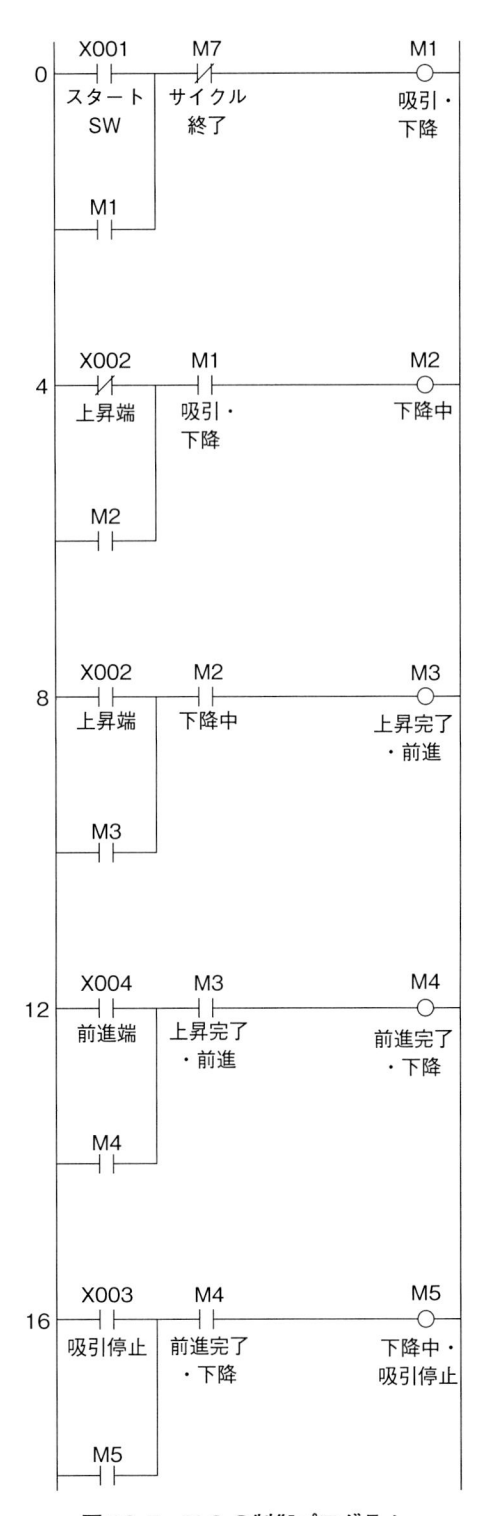

図 R2.7　PLC の制御プログラム

図 R2.8　回転型ピック＆プレイスユニットの PLC 制御プログラム

I-5 ロボットアーム〔R〕

特 徴	**R-3** **ロボットチャック**
	機能：ワークを把持するチャック
	種類：平行チャック・揺動チャック・真空チャック

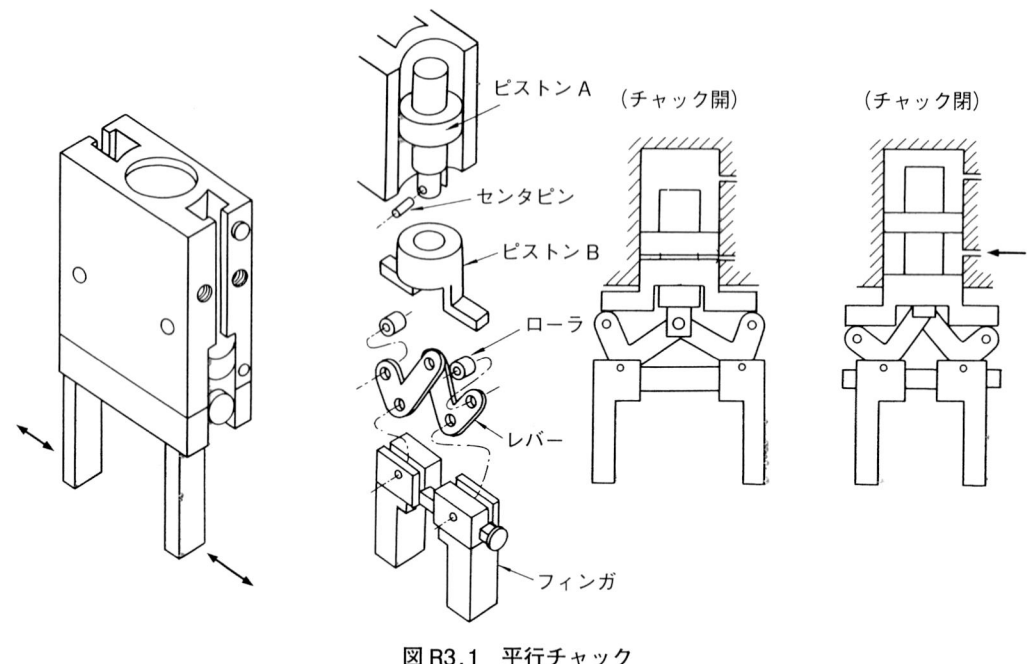

図R3.1　平行チャック

（1）　平行チャック

　平行チャックとは、図R3.1に示すとおりワークを掴むフィンガが平行に移動するものを言う。この図の形式のものは、ダブルピストン機構になっている。

　ピストンAは通常のエアシリンダとして往復動作するもので、ピストンロッドの先端のセンタピンにてフィンガを平行移動させるレバーと連結されている。チャック開においては、チャックの上部のエア口から圧縮空気が入るとピストンAがレバーを押し下げ、フィンガを左右に開く。

　チャック閉のときにはチャックの下部のエア口から圧縮空気をいれて、ピストンAがレバーを引き上げる。フィンガが閉じるとともにピストンBが下方に作動し、レバー両端のローラを押えてフィンガが固定され、ワークのはずれを防止している。

　フィンガの水平方向のスライドは、強度を保つためにリニアガイドが使われていることが多い。

（2）　揺動チャック

　揺動チャックとは、図R3.2に示すようにフィンガが揺動運動を行うものを言う。

　この図のものはフィンガがレバーシャフトを支点として、ピストンAの往復動作により揺動運動して、ワークの着脱を行うものである。

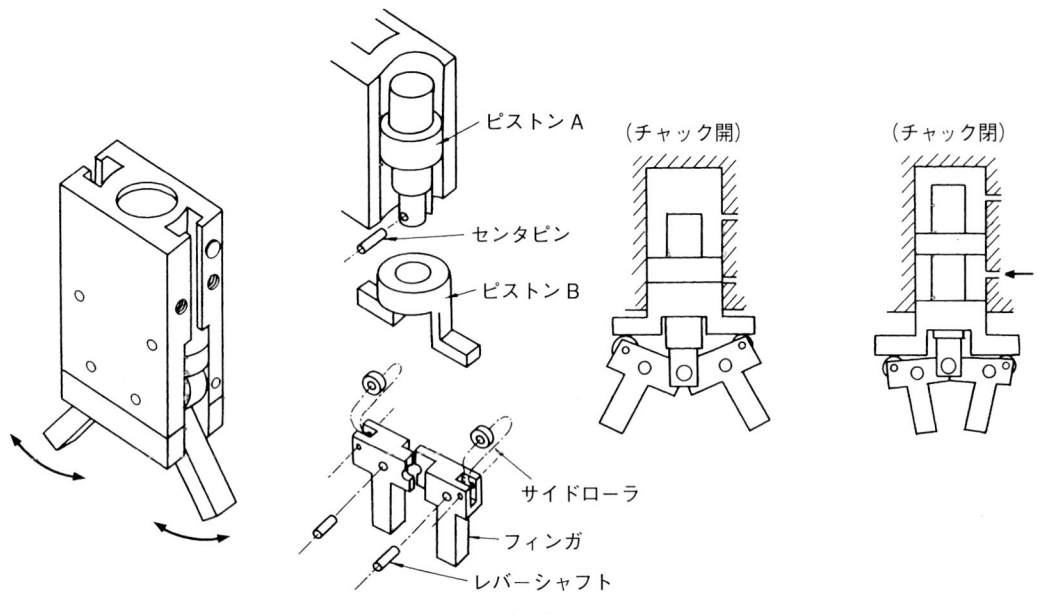

図 R3.2 揺動チャック

　図のチャックの開においてピストンAが下方に作動し、フィンガのセンタピンとの連結部を押し下げ、フィンガを左右に広げている。チャック閉においては、センタピンとの連結部が引き上げられてフィンガが閉じるとともに、ピストンBが下方に動作してサイドローラを押さえてチャック閉の状態を保持するようになっている。

(3) 真空チャック

　真空チャックとは大気圧よりも低い圧力の負圧によってワークを吸着するものをいう。
　真空発生器は真空エジェクタまたはコンバムと呼ばれる。
　図 R3.3 に示す真空発生器は、霧吹きの原理を応用して負圧を発生させてワークをベローズに吸着させるものである。吸気口（P）から加圧空気を供給し、これを細いノズルから噴射させて空気がPよりEへ高速で流れることにより、真空発生部（V）の空気がEより排出されてベローズ内が負圧になりワークを吸着する。
　先端のベローズはワークを吸着するとジャバラの部分が縮んでワークをさらに持ち上げるが、ジャバラのついていない吸着パッドタイプもある。
　このような真空チャックは必ずしも高真空を必要とせず、ベローズ側からの空気の流入量が多いほうが有利な場合が多い。
　複数の真空チャックを使うときには、真空発生源をそれぞれの真空チャックに持たせるのがよい。複数の真空チャックを1つの真空発生源で利用すると、1カ所でも空気漏れを起こすと、全体の真空度が下がってワークをつかみ損ねることになる。
　チャックするものが大きかったり、真空度を上げたいときには真空ポンプを利用することもある。

■ ロボットチャック

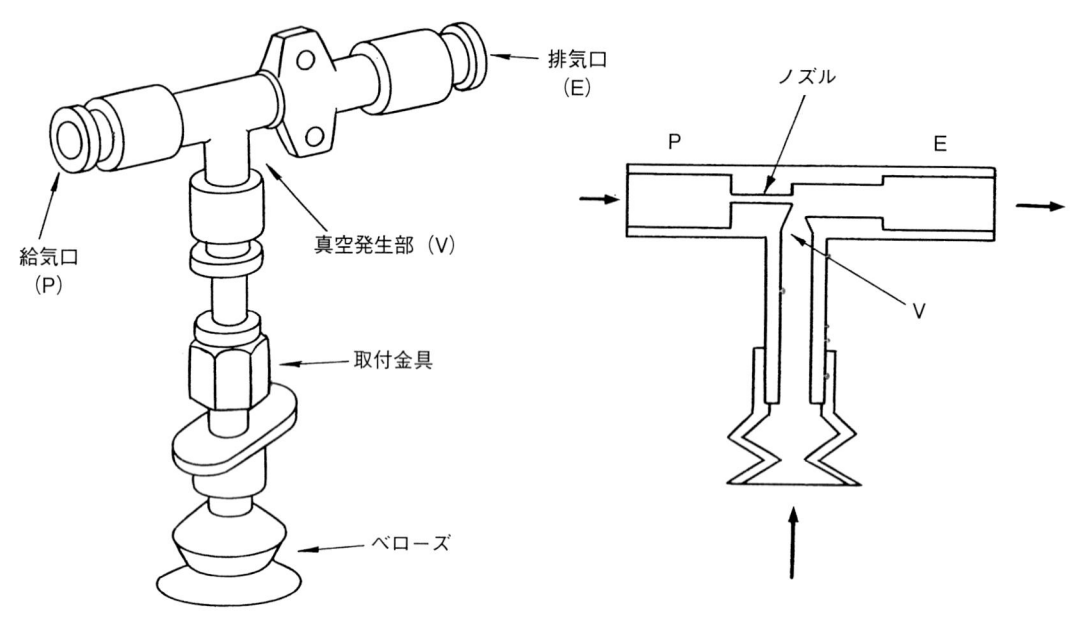

図 R3.3　真空チャック

Ⅱ 応 用 編

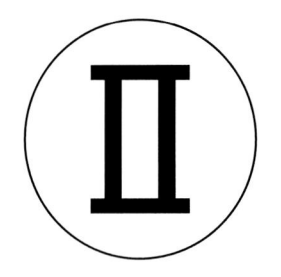

　FAシステムを構築する上で、各基本システムの動特性を把握することはきわめて重要である。そこで、まずFAシステム構築に際して十分理解しておくべき対象のハンドリング用の基本システムがもつ力特性や停止特性、追跡特性などの解説を行い、結果を掲載した。

　次に複雑なワークハンドリングシステムの構築方法やワークの自動追従システムなどについての実験を行い、制御方法などについて言及した。さらにワークの分類、組付け、挿入といった自動化機構を構成する方法を実際に実験した結果とともに掲載した。

Ⅱ-1 自動化のための動特性とハンドリングシステム

Ⅱ-2 メカニズムの力特性 〔F〕

Ⅱ-3 速度特性とワーク搬送 〔V〕

Ⅱ-4 ハンドリングシステム 〔H〕

Ⅱ-1 自動化のための動特性とハンドリングシステム

　図Ⅱ.1.1に示すのは、あるFAシステムの中の生産ラインを模型化したものであるが、これを自動化の機能別に分類すると次のようなものが考えられる。
(1)　ワークの停止位置決め：本体、部品②
(2)　ワークホルダ（パレット、トレーなど）の停止位置決め：部品③
(3)　ツールの移動と停止位置決め：部品②の前加工、部品③のロボット、部品④⑤材料⑦の供給および部品②の移載、終段の取り出しなど。
(4)　メカニズムによる力の増大：部品⑥のプレス
(5)　さらに高級なシステムにおいては、移動中のワークに対するツールの追従が必要となることもある。

以下、これらについてごく簡単に解説する。

(1) ワークの停止位置決め

　これは、図Ⅱ.1.1の初段工程の本体供給に一例を示すように、ベルトコンベアなどにのせたワークが常に一定位置で停止して、ピックアップ動作が容易になるようにするものである。
　機能的には、ワークをのせたベルトなどが一定速度で走行し、ワークが所定の位置にきたことをセンサで検出して急停止するものである。
　ここで問題となるシステムの特性は当然、停止信号後のオーバーランによる停止位置誤差と走行速度の関係、および停止位置誤差の修正方法である。これらについての詳細な解説を実験例とともに後述の「Ⅱ-3　速度特性とワーク搬送」の項に掲載した。

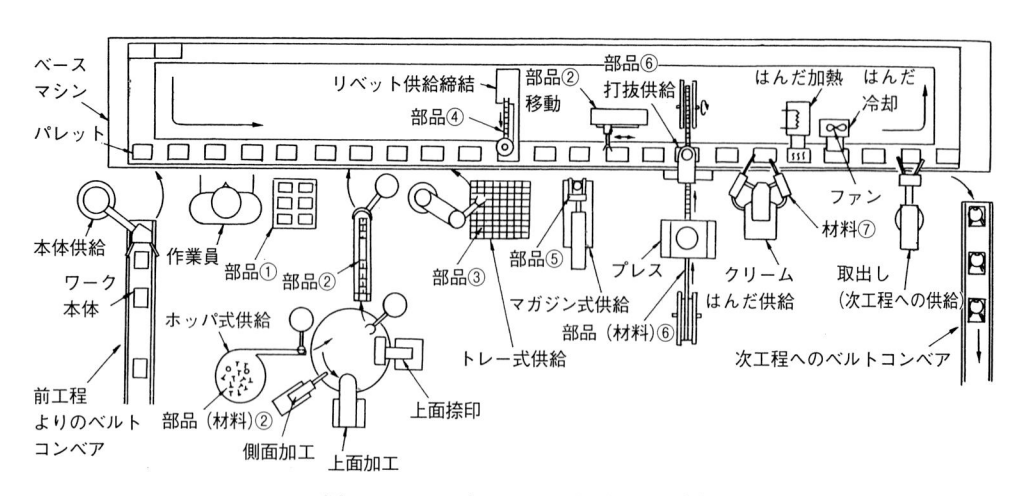

図Ⅱ.1.1　FAシステムのラインの一例

(2) ワークホルダの位置決め

これは図Ⅱ.1.1の部品③の供給におけるトレーの移動やベースマシンのパレットの移動などのように、1回ごとの移動距離が決まっていて、移動—停止—移動の繰り返しで順次送って行くものである。

ここでは移動によるワークの位置ずれや倒れが発生しないように、速度をなるべくゆっくり立ち上げ、途中で速くして停止時はふたたびゆっくり立ち下げて止めるような速度曲線に従って移動特性を制御する必要がある。

この制御はメカニカルにはインデックスカムやクランクなどの機構によって行うのが一般的であるが、対象ワークの設計変更に随時適応するために、情報とパワーを分離した数値制御によって制御特性を得るのが有効な場合もある。

(3) ツールの移動と停止位置決め

図Ⅱ.1.1の部品③の供給用ロボットの駆動がこの典型的な例で、立上り立下りを徐々に行なってショックを避けることは、ワークホルダの位置決めと同じであるが、同一品種の生産中にも順番によって移動距離が変わるか、または同一工程中で作業点が何ヵ所かあり、各作業点間の移動距離が異なるなど、移動距離の変化を必要とするものである。

(4) メカニズムによる力増大

FAシステムで問題となるのはワークのハンドリングの速度特性だけではない。各作業工程でかかる加工圧力に対するワークの保持力、あるいは加工用ツールの駆動時の反力の受け方など、現実の作業工程では力特性が大きなポイントとなることも多い。

均等変換のメカニズムを用いた場合は、減速による力の増加率などは簡単に算定できるが、不均等変換メカニズムにおける力特性は必ずしも明確に把握していない設計者も多い。

そこで、現実に増力機構として最も多く用いられるクランクとトグルについての力特性を「Ⅱ-2 メカニズムの力特性」の項に掲載した。特に速度特性と力特性との対比に注目されたい。

(5) 移動中のワークに対するツールの追従

やや高度なFAシステムにおいては、ワークが無停止型の移送装置で送られてくることがある。すなわち、ワークの方を止めると生産効率が下がるので、移動中のワークにツールの方を追従させて、作業を行うのである。この場合、移動中のワークに一定距離で追従するようなツール側の駆動を行う必要がでてくる。もちろん、ワークが一定間隔の一定速度で移動しているときはワークとツールを機械的に同期させることはさほど問題にならないが、速度変動がある場合はかなりむずかしくなる。

次の章ではこれらの機能についての具体的な実験を行い、その特性について解説する。

II-2 メカニズムの力特性〔F〕

F-1 速度と力の関係

　メカニズムは、本来メカニカルな入力をメカニカルな出力に変換するものであり、その変換内容は「エネルギー一定」である。もちろん摩擦や振動などによって、入力エネルギーが100％出力されることはないが、理想的には入力エネルギーがそのまま出力エネルギーになると考え得る。

　したがって、単位時間内に対象物を動かした距離と、それに要した力との積が一定であり、動かした距離が大きければ、当然その出し得る力は小さくなる。ここで「単位時間内に動いた距離」というのは、取りも直さず「速度」Vのことであり、作用した力をFとすると、

$$VF = C \quad (C=定数) \tag{F1.1}$$

となることであるから

$$F = C/V \tag{F1.2}$$

となることを意味する。

　すなわち、メカニズムの出力部の出す力は、その出力部の速度に逆比例するのである。

　もちろん、送りねじ、歯車列、ベルト伝導などの「均等変換メカニズム」を用いた場合は、力特性は伝達効率を無視すれば単純に入出力間の速度比の逆数と考えてよいので、常に一定の増（減）力比を与える。例えば、歯車で1/3に減速すれば3倍の力が出せると考えればよい。

　これに対して、カム、トグル、クランクなどの「不均等変換メカニズム」を用いた場合は、速度特性がそれぞれ独自の曲線を示すので、その逆数に比例する力特性曲線もいろいろに変化する。

　以下、典型的な不均等変換メカニズムとして、クランクとトグルの2種類についての力特性実験を行なう。

　力の測定方法は、ロードセルをメカニズム出力用のスライドブロックと固定プレートとの間に挟み、その出力信号をデジタルパネルメータにデジタル表示させて読み取るようにした。

　この場合、荷重の実際値との比較校正、分解能および測定範囲の設定、その他各種の条件設定をデジタルパネルメータの条件設定キーで行なう。もちろん出力信号をコンピュータに導いて演算処理を行ったり、他の機器をコントロールしたりすることもできる。

　不均等変換メカニズムの出力は、1ストローク中の各部分によって変化するため、ロードセルホルダはl寸法の異なるものを何種類か用意して、これを交換してはそのときの値を記録した。

F-2 クランク機構の力特性

特　徴　クランク機構の末端減速特性と力の関係

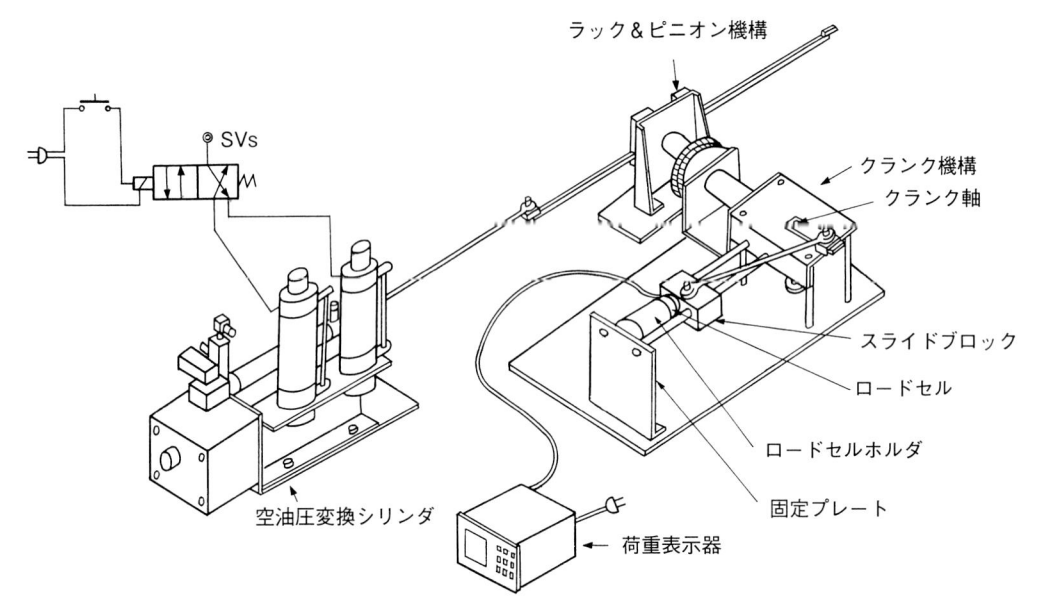

図 F2.1　クランクの力特性の実験装置

　図 F2.1 に示すように、ロードセルをメカニズム出力用のスライドブロックと固定プレートの間に挟み込み、その荷重出力信号のデジタル表示値を読み込んでいく。

　入力には、空油圧変換シリンダを使い、ラック＆ピニオンを介してクランクに回転入力を与えている。シリンダには一定圧力を与えて、入力の力を一定にしておいて、クランクの直進出力が出す力をロードセルで測定する。

　ロードセルホルダの長さ寸法を5種類交換してクランクアームの回転角と出力の関係を測定したものが、図 F2.2 である。これをプロットして曲線を推定すると、図 F2.3 のようになる。参考のために速度特性も記載した。

　図にも表れているように、理論的にはクランク機構の上下の死点、すなわち図で180°となるところでは速度が0になり、力が無限大になる。

■ クランク機構の力特性

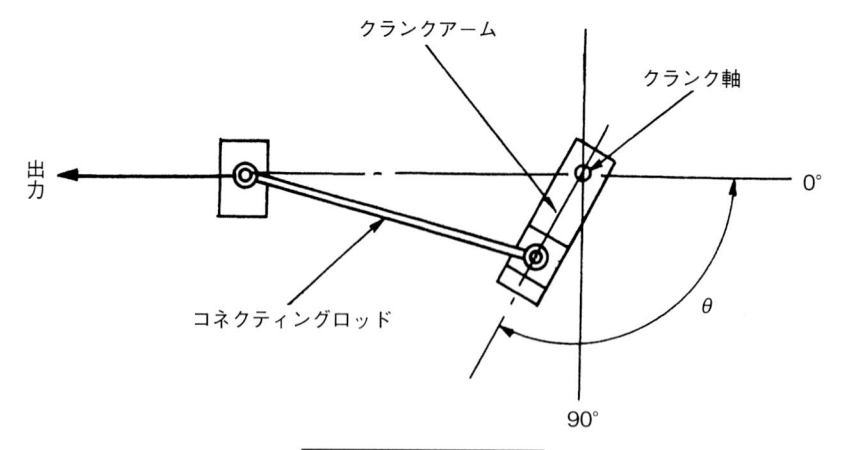

θ	出力
90°	4.54 kg
125°	4.96
145°	6.86
173°	23.43
178°	43.20

図 F2.2　クランクの回転角と出力された力の関係

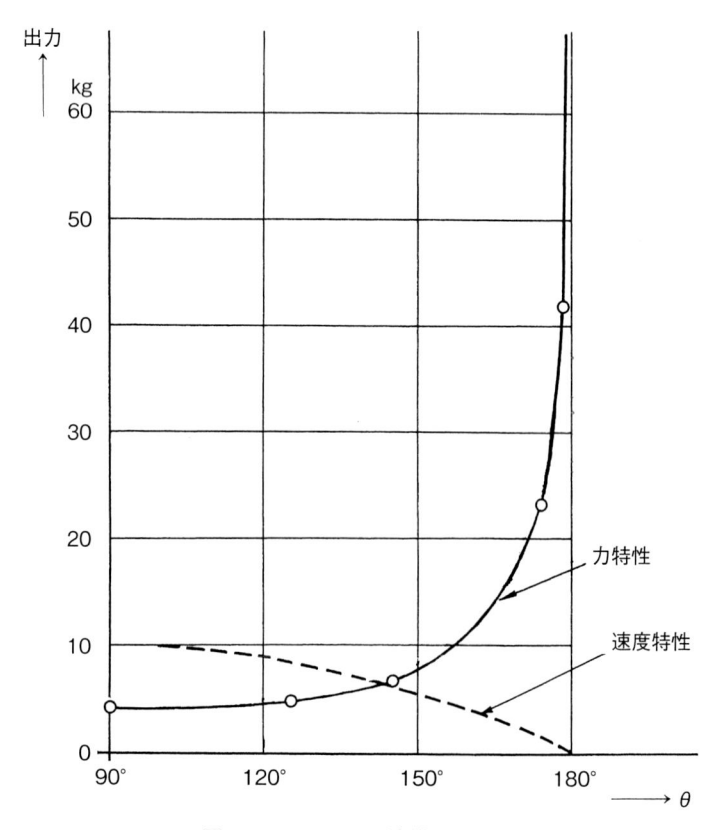

図 F2.3　クランク機構の力特性

F-3 トグル機構の力特性

特徴 トグル機構の末端における増力特性

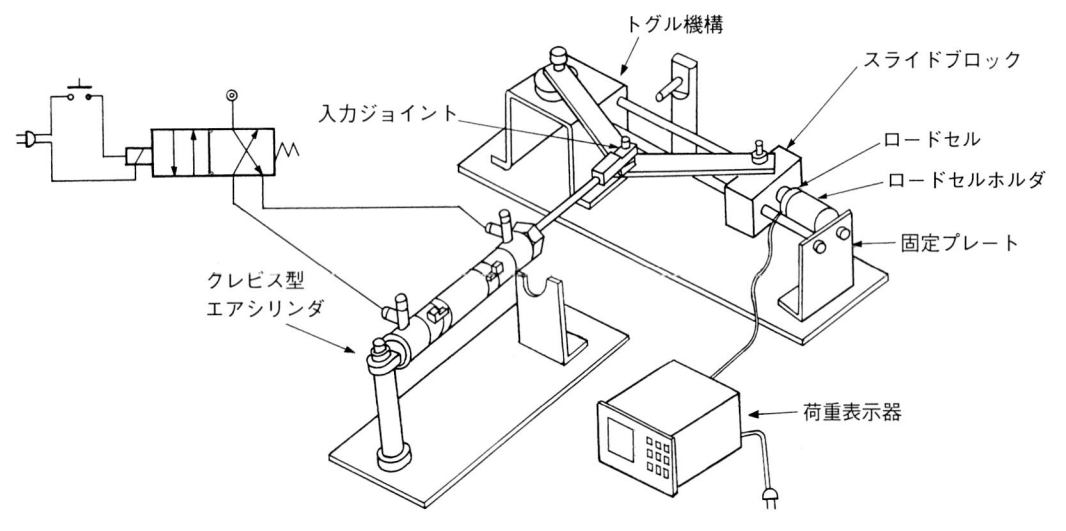

図F3.1 トグルの力特性の実験装置

　図F3.1に示すとおり、トグルの出力用スライドブロックと固定プレートの間にロードセルを挟みこんで力を測定する。
　クレビス型シリンダでトグルの入力ジョイントを駆動するように配置してある。
　クレビス型シリンダを前進させて、停止した状態でロードセルの値を読み取る。
　ロードセルホルダのl寸法を5段階に変化させて表F3.1のような結果のデータを得た。
　ここで、θは図F3.2に示すようなアーム相互のなす角を示す。このθと力の関係をそのままプロットして曲線を推定すると、図F3.3のようになる。
　参考に速度特性も併記したが、この速度特性は時間軸に対応した動的なものではなく、入力を微少角度動かしたときの出力ブロックの移動量を示す静的なものであるということに注意いただきたい。

表F3.1　トグルの曲がり角と出力された力の関係

θ	出力
90°	5.15 kg
131°	10.77
150°	17.23
158°	23.25
174°	目盛オーバー (100以上)

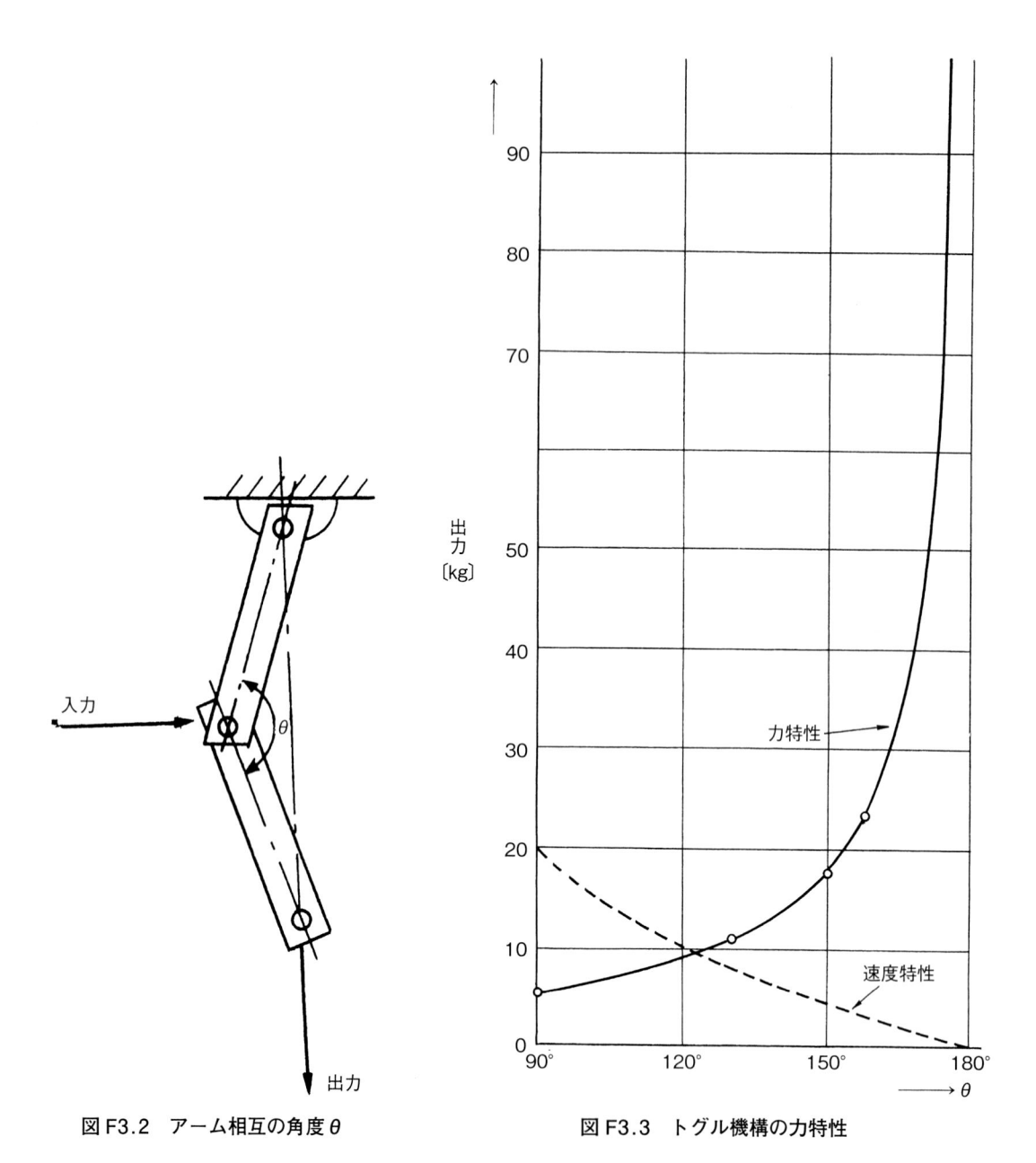

■ トグル機構の力特性

図 F3.2　アーム相互の角度 θ

図 F3.3　トグル機構の力特性

Ⅱ-3 速度特性とワーク搬送〔Ⅴ〕

V-1 高速移動の位置ずれを小さくするメカニズム

（1） ワークにかかる加速度と力

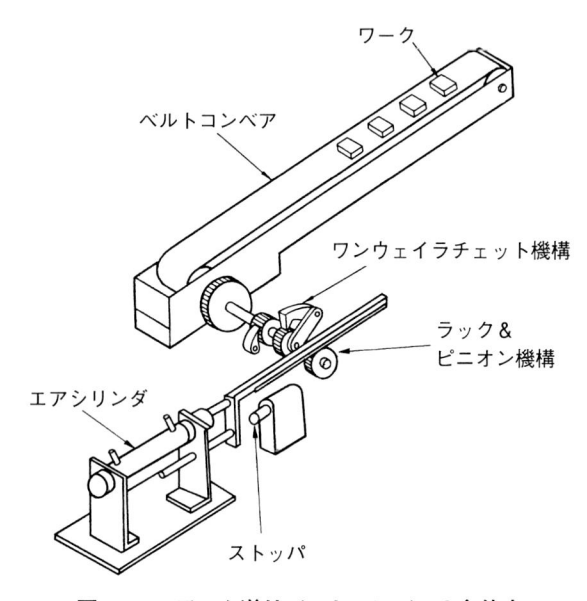

図V1.1　ワーク送りベルトコンベアの急停止

　自動化システムにおいてワークの搬送を行うとき、最も注意しなければならないのはワークにかかる加速度である。
　例えば、図V1.1に示すようなベルトコンベア上のワーク、あるいは図V1.2に示すような搬送機構上のパレットに載せたワークなどを想定すると、その位置誤差は、ベルトやパレットなどのシステム自体の特性による停止位置誤差と、加速度や慣性などによるワークの位置ずれとの和になる

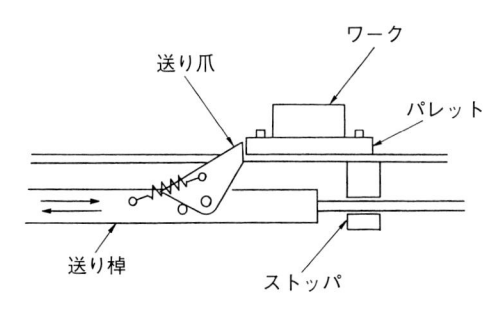

図V1.2　パレット送りの急停止

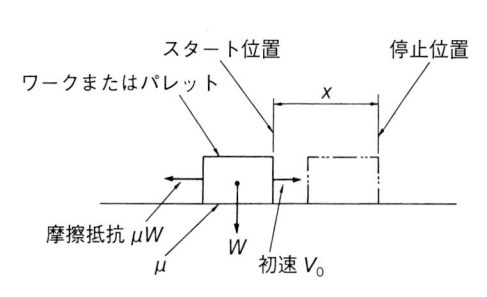

図V1.3　初速 V_0 のワークの停止までの距離 x

■ 高速移動の位置ずれを小さくするメカニズム

ことは当然である。

このうち、システム自体の停止特性はIの基礎編である程度述べたので、ここでは主としてワークの加速度による位置ずれについて述べることにする。

図V1.1、図V1.2のように、ワークをベルトまたはパレットに載せて移動し、所定の位置でストッパなどによってベルトやパレットが急停止する場合、停止直前の速度 V_o〔mm/sec〕に対し、ワークが所定の位置から慣性によってずれる量を x〔mm〕とすると、

$$V_o = \sqrt{2\mu Gx} \text{〔mm/sec〕} \tag{V1.1}$$

となる。

これはちょうど図V1.3のように、初速 V_o でベルトまたはパレット上に放置されたワークが、底面の摩擦抵抗 μW によって減速され速度ゼロになるまで走る距離 x を算出するのと同じである。

一般的には $G \fallingdotseq 9,800$〔mm/sec^2〕、$\mu \fallingdotseq 0.2$ とすると、

$$\sqrt{2\mu G} \fallingdotseq 60 \tag{V1.2}$$

であるから、

$$V_o \fallingdotseq 60\sqrt{x} \text{〔mm/sec〕} \tag{V1.3}$$

というような計算になる。

ワークが定位置から 0.1 mm 以内のずれでおさまるためには、V_o は 20 mm/sec 以下でなければならず、定位置からのずれを 0.01 mm 以内にするには、V_o は 6 mm/sec という遅い速度でなければならないことがわかる。

したがって、このようなシステムで構成すると、極めてサイクルタイムの長い機械となってしまうであろう。

(2) 位置ずれを小さくするためのメカニズム

これに対して、同じようにベルトやパレット上においたワークでも、末端減速型の駆動方式を用いると、いささか様子が異なってくる。

図V1.4のようにパレットをクランク機構などの末端減速メカニズムを介して駆動した場合を考えてみる。

いま、クランク運動の特性をサインカーブで近似することにして、図V1.4において

$$x = R\sin\omega t \tag{V1.4}$$

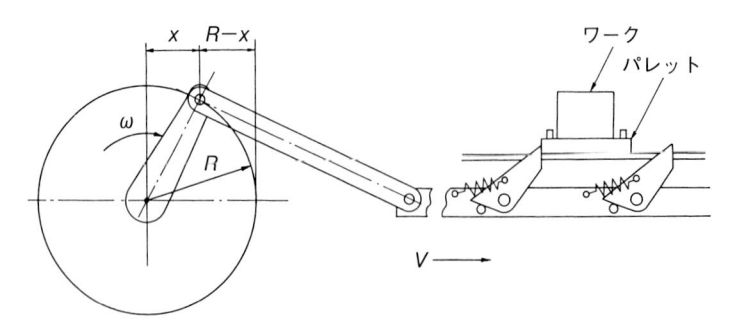

図V1.4 クランクによるパレット送り

で表すと、
$$V = R\omega \cos\omega t \tag{V1.5}$$
であり、この速度特性中のどの時点の速度によっても、ワークがクランクのストローク前端に行きつくまでにワークが速度ゼロまで減速されるような摩擦抵抗が働いていればワークのずれは発生しないことになる。

すなわち、位置 x においての速度 $V(x)$ と、その位置からストローク前端までの距離 $R-x$ を走るまでの間の摩擦抵抗による減速（逆方向加速）で得る逆速度 $V_\mu(x)$ とを比較して $V_\mu(x)$ の方が大きければワークの位置ずれはないはずである。

$$\cos\omega t = \sqrt{1 - \sin^2\omega t} = \sqrt{1 - \frac{x^2}{R^2}} \tag{V1.6}$$

より式（V1.5）に代入して

$$V(x) = R\omega\sqrt{1 - \frac{x^2}{R^2}} = \sqrt{\omega^2(R^2 - x^2)} \tag{V1.7}$$

を得る。

一方、$V_\mu(x)$ は式（V1.1）より

$$V_\mu(x) = \sqrt{2\mu G(R-x)} \tag{V1.8}$$

であるから、$V(x)$ と $V_\mu(x)$ とを比較して

$$\frac{V(x)}{V_\mu(x)} = \frac{\sqrt{\omega^2(R^2-x^2)}}{\sqrt{2\mu G(R-x)}} = \sqrt{\frac{\omega^2(R+x)}{2\mu G}} \leq 1 \tag{V1.9}$$

であれば位置ずれは発生しない。すなわち

$$\omega^2(R+x) \leq 2\mu G \tag{V1.10}$$

となり、これがすべての x において成り立つには x の最大値 R において成り立てばよいから結局

$$R\omega^2 \leq \mu G \tag{V1.11}$$

となる。

ここで毎秒の回転数 r〔回/sec〕として、

$$\omega = 2\pi r \text{〔rad/sec〕} \tag{V1.12}$$

より、

$$R \leq \frac{\mu G}{4\pi^2} \cdot \frac{1}{r^2} \text{〔mm〕} \tag{V1.13}$$

いま、重力加速度 $G = 9,800$〔mm/sec²〕、摩擦係数 $\mu = 0.2$ と置くと大略

$$R \leq \frac{50}{r^2} \text{〔mm〕} \tag{V1.14}$$

となる。

すなわち、クランクアームの長さを 50 mm にとると、ワークの位置ずれを起こさないためには毎秒 1 回転（$r=1$）程度以下で用いればよいことになる。

前項の等速度運動の急停止によるものと比較すると、はるかに高速のシステムができることがわかる。

V-2 高速で位置ずれを小さくする速度特性の作り方

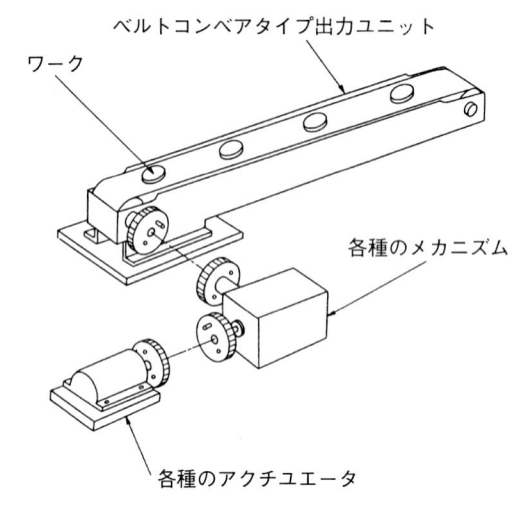

図 V2.1 間欠駆動搬送ラインの模擬システム

（ワーク、ベルトコンベアタイプ出力ユニット、各種のメカニズム、各種のアクチュエータ）

間欠駆動搬送機構としてよく用いられるのが、チェーンやベルトコンベア上に一定間隔で配列されたワークホルダあるいはパレットの間欠駆動である。1回の駆動で一定のチェーンのコマ数やコ

表 V2.1　ベルトコンベアの間欠駆動

速度特性	アクチュエータ	1方向回転機構	末端減速メカニズム	実験内容
等速度型	固定式エアシリンダ 固定油圧シリンダ ロータリエアアクチュエータ	ワンウェイ クラッチ ラチェット	なし	固定エアシリンダによる 直接駆動 （ワンウェイクラッチ使用）
等速度型	可変速インダクションモータ リバーシブルモータ ステッピングモータ 　　（定間隔パルス入力） サーボモータ 　　（定間隔パルス入力）	不要	なし	──
末端減速型	可変速インダクションモータ リバーシブルモータ 固定エアシリンダ 　　（ラック＆ピニオン付き） 固定油圧シリンダ 　　（ラック＆ピニオン付き）	ワンウェイ クラッチ ラチェット	クランク 平カム レバースライダ	クランク、平カム、レバースライダの可変速インダクションモータ駆動 （ワンウェイクラッチ使用）
末端減速型	可変速インダクションモータ リバーシブルモータ	不要	インデックス ゼネバ	ゼネバの可変速インダクションモータ駆動
末端減速型	ステッピングモータ サーボモータ	不要	ソフトウエアカムによる	──

ンベアの長さだけ先に送って行く。チェーンコンベアであれば、チェーンをパレットの配列ピッチに相当するコマ数だけ送って行けば、取出し位置にあるパレットはチェーンの遊び分を除けば毎回規定位置に来るはずである。

この模擬システムとして図V2.1のようにベルトコンベアの上にワークを一定間隔で配列したものを用意した。

単に間欠駆動と言ってもその実現方法は多岐にわたっており、さまざまなメカニズムやアクチュエータの組合せが考えられる。この図の中で各種のメカニズム、各種のアクチュエータとしたのはこのためで、代表的なものを表V2.1に掲げる。表V2.1に示した組合せはすべて「メカトロニクス技術実習システム」MM3000シリーズで実際に構成できるが、今回その中で実験データをとったものについて、その内容を表の右の欄に記した。

間欠駆動の代表的なもう1つの例として、ロータリテーブルのインデックス運転が挙げられる。これは基本的には上記の直進間欠搬送に遠心力が加わったものと考えればよいが、今回は特に実験として取り扱っていない。また、この場合の駆動系の組合せは表V2.1の分類と同じになる。

コンベアの移動量は駆動プーリの回転角に依存する。本実験では移送距離が短いため特に問題にならないが、実際にはプーリ式では間欠送りを行うごとにコンベアベルトの伸びや肉厚の不均一性のためにわずかながら移動量の誤差を生じてしまい、長距離の間欠駆動搬送には誤差が累積するので注意を要する。

1回の間欠駆動における回転角をθとすると、コンベアの移動量Lは、駆動プーリ径をRとして大略、

$$L = R\theta \tag{V2.1}$$

となるから、このLに相当するピッチでワークを配列する。

さて、この間欠搬送ラインの駆動機構を選定するにはどのような速度特性をもたせるかを検討する。

まず、本システムではワークがコンベア上に摩擦力だけで静止しているので、最大静止摩擦力以上の力がワークに掛かると位置ずれを生じるから、そのときの力をF、摩擦係数をμ、重力加速度をG、コンベアの加速度をαとして、

$$\alpha = \mu G \tag{V2.2}$$

で表されるαが摩擦抵抗の限界である。すなわち、このα以上の加速度を掛けると位置ずれを起こす。今、摩擦係数を0.4と仮定すると、最大加速度α_{max}は

$$\alpha_{max} = 0.4 \times 9.8 \, [m/s^2] = 3.92 \, [m/s^2] \tag{V2.3}$$

となり、このα_{max}に近い加速度で等加速度運動させて間欠駆動を行えば最も効率よく、最短のサイクルタイムで運転できることになる。

等加速度運動をするということは、速度が時間に比例して増加または減少することであり、ゆっくり立ち上がって徐々に速度を上げて行き、中間地点で最高速に達し、後半は徐々に速度を下げてスムーズに停止する末端減速型の速度特性曲線となる。

末端減速型の速度特性は、等加速度型に限らずいろいろなものがある。メカニズムとしてゼネバ、インデックスユニット、クランク、平カム、レバースライダなどがあり、これらにインダクション

■ 高速で位置ずれを小さくする速度特性の作り方

モータなどで一定速入力を与えてやると、出力として末端減速型出力を得る。
　この出力の変位特性と送度特性および各メカニズムの構成の詳細については、Ⅰの基礎編に掲載されているので参照いただきたい。
　主な末端減速メカニズムの速度特性を図 V2.2 に示した。ゼネバは一方向回転出力機構であるから、直接ベルトコンベアの入力軸に連結できるが、クランク、レバースライダ、平カムは戻り動作

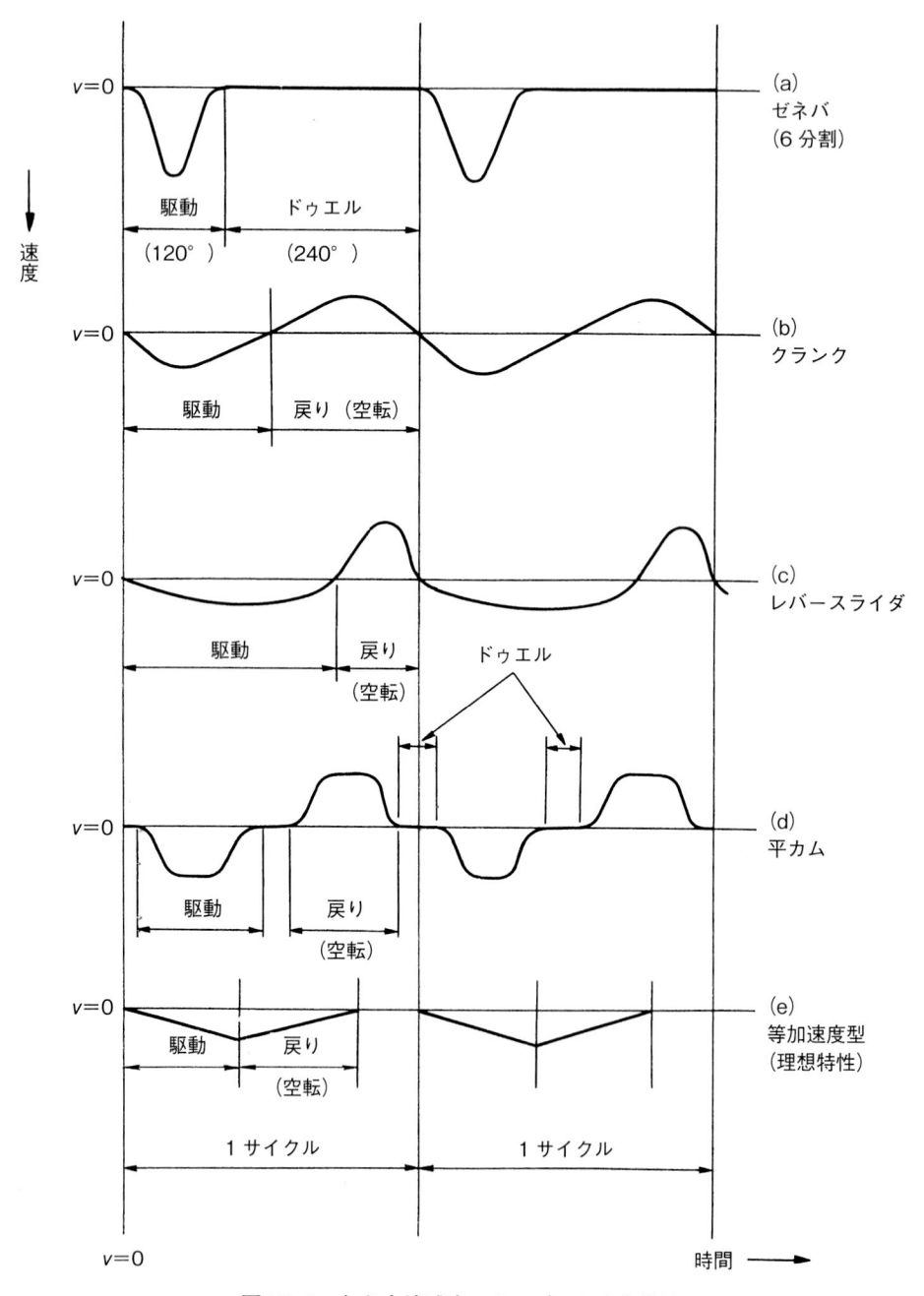

図 V2.2　主な末端減速メカニズムの速度特性

があるため、ワンウェイクラッチかラチェット機構を介してコンベア入力軸に連結し、戻り動作時には入力軸を回さずに空転させてやる必要がある。

ゼネバはその構造上駆動時間より停止時間の方が長くなるので、その分だけ速度特性の傾き（加速度）は大きくなる。その代わりに停留角度（ドゥエル）が大きいので、1サイクルで停止する場合、アクチュエータによる入力軸の停止精度はあまり要求されない。

ゼネバやインデックスユニットを用いて間欠駆動をすると1回に送る回転角の量が一定しているため、スプロケットを用いたチェーンの間欠駆動や、ロータリテーブルの間欠駆動に用いて毎回定位置にワークを送ることができる。

クランク機構では入力軸1回転に対して約半分の時間が戻り動作として使われる。

レバースライダ機構では戻り時間がかなり短縮されるのでその分改善される。クランクやレバースライダは本来1サイクルの動作を完了し、出力レバーの速度がゼロになった点（上死点または下死点）で停止することが望ましいが、メカニカルなドゥエルがないのでそこから少しでもオーバーランするとワークの停止位置が変わってしまうため、あまり実際的ではないとも言える。かえってコンベアの駆動が行われていない状態、すなわちメカニズムの戻り動作の途中でモータを停止すれば、慣性によってメカニズムには多少無理が掛かるが、確実に位置決めできる。

カム機構の場合はカムの形状を変えることで、戻り時間を短縮させ、さらにドゥエルを設けることで1サイクル停止にも無理がないようにできる。カム形状を二次曲線出力が得られるようにすると、ドゥエルによる停止時間を除けば等加速度の速度特性を得ることもできる。

V-3ではに各種のメカニズムを使ってコンベアの搬送を行ったときのワークの位置ずれ量を測定する実験を行った結果を紹介する。

V-3　メカニズムの速度とワークの位置決めの実験

前節 V-2 で述べたようなメカニズムによってベルトコンベアを駆動してワークを搬送した時にどれくらいの位置ずれを起こすかを実験で調べてみる。さまざまな機構を使って同じ時間内に同じ距離を移動停止させた時のワークの位置ずれ量を実測した。

実験装置の構成と制御回路、ベルトコンベア上でのワークの位置ずれの量は実験の説明をした V3.1～V3.6 の図の中に記載した。V3.1～V3.6 の全実験結果に対する考察と解説は後の V-4「メカニズムと位置ずれの関係」にまとめてあるので参照いただきたい。

各実験では 1 回の間欠移送の移動量が 63 mm になるようにメカニズムやアクチュエータを設定し、1 回の移送時間が 0.4 秒になるように速度を調整してそろえてある。また、位置ずれ量は 1 回の間欠移送によってワークが実際に位置ずれを起こした距離を測ったものである。

V3.1　エアシリンダとワンウェイ機構による間欠移送実験

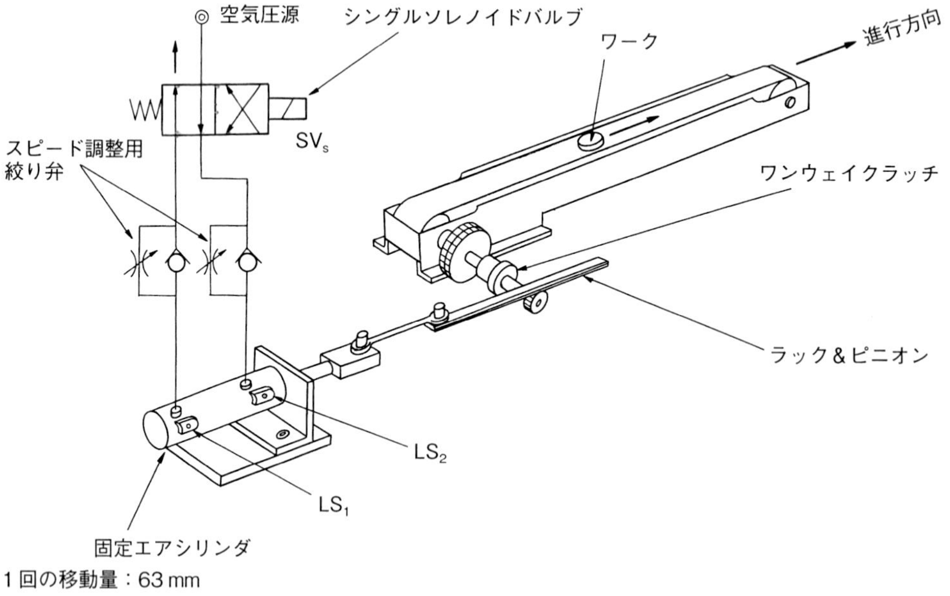

1 回の移動量：63 mm

図 V3.1.1　固定エアシリンダによる間欠駆動

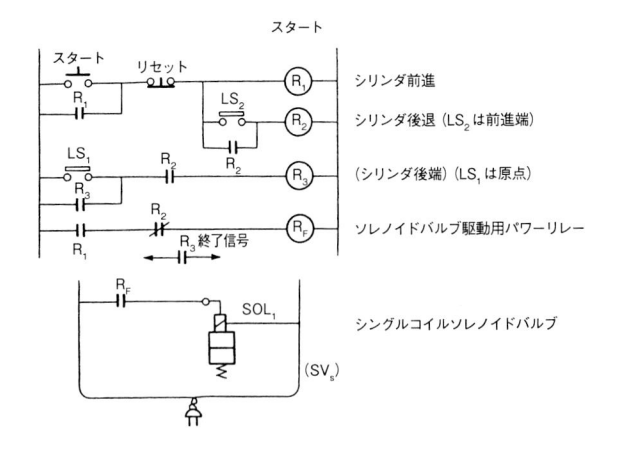

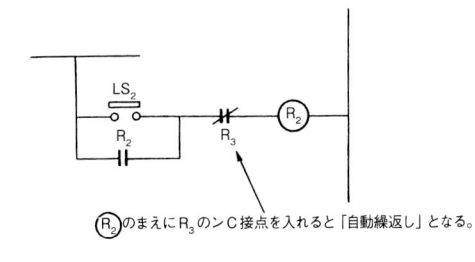

図 V3.1.2 固定エアシリンダによる間欠駆動の制御回路

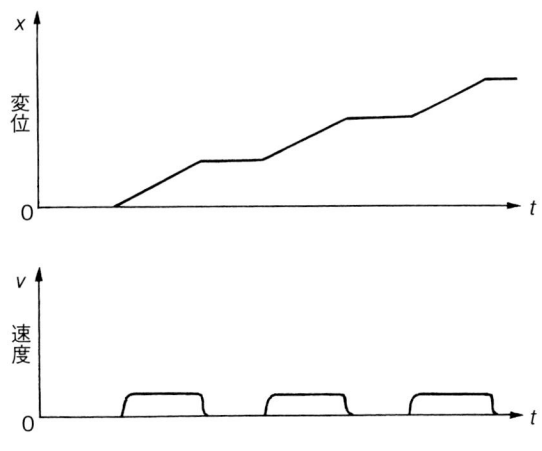

R_2 のまえに R_3 のnC接点を入れると「自動繰返し」となる。

図 V3.1.3 ベルトコンベア出力の動作特性

	位置ずれ量
1回	3.0 mm
2回	2.6 mm
3回	2.9 mm
4回	2.8 mm
5回	3.2 mm
6回	3.1 mm
7回	3.1 mm
8回	3.3 mm
9回	3.2 mm
10回	3.1 mm

移動時間：0.4 秒
移動距離：63 mm
平均位置ずれ量：3.03 mm

図 V3.1.4 実験結果

II-3 速度特性とワーク搬送 〔V〕

V3.2 クランクを用いた末端減速機構による間欠移送実験

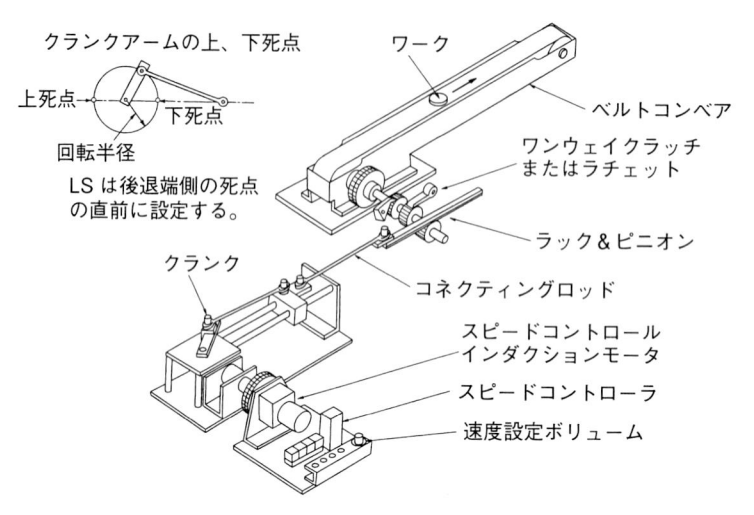

図 V3.2.1 クランクによる間欠駆動

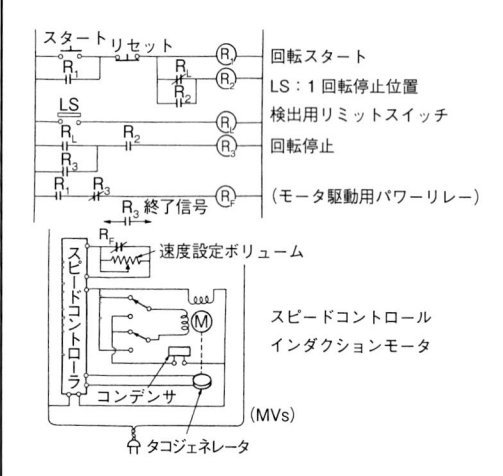

図 V3.2.2 クランクによる間欠駆動の制御回路

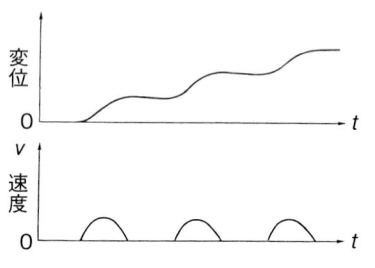

図 V3.2.3 ベルトコンベア出力の動作特性

	位置ずれ量
1回	0.2 mm
2回	0.2 mm
3回	0.3 mm
4回	0.2 mm
5回	0.6 mm
6回	0.3 mm
7回	0.5 mm
8回	0.3 mm
9回	0.6 mm
10回	0.4 mm

移動時間：0.4 秒
移動距離：63 mm
平均位置ずれ量：0.36 mm

図 V3.2.4 実験結果

V3.3 レバースライダを用いた早戻り型末端減速機構による間欠移送実験

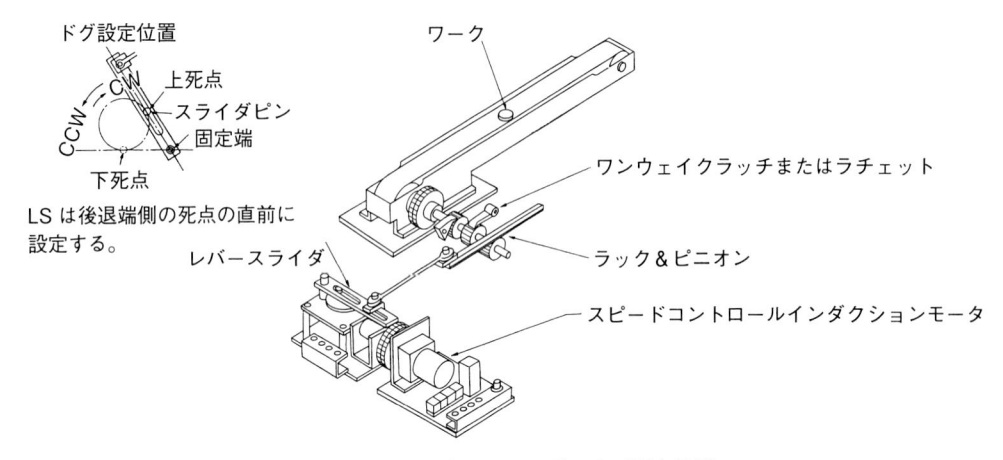

LS は後退端側の死点の直前に設定する。

図 V3.3.1　レバースライダによる間欠駆動

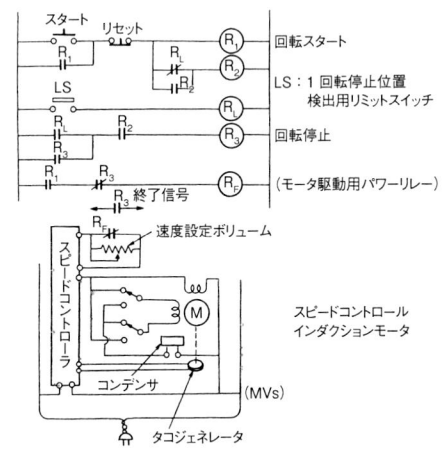

図 V3.3.2　レバースライダによる間欠駆動の制御回路

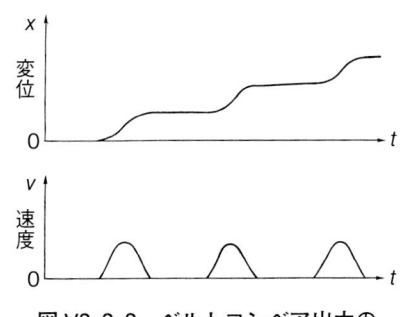

図 V3.3.3　ベルトコンベア出力の動作特性

	位置ずれ量
1回	1.0 mm
2回	1.8 mm
3回	1.6 mm
4回	0.8 mm
5回	1.2 mm
6回	0.6 mm
7回	0.9 mm
8回	1.2 mm
9回	0.8 mm
10回	0.8 mm

移動時間：0.4 秒
移動距離：63 mm
平均位置ずれ量：1.07 mm

図 V3.3.4　実験結果

II-3　速度特性とワーク搬送〔V〕

■ メカニズムの速度とワークの位置決めの実験

V3.4 正弦曲線カムを用いた間欠移送実験

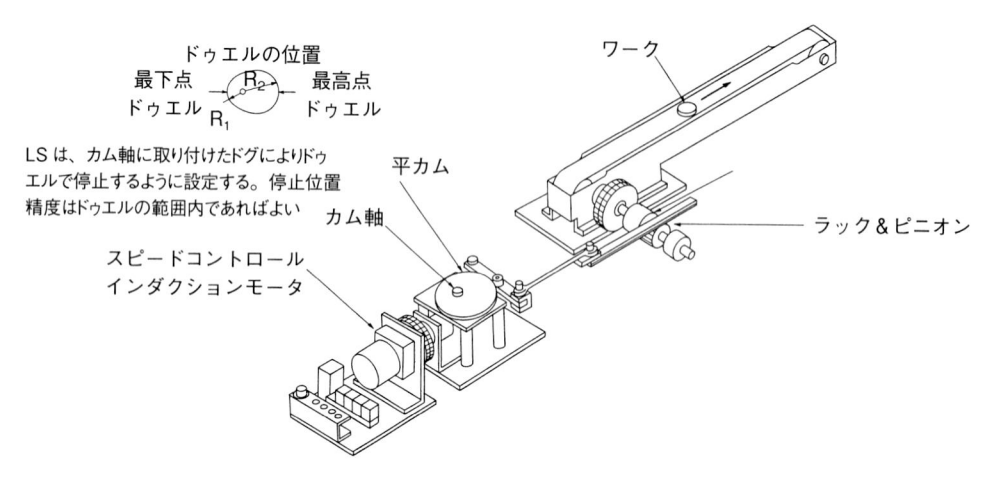

図 V3.4.1 平カムによる間欠駆動

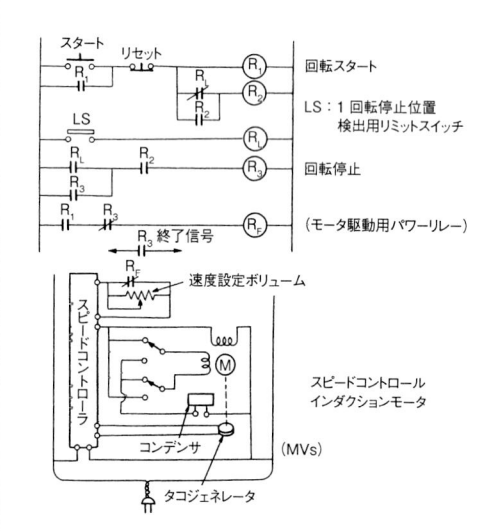

図 V3.4.2 平カムによる間欠駆動の制御回路

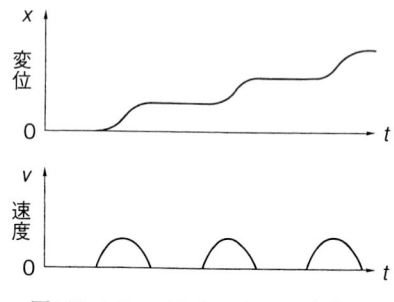

図 V3.4.3 ベルトコンベア出力の動作特性

	位置ずれ量
1回	0.4 mm
2回	0.5 mm
3回	0.7 mm
4回	0.3 mm
5回	0.2 mm
6回	0.5 mm
7回	0.4 mm
8回	0.4 mm
9回	0.5 mm
10回	0.4 mm

移動時間：0.4 秒
移動距離：63 mm
平均位置ずれ量：0.43 mm

図 V3.4.4 実験結果

V3.5 ゼネバを用いた末端減速機構による間欠移送実験

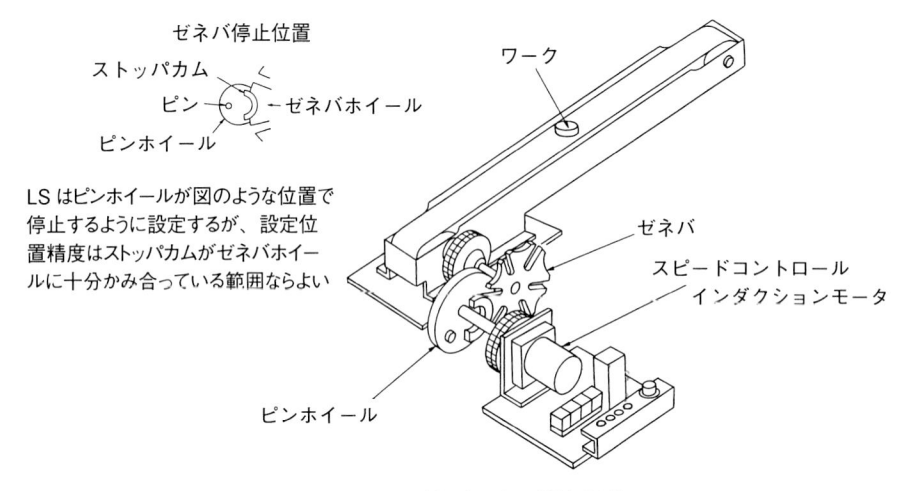

LS はピンホイールが図のような位置で停止するように設定するが、設定位置精度はストッパカムがゼネバホイールに十分かみ合っている範囲ならよい

図 V3.5.1 ゼネバによる間欠駆動

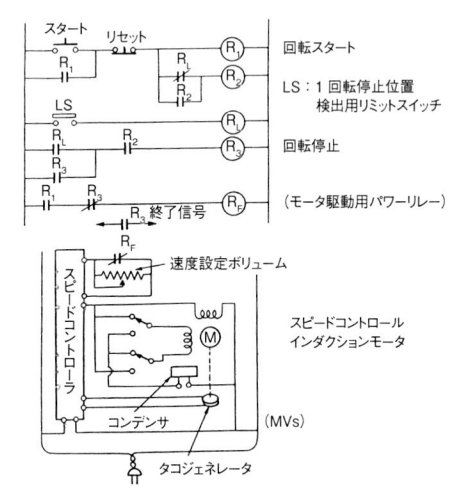

図 V3.5.2 ゼネバによる間欠駆動の制御回路

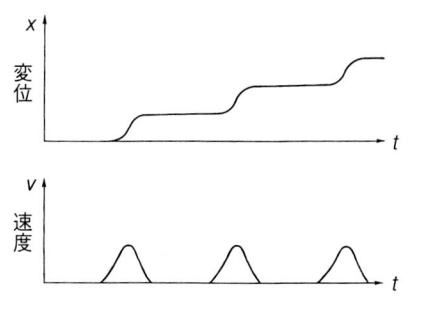

図 V3.5.3 ベルトコンベア出力の動作特性

	位置ずれ量
1 回	1.0 mm
2 回	1.0 mm
3 回	0.8 mm
4 回	0.8 mm
5 回	1.0 mm
6 回	0.8 mm
7 回	0.9 mm
8 回	1.2 mm
9 回	1.0 mm
10 回	0.9 mm

移動時間：0.4 秒
移動距離：63 mm
平均位置ずれ量：0.94 mm

図 V3.5.4 実験結果

■ メカニズムの速度とワークの位置決めの実験

V3.6 インデックスドライブを用いた末端減速機構による間欠移送実験

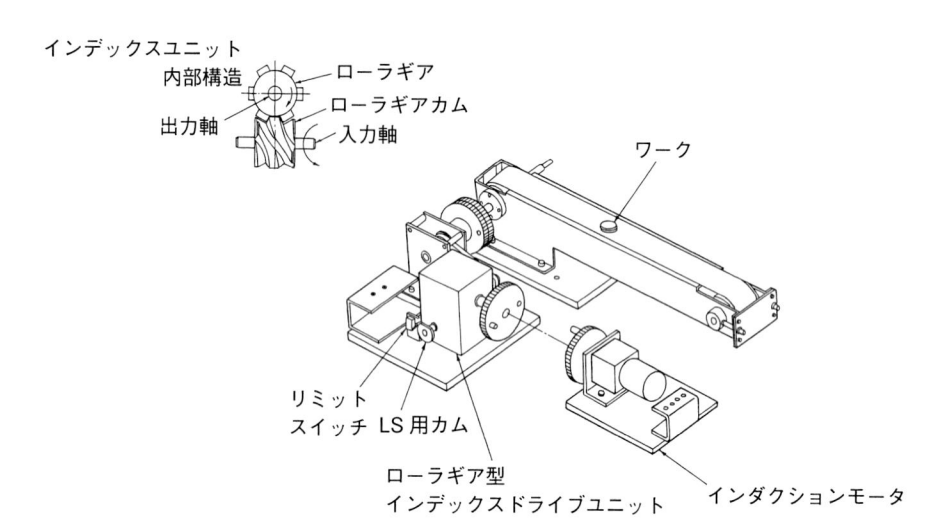

図 V3.6.1 インデックスドライブ機構による間欠移送

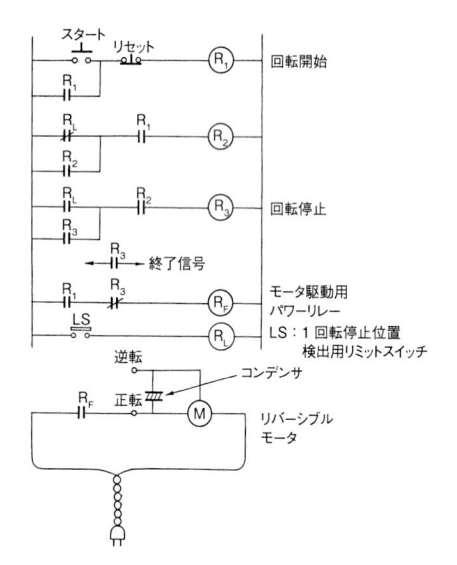

図 V3.6.2 インデックスドライブユニットによる間欠駆動の制御回路

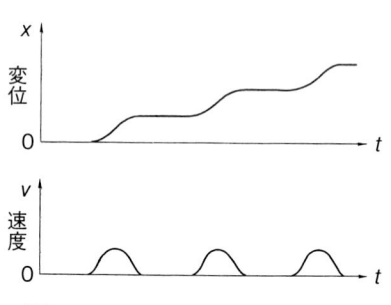

図 V3.6.3 ベルトコンベア出力の動作特性

	位置ずれ量
1回	0.5 mm
2回	0.2 mm
3回	0.3 mm
4回	0.4 mm
5回	0.4 mm
6回	0.2 mm
7回	0.3 mm
8回	0.2 mm
9回	0.5 mm
10回	0.2 mm

移動時間：0.4 秒
移動距離：63 mm
平均位置ずれ量：0.32 mm

図 V3.6.4 実験結果

V-4 メカニズムと位置ずれの関係

実験 V3.1〜V3.6 では、移送条件をそろえるために、1回の間欠移送でワークを移動する距離とその移送に要する時間が一定になるように、駆動系のスピードとストロークを調節して実験を行った。その実験結果をまとめると**表 V4.1** のようになる。

実験前の予想では、位置ずれ量が少ない順に、

1. インデックスドライブユニット
2. 変形正弦カム
3. クランク
4. ゼネバ
5. レバースライダ) ほぼ同一順位
6. エアシリンダとラックピニオン

という順位が妥当と考えていたが、実験では2と3が逆転し、4と5はある程度の開きが出た。

ゼネバとレバースライダが同一順位であるという根拠は、ゼネバの中にある回転送り機構が、レバースライダの早戻り機構部分と同じ構造となっていることにある。

ただし、ゼネバは回転送り機構の動作が済んだあと、すぐに回り止めのストッパカムがゼネバホイールに入り込むので、毎回完全にロックされた状態で停止する。

カムとクランクについては、両方ともサインカーブに近い特性で立上りと停止を行っているが、実験で用いたカム曲線は、移送の最高速部の速度がクランクの最高速度より早くなっているため、その分ずれが大きくなったと考えられる。

カムは形状によっていくらでも速度特性を変えることができるので、移送に最も適したカム曲線を自作して実験してみると、さらに面白い実験結果が得られる。

図 V4.1 は、その一例として等速度カムを制作して、前と同様の実験を行った結果である。

図 V4.2 に等速カムによるコンベアの動作特性を示す。

等速カムは**図 V4.3** のようにハート形になるので、別名ハート形カムと呼ぶこともある。

表 V4.1　実験結果

No.	駆動系	平均位置ずれ量
1	インデックスドライブユニット	0.32 mm
2	クランク	0.36 mm
3	変形正弦カム	0.43 mm
4	ゼネバ	0.94 mm
5	レバースライダ	1.07 mm
6	エアシリンダとラックピニオン	3.03 mm

移送条件：
ワーク移動時間：0.4 秒
ワーク移動距離：63 mm
(平均移動速度：約 157 mm/秒)

■ メカニズムと位置ずれの関係

	位置ずれ量
1回	9.4
2回	8.0
3回	9.8
4回	6.8
5回	7.4
6回	9.3
7回	8.1
8回	9.3
9回	6.0
10回	7.6

ワーク移送時間：0.4秒
ワーク移動距離：63 mm
（平均移動速度：約200 mm/秒）

図 V4.1　等速カムによる位置ずれの実験結果

図 V4.2　等速カムによるコンベアの動作特性

（ハート形カム）

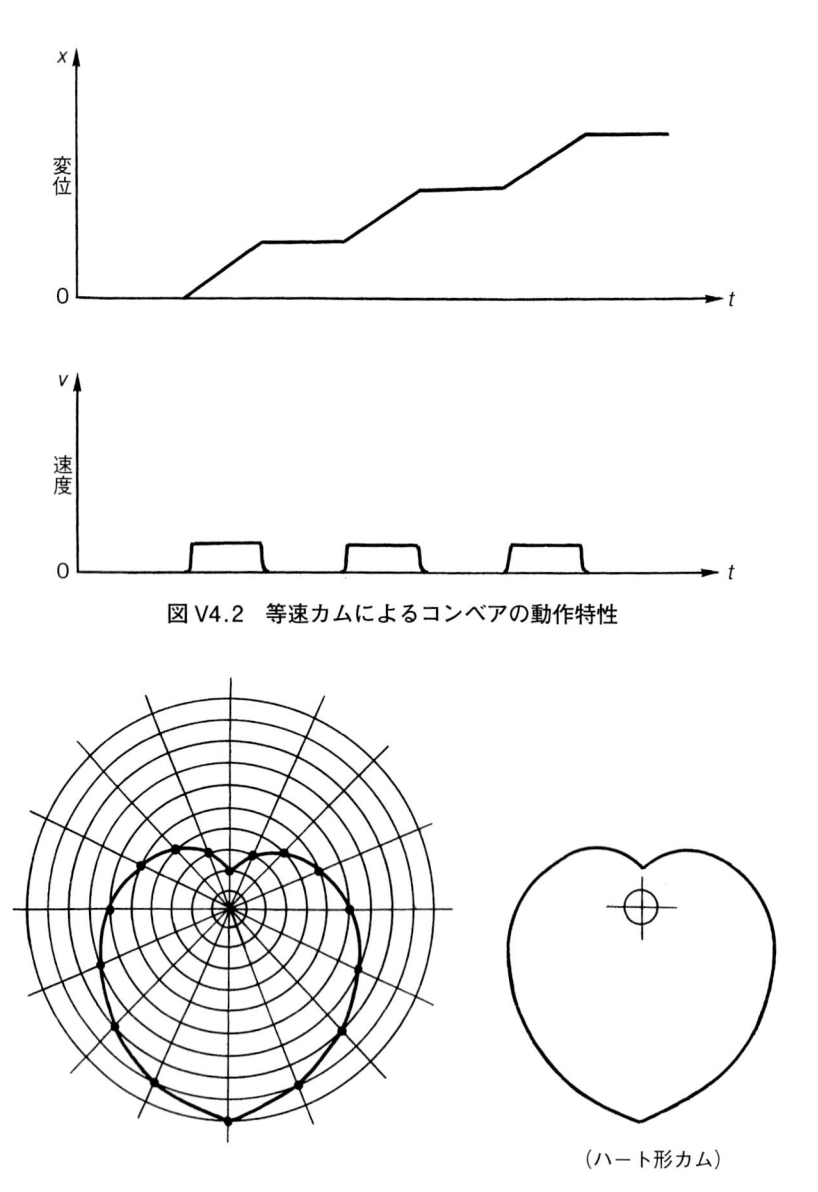

図 V4.3　等速カム

II-4 ハンドリングシステム〔H〕

　自動化システムでは自動組立や自動加工、自動検査といった工程の自動化が行われるが、このようなシステムを作る上できわめて重要でよく利用される機能の1つにワークのハンドリングがあげられる。

　ハンドリングとは単純にワークを掴んで動かすということだけではなく、ワークの姿勢制御と位置制御全般のことを意味する。さらにワークそのものだけでなく、ワークがパレットに載せられていればパレットの搬送や位置決めなどもハンドリング技術に属する。

　ワークの姿勢制御や自動整列や分離機構といったワーク供給には、パーツフィーダ、マガジン、配列トレー、フープ、ビスやリベットの自動供給装置などといった専用機器がよく用いられる。このようなワーク供給とともに数多く用いられているのが、ワークを掴みあげて移動して所定の位置に下ろして掴みを離すピック＆プレイス（P＆P）ユニットと呼ばれる機構である。

　ピック＆プレイスユニットは、ピックアップ動作とプレイスメント動作（拾い上げ動作と定位置に置く動作）を行うユニットである。ピック＆プレイスユニットは2位置の移動のものが最も多く利用されているが、数位置の移動をするものもある。いずれも移動ストロークは固定されている。この位置をプログラマブルにして任意の位置に移動できるようにしたものはロボットアームと呼ばれる。

　そこで、移動ストロークが固定されているピック＆プレイスユニットを単純ハンドリングロボットと呼ぶこともある。

H-1 ワーク自動循環システムの構築

特　徴　コンベア上のワークを無限循環するシステムの実験

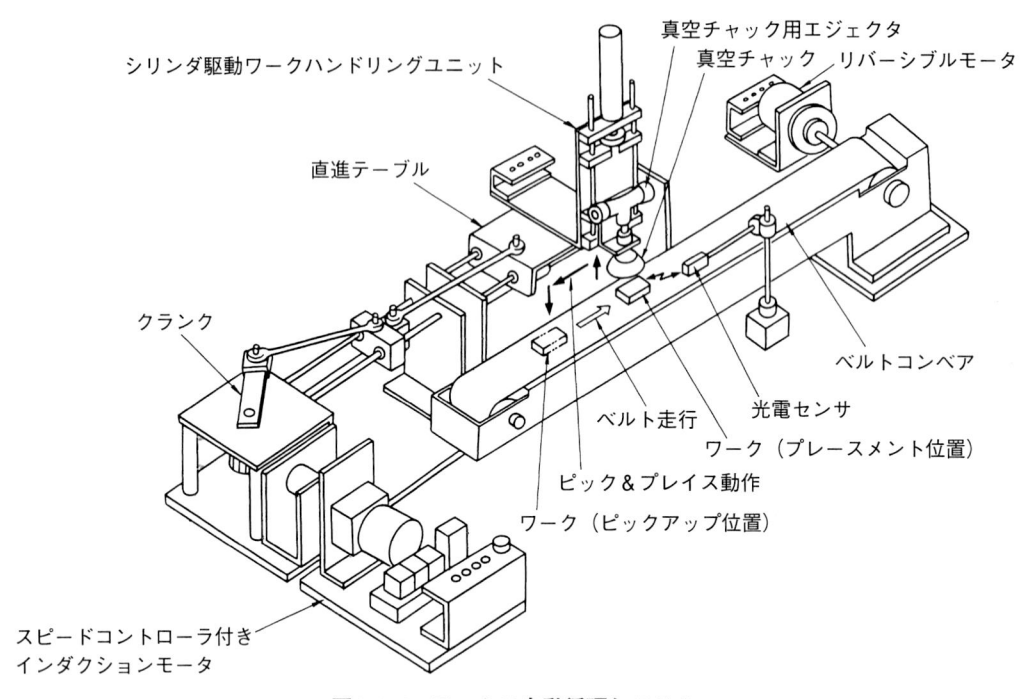

図 H1.1　ワークの自動循環システム

図 H1.1 はベルトコンベアで運ばれてきたワークをピック＆プレイスユニットで掴みあげて、ベルトコンベアの上流に戻すシステムの実験例である。

チャックは真空チャックにしてある。

この例の動作内容はいくつか考えられるが、標準的な動作として、次のように設定する。

① ワークがベルトコンベア上を送られてきて所定の位置に来ると、光電センサが検出信号を出す。
② ワーク検出信号によってベルトコンベアが停止し、真空チャックが下降する。
③ 真空チャックがワークを吸着後、上昇する。
④ 真空チャック上端で直進テーブルがクランクによってベルトコンベアの進行と逆方向にベルトコンベアと平行に移動する。
⑤ 再び真空チャックが下降して、下降端で真空を解除する。
⑥ ワークをベルトコンベア上に置いたまま真空チャックが上昇する。
⑦ 上昇端で再びクランクが半回転して直進テーブルが前進する。
⑧ ベルトコンベアが再び走行をはじめ、ワークが光電センサの検出位置まで来ると上記の動作を繰り返す。

空気圧配管図は図 H1.2 のようにした。スピードコントロールインダクションモータの制御回路

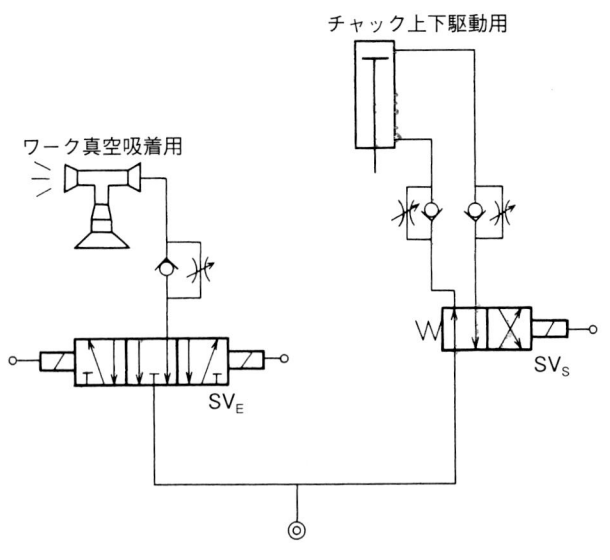

図 H1.2　自動循環システムの空気圧回路図

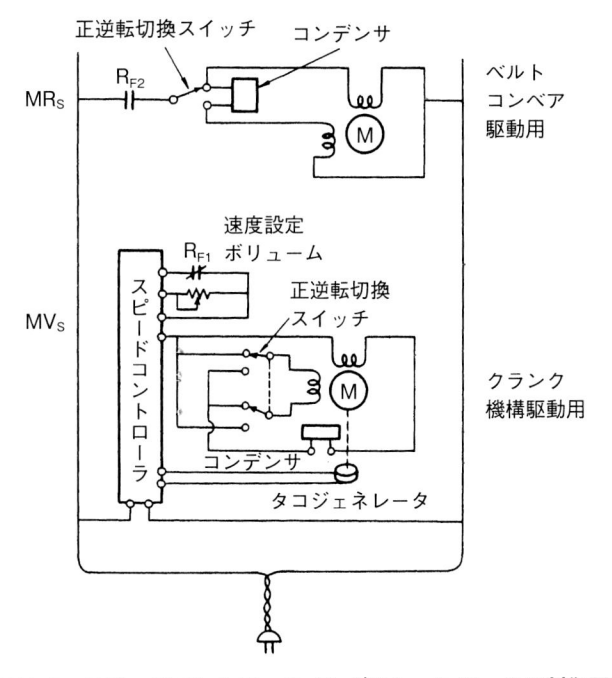

図 H1.3　スピードコントロールインダクションモータの制御回路

は図 H1.3 のようになっているものとする。

　コントローラは PLC（シーケンサ）を用いることにして、図 H1.4 に示すとおりピック＆プレイスユニットの信号を接続した。この PLC プログラム（ラダー図）は図 H1.5 のようになる。

■ ワーク自動循環システムの構築

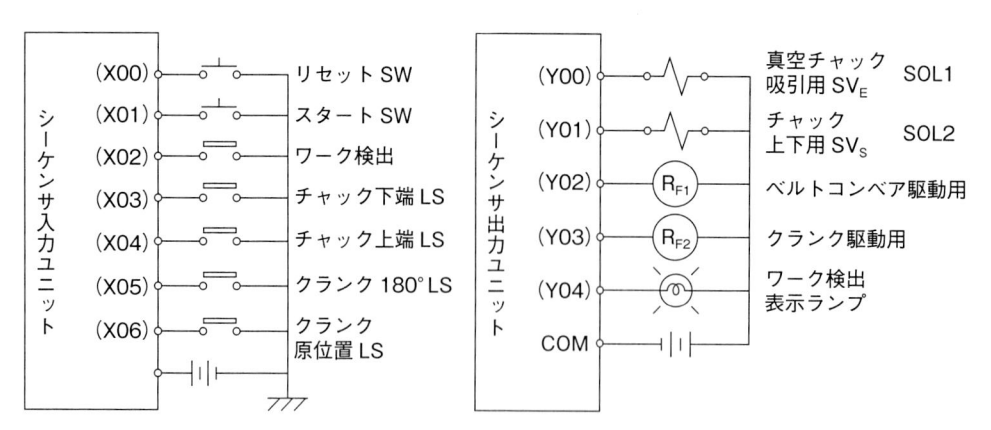

図 H1.4　PLC の配線図

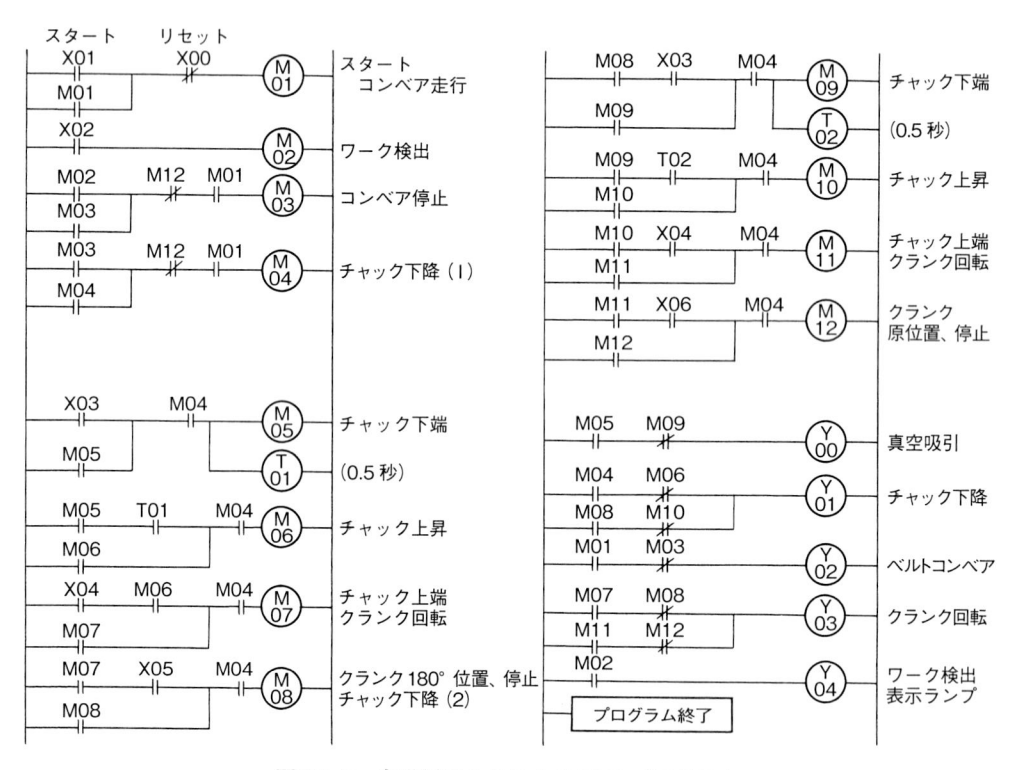

図 H1.5　自動循環システムの PLC プログラム

H-2 ワーク自動追従システムの構築

| 特　徴 | 反射型光電センサを利用した自動追従システム |

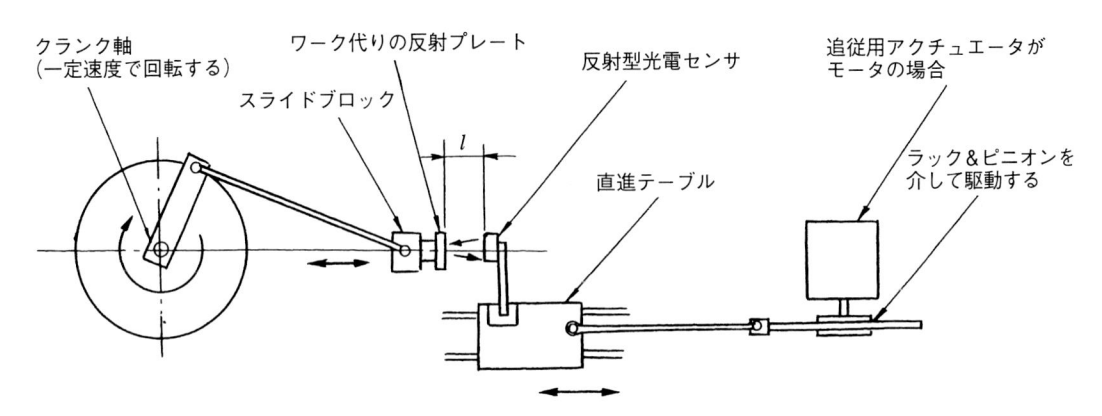

図 H2.1　反射プレートと距離 l を保ちながら自動追従する

　自動生産ラインの高速化を進めて行くと、ある段階で無停止型にする必要が生じてくる。無停止型も完全等速型と変動速度型とがある。ここでは変動速度型で移動中のワークに対し、一定距離を保ちながら自動追従するシステムを考えてみることにする。

　まず、図 H2.1 のように移動するワークの代わりに小さな反射プレートをクランク機構の出力用スライドブロックに取り付けたものを用いて実験してみる。この反射プレートはクランクの動作とともに移動する。このプレートを直進テーブル上に載せた反射型光電スイッチで検出し、その信号によってアクチュエータ（モータ）の正転と逆転を行い、ラック＆ピニオンを介して直進テーブルを駆動している。

　反射型光電スイッチは、1個のみにする方法と2個組み合わせる方法とがある。

　反射型光電スイッチを2個使うときには、片方をやや近く、他方をやや遠くでオンするように設定する。そして、両方オンなら近すぎなので直進テーブルを後退し、両方ともオフならば、遠すぎになるので前進し、いずれか一方がオンならば直進テーブルは停止しておくように制御する。

　クランク機構で往復運動をしているワークの代用の反射プレートは、当然クランクの特性どおりに、図 H2.2 のようなサインカーブに近い曲線を描いて運動する。

　反射プレートと光電スイッチが常に同じ距離を保てばこのクランク特性と同じ曲線になるはずで

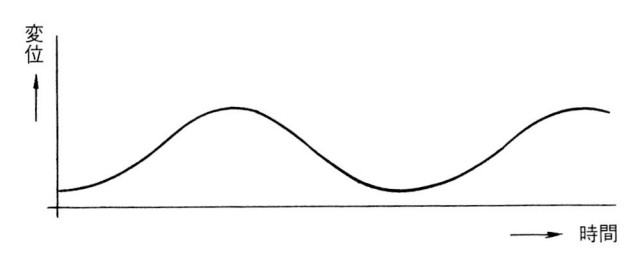

図 H2.2　クランク運動の動作特性

■ ワーク自動追従システムの構築

あるが、実際には近すぎと遠過ぎの繰り返しになるので曲線はギザギザになる。
　そのギザギザの幅が小さいほど追従が正確に行われているといえる。
　実際の実験では、図 H2.3 に示すように直進テーブルに載せたセンサによって、クランク機構で

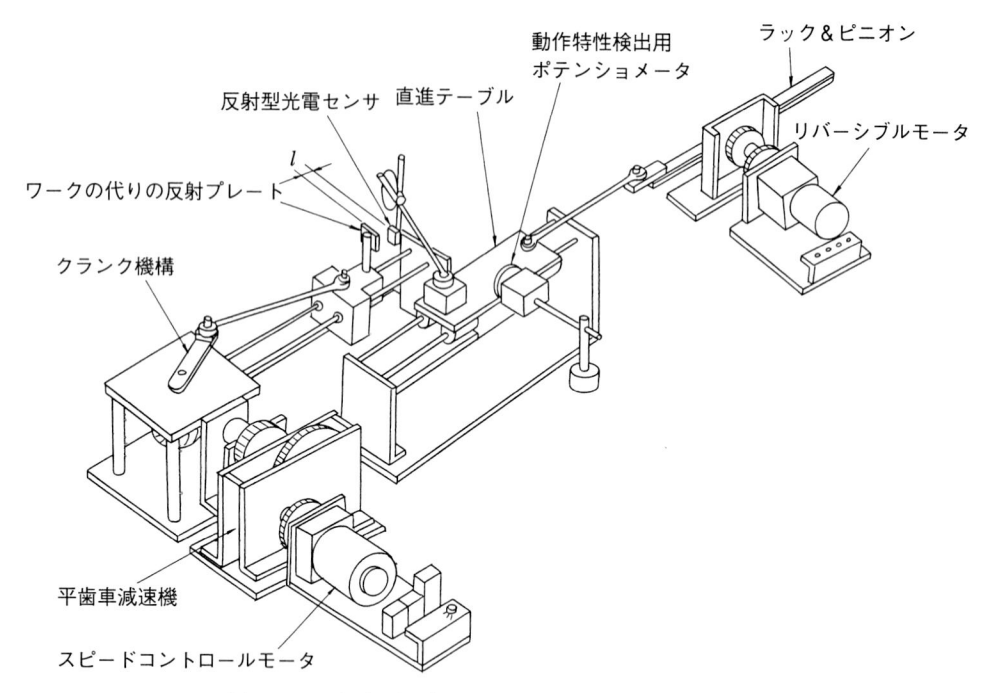

図 H2.3　リバーシブルモータによる自動追従システム

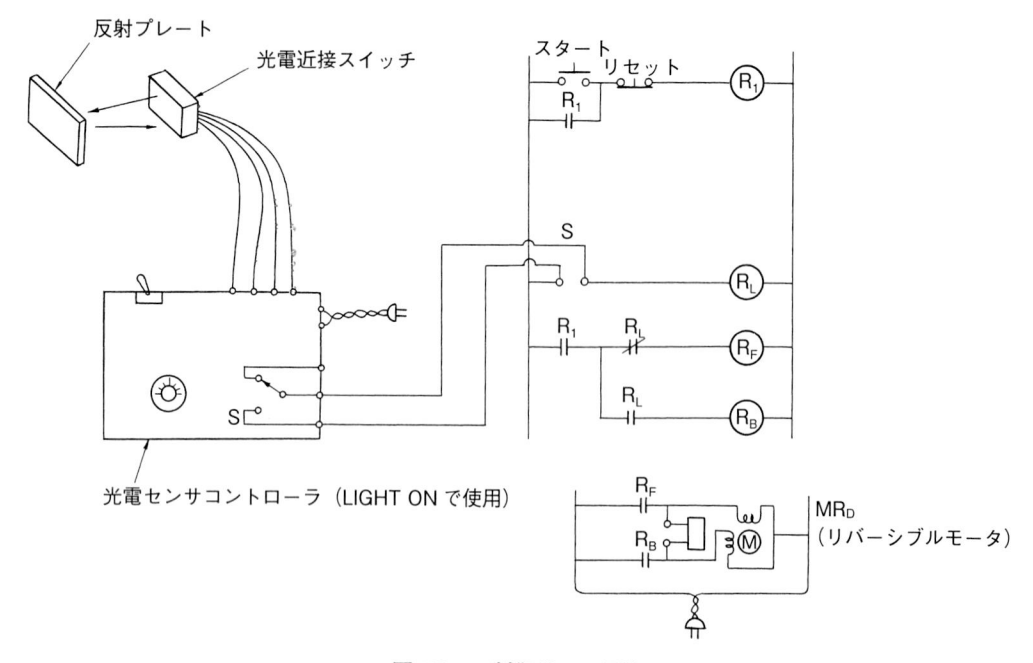

図 H2.4　制御リレー回路

前後に移動している反射プレートを検出して自動追従するシステムを構成した。

反射型光電センサを移動するためのアクチュエータとしてはリバーシブルモータを利用してラック＆ピニオンを使って回転から直進に運動変換して直進テーブルに接続した。

制御回路は図H2.4のようにして、センサの出力信号Sによってリバーシブルモータの前進と後退を切換えると、反射プレートの動きに従って自動追従する。

図H2.5に自動追従した結果を示す。追従誤差は大略12mm程度であった。

図H2.6には中間でクランクを停止した場合を示す。当然、停止中も常時往復運動を繰り返している。

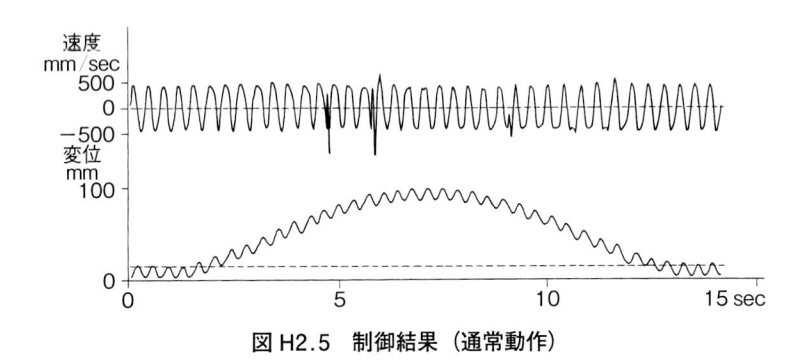

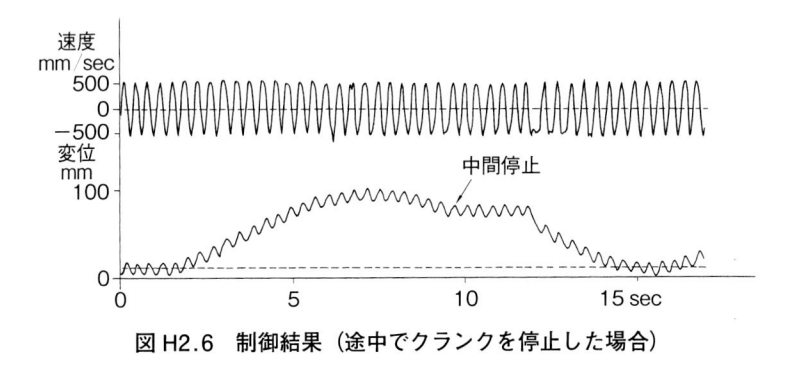

図H2.5 制御結果（通常動作）

図H2.6 制御結果（途中でクランクを停止した場合）

H-3 コンベアを使ったワークの自動供給装置

特 徴 コンベア上のワークの姿勢を保ったまま分離するシステム

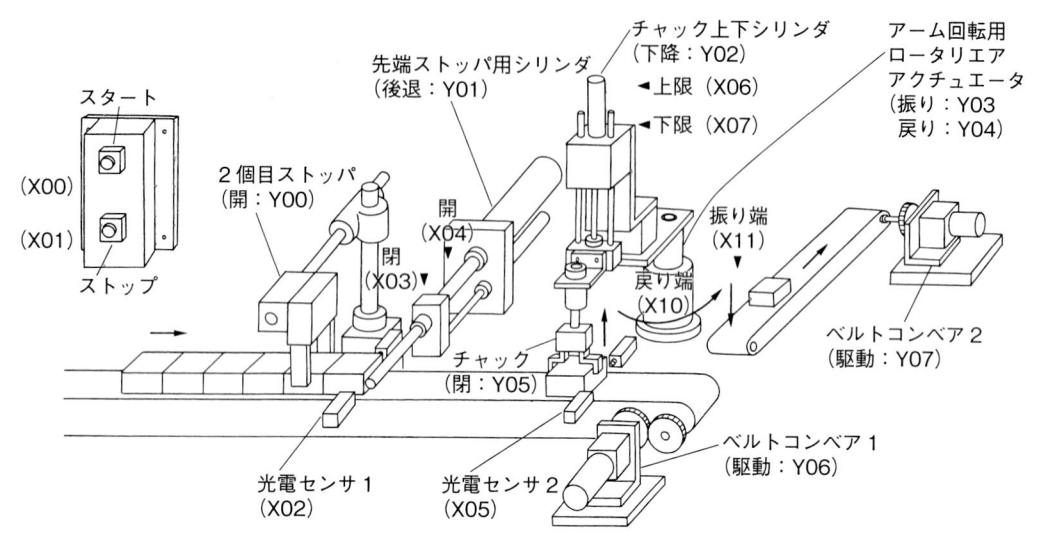

図 H3.1 コンベア上のワークの整列分離システム

ワークの自動供給の例として、**図 H3.1** のようなシステムを使って、ワークの待機と分離を行う実験をしてみる。

ベルトコンベア上を図の左から右方向へ流れてくるワークを、姿勢を崩さないようにしながら1つずつ分離して次のベルトコンベアに移載することを目的とする。

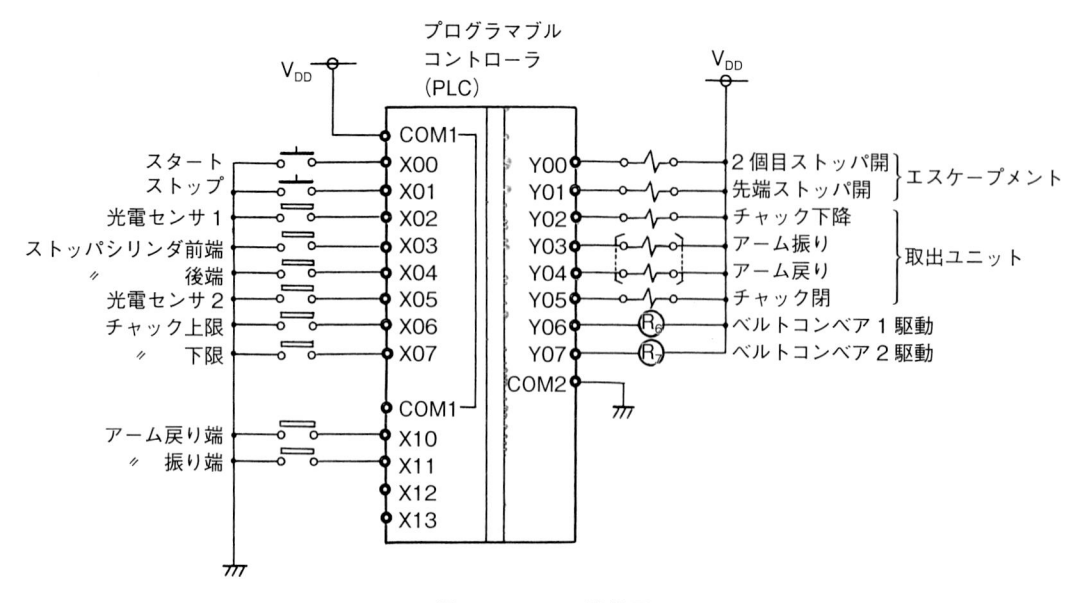

図 H3.2　PLC 接続図

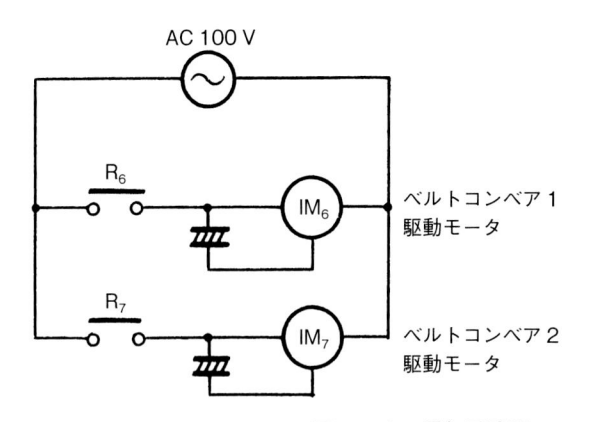

図 H3.3　ベルトコンベア用モータの電気回路図

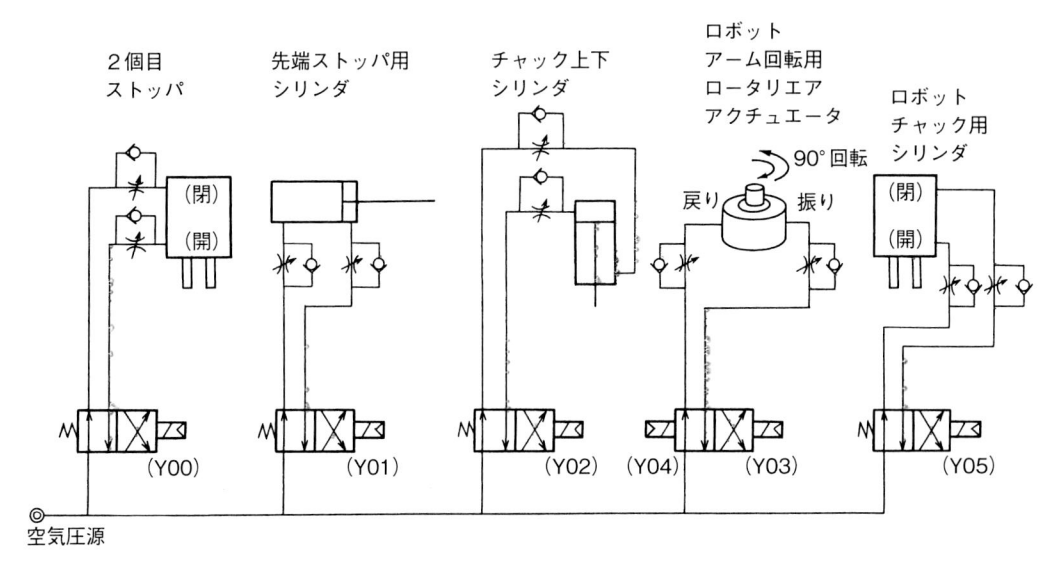

図 H3.4　空気圧回路図

制御にはPLCを使い、図H3.2のようにシステム上の各機器をPLCに接続する。図H3.3はモータの電気回路で、図H3.4にはこのシステムの空気圧回路を示す。装置全体の制御プログラムは図H3.5のようになる。

〔実験結果〕

① ワークは確実に1個ずつ分離されて、次のコンベアで受け渡された。

角形のワークでも、長時間コンベアをまわしておくと、図H3.6 (a) のように後ろのワークが姿勢をくずすことがある。この改善にはコンベアにワークガイドが必要である。

② 先端のワークを分離するときに、コンベアを動かしたままで先端ストッパを後退させると、ストッパの抜け際に、先端のワークの片端がストッパで止まっていて、反対端はコンベアの推進力で前に進もうとするので、ワークの姿勢がくずれやすい（同図 (b) 参照）。

また背が高く、重心の高いワークでは転倒することもある。

ストッパを開くときにコンベアを停止するか、ワークの姿勢がくずれないようなガイド機構が必

■ コンベアを使ったワークの自動供給装置

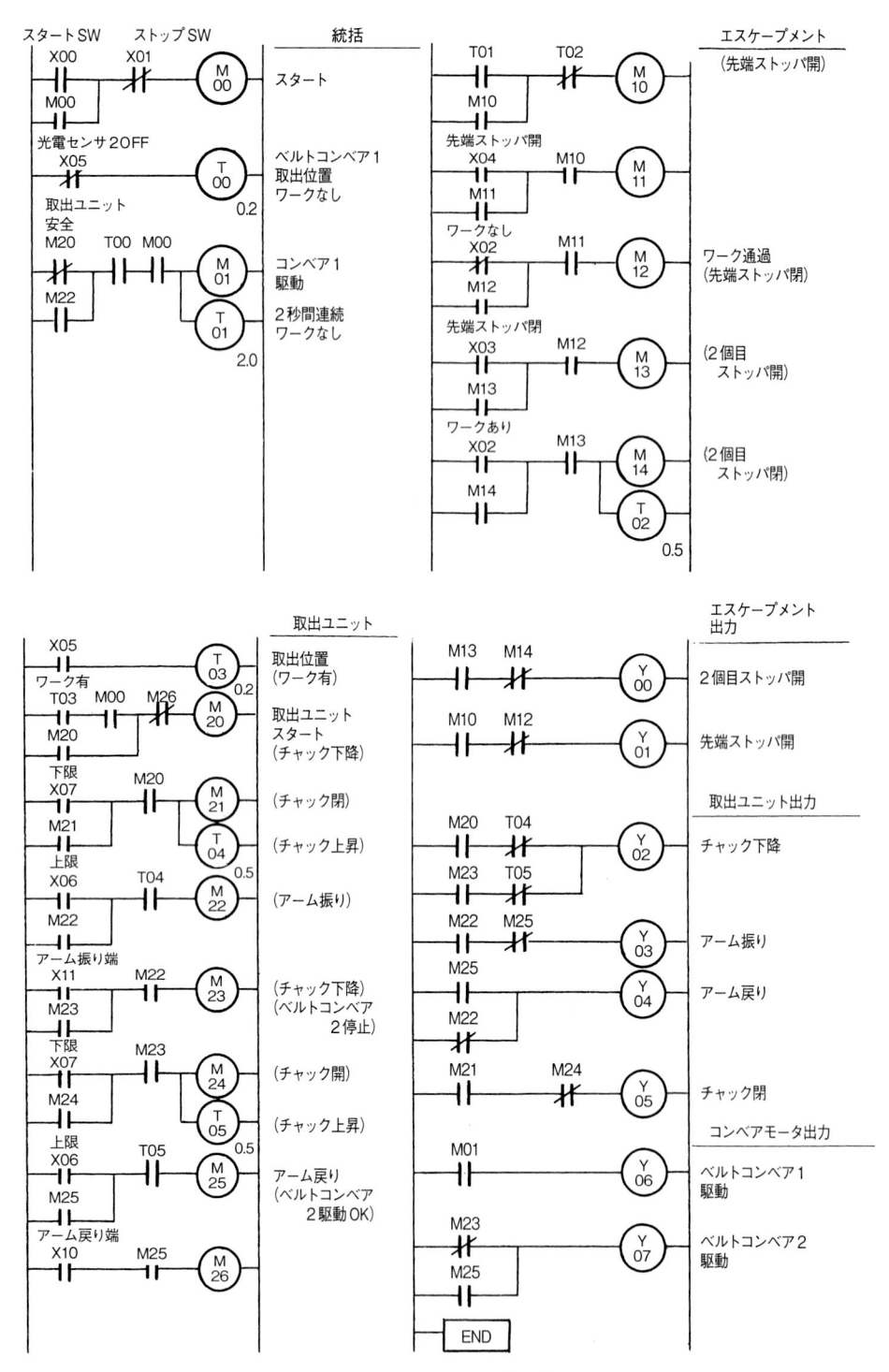

図 H3.5　PLC 制御プログラム

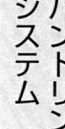

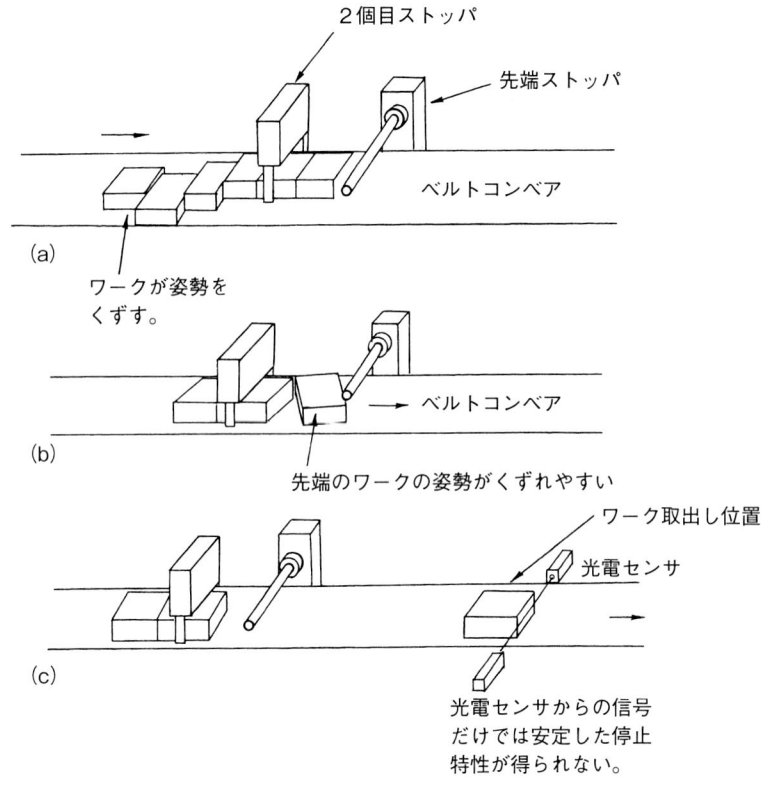

図 H3.6

要である。

③　ワーク取出し位置では光電センサが ON したら、ベルトコンベアを停止してロボットハンドでワークを取り出しているが、今回の実験では停止精度にかなりバラツキがあり、正しく移載できないものが出てきた（同図 (c) 参照）。歯車減速機などを使ってコンベアの移動速度を遅くするか、ワーク取出し位置にワークストッパを設けて、正確に位置決めする必要がある。

H-4 複数ユニットの協調制御

特徴 振動板を移動して締め付けをするシステム

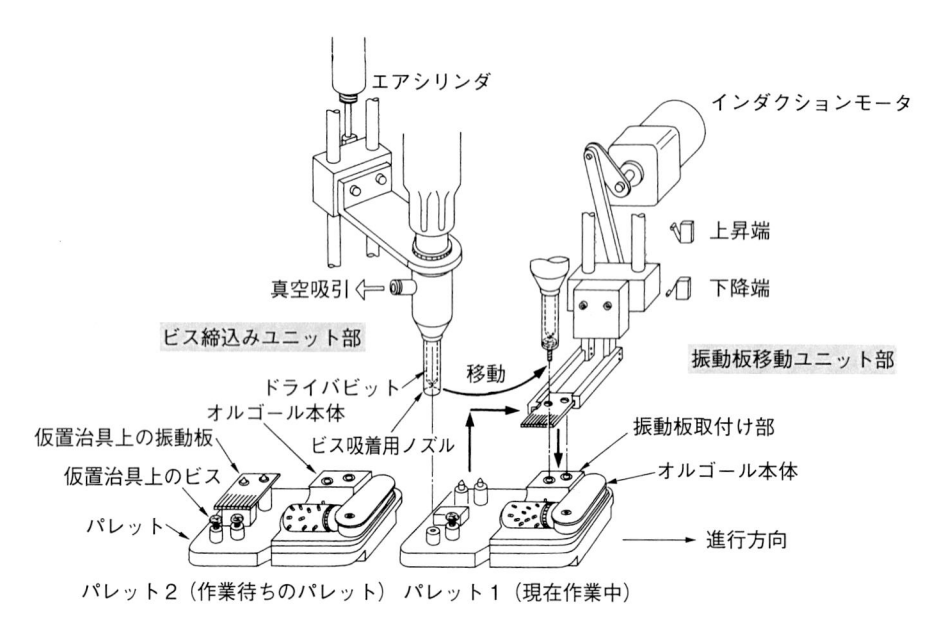

図 H4.1 2台のユニットが協調に作業をする作業ステーションの構成

　図 H4.1 はフリーフローラインの1つの作業ステーションで、送られてきたパレット上のワークに対して組み立て作業を行うものである。パレットを作業位置で停止して、位置決めをしてから、パレット上の振動板をオルゴール本体の定位置に移動して、ビスで締結する。本作業ステーションに送られてくるパレット上には待機しているパレット2のように、オルゴール本体の横の仮置き治具上に、振動板とビスが載せられている。

　パレットが図のパレット1の位置に来ると、まず振動板移動ユニットが仮置き治具上の振動板をまっすぐ上に持ち上げ、図の右手方向にスライドしてオルゴール本体の振動板取付け部の上に降ろす。ここでは安定しないので、振動板を離すことはできない。

　そこで、振動板のチャックは降りたままの状態で別のユニットで、ビスを締込む。ビス締込みユニットは、先端にビス吸着用のノズルがついていて、仮置き治具上のビスを吸引して移動することができる。

　各ユニットのレイアウトは図 H4.2 のようになっている。

　ビス締込みユニットは、最初はビス仮置き治具上にあって、まっすぐに降りれば片方のビスを吸引してチャックできる。ビスを持ち上げても、振動板移動用のチャックが上にあると機械的に干渉して振動板取付け部の上へ移動できないので動作待ちとなる。

　振動板がオルゴール本体の取付け部にセットされると、その信号を受けてビス締込みユニットは取付け部へ移動して振動板と本体を締め付ける。締付けを完了すると、ビス締込みユニットは上昇して原点に戻る。

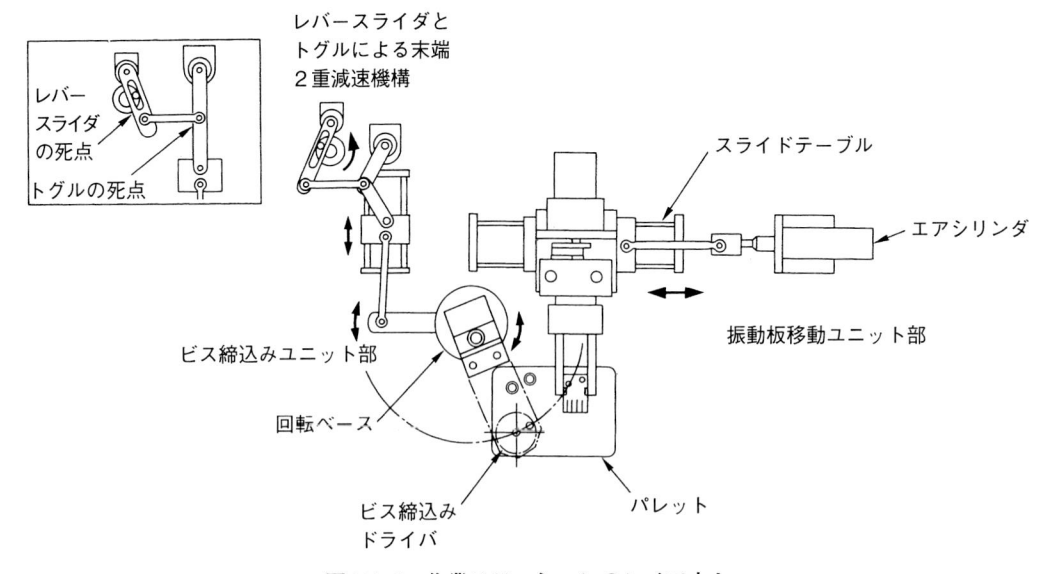

図 H4.2 作業ステーションのレイアウト

一方、振動板移動ユニットはビス締込みユニットが原点に戻るまで上昇できないので、動作待ちとなる。

このように、機械的な干渉があると、待ち時間が発生して動作が遅くなる。このときの動作順序

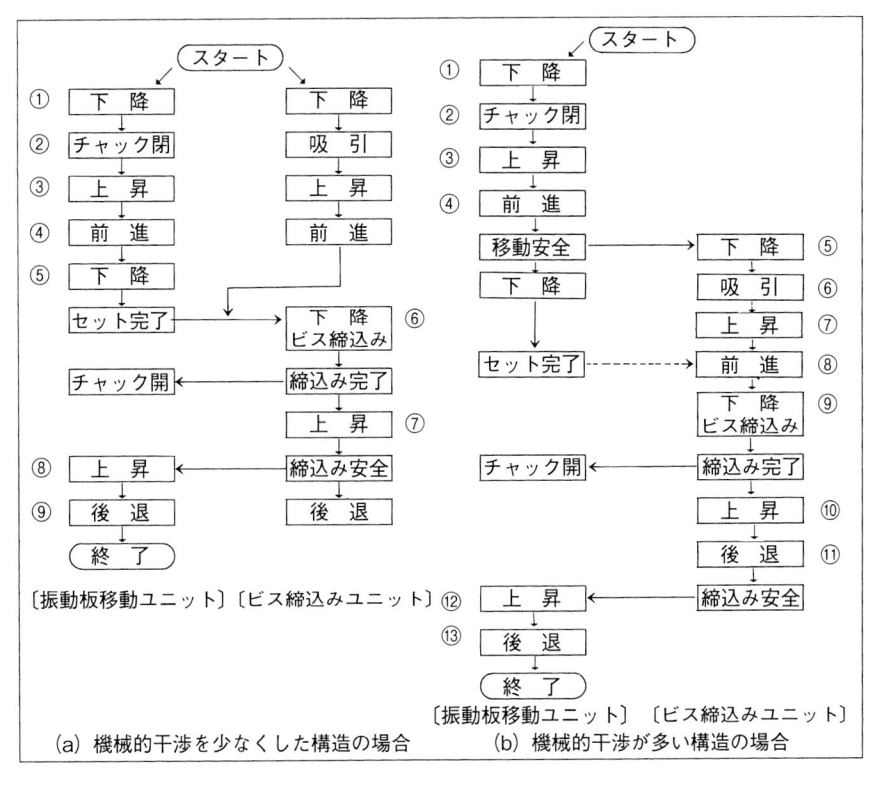

(a) 機械的干渉を少なくした構造の場合　(b) 機械的干渉が多い構造の場合

図 H4.3　動作順序

■ 複数ユニットの協調制御

は図 H4.3（b）のように 13 ステップになる。

　作業時間を短縮するために、例えば振動板移動ユニットが上昇端にあるときにもビス締込みユニットが横移動できるようにして、同時に動作できる部分を増やすことにする。

　すると例えば、同図（a）のように、ステップ数を 9 まで減らすことができるようになる。このように機械的な干渉を少なくするような設計にしておくと生産速度が上がって有利になる。要するに、同じ 1 つの空間を、複数の作業ユニットが同時に通過する場合に、同時に動ける部分を多くすることと、動作距離を短くすることで作業効率を高めることができる。

H-5 ガイド機構を使ったワークの自動装入作業

特　徴　ガイドを使ってビスの締付けをするシステム

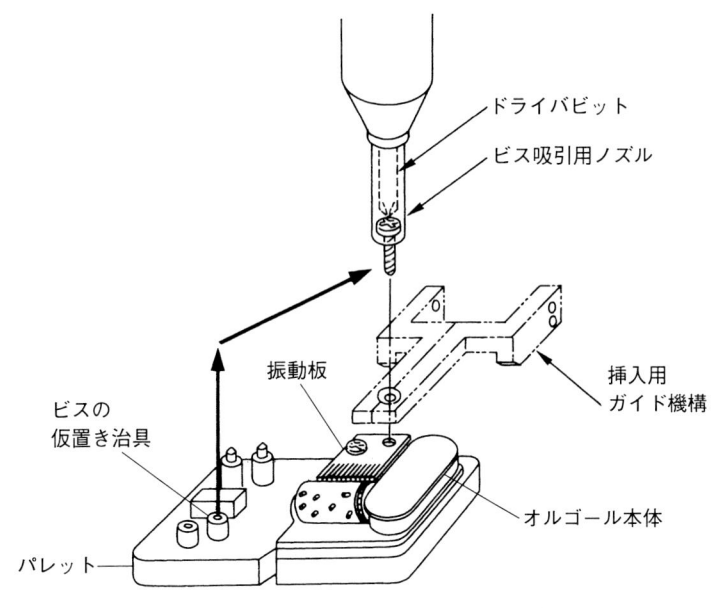

図 H5.1　挿入用ワークガイドを使った安定動作

　ガイド機構を使ってビス締込みの安定した作業ができるようにしたものが**図 H5.1**の作業ユニットである。

　パレット上の仮置き治具からビスを取り出してねじ締めをする際に、ビスが倒れないように挿入用のガイド機構をつけてある。

　挿入ガイドは普段は上方向に逃げていて、パレットが来ると下降してビスの締付け動作待ちとなる。

　図 H5.2はこの機構を後ろから見たところであるが、ガイドは平行チャックのように2つに割れていて、ビスが少し締付けられたところでガイドを左右に開いて、最後までビスが締められるようになっている。

　ガイド機構を使ったねじ締付けの様子を**図 H5.3**に示す。(a)のようにガイドがないとビスが倒れやすくなる。そこで(b)では、挿入時にビスの足が垂直になるようにガイドしている。そしてある程度締めこんだところで(c)のようにガイドを開いて最後まで締めこむように制御する。

■ ガイド機構を使ったワークの自動装入作業

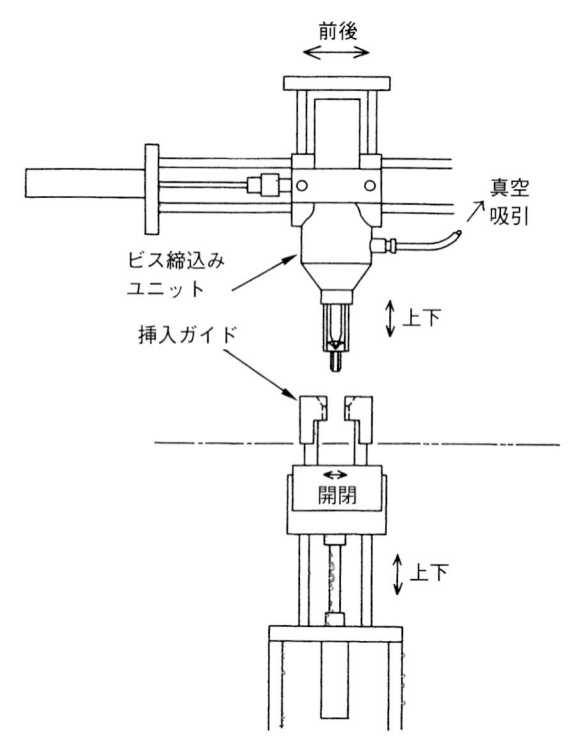

図 H5.2 ビス締込みユニットと挿入ガイドの構成

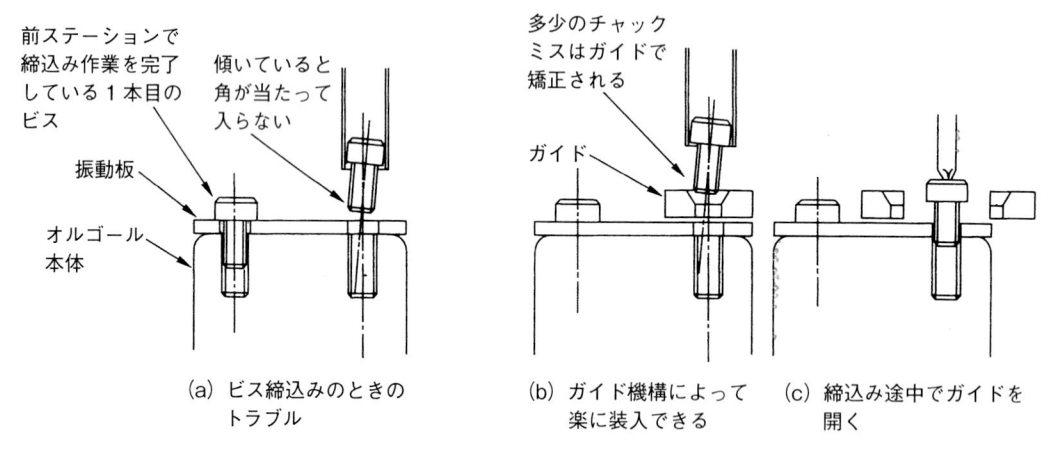

(a) ビス締込みのときのトラブル
(b) ガイド機構によって楽に装入できる
(c) 締込み途中でガイドを開く

図 H5.3 ガイドの効果と動作

Ⅲ

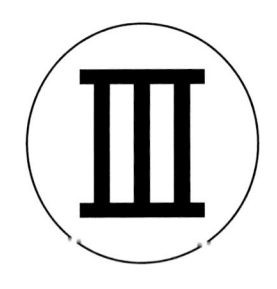

システム構築編

Ⅲ-1 効率化とフレキシブル生産の手法

Ⅲ-2 FAシステムへのアプローチ

Ⅲ-3 自動化システム構築実験

〔Z〕

　自動化システムは複数の作業ユニットが集まって構成されている。その作業ユニットをどういう考え方で構成すればよいのだろうか。

　作業員が両手で慎重に行うような複雑な作業をそのままのかたちで機械化してみてもなかなかうまく行かない。

　複雑な作業はできるだけ単純な作業に分割すると機械化がスムーズに行く。また、部品自動供給や嵌合などのスキルを必要とする作業は手作業とは全く別の手段を講じて最終の目的を達成させることも必要になる。

　本編では手作業を自動化する事例を使って、どのように自動化を進めていったらよいのか、その手法について解説する。単純に自動で動く機械ができればよいということではなく、難しい作業を治具を使って機械化する方法や生産効率の高いシステムを作るための考え方について解説してゆく。

Ⅲ-1 効率化とフレキシブル生産の手法

1. 製品の多様化と生産システム

　製品寿命の短縮や、ユーザー嗜好の多様化に伴い、生産現場では小ロット生産や多品種少量生産の要求が高まっている。製品によっては、毎回品種が変更されることにも適応する変種変量生産ラインも稼働するようになってきた。

　確かに、このようなフレキシブルな生産システムは現代の需要に対応したものではあるが、大量生産や大ロット生産の必要がなくなってきたわけではない。むしろ、品物にもよるが量産に頼る製品は増え、1品種当たりの生産量も大幅に伸びている。

　例えば、最終組立工程では需要家の要求に合わせて多品種生産に対応せざるを得ないが、そこに使用される基本的なコンポーネントは徹底して標準化が進められており、以前にも増して大量生産が行われている。

　また、製品になる最終生産工程の少し前の半完成品を納入している製造工場では、少ない品種数の半完成品を大ロットで生産している。

　このように、一言で生産態勢といっても、それぞれの企業や工場あるいは受け持っている製造工程で取り扱っている製品の特徴によって、要求されるフレキシビリティや年間の生産量はまちまちであり、どの程度の生産量で何種類の品種があって品種によってどのように仕様が変更されるのかといった要因によって、導入するべき生産設備は変わってくる。

　誰もがインテリジェントなロボットやFAコンピュータを使った高度な無人化工場を必要としているわけではなく、むしろそのようなシステムは製品の一貫生産や最終組立工程を行っているごく一部の大工場に導入されている希なケースといえなくもない。

　では、そのような生産ラインはどのように構築すればよいであろうか。

　本格的なFA工場の例として、あるメーカーの生産工場の概略図を図Ⅲ.1.1に示す。

　図中にフレーム生産ライン、振動板生産ライン、総合組立ラインなど、いくつかの生産ラインがあるが、各生産ラインには四角い箱状に表現された自動機械が何台か並んで連結されている様子が見られる。

　すなわち、上位コンピュータの指令ひとつで的確に働く生産ラインを構築するためには、その生産ラインを構成する個々の自動機械が的確に働くものでなければならない。

　では、的確に働く「よい自動機械」はどうすればできるであろうか。

　図Ⅲ.1.2に、ごく単純な自動化機械の構成例を示す。

　同図はワークの孔あけ工程を模型的に描いたものである。

　まず、ワークはロータリテーブル上のワークホルダのなかに保持されている。ロータリテーブルの間欠回転によってワークが図の位置まできて止まると、クランプユニットでクランプし、ドリリ

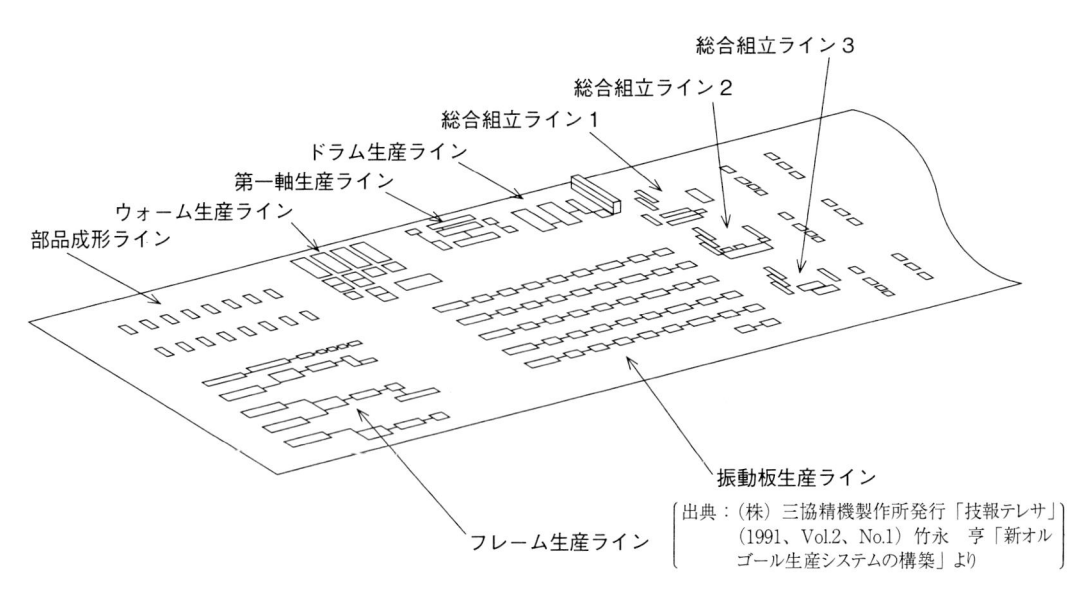

図Ⅲ.1.1　オルゴール生産FA化工場の概要

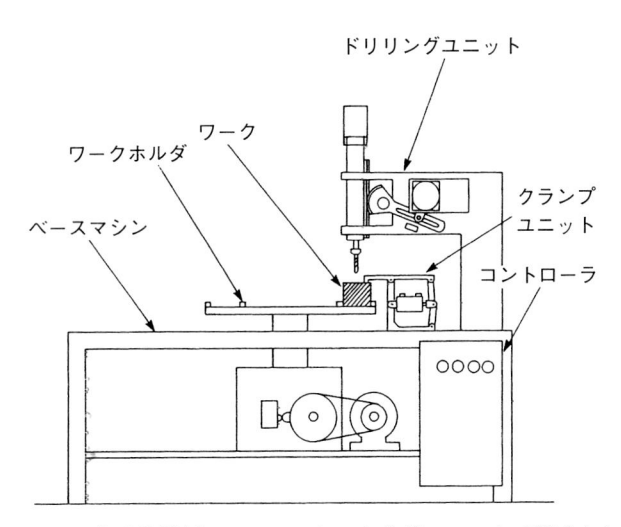

出典：(株)三協精機製作所発行「技報テレサ」(1991、Vol.2、No.1) 竹永 亨「新オルゴール生産システムの構築」より

図Ⅲ.1.2　自動化機械はベースマシンと作業ユニットで構成される

ングユニットでドリルを下降することで、孔あけを行う。

　孔あけが終わってドリルが上昇した後、クランプを開放し、ロータリテーブルは次のワークが同じ位置にくるまで回転する。

　ロータリテーブルをもった本体側がベースマシンであり、それにいくつかの作業ユニットが配置されたものが1台の自動機械となる。

　もちろん、ユニットは目的とする作業に応じてさまざまなものが用いられ、ベースマシンもロータリテーブル型に限らず、直進インデックス型やフリーフロー型など各種のものが目的に応じて用いられる。

　ここでFAコンピュータからの指令は、直接またはラインコントローラを介してこの機械のコン

トローラに伝達される。

　その指令を受けて、「的確な作業」を行うのは、このベースマシンとそれに配置された作業ユニット群なのである。

　実はベースマシン自体も、後述するように一種の作業ユニットと見なされるので、これをユニッ

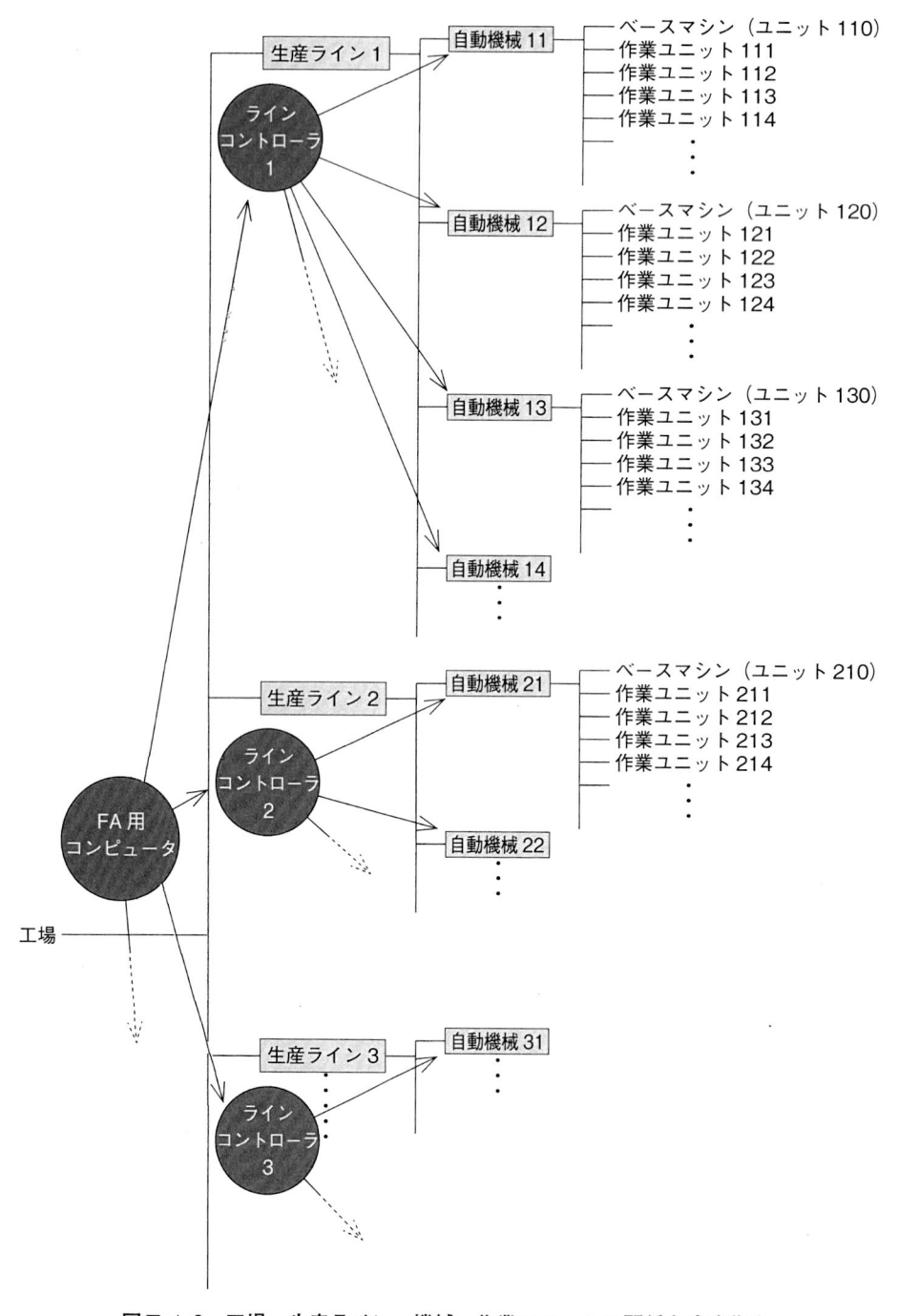

図Ⅲ.1.3　工場・生産ライン・機械・作業ユニットの関係と生産指令

ト No.0 とおけば、自動化工場全体の自動機械の構成は、**図Ⅲ.1.3**のように、すべてが作業ユニット群から成っていると考えてもよい。

したがって、上位コンピュータの指令ひとつで的確な生産を行うためには、「よい生産ライン」が必要であり、それは「よい自動化機械群」によって構成されなければならず、そのそれぞれの自動化機械は「よい作業ユニット群」で構成されなければならない。

すなわち、よい FA を構築するためのもっとも基本となることは、「よい作業ユニット群」を構成することにあると言ってもよい。

2. フレキシブル生産システムのポイント

近年の生産システムは FFA（フレキシブル・ファクトリー・オートメーション）の言葉にみられるとおり、単一製品の自動化から多品種生産の自動化のための生産ラインの柔軟性を要求されていることは今更述べるまでもない。

もちろん、フレキシビリティには多品種への対応以外にもいろいろな内容が考えられるが、ここでは特にワークの品種判別と、それに従った品種別の分類ハンドリングを主として考えてみる。

図Ⅲ.1.4に示すのはFFAラインの一部を模型化したものである。

①で前工程より A 品種、B 品種が混流で給送されてくる。

②でこれを③の混流生産ライン上のパレットに供給するが、その場合ワークの品種に応じてチャックを交換しなければならない。

④の手作業工程においては人間が目で確認しながら品種判別をするとして、⑥の自動作業工程では、その前に⑤の品種判別装置が必要となる。この信号によって⑥のユニットが自動的に品種に応じた作業を選定することになる。

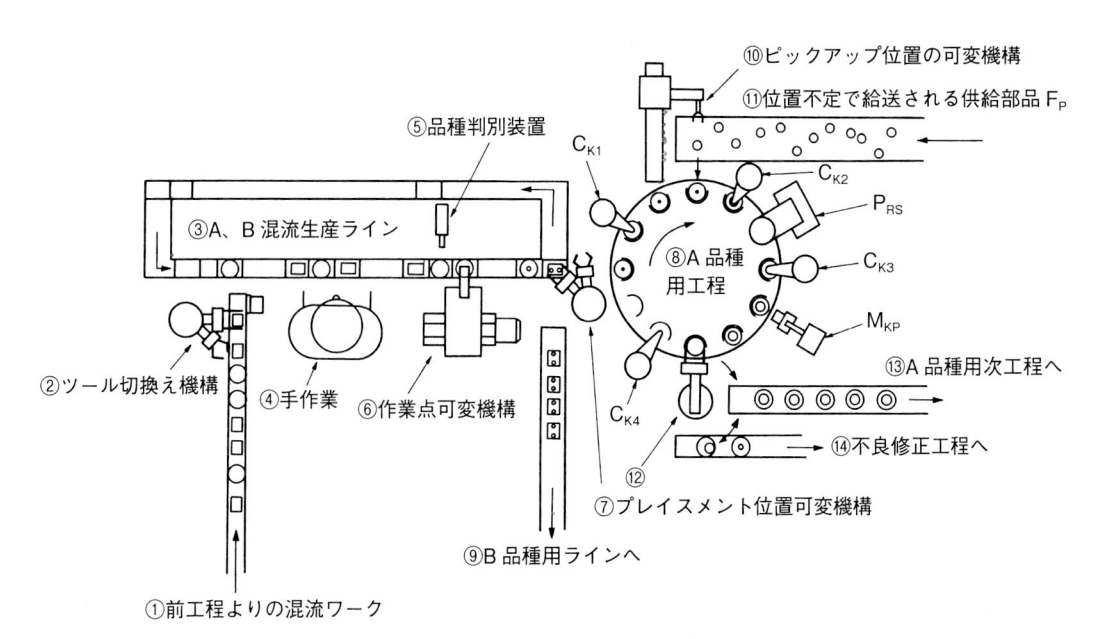

図Ⅲ.1.4　FFA（フレキシブルFA）ラインの一部におけるハンドリングのフレキシビリティ

次に⑦のピック&プレイスユニットによって、A品種は⑧でA品種用工程へ、B品種は⑨でB品種用ラインへと分類供給される。

A品種はC_{K1}によって供給状態が正しかったかどうかをチェックした後、正しいものについては⑩のピック&プレイスユニットによって供給部品F_Pを供給する。

C_{K2}でF_Pの供給状態をチェックした後、正しいものは次のプレスP_{RS}で圧入し、さらにC_{K3}で圧入寸法の確認を行う。OKであれば次にM_{KP}で良品マークの捺印を行って、⑫のピック&プレイスユニットで良品、不良品に分けて取り出し、良品は⑬のA品種用次工程へ、不良品は⑭の不良修正工程へ送られる。

2.1　ワークハンドリングのフレキシビリティ

このような工程の中で、ハンドリングのフレキシビリティを必要とする部分は、

②のツール切換え機構
⑥の作業点可変機構
⑦のプレイスメント位置可変機構
⑩のピックアップ位置可変機構
⑫のプレイスメント位置可変機構

などであり、これらのそれぞれに付随して品種判別、位置検出、良否判別などの信号を発するセンサが必要である。

図中、センサとしては⑤の品種判別装置および⑧A品種用工程のロータリテーブルの周囲に配したC_{K1}〜C_{K4}までが記されているが、当然このほかにもいろいろなところに必要となってくる。すなわち、

②のツール切換えのための品種判別
⑦のプレイスメント位置切換えのための品種判別
⑩のワークピックアップのための位置検出

などである。ここで、

⑫のプレイスメント位置切換えのための良否判別は、その前までのチェックユニットC_{K1}〜C_{K3}の良否信号をメモリーに入れて順次シフトして来た結果を用いることになる。

いずれにしても、このようなFFAラインのフレキシビリティは、ワークを可変的に取り扱う「可変ハンドリング機構」とワークの状態や種類を検出する「状態検出センサ」の組合せによって実現されると考えられる。

2.2　可変ハンドリング機構

可変ハンドリング機構は、大きく分けてツールの変更と位置の変更の2つの機能がある。

元来、生産ラインの品種切換えのためのツーリング変更の方式は基本的に

(1)　着脱式
(2)　併設式
(3)　調整式

の3通りがあり、その組合せが数多くあることはよく知られている。

図Ⅲ.1.4における②と⑦のピック&プレイスユニットのツール切換えは併設式の例であり、⑩の

F_P供給用のピック&プレイスユニットはF_Pの品種が変わったら取り換える着脱式が想定してある。また、⑥の作業点の可変機構には調整式を用いたものと考えてよい。

これらの3方式のうち、自動化のやや難しい着脱式を除き、ここでは併設式と調整式の2つの自動化することを考えてみると、いずれも「位置の変更」だけでできる。基本的には併設式の場合は何個所かのステップ式変更であり、調整式の場合はステップレス（無段階）式の変更である。

2.3 品種判別の方式

FFAにおける混流生産での問題の1つは、ワークの品種判別である。

これには基本的に、プログラム/カウンタによる方法・容器あるいはマークによる方法・ワーク自身の特徴による方法、の3種類の方式がある。

以下、これらについてその概要を述べる。

(1) プログラム/カウンタによる方法

「1番目から10番目までのワークはA品種で、11番目からB品種に変わる……」というように、あらかじめラインに投入された時点で順序と数がわかっている場合、各ステーションでは、そこに来たワークの数をカウントして品種の切換え時期を知るものである。

ただし、途中での不良の発生によるライン落ちなどがあると品種の混入が起こる可能性があるので、このようなことが発生しないようにするか、発生した都度カウントを修正するなど注意が必要である。

また、カウントする際のノイズなどによるカウント誤差にも十分注意しなければならない。

なお、この方式の品種判別では条件的にさらに次の2つに分かれる。

① ワークが間隔不定で送られてくる場合
② ワークがインデックス機構などで間欠駆動されて、毎回定位置に送られてくる場合

①の場合は時間間隔（あるいはワーク間の距離間隔）に無関係に、来た順番だけで品種判別の情報を管理するために、2番目のワークが脱落していれば3番目のものを2番目と判断することになるので、上述のような注意がぜひ必要である。

しかし、②の場合は、順番は例えばインデックスの回数だけをカウントして決めることができるので比較的誤りの可能性が減少する。

(2) 容器あるいはマークによる方法

ワークを載せたパレットに取り付けたメモリーピンやパレット自体の形状などで載っているワークの品種を判別するものである、あるいはバーコードやICタグを品物に印刷するのもこの方式に属する。

この方式においては、ワークと容器（またはマーク）とのくい違いさえなければよいのであるから、(1)の場合より信頼性は相当高い。

しかし、もし容器への載せ違い、バーコードの打ち違いなどがあると致命傷になる場合があるので、その段階での十分な注意が必要なことは言うまでもない。

(3) ワーク自体の特徴による方法

この方式は現実のワークそのものを検知して品種判定を行うのであるから、最も信頼性が高いことは当然である。

ところが、現実には外観形状が全く同一で内容的には品種が異なるようなワークも決してまれではない。例えば音楽テープやCDあるいはソフトウエアを書き込んだフロッピーディスクなどを考えればわかるが、内容を読み出して、その結果に応じて品種判別をすることは不可能ではないが、一般のFAラインの中にこれを組み込むのは決して経済的でないことも多いので、このような場合は前項の方式に頼らざるを得ない。

2.4 品種判別用センサ

前節で述べた品種判別の3方式において、それぞれに用いられるセンサについて概説する。

(1) プログラム/カウンタによる方法

① ワークの給送間隔不定の場合

この場合は図Ⅲ.1.5のようにワークが来たことを検出するだけで、後はカウンタに頼るだけであるからセンサは1カ所だけでよい。

② ワークがインデックス給送される場合

この場合は、ワーク自身を検出する必要はなく、図Ⅲ.1.6のようにインデックス駆動1回ごとに信号を出すリミットスイッチなどによって、その回数をカウンタで数えればよい。

(2) 容器またはマークによる方法

パレットの一部に2〜3本立てたメモリーピンの凹凸を使って品種を判別するのであれば簡単な磁気近接センサやリミットスイッチなどをピンの数だけ並べればよいが、バーコードのようなものの場合はセンサを数多く並べるのではなく、応答の速い光電センサなどを用いてスキャンしながら制御装置のメモリーに読み込んで行くことになる。市販のバーコードリーダを用いれば問題はないが、本稿の目的である実験としては、図Ⅲ.1.7のような光電センサによるマークの読取りを試みることにする。

この場合ベルトコンベアが正確に一定速度で走行しているとすれば、スキャン動作はこれで代用することができる。

(3) ワーク自体の特徴による方法

これはワークの特徴のあり方が千差万別であるから、それに応じて用いるべきセンサもきわめて多様である。

2種類のワークの突起の有無だけをリミットスイッチで判別するような単純なものから、ワークの表面の色合いの微妙な違いや外観は全く同じで内容物によって重量がわずかに異なるなど、数えあげればきりがない。

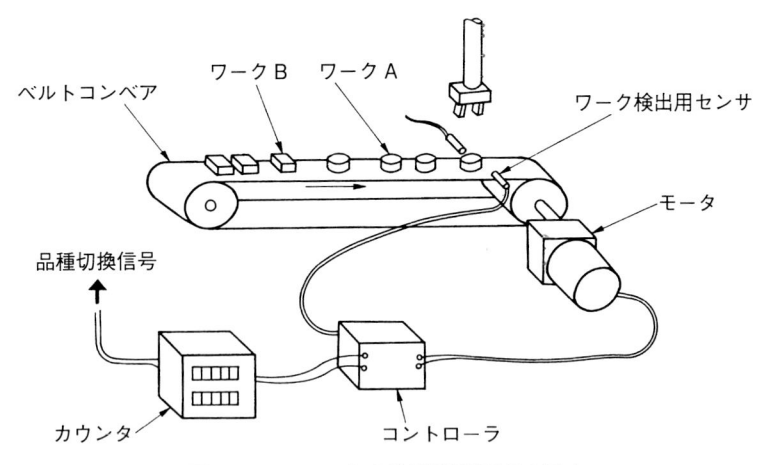

図Ⅲ.1.5　ワークの給送間隔不定の場合

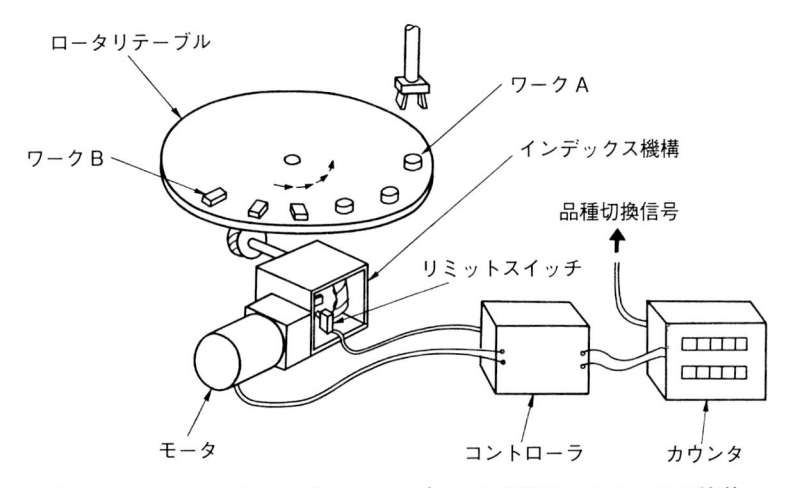

図Ⅲ.1.6　ロータリテーブルのインデックス駆動によるワークの給送

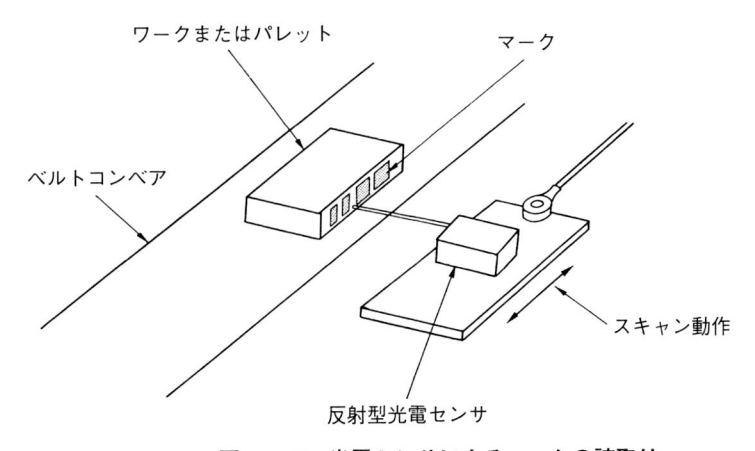

図Ⅲ.1.7　光電センサによるマークの読取り

III-2 FA システムへのアプローチ

　製品の多様化に伴い、多品種少量生産や、変種変量生産が求められている昨今、生産現場においては、ロボティクスによる生産工程のフレキシブル化や、難易度の高い作業内容の機械化が必要不可欠となっている。

　しかし、単に1台のロボットを設置しただけでは自由に動きまわる片腕ができただけで、満足に仕事をこなせない。例えば、段ボール箱の上の口を開けておくなどという極めて簡単な作業も、いかにうまく片方の耳を開いても、もう一方の耳を開けようとすると、開けたばかりの耳が閉じてしまうわけである。

　そこで、この場合、開いた耳を押さえておく機構や、ロボットの下に毎回正しく段ボール箱が送られて来るといった、いわゆる周辺装置が必要になる。生産設備をロボット中心に考えると、これらはロボットの補助的作業をする装置として扱われてしまっている。

　ところが、自動化をするに当たっては、これらの周辺装置と呼ばれている部分が、自動化システムの良否を左右すると言ってもよいほど重要な役割をはたしている。

　ロボットそのものは、一度動作を記憶してしまえば、複雑な動作であろうと毎回同じ軌跡で動いてくれるので、作業対象（ワーク）をいかにして、ロボットが作業をできる所定の位置まで早く、正しく持って来れるかが、勝負の分かれめになる。

　汎用ロボットはプログラムの変更だけで、動作内容を変えられるので、品種切換にも対応しやすいが、各関節を動かすためのアクチュエータをアームの先に装備しているので、自重を支えるためかなり大きくなってしまう。本体が大きくなると、作業をするための移動距離も長くなり、作業時間が長くなる。これを短縮しようとすると、パワーを上げるためアクチュエータをさらに大きくしなくてはならなくなる。

　このようにして、ほんの数グラムの物を移動するにも高さが1メートル近くなるような大きなロボットが必要となり、スペースファクターが悪く、必要としないフレキシビリティのために、冗長度の大きいシステムになりかねない。

　ところが実際には、品種切換といっても、ワークの厚みが品種によって変わるとか、穴位置が異なる種類のパーツがあるという具合に、ある限定された部分だけが変更される場合がほとんどで、作業ユニットはその限定された内容についてだけ十分なフレキシビリティを持っていればよいことになる。このような限定されたフレキシビリティを持たせた専用の作業ユニットを設計すれば、機能が限定されているので、コンパクトで作業時間が短く、ほかの周辺装置ともマッチングしやすいといった高性能が期待できる。

　このように応用性と生産性をかね備えた自動化システムを構成するには、いくつかの基本となる手法を理解しておく必要がある。

　本章では、簡単な手作業を自動化する例をとって、それらの考え方を具体的にやさしく解説する。

1. 位置決めと供給

1.1 手作業の機械化

自動化を進めるに当たって、まず考えつくのが手作業を機械に置き換えたいということだろう。特に、1日に幾百という数を作っているとすればなおさらのことである。

そこで、手の代わりになるロボットを導入すれば手作業をそのまま自動化できるかというとそうでもない。

例えば、**図Ⅲ.2.1**にあるような、正方形に切断した金属板の中心孔にめねじのタップをたてる作業があるとする。

作業員が行うと、**図Ⅲ.2.2**のとおり、パーツがガサガサと入っている箱の中から1つずつ取り出して、加工ステージでタップ加工をして、完成品箱に排出するという作業になる。

この作業員の手の動きをそのまま模倣する手段として、**図Ⅲ.2.3**にあるような多関節ロボットを導入したとする。ロボットが行う作業を挙げてみると、まず、箱の中のパーツの位置と姿勢を検出して、目的のワークに近づき、チャックの向きを合わせてつかみ上げ、タッピングマシンの加工ステージの上の固定治具に装入し、タップ作業が終わるのを待って、でき上がったパーツを取り出して完成品箱に入れるという具合になる。

これを無理にロボット化すると、まず、箱の中のワークの完全な位置と姿勢を検出するように3台のカメラを使い、3つの画像を統合して、取り出そうとしているパーツの座標を決定する。そして隣りのパーツに接触しないようにハンドの移動ルートをうまく決定してつかみ上げ、つかんだときの姿勢を再度カメラで検出して姿勢を直しながら、加工ステージの治具に挿入することになる。しかしながら、ばらばらに積まれているワークを正しい位置に置くことはまず難しいと思われる。

また、箱の中からパーツをつかみ出すにしても隣接しているパーツがじゃましたり、壁に当たっ

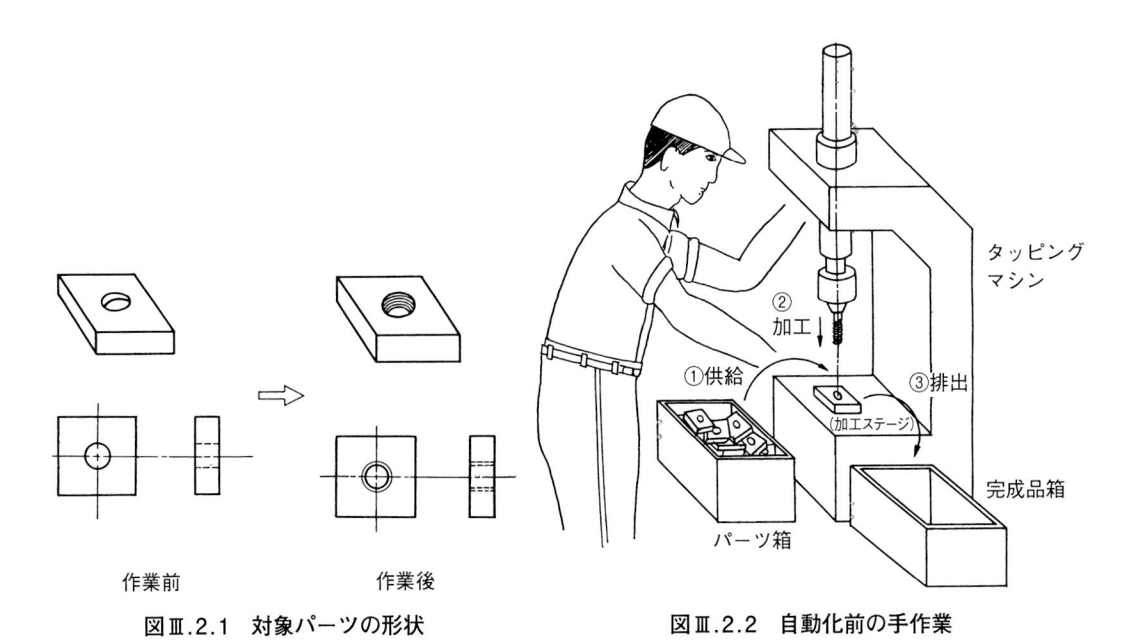

図Ⅲ.2.1 対象パーツの形状

図Ⅲ.2.2 自動化前の手作業

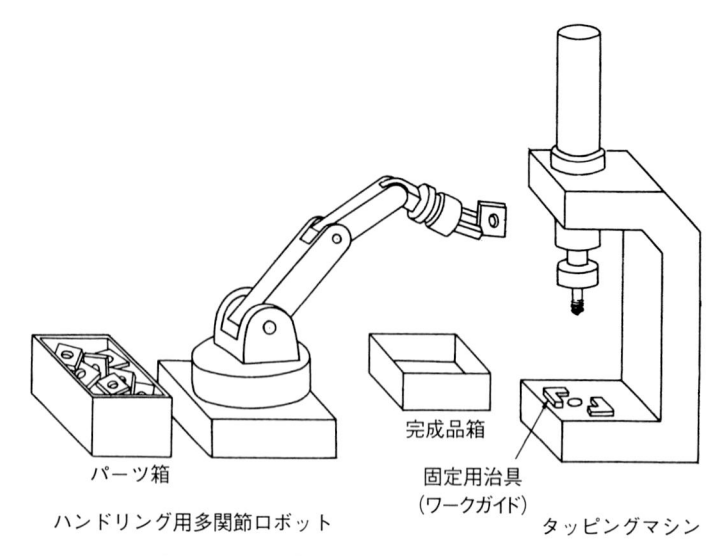

図Ⅲ.2.3 ロボットによる手作業の置き替え

てフィンガーが動けないなど、さまざまな問題が出て来て、この方法で自動化することはまず難しい。

そこで、手作業と同じ作業をそのまま自動化するのではなく、別の角度から自動化のアプローチをしていく必要がある。

1.2 パーツハンドリングはパーツの姿勢の自由度を制限することから始まる

先程の画像処理とロボットによる構成方法では箱の中の三次元空間においてパーツの位置と姿勢がまったく自由であることがハンドリングを難しくしている原因となっている。

もう1つの問題は箱からパーツをなんとか取り出すことができたとしても、図Ⅲ.2.4のように、チャックされたパーツがどこを向いているか分からないという点で、一定の方向さえ向いていてくれれば解決の方法はありそうである。

そこでパーツハンドリングの原則の1つである「パーツの姿勢の自由度を制限する」ことを試みることにする。

取り出したパーツの姿勢にバラツキがある場合や、いったん持ち替えてチャック位置を変更するような場合に、パーツの位置を再設定するという意味の「リポジショニング」工程を設けることがある。

箱の中のパーツを取り出すことのできるほどの高性能な画像認識と比較すれば、チャックしているパーツの穴位置の検出ぐらいはちょっとした光電センサの工夫などでさほど難しくない。穴位置の検出ができれば、その穴をリポジショニング治具に挿入して一度チャックを離すことで穴位置をそろえられる。

この場合のリポジショニング治具は、例えば図Ⅲ.2.5のようなものになる。

空間におけるパーツの位置と姿勢の自由度を図Ⅲ.2.6のように考えると、パーツの中心点の座標が (x, y, z) となり、(x, y, z) を中心としたパーツの姿勢が $(\theta_x, \theta_y, \theta_z)$ で表現されることになる。

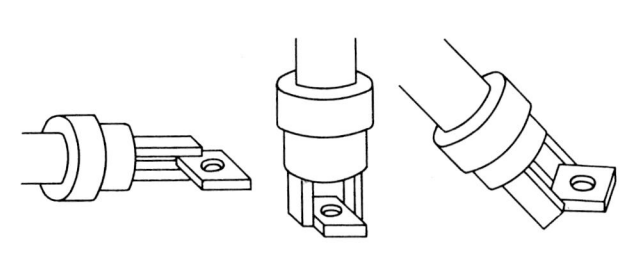

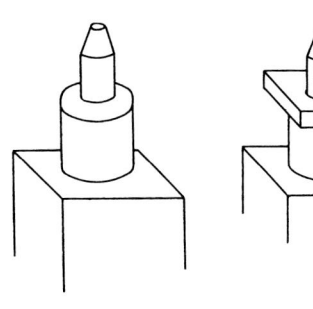

図Ⅲ.2.4　箱から取り出したときのパーツの姿勢

（1）リポジショニング治具　　（2）パーツが入った状態

図Ⅲ.2.5　穴基準の場合のリポジショニング治具

図Ⅲ.2.5の（2）にあるワークの状態をこの座標を使って考えると、(x, y, z)は1点に限定され、θ_x、θ_yについても限定されている。

したがって、θ_z方向だけにしか自由度を持たないので、後は水平の回転方向の位置決めをすればよいことになる。

1.3　治具上のパーツの位置決めとチャッキング

リポジショニング治具に載せられたパーツを加工ステージへ供給するときには、**図Ⅲ.2.7**のように正しくチャックされていなければならない。

このためには、ワークを完全に位置決めするか、ワークはそのままにしてチャックをワークの姿勢に合わせて正しくグリップできる位置に移動しなくてはならない。

そこで、リポジショニング治具の真上にカメラを設置してパーツの回転方向の姿勢を検出し、ロボットのチャックを回転してこれに合わせてもよいが、これでは設備が高価になってしまうので、もう少し簡単な方法を挙げてみる。

空間内の座標　　　空間内の姿勢
　(x, y, z)　　　　$(\theta_x, \theta_y, \theta_z)$

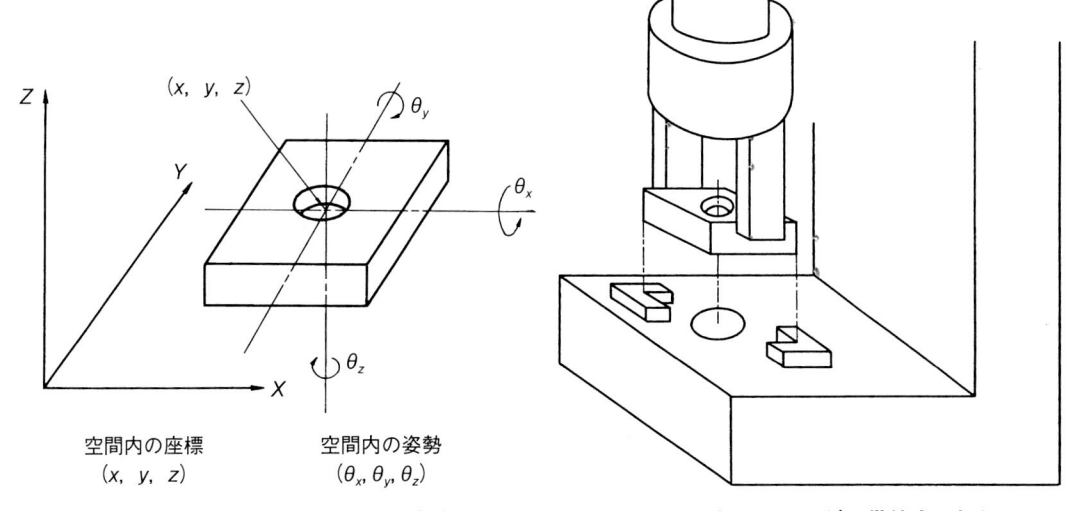

図Ⅲ.2.6　パーツの位置と姿勢の自由度

図Ⅲ.2.7　加工ステージへ供給するときのチャッキング姿勢

図Ⅲ.2.8は、リポジショニング治具上でのパーツの姿勢を簡単なメカニズムを使って統一する例である。

ガイド機構が所定のストロークエンドまで達すると図中のリミットスイッチがONするようになっている。ガイドが位置決め完了位置まで来たことを検出することで、間接的に、ワークが位置決めされたことの確認となる。

図Ⅲ.2.9は、光電センサによる姿勢統一の例で、パーツが治具ごと回転する機構となっている。

センサ1個でも位置決めは可能だが、精度を上げるため2つのセンサで、パーツのエッジ部分を検出して、両方のセンサがONした位置で正確に位置が決まるようにしてある。

この場合は、パーツそのものの姿勢を検出しているので確実である。前の図Ⅲ.2.8の例では、パーツが治具上にない場合でも、位置決めが完了したことを示すリミットスイッチの信号が出てしまうので、パーツがないのに供給動作をしてしまう、いわゆる「空振り」をする原因となる。

図Ⅲ.2.10は、光電センサとメカ的ガイドの両方を使って、さらに正確に位置決めしようとするものである。

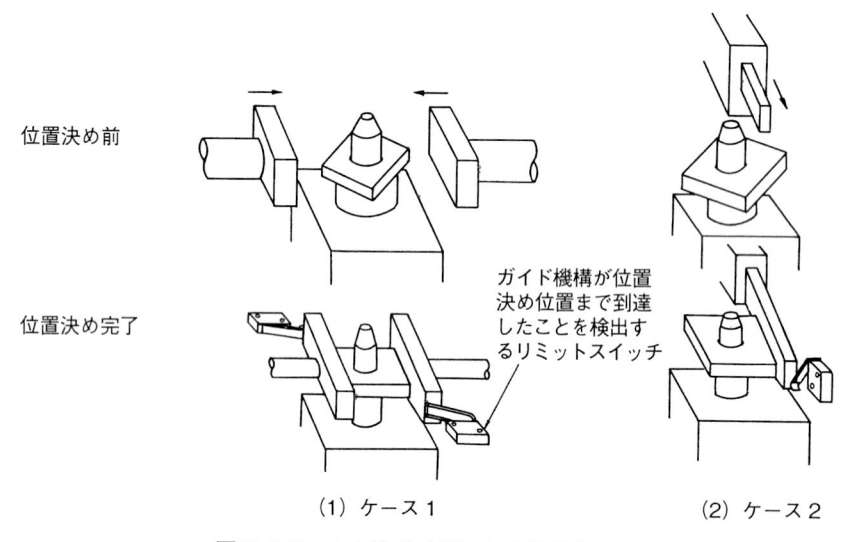

図Ⅲ.2.8　メカ的ガイドによる姿勢統一例

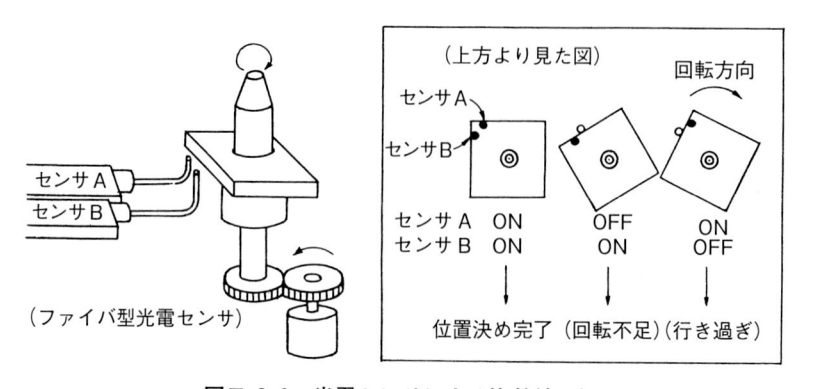

図Ⅲ.2.9　光電センサによる姿勢統一例

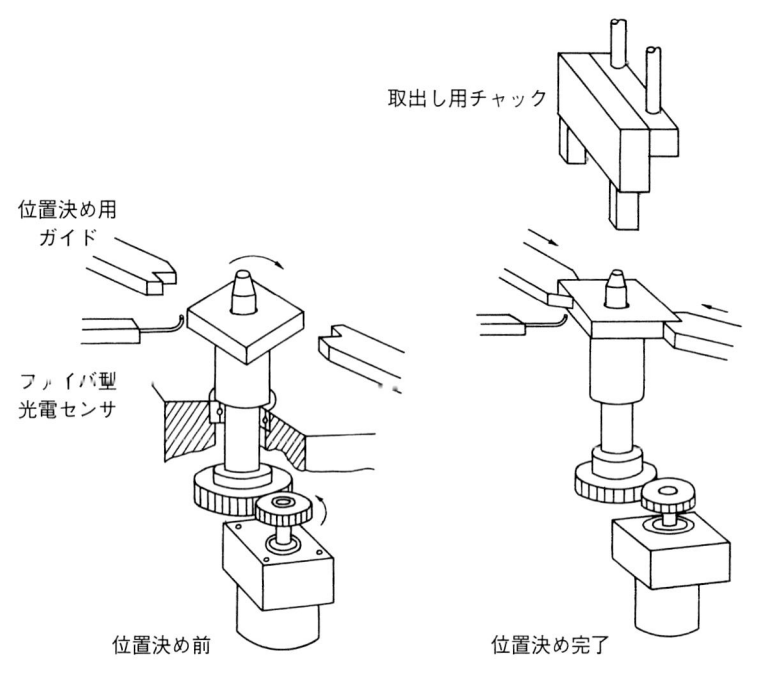

図Ⅲ.2.10　光電センサとガイド機構による位置決め

　光電センサを使って、パーツの角部が位置決めガイド先端の切欠部に入る位置まで回転して、ラフに位置を出しておく。それから位置決めガイドを矢印方向に移動してパーツを完全に固定すると正確に位置が決まる。
　このようにして、パーツの姿勢が完全に一方向に限定されれば、これを取り出すためのハンドは回転方向（θ_z方向）には自由度を持たなくてもよく、パーツ側面に平行になるようにチャック面を合わせて固定しておくだけで、ロボット側の複雑なチャック位置の制御が不要になる。

1.4　単機能ロボット

　位置決めの完了したパーツは、タッピングマシンの加工ステージにまっすぐ運びさえすればよいので、ここから先は多関節ロボットのように緻密な作業をする高価なロボットは必要なくなる。
　例えば、図Ⅲ.2.11のように、2本の空気圧シリンダと直進スライドガイド機構を使って、上下方向と前後方向に動くストローク固定型の単機能ロボット（ピック＆プレイスユニット）が利用できる。
　ピック＆プレイスユニットを使う場合、位置決めされたワークの位置と供給位置を結ぶ線がピック＆プレイスユニットの前後移動用スライド機構に平行になるよう設置されていなければならない。また、ピック＆プレイスユニットの前後方向と上下方向についての移動ストロークが一定の場合、位置決めされた位置から供給位置までの距離がピック＆プレイスユニットの前後方向のストロークが一致している必要があり、位置決め時のパーツの下面の高さと、供給位置の治具の上面の高さが一致するように設定することになる。
　この様子を図Ⅲ.2.12に示す。位置決め完了位置でパーツをチャックしてまっすぐ上に持ち上げ、供給位置の上まで移動して供給位置に真上から挿入する（図Ⅲ.2.7参照）。

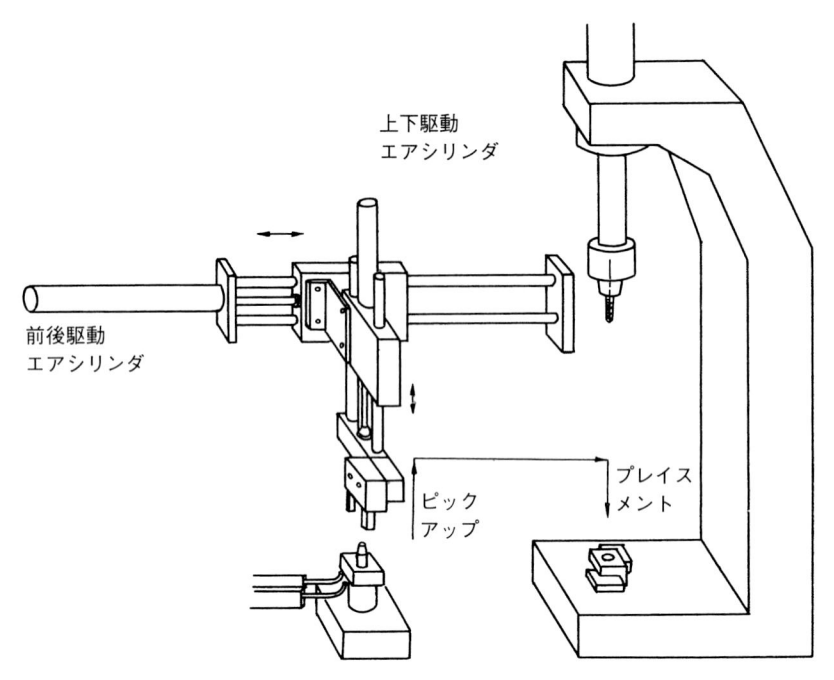

図Ⅲ.2.11　空気圧シリンダ式単機能ロボット（ピック＆プレイスユニット）

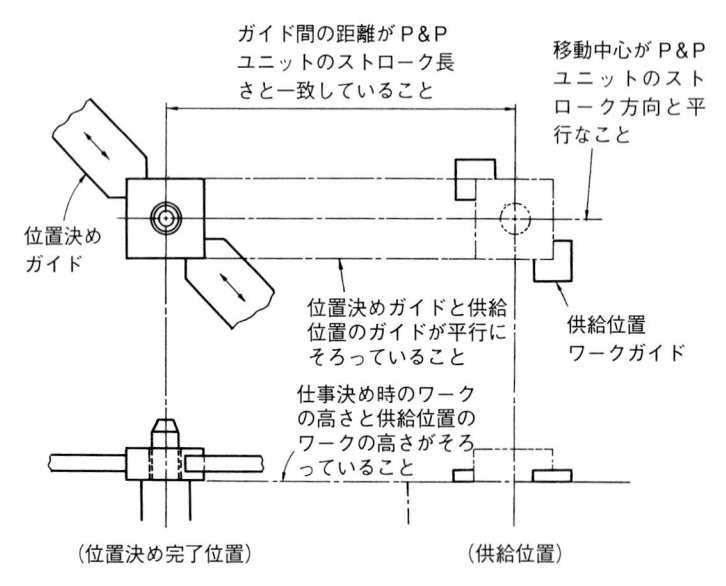

図Ⅲ.2.12　ピック＆プレイスユニットを利用するときの位置決めと供給位置の設定

　この例の場合、上記のほかに、もう1つ重要なポイントがある。
　それは、ピック＆プレイスユニットのチャックが前後移動ストロークと正しく直角に設置されていなくてはならないということである。
　位置決めガイドでいかに正確にパーツの姿勢を設定しても、チャックの直角度が出ていなければ、チャックした途端にワークはチャックの向きにならってしまい、傾いたまま供給位置に移動するの

で、その結果、供給不良の原因となる。

このように、ピックアップ位置、供給位置、ピック＆プレイスユニットの設置位置とチャックの向きを正しく設定して初めて正しい供給が可能になる。

一見、大変なようだが、一度設定を完了してしまえば、あとは毎回、位置決め位置に来たパーツを繰り返し同じように移動すればよいのであるから、機構的にも制御的に簡単で安価で済む。

要するに、毎回同じ大きさで同じ形の物が、同じ姿勢で同じ位置に来るようにできれば、単機能ロボットで十分に対応できるので、パーツの形状に応じて簡単で確実な位置決め方法を工夫すれば、低コストで自動供給システムを実現できる。

1.5 マガジン

以上で分かるとおり、まったくデタラメな姿勢で山積みされているパーツはそのままでは、自動機で取扱うことが大変難しいといえる。

そこで、ある程度姿勢が制限されている機構を利用して、自動供給することを考えてみる。

自動化のパーツ供給によく使われる手段の1つにマガジンがある。自動小銃の下に取り付ける銃弾を詰め込んだ箱も「マガジン」の総称で呼ばれている（図Ⅲ.2.13）。

要は、パーツが1列に並べられていて、1個ずつこれを取り出しても、次のパーツの姿勢が崩れないように配慮されているものである。

今回のパーツの場合、例えば図Ⅲ.2.14のようなマガジンが利用できる。マガジン上部にはスプリングが入っていて、上から下へパーツが押さえられている。マガジンの下部にはパーツ取出し用のスリットが設けられていて、スリットの後ろ側から押し出すことができる。

マガジンを使うとパーツの移動と位置決めは非常に簡単になる。

図Ⅲ.2.15のように、マガジンから取出されるときのワークは姿勢が安定しているので、そのまま治具に挿入することも可能である。

マガジンの中のパーツは姿勢が統一されているので、マガジンそのものを正しい位置に置くことで、相対的に中にあるワークが一律に位置決めされたと同じ状態になり、その姿勢を崩さずに簡単に分離できることがマガジンの利点である。

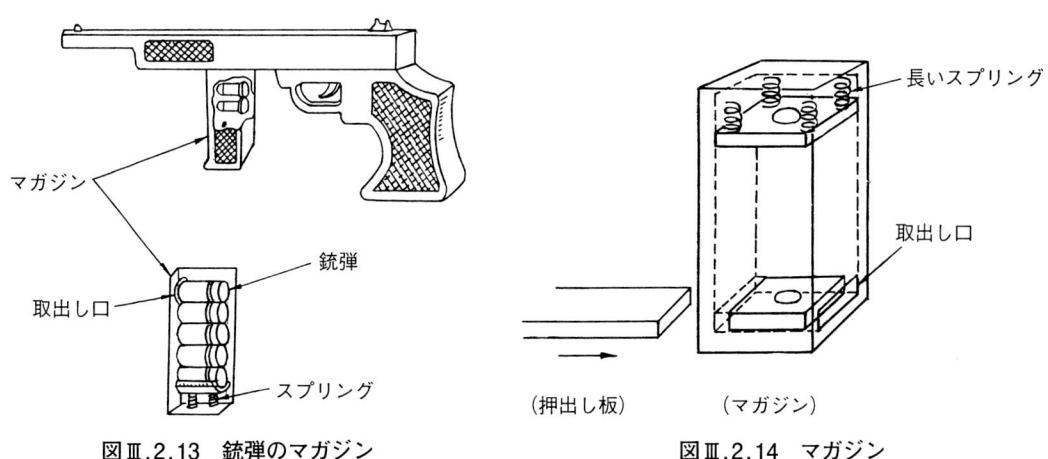

図Ⅲ.2.13　銃弾のマガジン

図Ⅲ.2.14　マガジン

（マガジン）（位置決め治具）

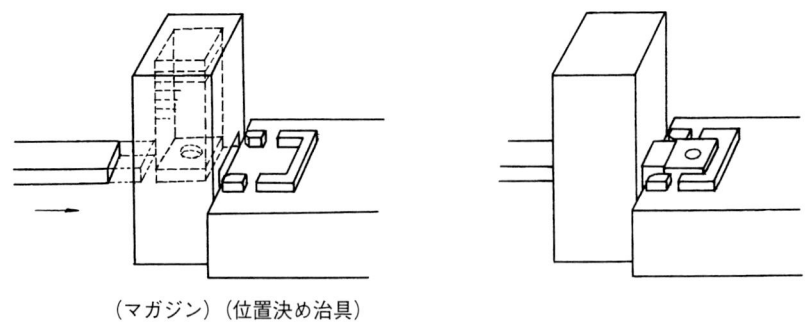

(1) ワーク取出し　　　　　　　　　　　　(2) 位置決め完了

図Ⅲ.2.15　マガジンから取出したワークの位置決め

マガジン

位置決め治具

エスケープメント用アーム

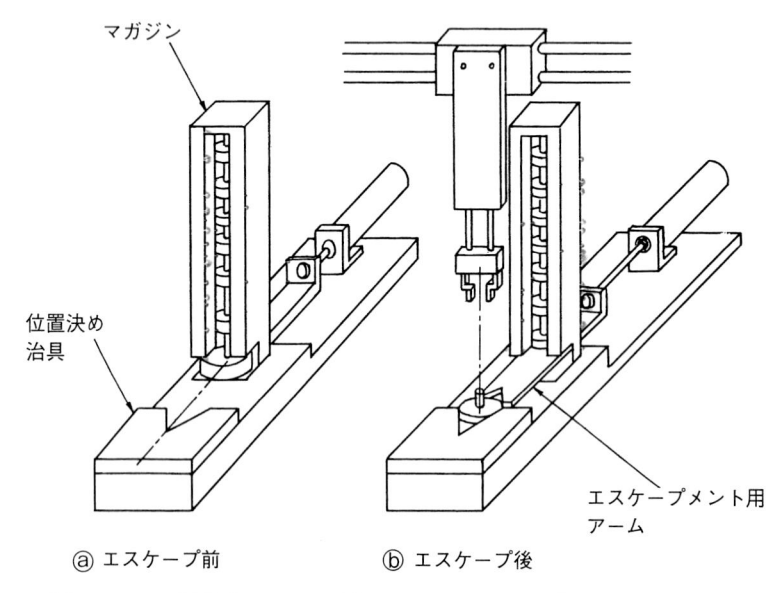

ⓐ エスケープ前　　　　　　ⓑ エスケープ後

図Ⅲ.2.16　丸型パーツのマガジンからのエスケープメントと位置決め

　マガジンを利用すれば簡単にパーツの自動供給ができるが、これではまだ問題が解決されたわけではない。
　すなわち、その前段階では、パーツをマガジンに詰め込む作業を作業員がせっせとやるか、詰め込むための自動機が別に必要となるからである。
　この作業をパーツの加工をしている下請けに任せて納入してもらえば、工場の自動化が簡単にできたように見えるがここでめざしている本当の自動化にはなっていない。

1.6　整列トレイ

　マガジンと並んでよく利用されるものの1つに整列トレイがある。
　これは、パーツを保持しておくガイドがいくつか等間隔で並んでいる定形のトレイで、1列の物から多列の物までさまざまな物がある。
　通常、整列トレイに正しく載せられたパーツは、必要な姿勢統一ができた状態で保持される。

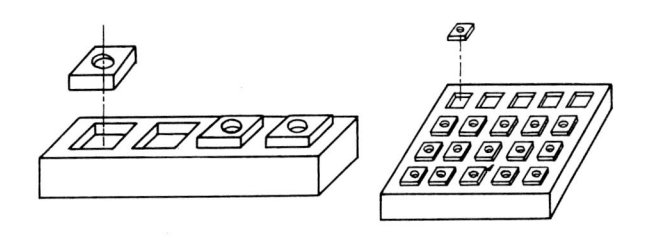

(1) 単列トレイ　　　　　(2) 多列トレイ

図Ⅲ.2.17　整列トレイ

今回のパーツには、例えば**図Ⅲ.2.17**のようなトレイが適用できる。

整列トレイの利点は、トレイを位置決めすればトレイ上の全パーツの位置が決まるという点で、一度に多くのパーツの位置決めが完了したと同じ効果が得られることである。

また、1個1個がはじめから分離しているので、ここからすぐに取出して供給ができる。

さらに、図Ⅲ.2.17のように決められたピッチでパーツが整列しているので、1列ずつ一度に取り出して、作業の高速化を図るような場所にも有効である。

先程のタップ加工を例にとると、トレイに載せた状態で、タッピングマシンの加工ヘッドの真下にパーツの加工穴が来るようにトレイを位置決めすれば、トレイに載せたままで加工工程を済ませることも不可能ではない。

また、単列トレイを縦にして横方向に複数個つなげて並べると、多列トレイのように、XY方向に同ピッチでパーツが並ぶので、多列トレイと同じように処理することも可能になる。

しかし、この場合も、前のマガジンの例と同様に前工程ではこのトレイに1個ずつパーツをはめ込む作業が必要となるので、単に整列トレイ方式にするだけでは自動化の根本的な解決にはならない。

整列トレイにパーツを並べる方法の1つに振込みという確率的な手法がある。**図Ⅲ.2.18**のよう

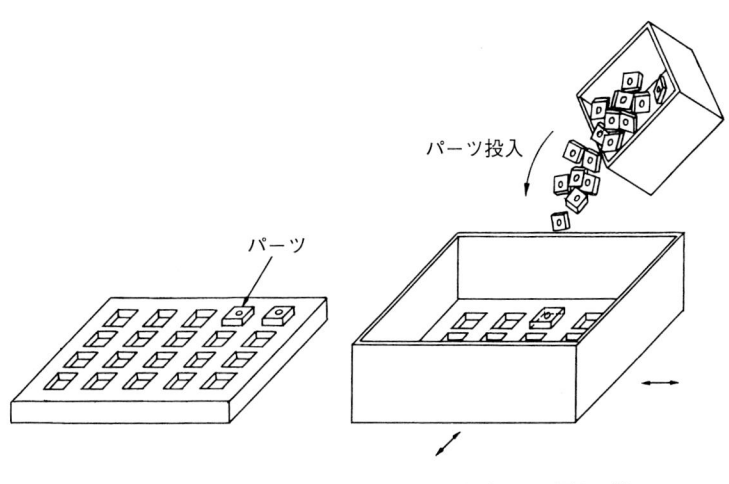

パーツ投入

パーツ

整列トレイ　　　　　整列トレイ振込み機

図Ⅲ.2.18　パーツ振込み機によるパーツの位置決め

に、トレイの周囲を壁で覆い、その中にパーツを投入して前後左右に揺することで、トレイにあいている姿穴にパーツを落とし込んで整列させるものであるが、姿穴のすべてにパーツが入り込むとは限らず、パーツの抜けが出てしまうのと、姿穴にうまく入らなかったパーツをうまく処理しなくてはならないという問題が残ってしまう。

多列トレイに整列しているパーツは、X-Y平面上に規則的に並んでいる。ここから1個ずつ自動的に取り出すもっとも典型的な方法を挙げる。

まず第1番目には、図Ⅲ.2.19のようにX-Y平面上を自由に移動できる水平多関節型ロボットを使って、トレイ上のパーツを端から1個ずつ順番に取り出していき、最後のパーツを取り出したらトレイを次の物と交換するものである。

第2番目は図Ⅲ.2.20のようにパーツとピッチに合わせて、トレイをX方向にステップ送りしていき、Y方向に自由度を持った単軸ロボットでパーツを1列ずつ供給していくものである。

この図の場合、トレイストッパの位置が固定されているので、トレイの中のパーツのX方向のピッチが変わるようなシステムでは対応しにくいという問題点がある。

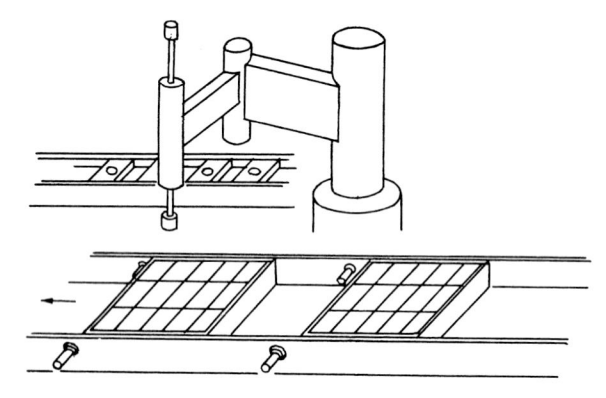

図Ⅲ.2.19　フリーフロー式トレイコンベアと水平多関節ロボット

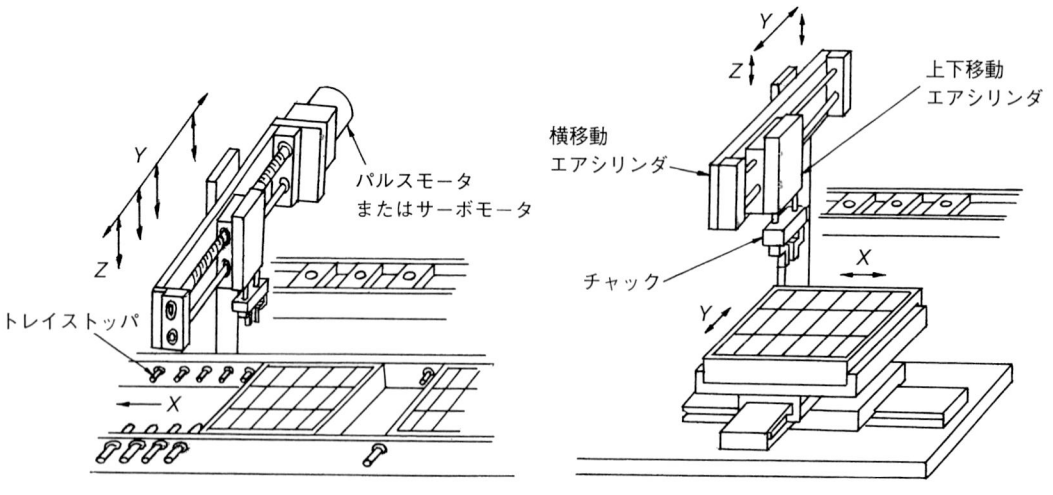

図Ⅲ.2.20　列位置決め付トレイコンベアと単軸ロボット

図Ⅲ.2.21　XYテーブルと単機能ロボット（ピック＆プレイスユニット）

第1番目の方法より第2番目の方が設備としては安価なものになると想像できる。一方、フレキシビリティという点では、ソフトウエアの変更だけでどんなトレイにも対応できる図Ⅲ.2.19の方が勝っているが、アームの移動量が大きくなることとトレイ交換の時間が長くなるという不利な点も見逃せない。

図Ⅲ.2.21は第3番目の例で、トレイをX-Yテーブルに載せて自由に位置決めする方法で、ロボット側にはフレキシビリティを持たせていない。

この方法だと、図にあるような安価な単機能ロボット（ピック＆プレイスユニット）で十分対応でき、ロボットハンドの移動量が毎回同じなので、X-Yテーブルの位置決めをロボットアームの移動中に完了するとすれば、毎回同じ時間で作業が完了するので、比較的速くて安定した供給が期待できる。

また、フレキシビリティについては、X-Yテーブルのソフトウエアの変更だけで対応できる。

ただし、トレイをX-Yテーブル上に設置するための機構が必要であることと、トレイの交換に時間がかかることが問題である。

このように、フレキシビリティを自動機のどの部分に持たせるかの選択は自動機の性能を左右する重要なファクターになる。

2. パーツの整列と分離

2.1 ボウルフィーダ

バラ積みされているパーツを整然と並べるときによく利用される機構の1つにボウルフィーダがある。

ボウルフィーダは、共振を利用した電磁式または圧電式の振動送り装置で、すり鉢状のボウルの側面に沿って、ボウルの底から上へ向かって、らせん状の走路が設けられている。ボウルが振動を始めると、中に入っているパーツは、この走路に従って、少しずつ昇って行くような仕組みになっている（**図Ⅲ.2.22**）。

狭いらせん状の走路を進んで行くうちに、きちんと走路に乗っていないパーツは下に落ちてしま

図Ⅲ.2.22　丸型のパーツを入れたボウルフィーダ

い、正しい姿勢のパーツだけが列をなして進んで行く。

しかし、ただ上がってくるだけではパーツの姿勢はまちまちなので、悪い姿勢の物やワーク同士あ重なってしまっている物について強制的に排除するように走路に細工を施す。

図Ⅲ.2.23はその例で、ワイパと呼ばれる突起を設けて高さや姿勢を制限する方法や、姿穴によって特殊な姿勢のワークを排除する方法などを示す。このほかにもさまざまな整列のための手段が

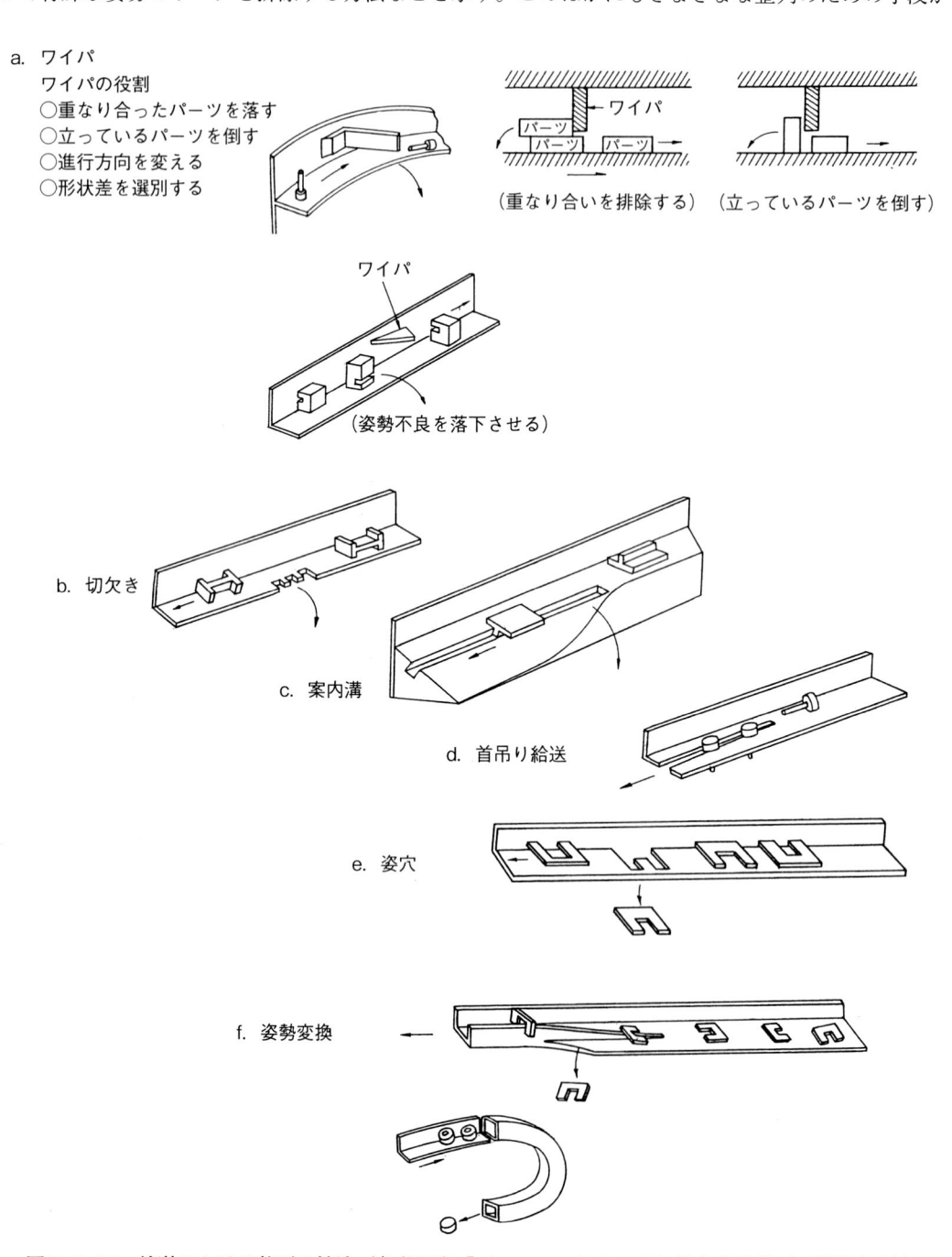

a. ワイパ
　ワイパの役割
　　○重なり合ったパーツを落す
　　○立っているパーツを倒す
　　○進行方向を変える
　　○形状差を選別する

（重なり合いを排除する）　（立っているパーツを倒す）

（姿勢不良を落下させる）

b. 切欠き

c. 案内溝

d. 首吊り給送

e. 姿穴

f. 姿勢変換

図Ⅲ.2.23　給送における整列の技法（参考図書「パーツハンドリング」横山恭男著（工業調査会））

あるので必要であれば専門書を参考にされたい。

図Ⅲ.2.24は本題の角形パーツをボウルフィーダに投入した例で、上述のようないくつかの整列工程を経て、ボウルフィーダの出口では、パーツは1列に同じ姿勢で順番に流れて来る。

2.2 直進フィーダ

パーツが走路に沿って直進する振動フィーダを直進フィーダ、またはリニアフィーダと呼んでいる（図Ⅲ.2.25）。

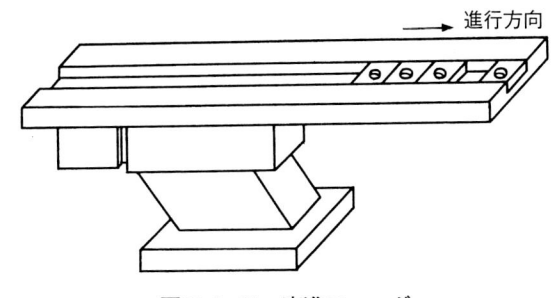

直進フィーダは、ボウルフィーダのように走路から落とされたパーツの循環ができないので、整列にはあまり向いておらず、一般にパーツの移動目的に利用されることが多い。

直進フィーダを使って整列を行う例はあまり多くないが、ドラム型ホッパと組み合わせた、いわゆるドラムフィーダと呼ばれているものがあるので紹介する。

図Ⅲ.2.26は、ドラムフィーダを前述のパーツに適用した例で、ドラムホッパの下に溜っているパーツは、ドラムが回転すると、ドラムの内側についている長板でかき上げられて、ドラム上方に運ばれて、直進フィーダの後部に落下する。

そのうちで、都合よくフィーダの溝に入ったパーツは、ワイパをくぐってフィーダ先端へ進んで行くが、姿勢の悪い物はここで落とされる。

パーツの種類によって、傷になる物やつまりやすい物などがあるので、選定には十分に注意を要

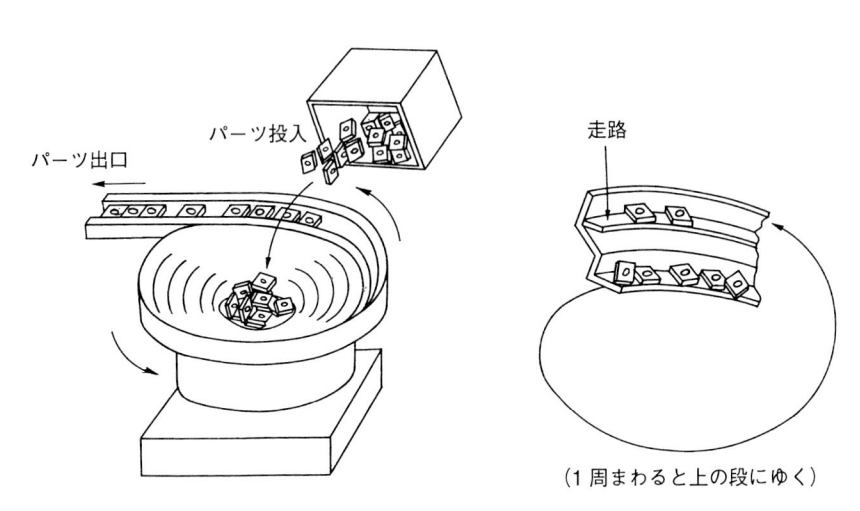

図Ⅲ.2.24 ボウルフィーダ

図Ⅲ.2.25 直進フィーダ

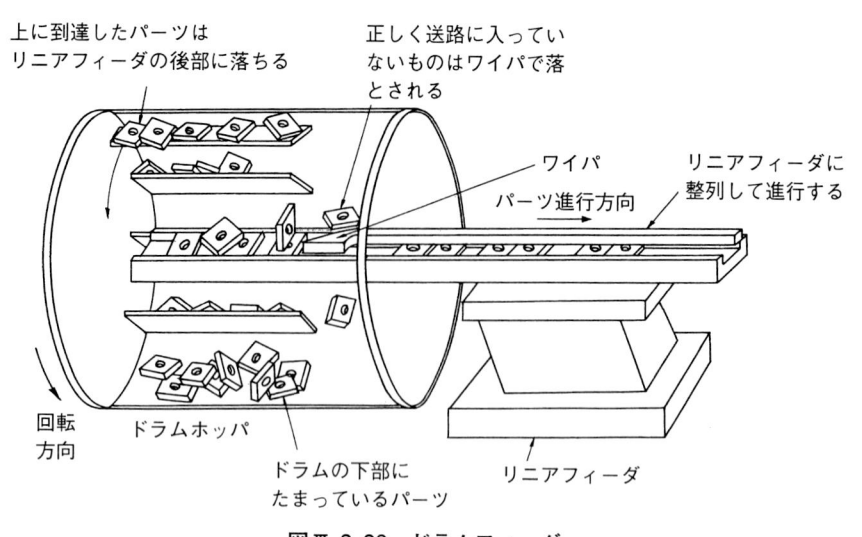

図Ⅲ.2.26　ドラムフィーダ

する。

　さて、直進フィーダのもっとも多い利用方法の1つに、ボウルフィーダと接続して、整列したパーツのバッファとして使われる場合がある。

　ボウルフィーダによる整列は、たまたま都合のよい姿勢になっているものだけを生かして、後は排除するという確率に頼った整列方法なので、パーツの供給量にバラツキが出る。長い時間の平均的な供給量は十分間に合うものだとしてもある特定の短時間を見ると、悪い姿勢の物が続いて、次のパーツがしばらく供給されないという状態に陥ることがある。ボウルフィーダだけだと出口付近に並べておくことのできる整列したパーツの量はわずかであるので、図Ⅲ.2.27のように直進フィーダを連結して、供給量が多いときにはこの上にパーツを溜めておき、供給量が少なくなったときには、溜めてある分で賄うことにより、安定した供給を実現できるようにする。これをバッファストックと呼ぶ。

　また、整列をするためのボウルフィーダとバッファストックのための直進フィーダをそれぞれ独立して動かせるので、1台で、整列とバッファの役割をはたすよりもはるかに供給量を制御しやす

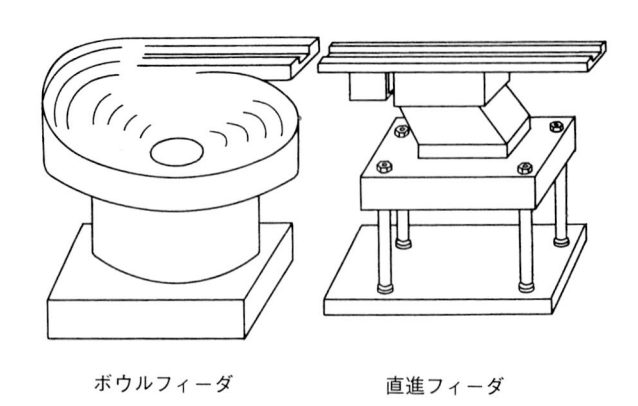

図Ⅲ.2.27　直進フィーダを整列したパーツのバッファとして利用した例

(a) ブリッジの状態

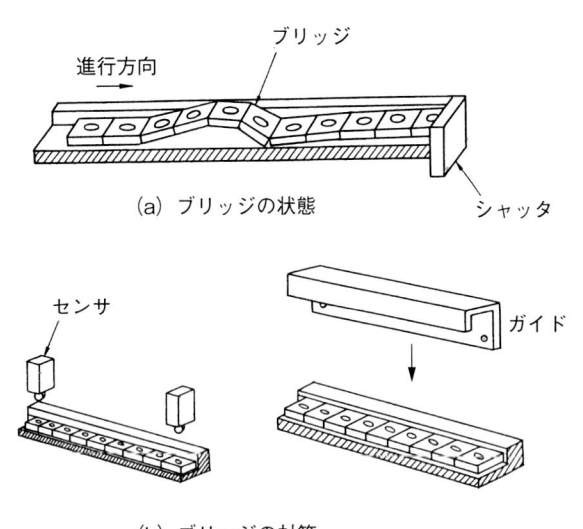

(b) ブリッジの対策

図Ⅲ.2.28 直進フィーダのブリッジと対策

くなる。

　直進フィーダ上では、パーツ同士押される形で連続して来るのが普通である。このときに、例えばパーツの出口をシャッタで押さえてしまうと、パーツは直進フィーダからボウルフィーダの整列部にかけてびっしりと並び、さらに出口方向に向かって進もうとする。出口付近のパーツは、後ろから来るパーツ全体で押されることになるので、多少不安定な部分があると、図Ⅲ.2.28（a）のように走路から持ち上がっていわゆる「ブリッジ」という状態を引き起こす。

　この対策として、図Ⅲ.2.28（b）のようにブリッジを起こさないようなガイドを設けるか、センサで列が満杯の状態になったことを検出して直進フィーダの駆動を停止するなどの対策が必要となる。

2.3　パーツのエスケープメント

　直進フィーダやコンベアで連続して流れてくるパーツを先頭から1つずつ抜き取ろうとすると、次のパーツが一緒に持ち上げられて、姿勢を崩すことがよくある。また、比較的姿勢の崩れにくい進行方向に抜き取る場合でも、次のパーツが離れずについて来てしまうことがある。

　このように、パーツ同士が連続したままでは、次の工程に投入できないため、姿勢を崩さないようにパーツを1個ずつ分離する必要がある。

　この分離動作をする機構のことをエスケープメントと呼んでいる。

　エスケープメントには次のような機能をもたせることが重要である。

- エスケープするパーツも、その前後のパーツも統一された姿勢を崩さないこと
- 整列していたパーツが列から離れて、独立した状態になること
- 与えられたタイミングで分離できること

　エスケープメントは、整列したパーツを移動している直進フィーダなどの中間点で行う場合と、終端で行う場合がある。

　中間にエスケープメントを設ける場合には、例えば図Ⅲ.2.29のように、ストッパAでパーツの

流れを止め、ストッパBで2番目以降の姿勢が変わらないように押さえておく。次にストッパAを引っ込めると、先端のパーツが1個だけ進行方向へ分離される。分離されたパーツは一定の間隔をおいて進んで行く。

同図（a）のように、フィーダ先端でパーツの取り出しをするならば、作業が完了するまで、後のパーツはエスケープメントの場所で止めておくことができる。このように、エスケープメントはパ

(a) 角形パーツの場合　　　　　　　　　(b) 丸形パーツの場合

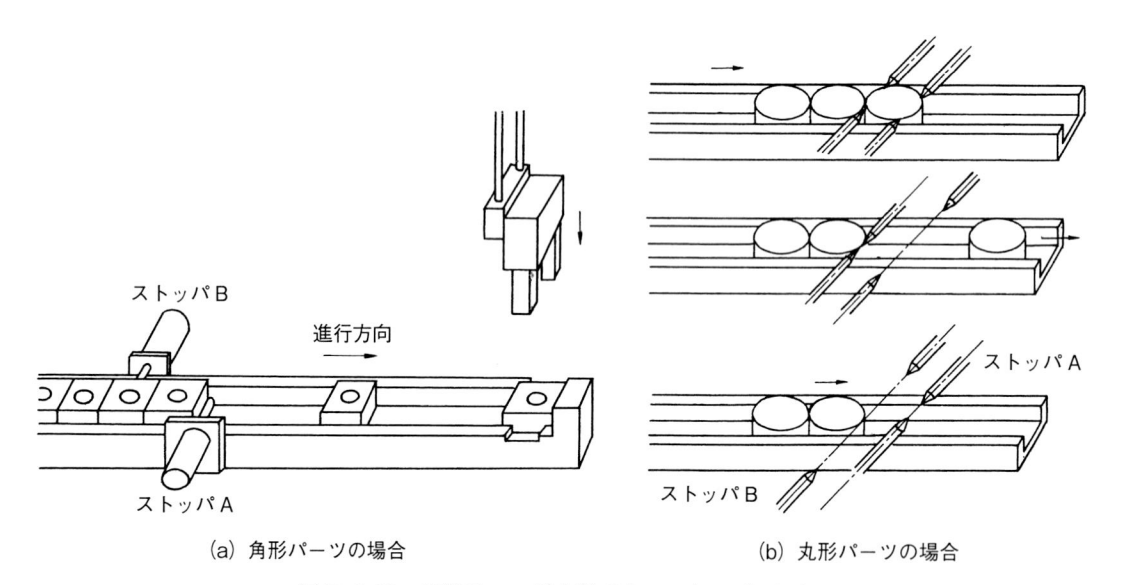

図Ⅲ.2.29　直進フィーダ中間でのエスケープメント

(a) 角形パーツの場合

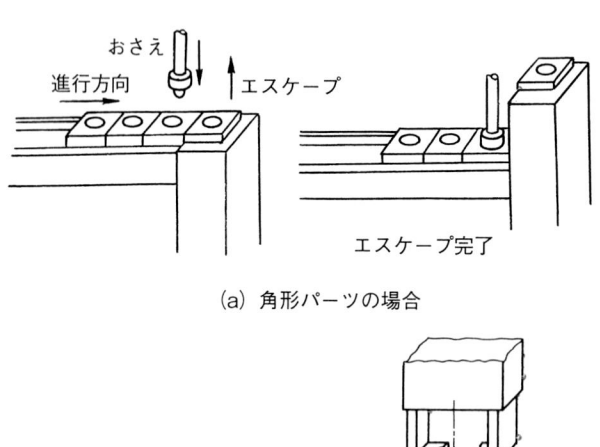

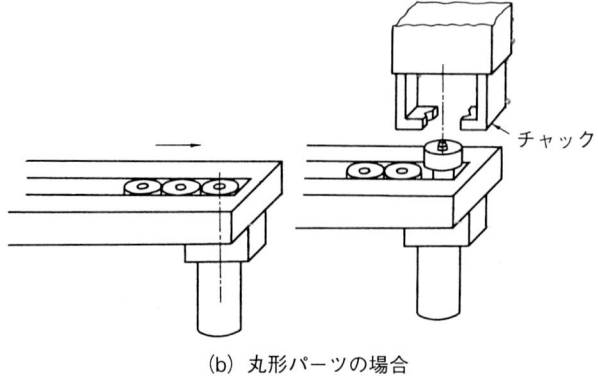

(b) 丸形パーツの場合

図Ⅲ.2.30　垂直方向エスケープメント

ーツの供給の時間調節機能としての役割を果たす。

　フィーダの終端部でエスケープする場合にも基本的な考え方は同じだが、その先にはフィーダがないので、分離するパーツを移動するための駆動部が必要となる。

　図Ⅲ.2.30は下からの突き上げによって上方向へ分離する例だが、(a)では次のパーツ姿勢に影響しないように押さえが降りて来るようになっている。

　図Ⅲ.2.31は水平方向に切り出す例である。この場合、切出しブロックが次のパーツの押さえになっているので、比較的簡単な機構になる。ただし、パーツ精度のばらつきが大きいと、切り出すときに次のパーツを挟み込む危険がある。

　図Ⅲ.2.32は、先端にスプリングで戻るストッパとなっているジョウと呼ばれる爪をつけて、エスケープメントのストッパの代わりにしたもので、図のように、パーツを進行方向に引き抜くとジョウの口が開かれて、パーツが抜け出た途端にまたジョウが閉まるというようになる。

　いずれの場合も、分離したパーツの姿勢が整列していた状態を保っている必要があるので、パーツをガイドしている部分の形状や、次に並んでいるパーツの影響などに配慮が必要である。

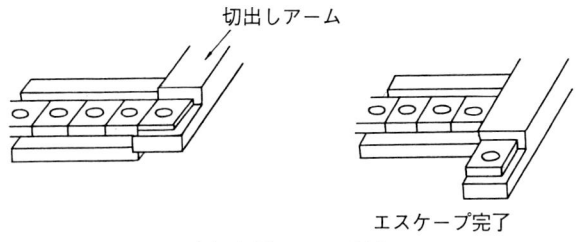

(a) 角形パーツの場合

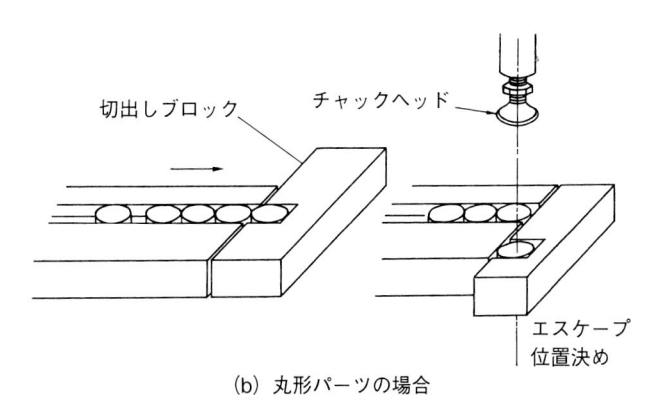

(b) 丸形パーツの場合

図Ⅲ.2.31　横方向エスケープメント

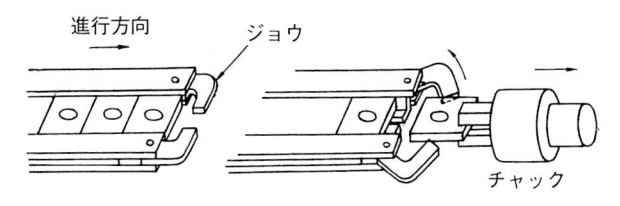

図Ⅲ.2.32　進行方向エスケープメント

3. 簡単なステージ型自動機の構成

3.1 自動供給システムの構成

ここまで述べてきたさまざまな手法を総合して、パーツの自動供給システムを構成してみる。図Ⅲ.2.33にその例を示す。工程順序は、パーツ投入→エスケープメント→供給となる。

まず、箱にバラバラに入っているパーツを一度にボウルフィーダの中に投入する。

ボウルフィーダが動き出すと、パーツはフィーダのらせん状のレールを昇って来て、途中で重なりのある物や姿勢の悪い物は振り落とされて正しい姿勢の物だけがボウルフィーダ出口に到達する。

ボウルフィーダを出ると、直進フィーダに入り、整列したパーツのバッファストックの役割をする。

直進フィーダ先端出口部にはパーツを止めるストッパの役割を兼ねたエスケープメントがあり、パーツを上方向に切り出して姿勢を保ったまま分離している。

エスケープメントによって位置決めされたパーツはピック＆プレイスユニットでつかみ上げて加工ステージにセットされる。

このシステム構成には、一番最初に想定した多関節ロボットは含まれていない。また、高価な画像認識装置など1つもなく、安価で確実なシステムとなっている。

3.2 ステージ型自動加工機

いま、作った自動供給システムに、タップ加工ユニットと、取り出しユニットをつけて、供給→

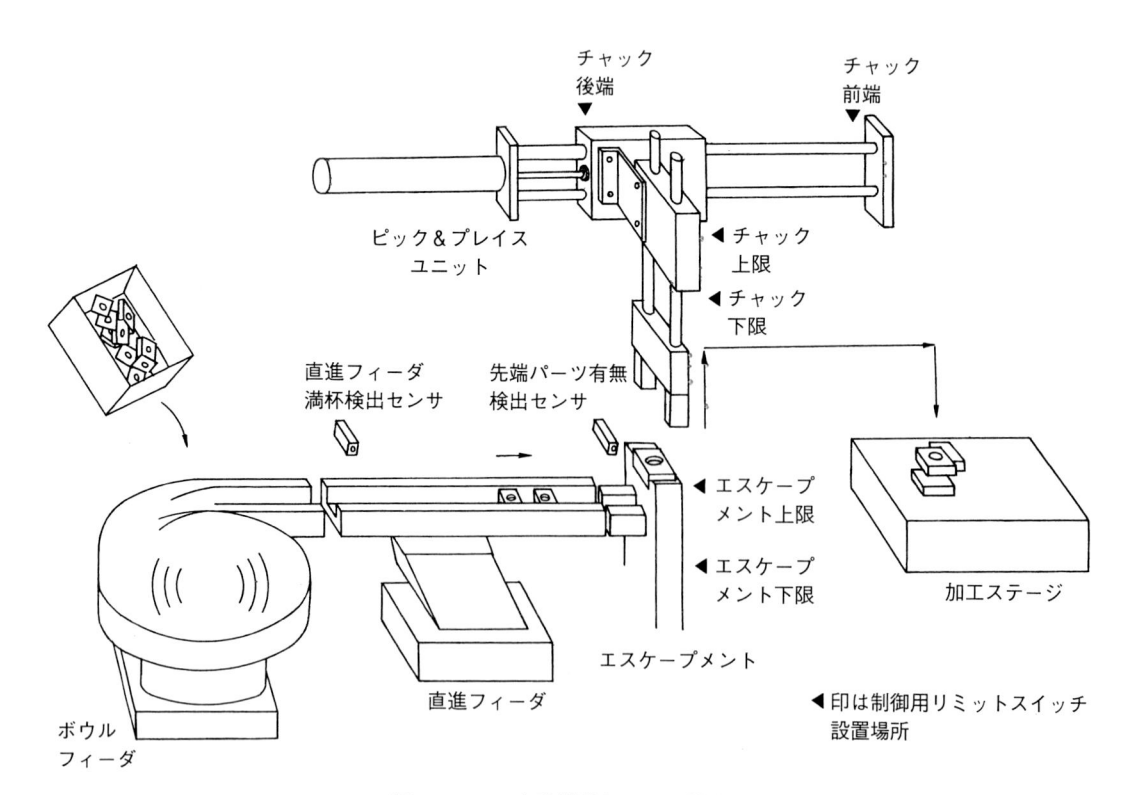

図Ⅲ.2.33　自動供給システム構成例

加工→取出しの全行程を自動化する。

図Ⅲ.2.34はその例で、加工ヘッドが上下に移動するタップ加工ユニットと、旋回アーム型ピック＆プレイスユニットをパーツ取出し用に設置した。

各ユニットの動作時間を次のように仮定してみる。

ⓐ エスケープメント

フィーダ駆動時間 ｝：1.0秒
パーツ検出時間

エスケープメント上下動作：0.5秒

ⓑ パーツ供給用ピック＆プレイスユニット

チャック上下動作：0.5秒

チャック開閉動作：0.5秒

チャック前後移動：1.0秒

ⓒ タップ加工ユニット

加工ヘッド上下移動：1.0秒

ⓓ 取出用ピック＆プレイスユニット

チャック上下動作：0.5秒

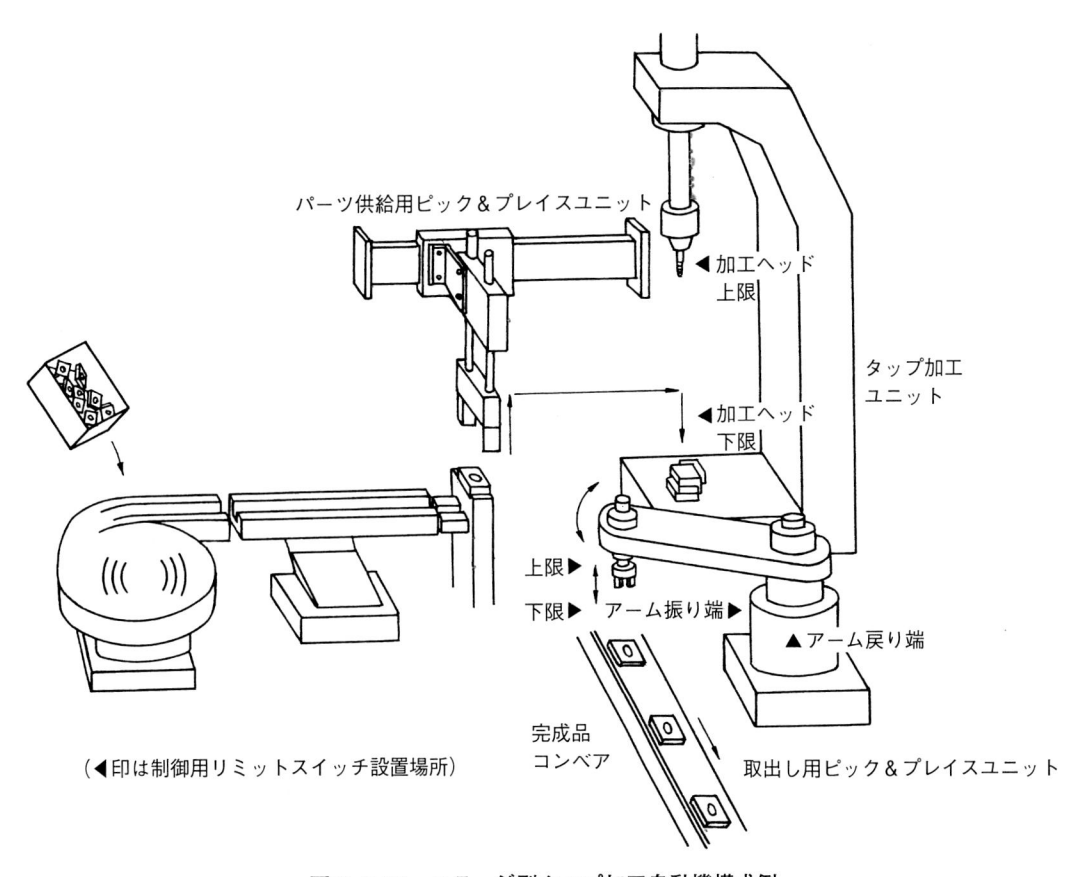

図Ⅲ.2.34 ステージ型タップ加工自動機構成例

チャック開閉動作：0.5秒
　　　アーム旋回動作：1.0秒
（動作時間はすべて、片道の時間）

　この動作時間表を使って、図Ⅲ.2.34のステージ型タップ加工自動機導入の効果を評価する。
　図Ⅲ.2.35は、各ユニットの1サイクルの動きを1動作ずつ分解して、それぞれの動作時間を記入したものである。
　ⓐのエスケープメントにかかる時間は計2.0秒で、ⓑのパーツ供給が5.0秒、ⓒの加工に2.0秒、ⓓの取出には5.0秒かかり、合計では14.0秒となる。
　おのおののユニットの動作を順番に1つずつ行っていくと14.0秒かかってしまう。この中にはよく見ると、ほかのユニットが動作を行っている間にできる作業が含まれているので、同時にできる作業内容を検討すると、図Ⅲ.2.35のカッコ（ ）内に記載されているように、例えばエスケープメントの全動作時間の2.0秒は、パーツ供給ユニットが動作している間に完了してしまうので、表面上、自動機全体の作業時間として出てこなくなる。
　同様に、パーツ供給ユニットの作業の一部が、加工ユニットの動作時間に吸収され、取出用ピック＆プレイスユニットの動作の一部は供給ユニットの動作中に行うことができると考えていくと、図中にNet時間として記載した合計9秒が、この自動機の実質的な作業時間となる。
　機械的なトラブルや整列工程の遅れなどがないものとすると、9秒に1個確実に完成品ができることになる。
　この時間が自動機全体の1サイクルに相当する作業時間で、「タクトタイム」と呼ばれている。
　図Ⅲ.2.35で検討したタクトタイムが正しいかどうか、実際にタイムチャートを作って調べたのが、**図Ⅲ.2.36**である。

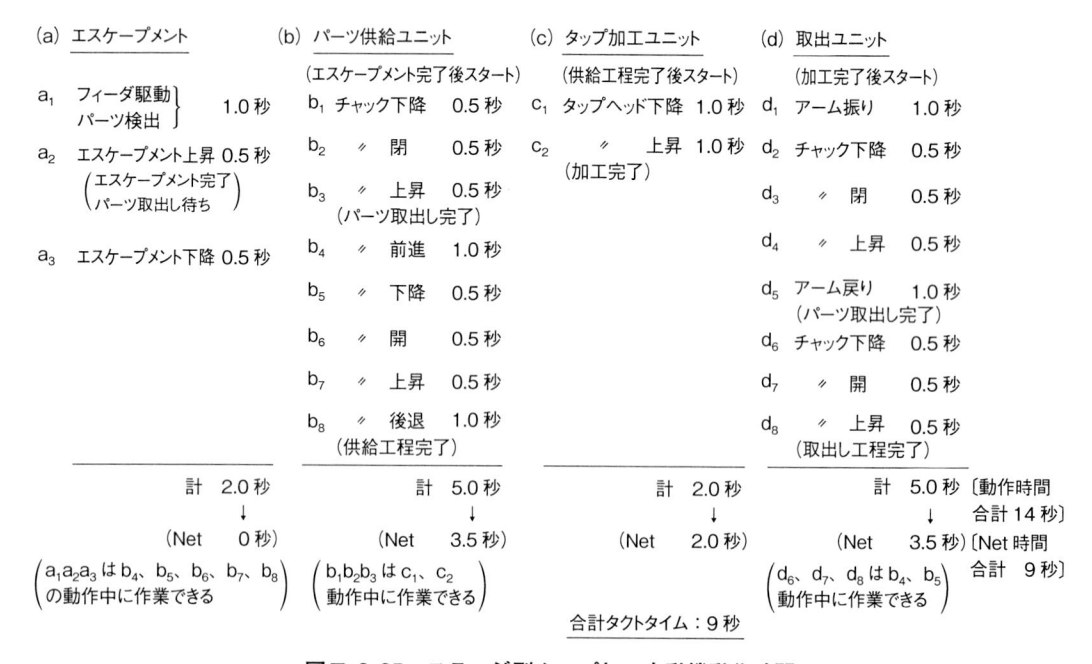

(a) エスケープメント	(b) パーツ供給ユニット	(c) タップ加工ユニット	(d) 取出ユニット
	（エスケープメント完了後スタート）	（供給工程完了後スタート）	（加工完了後スタート）
a_1 フィーダ駆動パーツ検出　1.0秒	b_1 チャック下降　0.5秒	c_1 タップヘッド下降　1.0秒	d_1 アーム振り　1.0秒
a_2 エスケープメント上昇　0.5秒（エスケープメント完了 パーツ取出し待ち）	b_2 〃 閉　0.5秒	c_2 〃 上昇　1.0秒（加工完了）	d_2 チャック下降　0.5秒
	b_3 〃 上昇　0.5秒（パーツ取出し完了）		d_3 〃 閉　0.5秒
a_3 エスケープメント下降　0.5秒	b_4 〃 前進　1.0秒		d_4 〃 上昇　0.5秒
	b_5 〃 下降　0.5秒		d_5 アーム戻り　1.0秒（パーツ取出し完了）
	b_6 〃 開　0.5秒		d_6 チャック下降　0.5秒
	b_7 〃 上昇　0.5秒		d_7 〃 開　0.5秒
	b_8 〃 後退　1.0秒（供給工程完了）		d_8 〃 上昇　0.5秒（取出し工程完了）
計 2.0秒	計 5.0秒	計 2.0秒	計 5.0秒　〔動作時間合計14秒〕
↓	↓	↓	↓
(Net 0秒)	(Net 3.5秒)	(Net 2.0秒)	(Net 3.5秒)〔Net時間合計 9秒〕
($a_1 a_2 a_3$ は b_4、b_5、b_6、b_7、b_8 の動作中に作業できる)	($b_1 b_2 b_3$ は c_1、c_2 動作中に作業できる)		(d_6、d_7、d_8 は b_4、b_5 動作中に作業できる)

合計タクトタイム：9秒

図Ⅲ.2.35　ステージ型タップ加工自動機動作時間

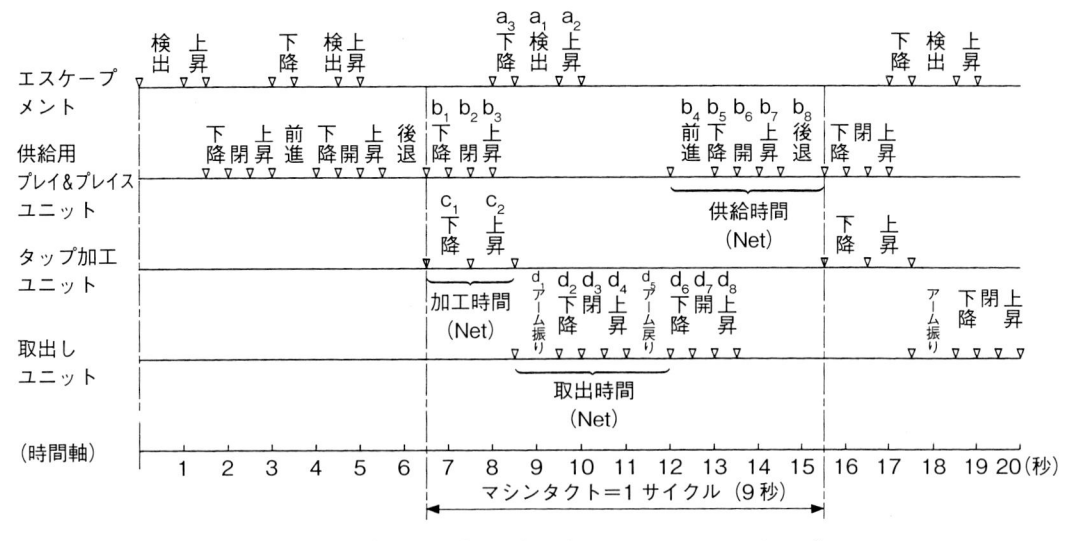

図Ⅲ.2.36　ステージ型タップ加工自動機ユニット動作タイミングチャート

自動機全体の作業の1サイクルを完了するのに9秒かかることが分かる。

このように、固定された作業ステージにワークを投入して、加工や組立作業をその場所で完了するような型の自動機を、ステージ型自動機と呼ぶ。

ステージ型自動機は、1カ所の作業ステージに複数のユニットが集中して作業をするので、ユニット同士の機械的な干渉が起こって待ち時間が長くなり、構成そのものは比較的簡単だが、生産効率を上げにくい。

3.3　前後の工程と自動化

ここまでで何とかタップ加工工程の自動化の目安がついたわけだが、自動化システムを考えるに当たっては、現在対象としている作業工程だけを見て機械化を進めていくだけでは不十分で、前後の工程を考慮に入れておかなければ、でき上がったシステムが、本当に必要とされているものであったのか大いに疑問になってくる。

例えば、前項のタップ加工自動機では、加工の終わったパーツを完成品箱に山積みしておくか、ベルトコンベア上に無造作に排出するといった程度のことしか考えていないが、その次に、図Ⅲ.2.37のようにスプリングをつけて、ねじ締めをするという工程があるとすると、せっかく分離して位置決めしたパーツをみすみすバラバラな状態に戻すこととなり、良策とは言えない。

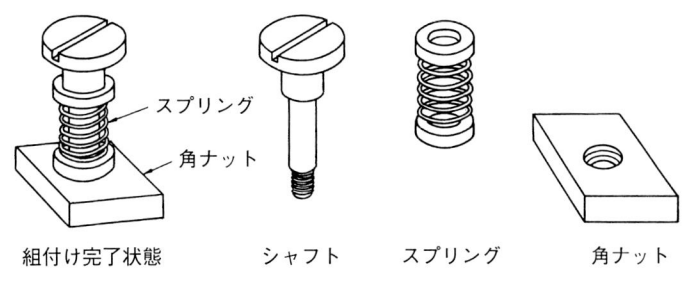

図Ⅲ.2.37　組立て工程

この場合には、加工し終わったパーツをガイド機構を持った直進フィーダに正しく置くとか、コンベアを流れてくるパレット上に置くとかの手段で、姿勢を保ったまま次の工程に送り込む方がよいだろう。

このような必要性をあらかじめ見越して設計した自動機と、そうでなくて単に加工ができればよいとして設計した自動機では、前後工程を自動化しようとしたときのコストや、改造の手間にかなりの差が出てくることはいうまでもない。

一方、自動化の計画を立てるときには、
「本当にその作業をそのまま機械化することが最善策なのか」
ということを、全工程を通じて検討しなくてはならない。

場合によっては、1つひとつの構成部分の加工や組立の初期的段階までさかのぼって最適なシステムを検討する必要さえ出てくる。

例えば、先程のタップ加工自動機の前工程で角形パーツを作るのに図Ⅲ.2.38のように長尺の板材を穴加工して切断していたり、図Ⅲ.2.39のように穴の明いた平板から打ち抜きによって四角く切断しているとすれば、穴加工を終えて切断を行う前にタップ加工の工程を挿入するという方法も考えられる。

このように全体のシステムを考え合わせて、工程順序を入れ換えたり、加工方法を変えたりすることで、必要と思っていた機械がいらなくなり、しかも生産性が向上するといった例は数多くある。

それだけに、自動化の構想設計の段階での十分な検討が重要である。

3.4 ステージ型自動組立機

前章で構成したステージ型加工自動機の考え方は組立工程にも適用できる。

わかりやすくするために、図Ⅲ.2.40に示すような簡単な3部品の組立てを例に取って考えてみよう。

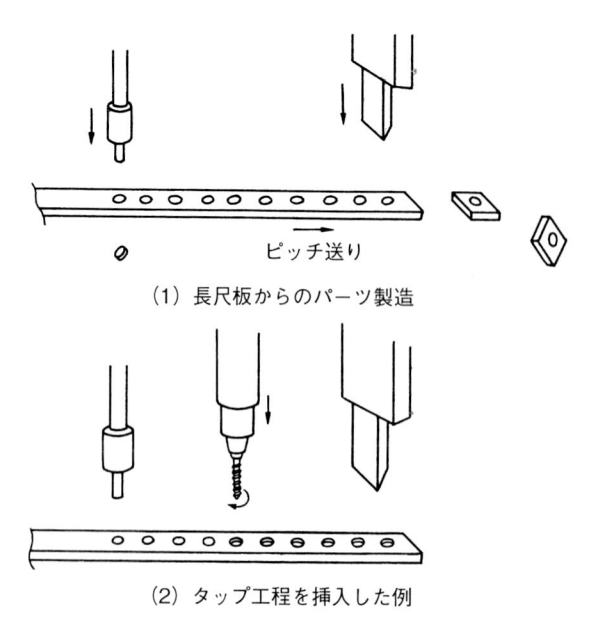

(1) 長尺板からのパーツ製造

(2) タップ工程を挿入した例

図Ⅲ.2.38 長尺板加工の例

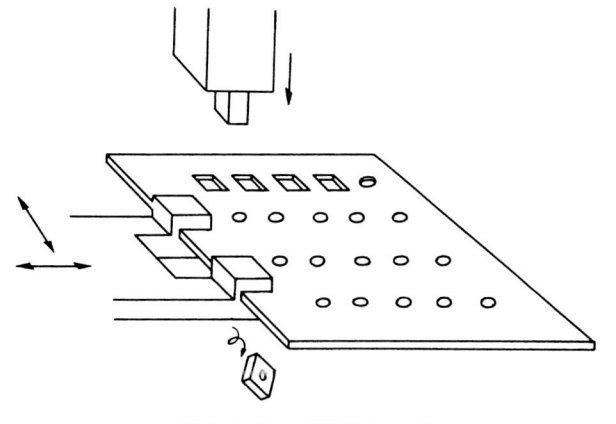

図Ⅲ.2.39　平板加工の例

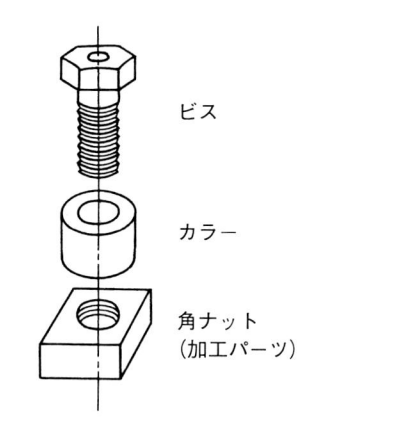

図Ⅲ.2.40　簡単な組立て工程例
（3部品の組付け）

　先程タップ加工を終えた角形のパーツにカラーを供給してビスで締結するものとする。
　この工程を次の4段階に分けてステージ型自動組立機としてモデル化したものが**図Ⅲ.2.41**である。
　各パーツはバラバラの状態で自動機に投入されるとすると、前述したとおり、ボウルフィーダなどを利用して整列し、姿勢を保ったまま給送してエスケープすることになるが、この手順は前と同じなので省略する。
　ここで想定したステージ型自動組立機のタクトタイムを計算してみる。
　各ユニットの動作時間は次のようになっているものとする。

(a)　角ナット供給ユニット：（角ナット整列・給送・エスケープ）供給
　　　　　チャック上下動作：0.5秒
　　　　　チャック開閉動作：0.5秒
　　　　　チャック前後移動：1.0秒
(b)　カラー供給ユニット：（カラー整列・給送・エスケープ）供給
　　　　　アーム振り・戻り動作：1.0秒

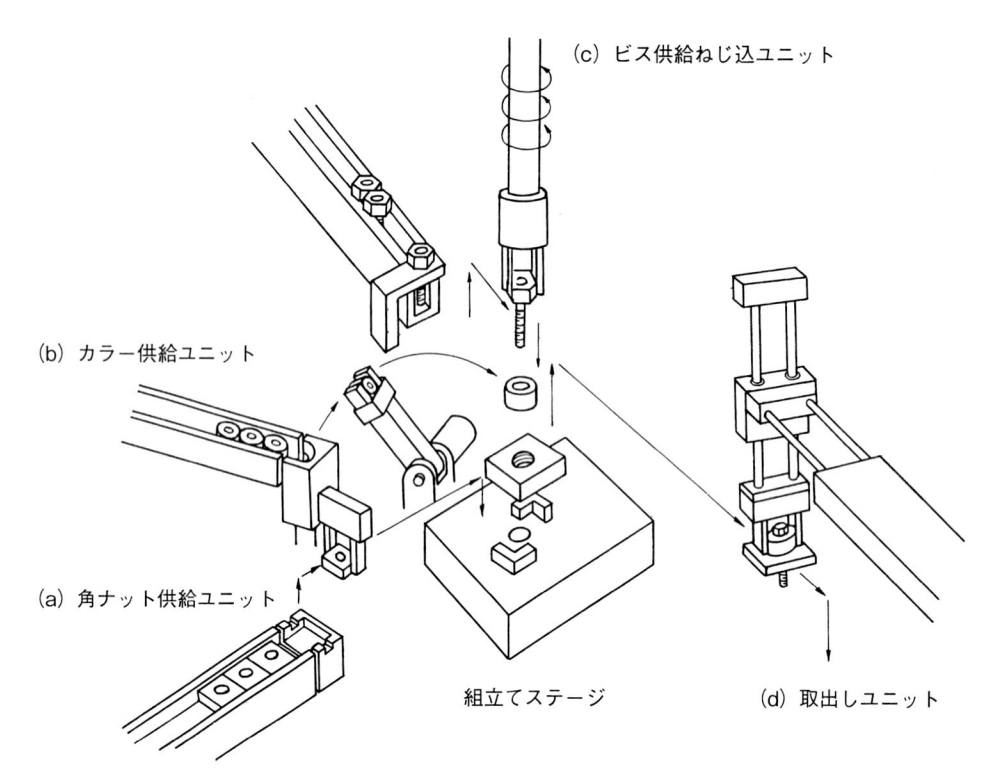

図Ⅲ.2.41　ステージ型自動組立機の一例

> チャック開閉動作：0.5秒
> (c) ビス供給・ねじ込みユニット：(ビス整列・給送・エスケープ) 供給・締結
> 　チャック上下動作：0.5秒
> 　チャック開閉動作：0.5秒
> 　チャック前後動作：1.0秒
> 　ビスねじ込み動作：2.0秒
> (d) 取出しユニット：取出し
> 　チャック上下動作：0.5秒
> 　チャック開閉動作：0.5秒
> 　チャック前後動作：1.0秒
>
> （動作時間は片道の時間）

　この動作時間を使って図Ⅲ.2.41のサイクルタイムを計算したのが**図Ⅲ.2.42**である。

　各供給ユニットのエスケープメントの作業は、ユニットの後半のサイクル内に完了すると考えると実質的に全体のタクトタイムには影響しないので、ここでは省略してある。

　単純に全ユニットの動作時間を合計すると、19秒になるが、ユニット同士が干渉しないで同時に動くことができる動作の時間を差し引くと、合計タクトタイムは14秒となる。

　単に角ナットにカラーを載せてねじ締めをするだけの作業を自動化して1個当たりの生産時間が14秒もかかってしまうわけで、まったく無人で昼夜動き続けるというのならばともかくとして、機

(a) 角ナット供給ユニット	(b) カラー供給ユニット	(c) ビス供給・ねじ込ユニット	(d) 取出しユニット
	(角ナット供給完了後スタート)	(カラー供給完了後スタート)	
a_1 チャック下降　0.5秒	b_1 チャック閉　0.5秒	c_1 チャック下降　0.5秒	d_1 チャック前進　1.0秒
a_2 〃 閉　0.5秒	b_2 アーム振り　1.0秒	c_2 〃 閉　0.5秒	d_2 〃 下降　0.5秒
a_3 〃 上昇　0.5秒	b_3 チャック開　0.5秒	c_3 〃 上昇　0.5秒	d_3 〃 閉　0.5秒
a_4 〃 前進　1.0秒	b_4 アーム戻り　1.0秒	c_4 〃 前進　1.0秒	d_4 〃 上昇　0.5秒
a_5 〃 下降　0.5秒		c_5 ビスネジ込　2.0秒	d_5 〃 後退　1.0秒
a_6 〃 開　0.5秒		c_6 チャック開　0.5秒	d_6 〃 下降　0.5秒
a_7 〃 上昇　0.5秒		c_7 〃 上昇　0.5秒	d_7 〃 開　0.5秒
a_8 〃 後退　0.5秒		c_8 〃 後退　1.0秒	d_8 〃 上昇　0.5秒
計　4.5秒	計　3.0秒	計　6.5秒	計　5.0秒
↓	↓	↓	↓
(Net　3.0秒)	(Net　2.5秒)	(Net　5.0秒)	(Net　3.5秒)
(a_1、a_2、a_3 (1.5秒) は b_2、b_3 (1.5秒) の動作中に作業できる)	(b_1 (0.5秒) は a_8 (0.5秒) の動作中に作業できる)	(c_1、c_2、c_3 (1.5秒) は b_3、b_4 (1.5秒) の動作中に作業できる)	(d_6、d_7、d_8 (1.5秒) は a_4、a_5 (1.5秒) の動作中に作業できる)

〔動作時間 合計19秒〕
〔Net時間 合計14秒〕

合計タクトタイム：14秒

図Ⅲ.2.42　ステージ型自動組立機のタクトタイム

械のオペレータが1人専属でつくとすると、手作業の方がはるか速くて投資も必要ないということになりかねず、このままでは組立てを自動化するメリットは非常に乏しい。

3.5　多関節ロボットによるステージ型自動組立機

図Ⅲ.2.43は、1台の水平移動型多関節ロボットを使ったステージ型自動組立機の平面図である。このロボットは、アームの先のチャックで、3種類のパーツのチャッキングおよびねじ締めができるものとする。

1つのロボットアームで供給と取出しを全部行うので、次のような作業工程になる。

角ナット供給→カラー供給→ビス供給・ねじ締め→取出し

この順番に1工程ずつ組立てステージとの間を行ったり来たりしていると、図Ⅲ.2.47（A）のよ

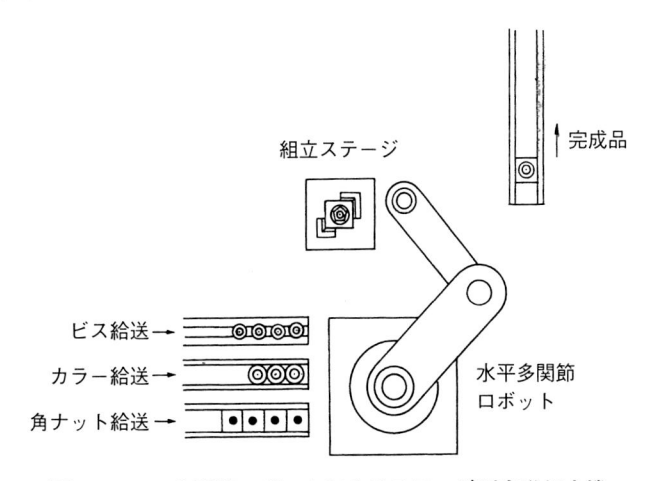

図Ⅲ.2.43　多関節ロボットによるステージ型自動組立機

うに 19 秒のサイクルタイムとなり、先のステージ型自動組立機よりさらに能率の悪い数字となる。

そこで、往復の動作を減らすために、ロボットアームについているチャックの数を増やして3つ一度に組立ステージに持っていくようにすると多少速くなる。

図Ⅲ.2.44はその例で、3つの独立した上下動と開閉のできるチャックを持ったヘッドとなっている。中央のビス用のチャックは上下だけでなく、回転もできるようになっている。

このようにいくつかのヘッドを1カ所に集中して設置して、これを切り換えて使用するような構造の方式をターレット式と呼んでいる。

この3連ターレット式チャックを**図Ⅲ.2.45**のように先程のロボットアームの先端に装備すると、工程順序が変わってくる。すなわち、

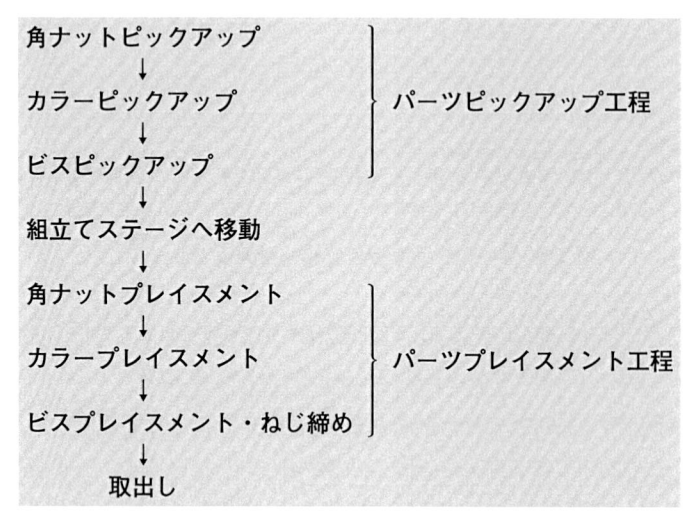

```
角ナットピックアップ
      ↓
カラーピックアップ        　　パーツピックアップ工程
      ↓
ビスピックアップ
      ↓
組立てステージへ移動
      ↓
角ナットプレイスメント
      ↓
カラープレイスメント       　　パーツプレイスメント工程
      ↓
ビスプレイスメント・ねじ締め
      ↓
取出し
```

となり、ターレット式にする前と移動ルートを比較すると、**図Ⅲ.2.46**のようになる。

図の（A）が、チャック1個で作業を行った場合の移動の様子で、(1) → (7) と順次チャックが移動して組立てを行っている。

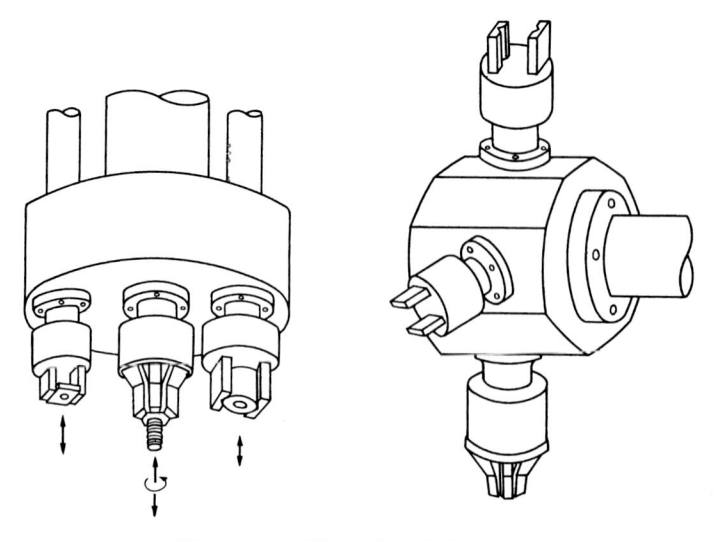

図Ⅲ.2.44　3連ターレット式チャック

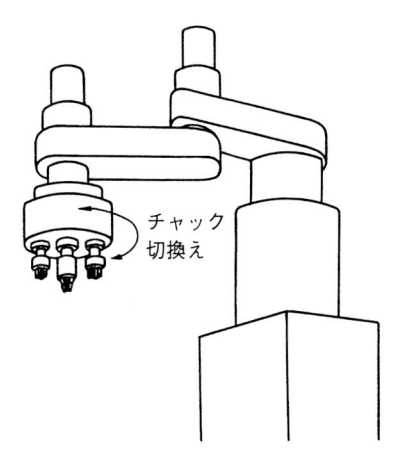

図Ⅲ.2.45　3連ターレット式チャックを装着した水平多関節ロボット

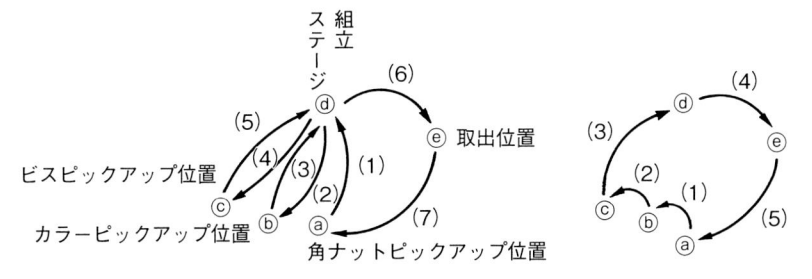

(A) 1個のチャックの場合　　(B) 3連ターレット式チャックヘッドを装着した場合

図Ⅲ.2.46　ロボットアームの移動順序

(A) チャック1個の場合		(B) 3連ターレット式チャックを装着した場合	
角ナットピックアップ	1.5秒	角ナットピックアップ	1.5秒
移動ⓐ→ⓓ	1.0秒	移動ⓐ→ⓑ	0.5秒
プレイスメント	1.5秒	カラーピックアップ	1.5秒
移動ⓓ→ⓑ	1.0秒	移動ⓑ→ⓒ	0.5秒
カラーピックアップ	1.5秒	ビスピックアップ	1.5秒
移動ⓑ→ⓓ	1.0秒	移動ⓒ→ⓓ	1.0秒
プレイスメント	1.5秒	角ナットプレイスメント	1.5秒
移動ⓓ→ⓒ	1.0秒	チャック切換	0.5秒
ビスピックアップ	1.5秒	カラープレイスメント	1.5秒
移動ⓒ→ⓓ	1.0秒	チャック切換	0.5秒
ねじ締め	2.0秒	ねじ締め	2.0秒
チャック上昇	0.5秒	チャック上昇	0.5秒
移動ⓓ→ⓔ	1.0秒	移動ⓓ→ⓔ	1.0秒
プレイスメント	1.5秒	プレイスメント	1.5秒
移動ⓔ→ⓐ	1.0秒	移動ⓔ→ⓐ	1.0秒
計	18.5秒	計	16.5秒

※計算のベースとした各動作時間
○ピックアップ動作＝1.5秒
　チャック下降　0.5秒
　〃　　閉　　0.5秒
　〃　　上昇　0.5秒
○プレイスメント動作＝1.5秒
　チャック下降　0.5秒
　〃　　開　　0.5秒
　〃　　上昇　0.5秒
○移動時間1　　＝1.0秒
　ⓐ↔ⓓ、ⓑ↔ⓓ、ⓒ↔ⓓ
　ⓓ→ⓔ、ⓔ→ⓐ
○移動時間2　　＝0.5秒
　ⓐ→ⓑ、ⓑ→ⓒ
○ターレット式チャック
　切換時間　　＝0.5秒
○ねじ締め時間　＝2.0秒

図Ⅲ.2.47　多関節ロボットによるステージ型自動組立機のタクトタイム

これに対して、図の（B）が、3連ターレット式チャックを取り付けたときのアームの移動の軌跡で、動きはかなり簡素化されている。

図Ⅲ.2.47は、その場合のタクトタイムを計算したものである。

（B）の方がアームの移動回数と距離は減っているが、ターレット式チャックの切換時間が追加されているので、この場合、2秒程度のタクトタイムの短縮にしかならない。

もっと高速にアームを移動すればタクトタイムは短くなるが、生産性向上のための根本的な対策としては不十分であろう。

4. 工程分割と同期移送

4.1 同期移送

図Ⅲ.2.41のステージ型自動組立機のタクトタイム（図Ⅲ.2.42）を見ると、各ユニットが1サイクル動作するのに必要な時間は、

(1) 角ナット供給ユニット：4.5秒
(2) カラー供給ユニット：3.0秒
(3) ビス供給・ねじ締め込みユニット：6.5秒
(4) 取出しユニット：5.0秒

となっているので、お互いが全く干渉し合わずに効率よく動作できるようにしてやれば、この中の一番作業時間の長いユニットのサイクルタイム（6.5秒）までは製造時間を詰めることができる筈である。

ところが、ステージ型自動機では、作業ステージを1つしか持たないので、前の工程を行っているときには、次の工程のユニットは作業ができずに待機することになり、時間短縮には限界がある。

そこで、作業ステージを増やして、各ユニットが干渉しないようにシステムを構成し直してみる。

図Ⅲ.2.48は、各作業ごとにパーツ供給用の治具が用意されていて、各ユニット同士は干渉することなく作業が行えるようになっている。

しかし、単に治具が用意されているだけではだめで、前工程を終了したものは、次の工程の作業位置へ移動しなければならない。

そのための機構が、図中のワーク移動ユニットである。各工程の作業が完了すると、治具に入っている4段階の組立て状態の品物（ワーク）を次の工程の治具へ（図の右上方向へ）移す役割をしている。

このように、作業位置間のワークの移動をすることを「移送」と呼んでおり、パーツ（部品）を供給するための移動を指す「給送」と区別している。

移送には、ワーク自身を取り出して移動する方法のほかに、直線上に等間隔に設置したワークホルダにワークを載せて、ワークホルダごと一定量ずつ移動する方式（**図Ⅲ.2.49**）や、回転型のテーブルの円周上に等角度分割してワークホルダを設置し、テーブルの回転と一緒にワークホルダを等ピッチずつ移動する方式など（**図Ⅲ.2.50**）もある。

これらはすべて1回の移送で、治具に載っているワーク全部を一度に移動しており、全ワークが同期して移送されるので、「同期移送」とか「インデックス移送」と呼ばれている。

図Ⅲ.2.48　ワーク移動式同期移送

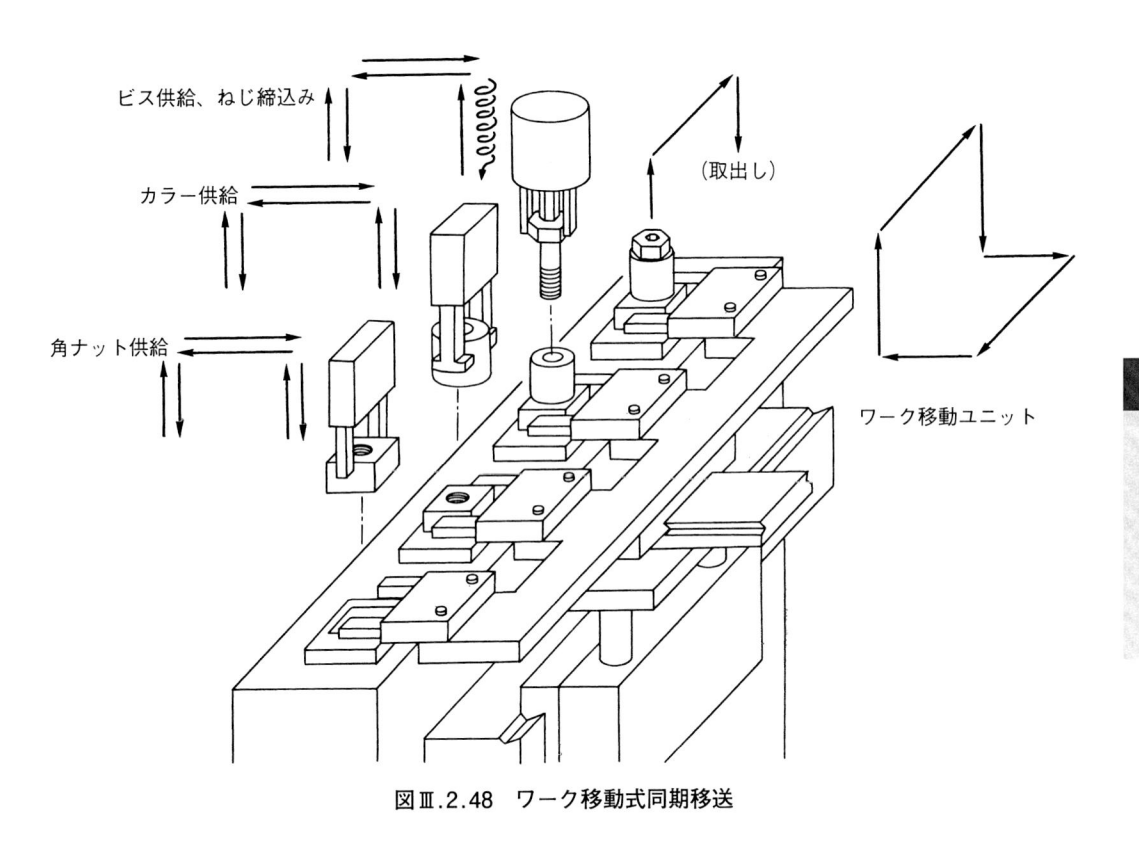

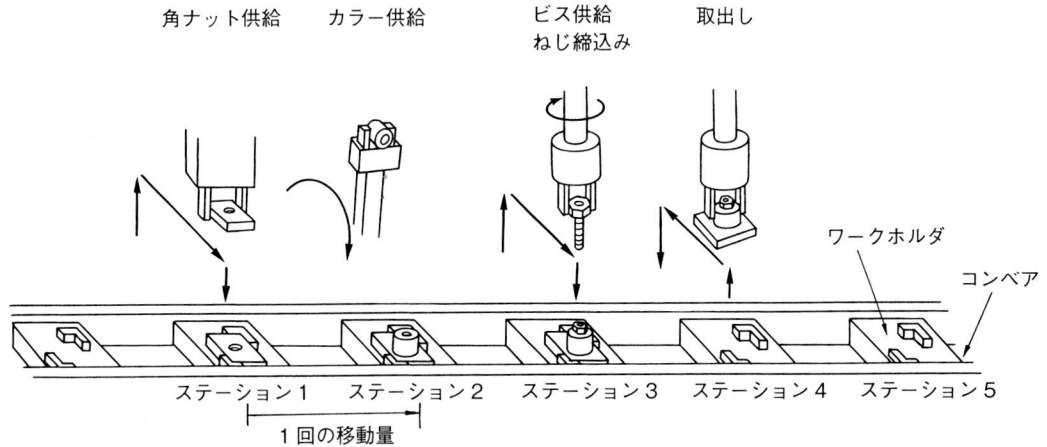

図Ⅲ.2.49　直進型同期移送

　同期移送では、一定の距離を移動して作業位置で停止するという運動がベースとなっており、移動と停止を繰り返すので、この駆動方式には「間欠駆動」を用いることになる。また、各作業位置のことをワークが停留するという意味で「ステーション」と呼ぶ。

4.2　同期移送方式のタクトタイム

　同期移送は、すべてのステーションの作業が完了しないと移送を開始できないので、作業時間の一番長いユニットにタクトタイムが支配されることになる。

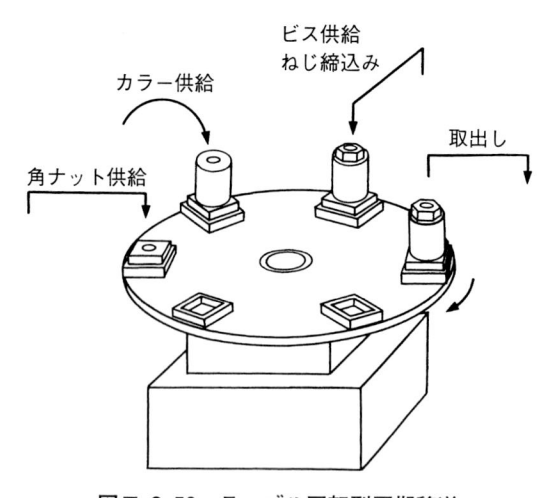

図Ⅲ.2.50　テーブル回転型同期移送

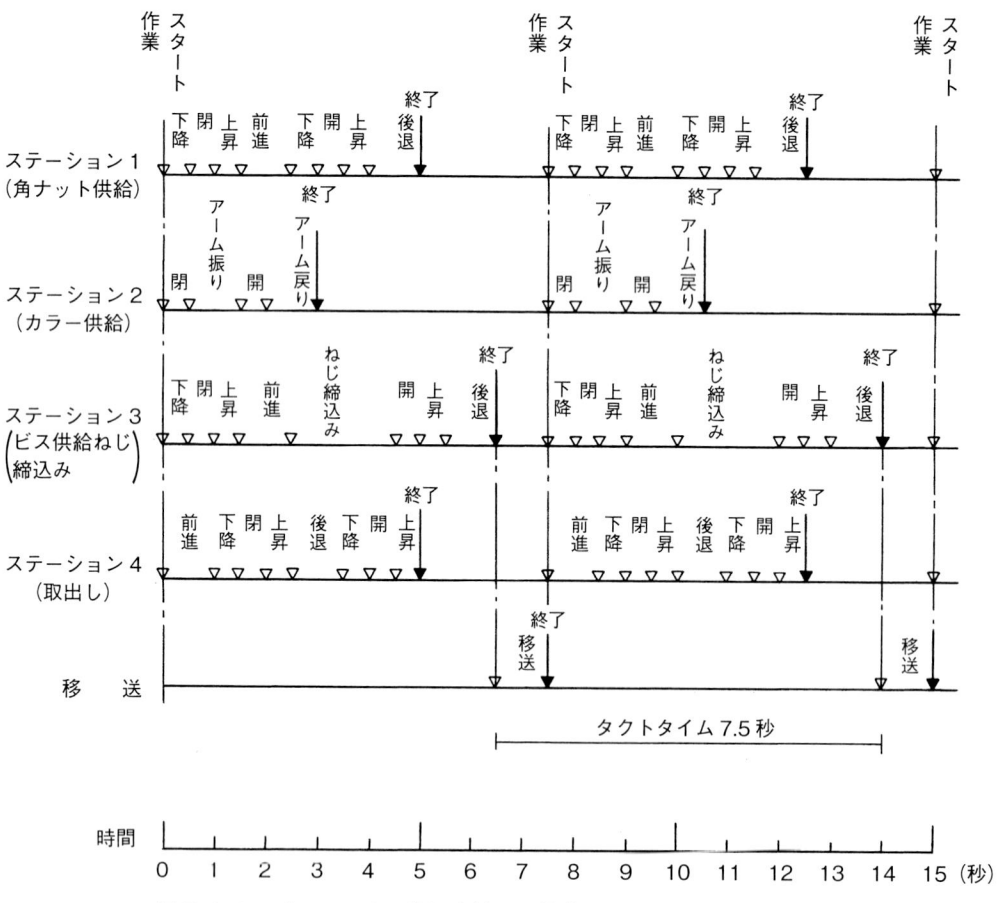

図Ⅲ.2.51　全ユニットの終了を待って移送した場合のタイムチャート

図Ⅲ.2.49のパレット直進移動式同期移送を例に取ると、各ユニットの1サイクルの時間は、図Ⅲ.2.42の物と同じであるから、一番サイクルタイムの長い物はビス供給・ねじ締め込みユニットで、6.5秒かかる。さらに、ワークホルダの移送時間を加味するとこの自動機の1サイクルの時間（全ステーションの作業を終えて、移送が完了するまでの時間）となる。

　移送時間を1.0秒として、タイムチャートにしたのが、図Ⅲ.2.51である。

　この図ではステーション3（ビス供給・ねじ締込み）の終了を待って移送しているので、タクトタイムは7.5秒となっている。

　ところが、各ステーションは移送中にでもできる作業があるので、これを考慮してタイムチャートを作り直したのが図Ⅲ.2.52である。タクトタイムは6.5秒となり、移送時間分だけさらに短縮された形になっている。

　同じ組立て作業をステージ型で構成したときのタクトタイム14秒を使って、1日当たりの生産量を計算すると、7時間稼働として、

$$7（時間）\times 60（分）\times 60（秒）/14（秒/個）=1800 個／日$$

にしかならないが、タクトが6.5秒まで短縮されると、

$$7（時間）\times 60（分）\times 60（秒）/6.5（秒/個）=3876 個／日$$

まで生産性が上がる。

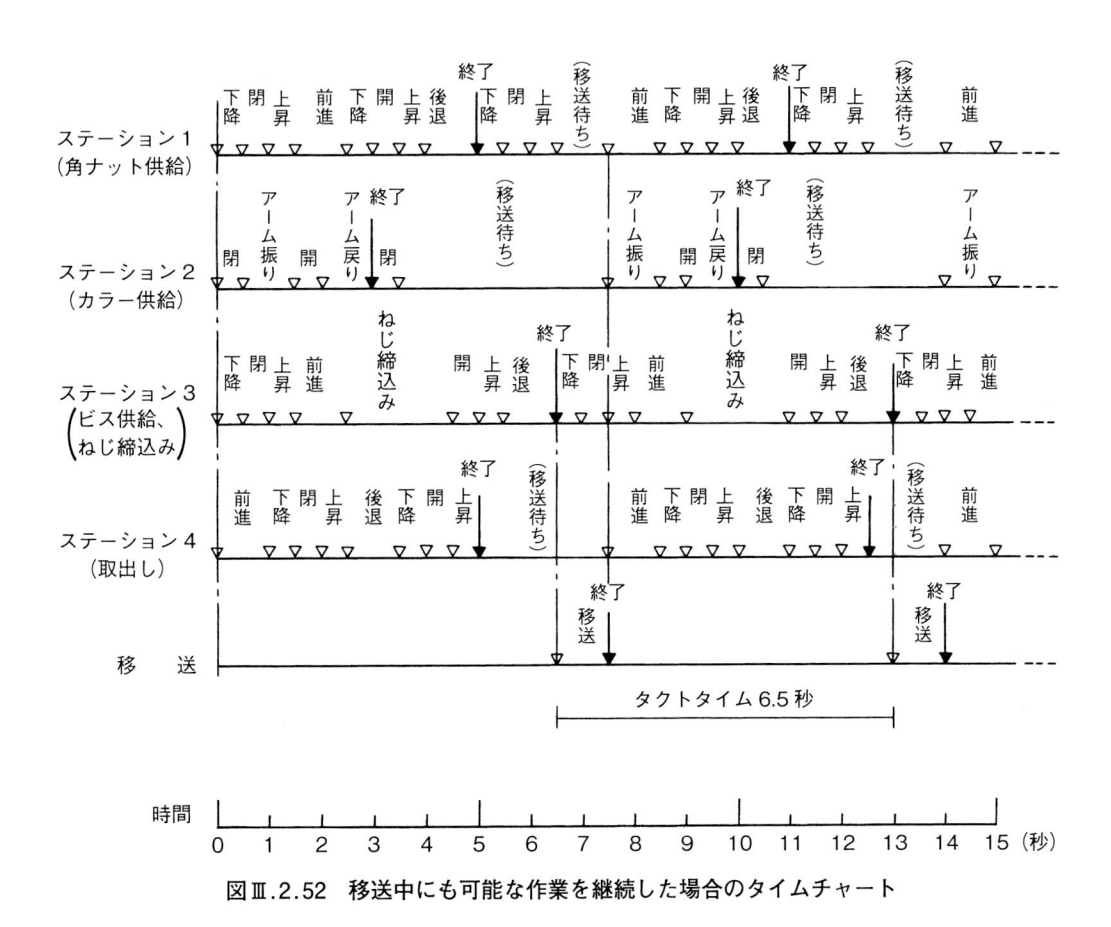

図Ⅲ.2.52　移送中にも可能な作業を継続した場合のタイムチャート

4.3 工程分割

　先程の例では、同期移送方式によって一連の作業工程をいくつかのステーションに分割して振り分け、順次ワークを送り込むようなシステム構成で生産性が2倍余りに上がったことになる。

　このように作業内容をいくつかの細かい工程に分けることで、同時作業を可能にして生産性を上げようとする手法を「工程分割」と呼んでいる。

　工程分割を進めていくと、複雑な作業が細分化されて、分割された1つひとつの工程の内容が単純化されるので、機構的にも有利になることが多い。

　工程分割のベースはワークの移送で、いかに正しい姿勢を保持したままで次のステーションに送り込み、そこで位置決めできるかがカギになってくる。

　1つ前のステーションで、どんなに正確にパーツを位置決めしたとしても、次のステーションに送られる途中で位置ずれを起こしては意味がない。

　そこで、ワークをきちんと保持しておくことができるワークホルダの設計が重要になってくる。

　ワークホルダはワークを保持しておくだけでなく、供給・加工・組付け・取出しなどでワークに触れるチャックや加工ヘッドなどのツールが常に行き来しているので各工程の作業が楽に行えるような構造となっていなくてはならない。

　もう1つの問題はワークには必ず精度上のバラツキが存在しているので、作業にかかわる部分の位置精度を出すためのガイド方法の工夫が正しくなされている必要がある。

　治具の構造とワークの挙動は自動化技術の中核をなすもので、慎重に設計する必要がある。

　さて、図Ⅲ.2.52を見ると分かるように、全ユニットが同時に作業を開始しても、ステーション3（ビス供給・ねじ締込み）の作業時間が長いためにタクトタイムがもう1つ短くならない。

　そこで、この作業工程をさらに分割して、生産性を上げることを試みる。

　工程を分割をするとその分ステーションが増える。

　図Ⅲ.2.51のステーション3の内容をビス供給とねじ締込の2つに分割して、この作業をステーション3と4で行い、新たにステーション5を設けて取出し工程をそこに移動する。

　すると、図Ⅲ.2.53のように、一番作業時間の長いもので、5秒にそろうので、タクトタイムも、6.5秒から1.5秒縮まって、5.0秒になる。

　これによって1日の生産量がどの位になるかを算出してみると、

$$7（時間）\times 60（分）\times 60（秒）/5.0（秒/個）=5040 個/日$$

となり、ステージ型のときの試算の1800個／日と比べると飛躍的に生産性が向上していることが分かる。

　現状で一番作業時間が長いユニットよりも短かい時間で作業を終える工程であれば、ステーション数を増やしてその工程を新たに追加してもタクトタイムは変わらない。

　図Ⅲ.2.54は先程のシステムの構成を多少変えて、検査工程を追加したものであるが、追加した工程のサイクルタイムが既存のユニットより短いとすると、全体のタクトタイムには影響しない。

　また、この同期移送方式をインデックス方式と呼び、このような自動機をインデックス式自動機ということがある。

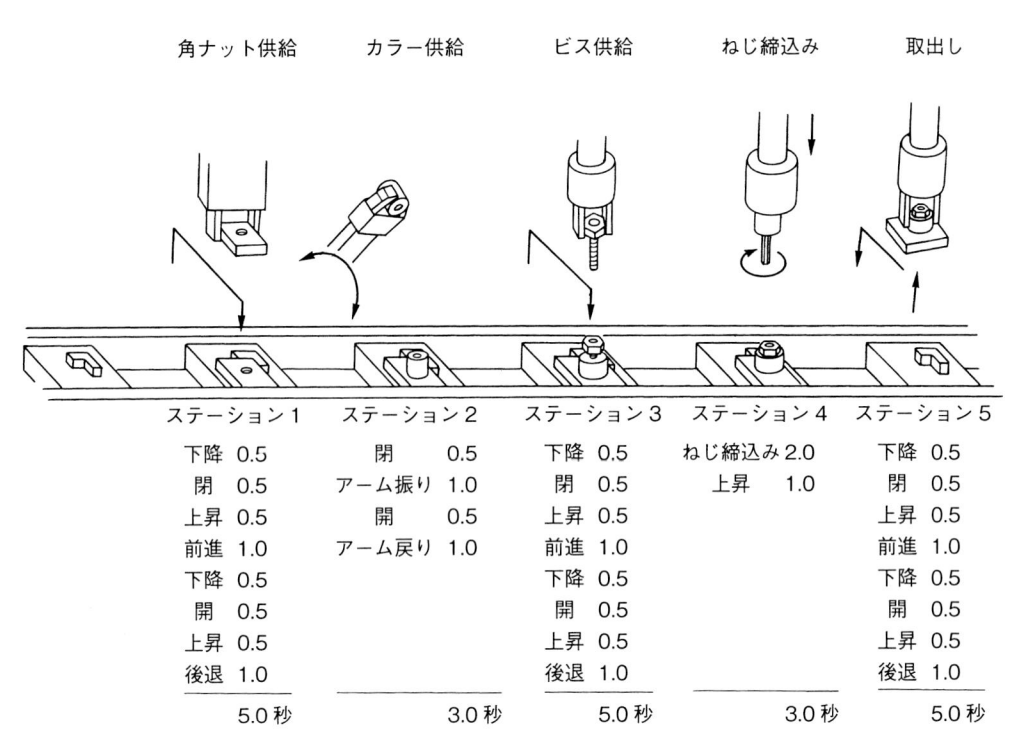

	角ナット供給	カラー供給	ビス供給	ねじ締込み	取出し
	ステーション1	ステーション2	ステーション3	ステーション4	ステーション5
	下降 0.5	閉 0.5	下降 0.5	ねじ締込み 2.0	下降 0.5
	閉 0.5	アーム振り 1.0	閉 0.5	上昇 1.0	閉 0.5
	上昇 0.5	開 0.5	上昇 0.5		上昇 0.5
	前進 1.0	アーム戻り 1.0	前進 1.0		前進 1.0
	下降 0.5		下降 0.5		下降 0.5
	開 0.5		開 0.5		開 0.5
	上昇 0.5		上昇 0.5		上昇 0.5
	後退 1.0		後退 1.0		後退 1.0
	5.0秒	3.0秒	5.0秒	3.0秒	5.0秒

図Ⅲ.2.53　ビス供給工程を工程分割した例

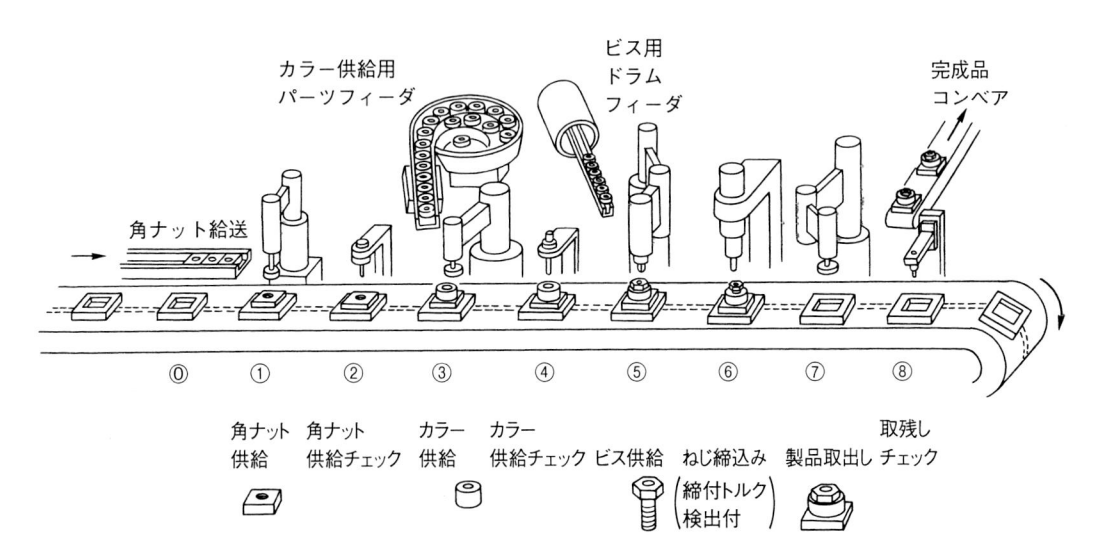

図Ⅲ.2.54　直進インデックス式自動組立機

ステーション：⓪ ① ② ③ ④ ⑤ ⑥ ⑦ ⑧

角ナット供給／角ナット供給チェック／カラー供給／カラー供給チェック／ビス供給（締付トルク検出付）／ねじ締込み／製品取出し／取残しチェック

4.4　インデックス式自動機の構成

工程分割は組立て工程に限らず、あらゆる生産工程に応用が可能である。

当然、図Ⅲ.2.34で構成したステージ型タップ加工自動機も、インデックス式にワークを移送する型の工程分割によって生産性を上げることができる。

図Ⅲ.2.54のステーション①の前に作業ステーション0を追加して、そこでタップ加工する前の

穴あき角形パーツをラインに供給し、次のステーション①ではタップ加工の作業を行うようにすれば、1つのライン上で一貫生産が可能になる。

追加した2つのユニットのサイクルタイムは

穴あき角形パーツ供給ユニット：5.0秒

タップ加工ユニット：2.0秒

（図Ⅲ.2.35参照）

であり、後の組立工程のユニットのサイクルタイムも最長の物が5秒であるから、この追加によるタクトタイムの変化はない。

このようにして、直進ライン型のインデックス式自動機のステーション数を増やしていくと、生産性の高いシステムが構成できるが、全長がかなり長くなり、また、ワークを移送するためのワークホルダ（またはパレット）の数が多くなる。

そこで、比較的コンパクトで、ワークホルダの数も少なくできるロータリ型のインデックス式移送を利用することがある。

図Ⅲ.2.55 はその例で、8分割のインデックステーブルで構成したロータリインデックス式加工組立システムである。

作業順序は、St.1（ステーション1）から始まって、

St.1　角型穴あきパーツ供給（供給チェック付）
St.2　タップ加工
St.3　カラー供給
St.4　ビス供給
St.5　ねじ締込み（締付けトルクチェック付）
St.6　製品チェック
St.7　取出し
St.8　取残しチェック

という順序になっている。

各作業ユニットは前述と同じとすると、ユニットの1サイクル当たりの作業時間は長い物で5秒となっていて、ロータリーテーブルによる移送時間がこの中に吸収できるとすれば、前と同じタクトタイム（5秒）を確保できる。

さらに複雑で長い作業工程であっても、工程分割を行って、1つひとつの作業ステーションのサイクルタイムが目標のタクトタイムを満たすように設計できれば、システムが大きくなって工程の数が増えたとしても理論的には同じ生産性を維持できる。

ところが、このようなインデックス式自動機の場合、どれか1つのユニットでも故障して停止すると、システム全体が停止してしまい、生産ができなくなるというデメリットもある。

1つのインデックス式自動機を構成している作業工程のユニットは、スライド機構の摩耗や、電気接点の劣化など、それぞれ何らかの原因で停止する可能性を持っているのが普通で、ユニット数が多くなるほど、停止する頻度が高くなる。

あるいは、製品の品種によってツールを交換したり、ストロークを変更したりするような場合も、

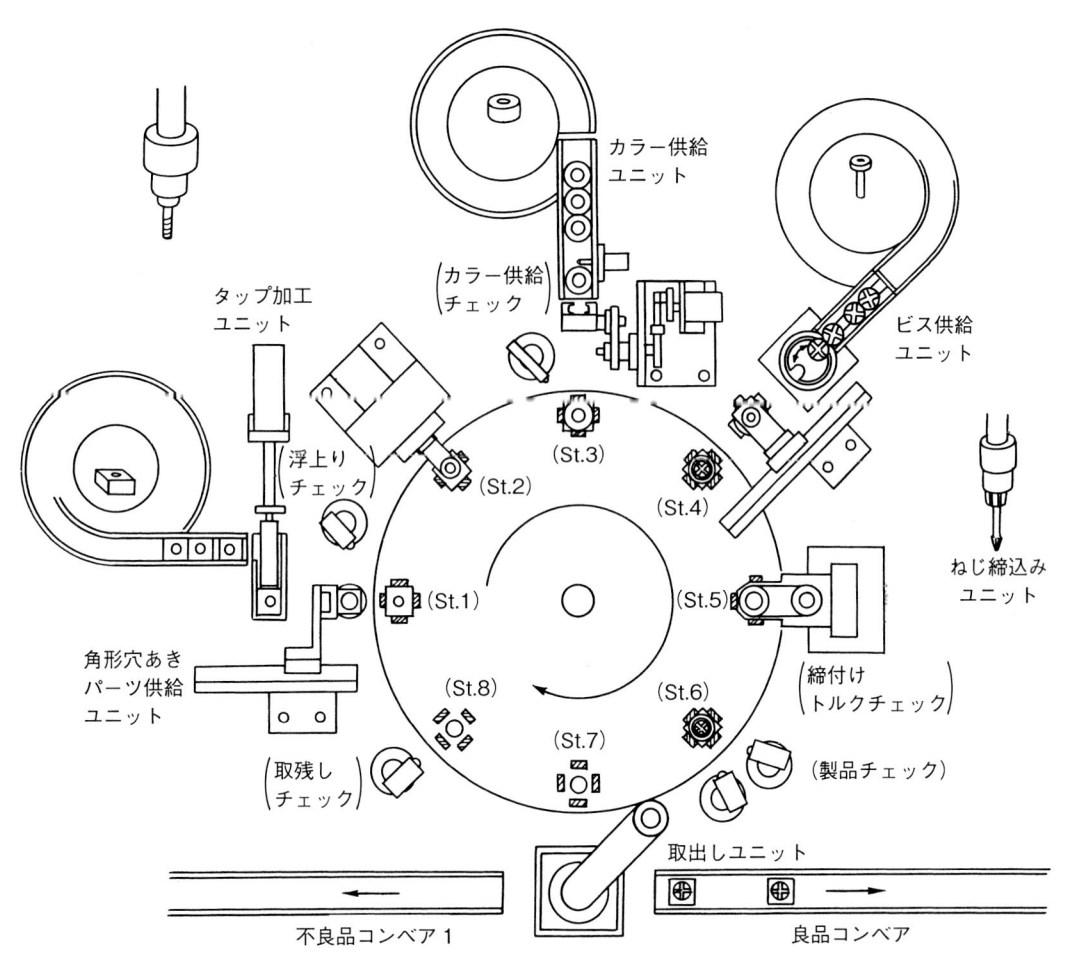

図Ⅲ.2.55 ロータリインデックス式加工組立システム

その段取り換えのためにどれか1つでもユニットを停止すると、全ユニットが停止してしまうことになる。

このように、停止頻度が高いユニットや作業工程は、インデックス式自動機の生産性を低下させる原因となるので、その対策が必要となる。

4.5 停止頻度が高いユニットを含むシステム

図Ⅲ.2.55のロータリインデックス式加工組立システムのうち、St.2のタップ加工ユニットの歯部が300～500回に1度の割合で折損し、St.5のねじ締付けユニットのドライバビットが摩耗のため、約6,000個に1度の割合で交換が必要と仮定してみるとどうなるであろうか。

自動機のタクトタイムを5秒とすると、1日（7時間）当たりの生産量は5,040個となるから、ドライバビットは1日に1回、生産開始前に交換すればよいが、タップ歯部は1日に10回以上は折損事故が起こるので、平均的には約40分に1度はトラブル停止することになる。

機械が歯先の折損を検出し、警報で作業員に知らせて修理が完了するまで5分間かかるとする。これが少なくとも10回起こるから1日に50分は生産が止まっていることになる。

生産性は、次の計算で88％まで低下する。

$$\frac{7(時間) \times 60(分) - 50(分)}{7(時間) \times 60(分)} = 0.88$$

そこで、タップ加工部を組立て部と分離して、組立て工程の生産性に影響を及ぼさないようにシステムを構成し直してみる。

図Ⅲ.2.56はその1例で、加工部と組立て部をそれぞれ別のロータリインデックス式自動機として中間を長い直進フィーダで連結してある。

自動組立機が1日中停止しないで動き続けられるためには、自動加工機からの角ナットの供給量が、1日に5040個なくてはならず、一方自動加工機は、1日に50分停止するので、

$$\frac{7(時間) \times 60(分) - 50(分)}{5040(個)} \times 60(秒) \fallingdotseq 4.4 秒/個$$

という計算で、少なくとも1個当たり4.4秒で生産する必要がある。

一方、加工ツール交換のために停止する5分間に、自動組立機の方は、直進フィーダに溜まっている角ナットを使って生産を行うことになる。

自動組立機の1個当たりの生産時間は5秒となっているから、

$$\frac{5(分) \times 60(秒)}{5(秒/個)} = 60 個$$

という計算になり、5分間で60個消費するので、直進フィーダには、最低でも60個以上の角ナットを溜めておくだけの長さが必要になる。

このように、停止頻度が高い工程とインデックス式自動機を連結するときには、停止時間を考慮した上で生産能力がバランスしていることと、中間に一時的にワークを溜めておくことのできる機構を設けることの2点が必要になる。

後工程の生産速度が遅いときには一時的にワークをストックして、逆に後工程が速くなると、ワークを放出して、生産をスムーズにする役割を直進フィーダが担っていることになる。

図Ⅲ.2.56の直進フィーダはバッファストックの役割をしているものである。

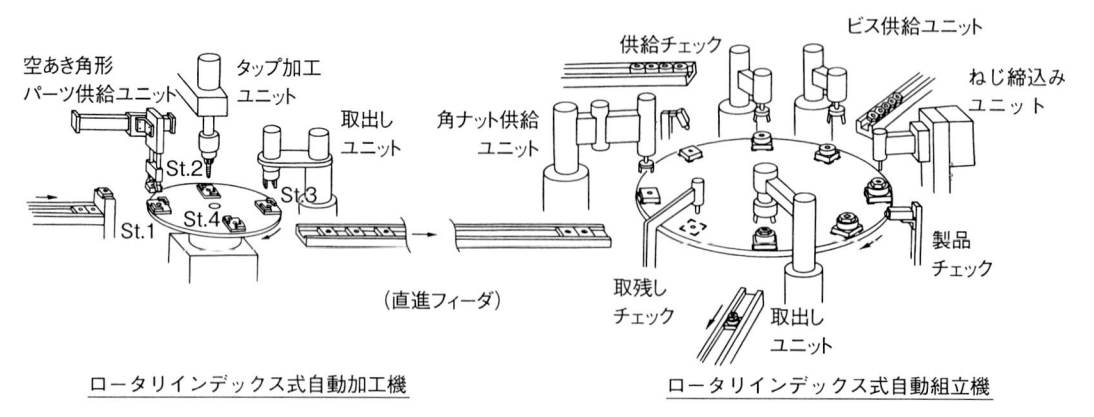

図Ⅲ.2.56 停止頻度の多い工程を分離したシステム構成例

5. フリーフローラインとバッファストック

5.1 フリーフローライン

作業工程の中にツール交換や段取り替えなど、ユニットを一時的に停止しなくてはならない作業が入り込んでくると作業時間にバラツキが出て生産性が低下することは前に述べた。

ユニットやシステム全体を一時的に停止させる要因としては、**図Ⅲ.2.57**に示すようにワークの詰まりから断線などによる停止までいろいろ挙げられるが、自動機が正常に稼働しているときでも、ある工程には、システムの構成上避けられない待ち時間が不定期的に発生したり、ユニットのサイクルタイムが毎回同じとならない構造になっていることも少なくない。

(a) 給送工程
  - 多列トレイの交換待問
  - マガジンの交換時間
  - ボウルフィーダ内のワークのつまり
  - 整列確率が低下したときの供給量不足による停止

(b) 供給工程
  - チャッキングミスによるトラブル
  - 多列トレイからの供給などに見られる供給用ロボットアームの移動ストロークの変化

(c) 加工工程
  - 加工ツールの交換
  - 切り粉などの除去作業
  - 切削油の入れ替え時間
  - 品種変更に伴う治具の段取り替え

(d) 組立工程
  - 品種変更に伴う調節時間
  - 装入不良などのトラブル停止
  - 磨耗や折損によるツール交換

(e) 取出排出工程
  - ワーク取残による停止
  - 取出位置満杯による停止

(f) システム全体
  - 人手による作業を含む場合
  - 確率的な工程を含む場合
  - 規定精度をはずれたワークが流れてきたときのトラブル
  - 品種変更に伴う段取り換え
  - サンプリング検査など何回かに一度長時間停止する工程を含む場合
  - 断線
  - 電気接点劣化
  - しゅう動部劣化

図Ⅲ.2.57　自動機が停止する要因

このように、あらかじめサイクルタイムが一定していないユニット同士が連結されているシステムも当然存在する。

このシステムに前述の同期移送方式を採用すると毎回サイクルタイムの一番長くかかったユニットの作業完了を待って移送が行われるので、いずれかのユニットが平均的なサイクルタイムより長くなることが頻繁に起これば、効率は極端に低下する。

また、連結するユニットの数が多くなるほど確率的にその傾向は強くなる。

同期移送方式の自動機ではすべてのワークを同期させて一度に移送してしまうため、移送が完了して次の工程の位置で停止すると、そこに載っている全ワークが一度に位置決めされ、すぐに次の工程の作業を始められるという大きなメリットがあったが、作業工程のサイクルタイムのバラツキが大きいシステムでは不利になる場合がある。

そこで、各工程の毎回の作業時間が少しくらい長くなったり、短くなったりしても、生産性に影響を及ぼさないような移送方法として利用されるものに「フリーフロー型移送」があり、バラツキのある作業工程間を結ぶ移送に適したシステムを構成できる。

フリーフロー型移送は先に述べたバッファストックの効果を利用したもので、各作業ステーションの間にいくつかのワークを溜めておくことができる構造にする。

図Ⅲ.2.58は作業ステーションAとBの間にバッファストックを設け、フリーフローラインとした例である。

5.2 バッファストックの効果

図Ⅲ.2.58のフリーフローラインにおいて、作業ステーションAではフリーフローラインを流れて来るパレットにワークAを供給している。

トレイにはワークAが4個載せられていて、これを順番にパレットに入れていく。このワーク1個当たりの供給時間が3秒かかるとする。

トレイ上のワークを4個とも供給し終えると、空になったトレイは先に送られて、次のトレイが供給場所に来て位置決めされる。このトレイ交換に8秒かかるとする。

このように仮定すると、作業ステーションAでは、

1個目	2個目	3個目	4個目	トレイ交換
3秒	3秒	3秒	3秒	8秒

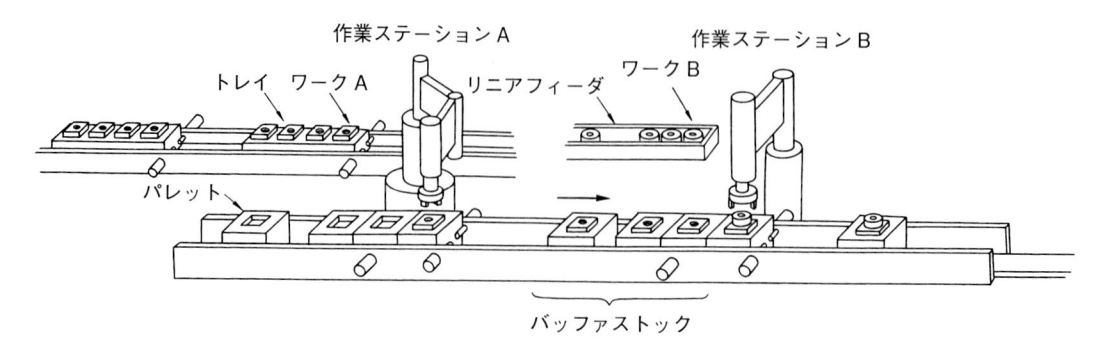

図Ⅲ.2.58 フリーフローラインのバッファストック

となり、計20秒で、4個分の供給を終えて初期状態に戻るから、1個当たりの平均作業時間は5秒となる。

一方、次の作業ステーションBでは、毎回同じサイクルタイム（5秒）でワークBを供給してい

(1)〔同期移送方式〕

ステーションA　①②③④　⑤⑥⑦⑧　⑨　3秒 8秒
ステーションB　⓪①②③　④⑤⑥⑦　⑧⑨　5秒6秒

1サイクル
26秒/4個=6.5秒/個

①〜⑨：ワーク番号
H：作業時間
↓：同期移送のタイミング

(2)〔フリーフロー方式〕バッファストック0個

ステーションA　①②③④　⑤⑥⑦⑧　⑨⑩⑪　8秒 3秒
ステーションB　①②③④　⑤⑥⑦⑧　⑨⑩⑪　4秒5秒

1サイクル
24秒/4個=6秒/個

①〜⑪：ワーク番号
H：作業時間
↓：ステーションAから
　　ステーションBへ移動
↓：ステーションBから
　　先に送られるタイミング

(3)〔フリーフロー方式〕バッファストック1個

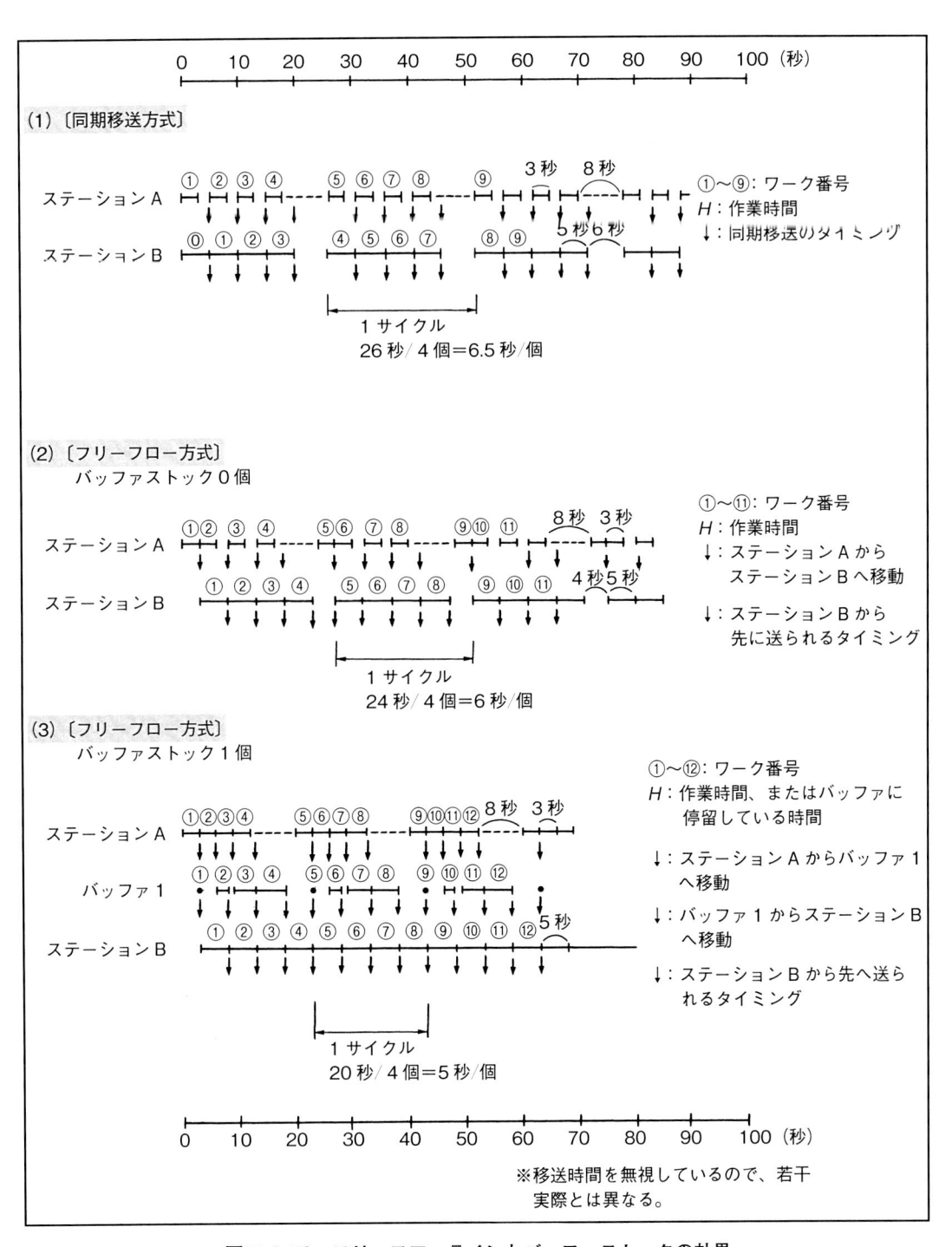

ステーションA　①②③④　⑤⑥⑦⑧　⑨⑩⑪⑫　8秒 3秒
バッファ1　　①②③④　⑤⑥⑦⑧　⑨⑩⑪⑫
ステーションB　①②③④　⑤⑥⑦⑧　⑨⑩⑪⑫　5秒

1サイクル
20秒/4個=5秒/個

①〜⑫：ワーク番号
H：作業時間、またはバッファに
　　停留している時間
↓：ステーションAからバッファ1
　　へ移動
↓：バッファ1からステーションB
　　へ移動
↓：ステーションBから先へ送ら
　　れるタイミング

※移送時間を無視しているので、若干
　実際とは異なる。

図Ⅲ.2.59　フリーフローラインとバッファストックの効果

るとする。

　作業ステーションAもBも平均的には同じ5秒タクトになってバランスはとれているが、両方のステーションを同期移送方式で連結すると、サイクルタイムが長い方に支配されるから、ステーションAが3秒で終わってもステーションBの作業が終わるまで後2秒は待っていなくてはならず、4回に1度のトレイ交換のときには作業時間の3秒にトレイ交換時間の8秒を足して、11秒かかるので、サイクルタイムは

1個目	2個目	3個目	4個目＋トレイ交換
5秒	5秒	5秒	11秒

となり合計26秒／4個すなわち、6.5秒／個のタクトタイムになる。

　これをタイムチャートにすると、**図Ⅲ.2.59**の(1)のようになる。ただし、分かりやすくするために、パレットの移動時間は無視してある。

　移送方式をフリーフロー方式に変えて、中間にはワークが停留しているためのバッファストックを設けない場合のタイムチャートが、同図(2)である。フリーフロー型に変更しただけではあまり効果は現れないが、それでも0.5秒タクトタイムが短縮されて、6秒／個になっている。

　フリーフロー方式で、工程間にワーク1個分のバッファストックを設定すると、同図(3)のように、タクトタイムは5秒／個となり、作業ステーションAでの作業時間のバラツキが完全に吸収されてしまうことが分かる。

　このような規則的に起こる作業時間の変化を吸収するために必要なバッファストックの数をNとして、作業Aのサイクルタイム（3秒）をT_1、ステーションAのトレイ交換時間（8秒）をT_C、作業Bのサイクルタイム（5秒）をT_2とすると

$$N \geq \frac{(T_1 + T_C) - T_2}{T_2}$$

なる関係が成り立つ。

6. 生産性向上へのアプローチ

6.1　生産性向上のための手法

　自動化システムの生産性を向上させるための方法を大別すると、**図Ⅲ.2.60**のようになる。

(1)　作業ユニットの高速駆動

　作業ユニットを高速で動かせば、各ステーションの作業時間が短縮され、システム全体の生産性が向上する。具体的には、モータの回転速度やエアシリンダの運動速度を可能な範囲で速くしたり、カムやギアによってユニットの各部が同期して動くような構造にして、高速で駆動するなどの手法があげられる。

(2)　むだ時間の削減

　移動ストロークが大きいと、いくら高速駆動してもむだ時間が削減できないので、移動ストロークを最小限にするようなレイアウトの工夫をするなどの手法がこれに入る。ただし、移動ストロークを小さくすることだけを考えて余裕のないコンパクトな設計にすると、後で補助的なユニットを

(1) 作業ユニットの高速駆動	ベースマシンを含む各作業ユニットを高速で駆動して、生産速度を上げる。 具体的には、モータの回転速度や、エアシリンダの運動速度を上げたり、機械的に移動ストロークを小さくして、短時間で作業が完了するようにする。
(2) むだ時間の削減	ユニット同士の機械的な干渉をとり除いたり、バッファストック効果を利用するなどして、自動化システムの中に存在する無駄時間を最小限にする。
(3) 工程分割	一連の作業工程をいくつかの細かい工程に分割して、分割した工程を別々の作業ステーションで同時に作業を行うことで、単位時間当たりの生産台数を増加できる。 工程分割を行うと、ワークを移送するベースマシンが必要になり、この移送時間が生産性に影響してくる。
(4) マルチツーリング	ワーク1つひとつを順番に処理するのでは目的のタクトタイムに到達しないような場合、ワークを複数個同時に処理することで、ワーク1個当たりの生産時間を短縮する。
(5) 無停止型生産システム（後述する）	

図Ⅲ.2.60　生産性向上のための手法

追加するようなことになった場合に対処できなくなるという事態になりかねないので注意を要する。

また、1つの作業ステージに複数の作業ユニットが集中しているようなケースでは、ユニットの移動部が機械的に干渉し合って、1つのユニットの作業が完了しなくては次のユニットの動作を開始できないということが起こる。できる限りこの干渉が起こらないようにして待ち時間を減らすことで、タクトタイムを改善する。

さらに、干渉するユニットが原点に戻るのを待つことなく、安全な位置まで退避したところで次の動作が遅滞なく開始できるようにセンサ類を配置することも有効である。

確率に依存する工程やツール交換などで同じ作業ステーションの作業時間に不定期的なバラツキが出るようなシステムでは、バッファストックの効果を利用して、むだ時間を削減する。これは、2つの作業ステーションの中間にバッファとなるワークのストックエリアを設けて、フリーフロー型の移送にすることにより、その待ち時間をある程度吸収できるようにするもので、これもむだ時間の削減になる

(3) 工程分割

一連の作業工程を分割していくつかの細かい工程に分け、工程ごとに独立した作業ステーションを設ける。そして分けられた工程の順序に従って、ワークが順次送られてゆくように移送システムを設置する。各作業ステーションで作業の終えたワークを、全部同時に次の作業ステーションに移送するインデックス型移送方式を採用すると、ワークの移送を1回行うつど完成品が1個でき上がることになるから、工程を細かく分割して、1つひとつの作業ステーションでかかる時間を短縮することで、生産性の高いシステムが得られる。

例えば、**図Ⅲ.2.61**にあるようなワークAとワークBの2部品の組立作業を工程分割を行わずに、1つの組立治具上で全作業を行うステージ型自動機として構成したものが**図Ⅲ.2.62**である。図の真中にある組立てステージにまわりの全部の作業ユニットが集中して作業を行うため、どれか1つのユニットが組立てステージで作業しているときには、ほかのユニットは待ち状態となり生産性が上がらない。また、さらに作業工程が増えるとその分、各ユニットの待ち時間が長くなるので、生産性は極端に低下する。

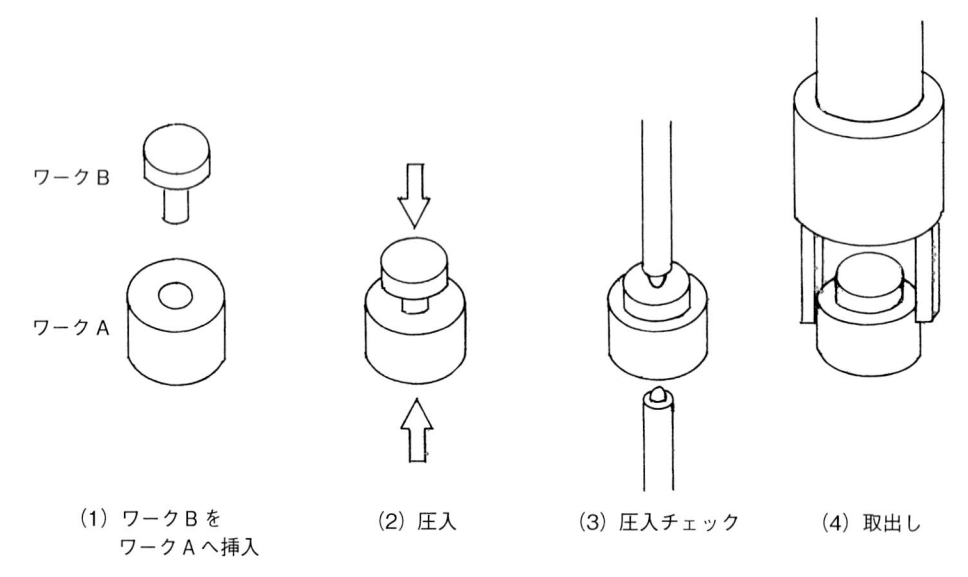

(1) ワークBを
　　ワークAへ挿入　　(2) 圧入　　(3) 圧入チェック　　(4) 取出し

図Ⅲ.2.61　2部品の組立作業

どれか1つのユニットが組立てステージで作業しているときは、
ほかのユニットは待ち状態となり生産性が上がらない。

図Ⅲ.2.62　ステージ型自動機として構成した場合

同じ作業をいくつかの工程に分割して、インデックス型移送方式によって自動化システムとして構成したものが、**図Ⅲ.2.63**である。このシステムは、真中のロータリテーブルに載せられたワークが、1回の移送で次のステーションに送られるようになっていて、移送が完了すると全ユニットは同時に作業を開始する。全作業ユニットの動作が完了すると次の移送を行い、例えば②のステーションにあったワークは次の③のステーションに送られる。

図Ⅲ.2.63では、ステージ型自動機には付いていなかったチェック機構などのユニットを追加してあるが、追加したユニットの作業が既存のユニットよりも短時間に完了するのであれば、生産性には影響しない。

工程分割をしていないステージ型自動機では、組立ステージのまわりの全ユニットが順番に一連の動作を終えて、はじめて1つの製品ができ上がる。だが、工程分割を行ったインデックス型自動機では、全作業ステーションの中で、もっとも作業速度の遅いユニットの作業時間に移送時間をプラスしたものが、製品1個当たりの生産時間となるので、高い生産性が期待できる。

(4) マルチツーリング

作業の内容によっては工程をうまく分割できない場合や、要求されているタクトタイムが非常に短かく、ワークを1つずつ処理していたのでは到底間に合わない場合がある。このようなケースでは、1つの作業ステーションで多数のワークを同時に処理することによって、単位時間当たりの生産量を増やす手法が有効なことがある。

多数のワークに対して同じ作業を同時に行うので、そのワークの数だけの作業ヘッド（ツール）をもったユニットを設置することになる。このような方式を、マルチツーリングと呼ぶ。

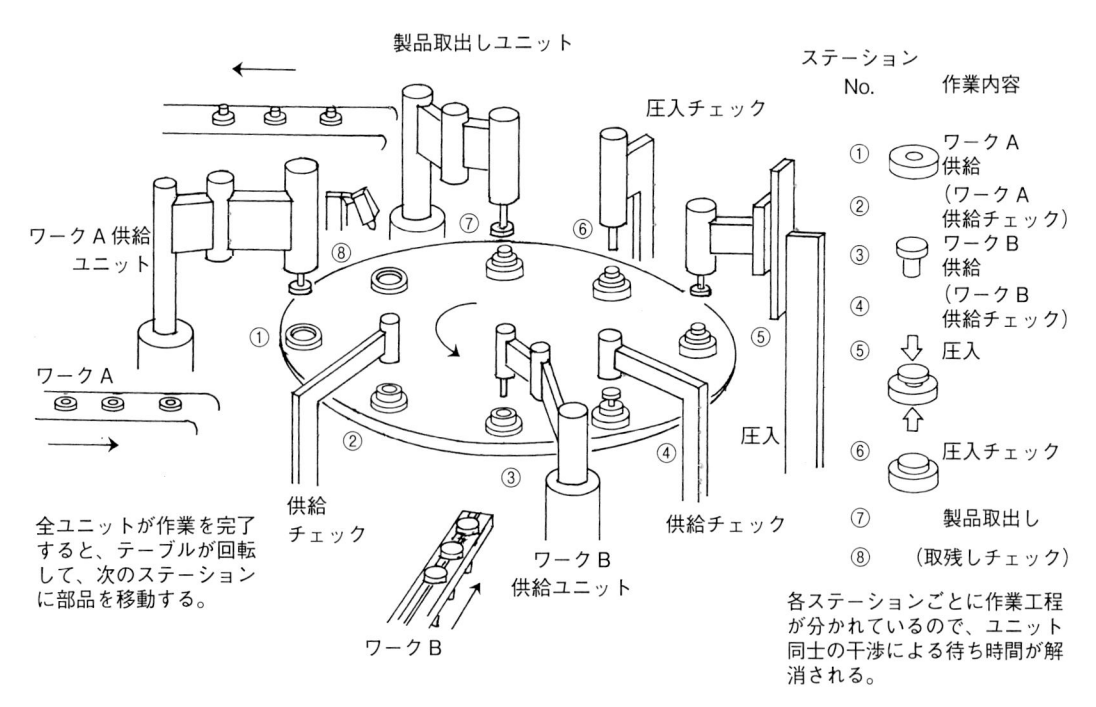

図Ⅲ.2.63　ロータリインデックス式自動機として構成した場合

図Ⅲ.2.64は、前述のワークAとワークBの組立て工程の一部をマルチツーリング方式で構成した例で、4連単列トレイに載せられたワークBにワークAを挿入する工程と圧入工程を、4個同時に行うことで生産性を上げている。

図Ⅲ.2.65は、化粧ビンなどの完成品の箱詰め作業をマルチツーリング方式で自動化した例である。マルチツーリングは生産性を上げることだけでなく、システムをコンパクトにすることにも有効である。

例えば、ワークの4カ所にねじ締めを行う作業の場合、図Ⅲ.2.66のように各ステーションで1本ずつねじを締めてゆくことも可能であるが、図Ⅲ.2.67のように1つのユニットに4つのねじ締めヘッドをもたせて、マルチツーリングにするとスペース的にも価格的にも有利になる場合がある。図Ⅲ.2.68は穴加工工程をマルチツーリング方式で構成した例である。

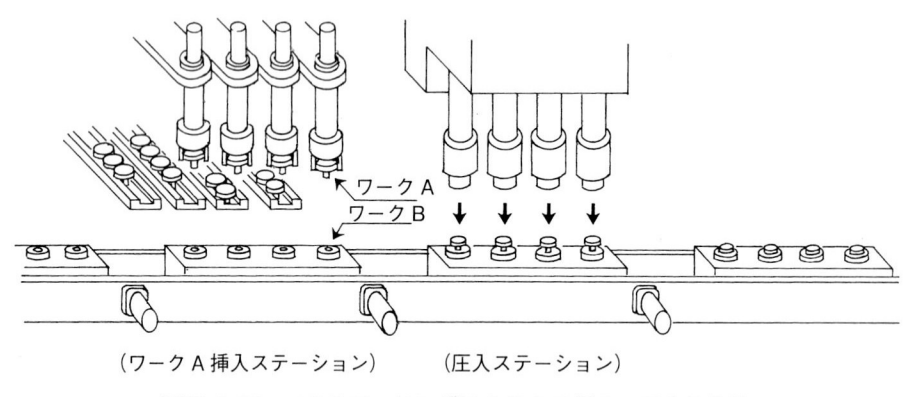

図Ⅲ.2.64　マルチツーリングによるAの挿入・圧入の作業

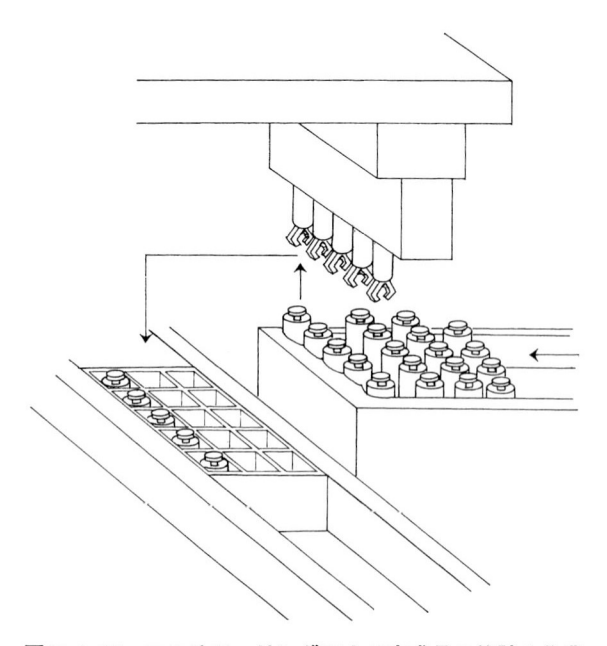

図Ⅲ.2.65　マルチツーリングによる完成品の箱詰め作業

ビス供給・締付けユニット

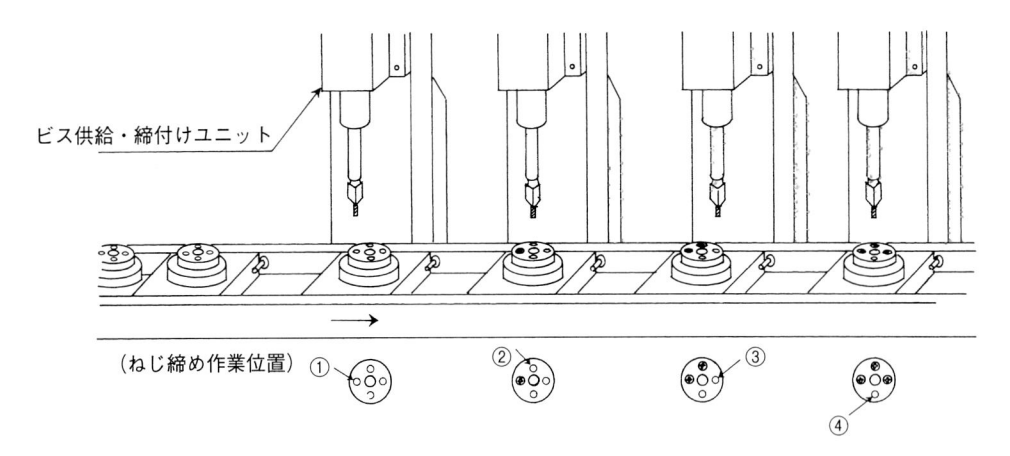

（ねじ締め作業位置）① ② ③ ④

図Ⅲ.2.66　4本のねじ締め工程を分割して4つのステーションに割りふった例

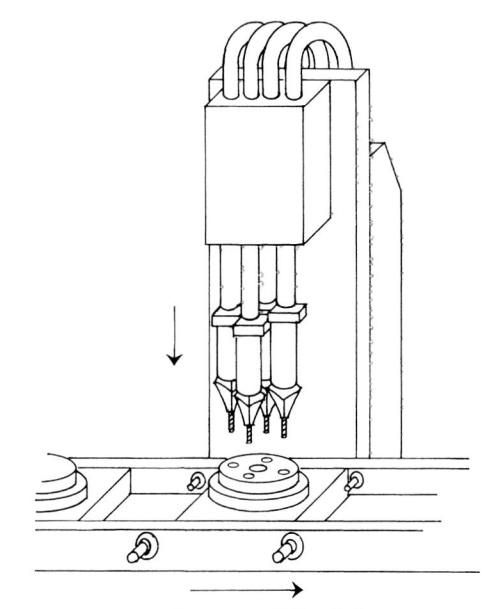

同時に4本のビスを供給し締付ける

図Ⅲ.2.67　マルチヘッドビス供給・締付けユニット

6.2　工程分割方式によるタクトタイムの限界

　工程分割に基づく生産システムは、ワークの移送と作業ステーションでの停留が必要となる。高い生産性を要求される場合には、ワークの移送を行うステーション間の距離を極力短かくしておかないと、どんなに工程を細かく分割しても移送時間がネックとなって生産性が上がらなくなる。

　一方、ステーション間の距離は、ワークの大きさや作業ユニットの設置スペースに左右されて、ある程度以上は短縮できない。また、移送速度を上げてゆくと、ワークホルダやパレットに乗っているワークがハネたり、位置ずれを起こす原因となるのでこれにも限界がある。この移送時間とワークが停留している間に行う作業時間は、間欠駆動やフリーフローをベースとした自動機であれば、必ず必要であり生産性を上げるうえでの壁となる。

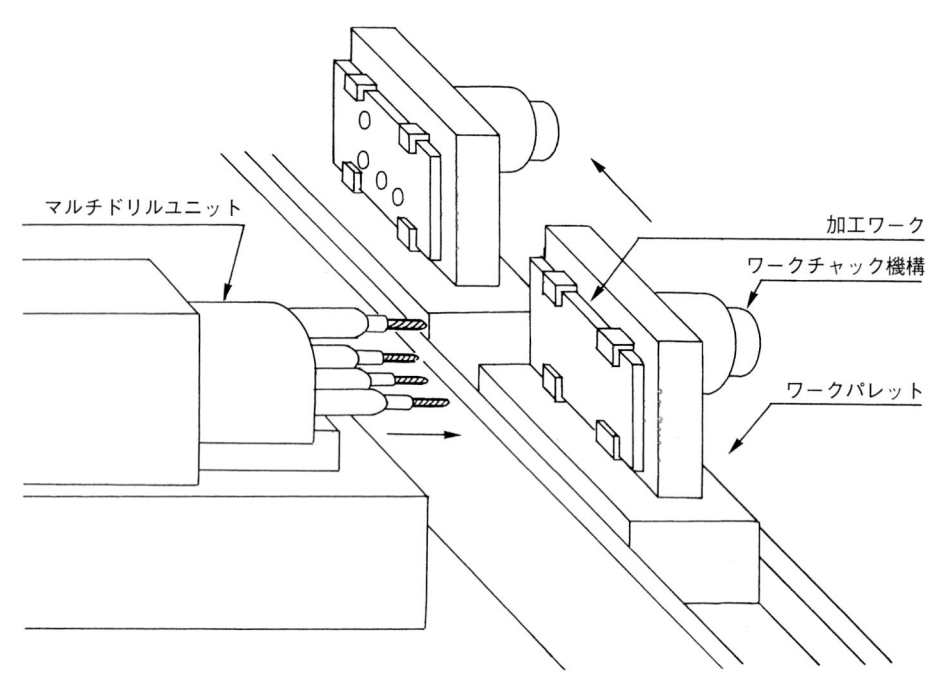

図Ⅲ.2.68 マルチヘッドドリルユニット

　図Ⅲ.2.69は長いねじを締め付ける作業を直進型インデックス式移送で行っている例である。この組付け工程ではワークに挿入されているねじを50回転する必要があり、1回転当たり0.2秒すなわち10回転で2秒、50回転で10秒かかると仮定してみる。さらに1回のインデックス移送に1秒

l：1回のインデックスで送られる量

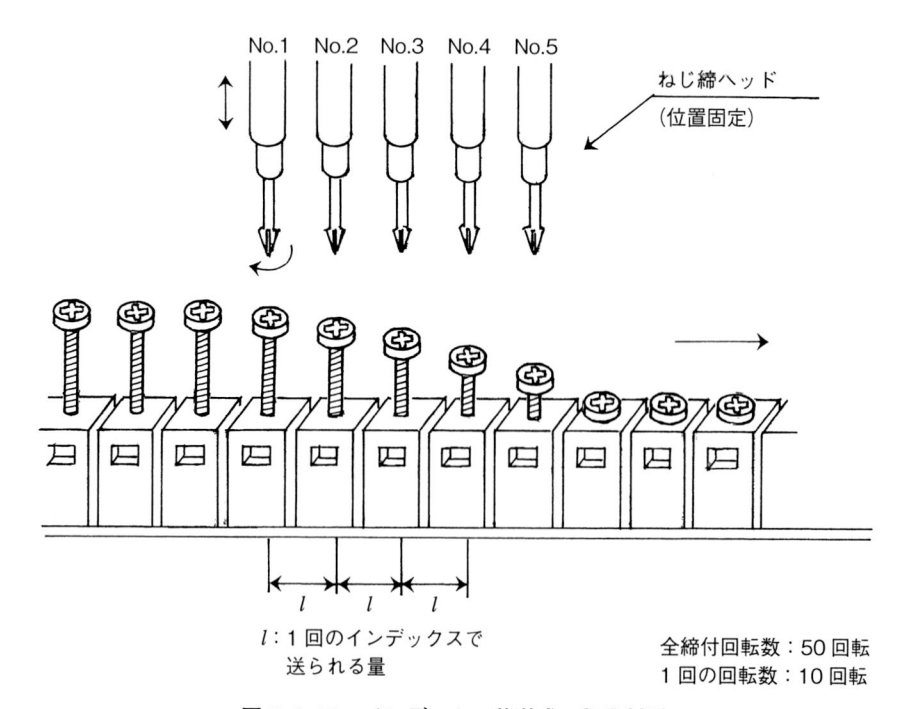

全締付回転数：50回転
1回の回転数：10回転

図Ⅲ.2.69　インデックス移送式工程分割型

かかり、ねじ締ヘッドの上昇・下降にそれぞれ1秒かかるとする。

したがって、もし1台のねじ締ヘッドでこの工程を行おうとすると、13秒かかることになる。これを5台のヘッドを置いて10回転ずつの締付け工程に分割したのが図Ⅲ.2.69で、この場合のタクトタイムは5秒となる。

図Ⅲ.2.70は、ベースマシンをフリーフロー型として、ねじ締ヘッドはマルチツーリング方式にした例である。ワーク1個当たりが加工位置に整列するのに要する時間を1秒、排出する時間を1個当たり1秒として、5台のねじ締ヘッドが同時に作業すると、ワーク5個につき、

(整列)(ヘッド下降)(ねじ締め)(ヘッド上昇)(排出)
5秒 + 1秒 + 10秒 + 1秒 + 5秒

という計算で計22秒となり1個当たり4.4秒となる。

図Ⅲ.2.69の方式ではどんなに細かく分割を進めて作業ステーションを増やしても、

① インデックス移送時間：1秒
② ねじ締ヘッド下降時間：1秒
③ ねじ締ヘッド上昇時間：1秒

の時間をなくすことができないので、タクトタイムは3秒より短かくならない。

一方、図Ⅲ.2.70の方式でもワーク1個当たりの整列と排出に要する時間は短縮できないから、ワーク1個当たりの生産時間は2秒より短くすることはできない。仮に、毎秒1個のペースでこの作業を行わなくてはならない場合には、どのように対応すればよいであろうか。

6.3 無停止型生産システム

前述の1列で送られてくるワークを1.0秒に1個の割合で生産するシステムを考えてみる。図Ⅲ.2.71はこれをモデル化したもので、ねじ締付け工程ブースの左からワークが入り右側から出てくる。

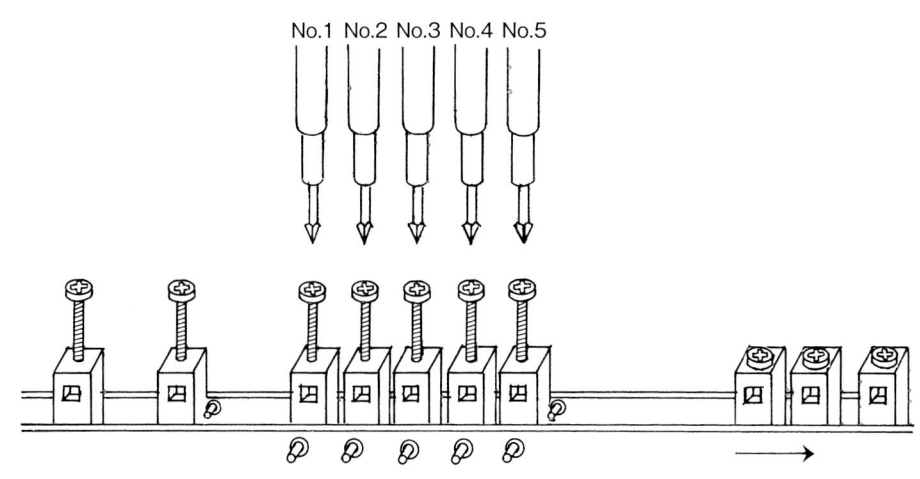

ワークが5個溜ったところで一度に全ヘッドが下降して、5個同時にねじ締めを行う。

図Ⅲ.2.70　フリーフロー型マルチツーリング方式によるねじ締め

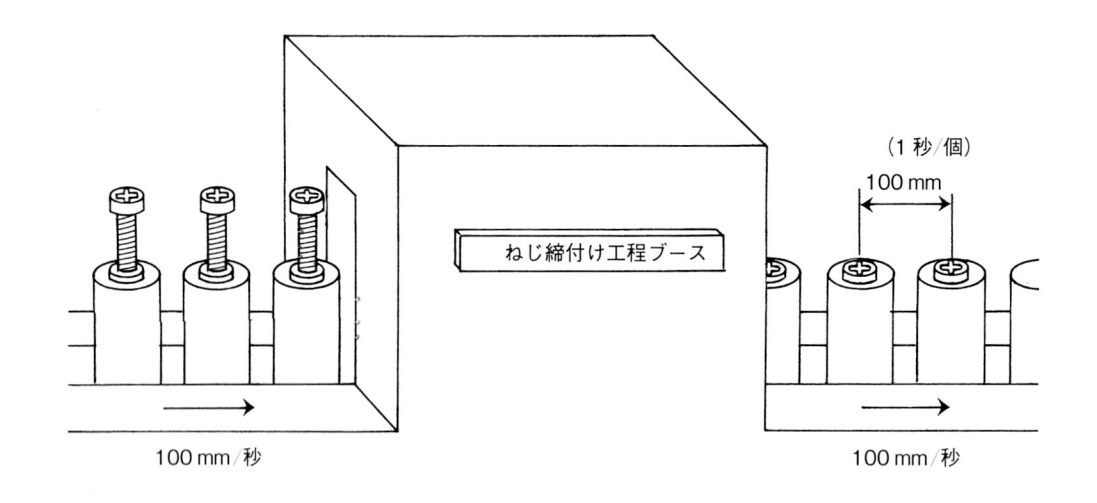

図Ⅲ.2.71 連続移送

　ワーク間のピッチを 100 mm とすると、ワークは少なくとも 100（mm）/1（秒）＝10（mm/秒）のスピードで移動しなくては1秒間に1個の生産はできない。これをインデックス式の生産システムにして、半分の 0.5 秒の時間を移送に割り振ったとすると、ワークの平均移送速度は 200 mm/秒となり、この平均速度で全ワークを 100 mm 移送して位置決めを完了しなくてはならなくなる。一方、作業工程の方は1ステーションで使える作業時間が 0.5 秒しか残らなくなり、ねじ締めを行う時間はとてもとれそうもない。

　そこで、ワークを停止することなく、連続して移動している状態のまま、作業を行うようにシステムを変更する必要が出てくる。

　図Ⅲ.2.71 で考えると、ワークの移送速度を 100 mm/秒に保ったままでねじ締付け工程ブースの中で作業を完了することになる。この場合、ねじ締付け作業を行うブースの長さがどの程度になるか計算してみる。前項でねじ締付け時間は1個当たり 12 秒かかることになっていたから、単純に1つのワークが作業ブースの中に 12 秒いれば、一応ねじ締め作業が完了できるとして計算すると、

　　100（mm/秒）×12（秒）＝1200（mm）

となり、少なくとも全長 1.2 m の作業ブースが必要となる。

　さて、作業ブースの中に設置するユニットを考えてみる。ワークが作業ブースに入ったときにねじ締め作業を開始して、ブースから出るときにその作業が完了するためには、ブースの中にある全ワークについてねじ締め作業を連続して行っている必要がある。要するに、ブース内ではねじ締めユニットがワークと一緒に同期して移動し、1つのワークに対して1つのねじ締めユニットが連続して作業を行うようにすればよい。

　この状態を実現するには作業ブースに入っているワークすべてに対してねじ締めヘッドが1台ずつ、ワークと同じピッチで並ぶ必要があるから、

（ブース長）		（ワークピッチ）		（ねじ締めヘッドの台数）
1200〔mm〕	÷	100〔mm〕	=	12

なる計算で、少なくとも12台のねじ締ヘッドがブース内で常に作業をしていなくてはならない。

このシステムの構成例を**図Ⅲ.2.72**に示す。1200 mmの直進連続移送されているワークの動きと同期して、上方よりねじ締ヘッドが下降してねじ締を行っている。

作業が完了したワークを（1）番とすると、（12）番目のワークは作業を開始するところに位置している。①のねじ締ヘッドが図の⑫の位置にあったときから、図の位置に移動するまでに12秒かかるのでこの間にねじ締が完了する。このように、ワークの移送を停止せずに生産するシステム構成を「無停止型生産システム」と呼ぶ。

図Ⅲ.2.73はこの工程を直線無停止型生産システムとして構成したものである。

実際にねじ締作業を行っているねじ締ヘッドは、②〜⑪までの10本である。締込みを終えたヘッドは、つぎの締込み開始位置まで戻らなくてはならないため、等ピッチで締込みヘッドが一巡するように並べられている。この方式では作業を終えたヘッドを戻すために半分以上のねじ締が遊んでしまっている状態にあるので、あまり効率的とはいえない。また、戻り機構分だけスペースを余分に必要とする。

そこで、ワークの進行をロータリ型に変えることでヘッド数を大幅に削減したものが、**図Ⅲ.2.74**の回転無停止型の生産システムである。締込ヘッド①〜⑩まではねじ部に接触して締込み作業を行っているが入口に位置する⑪のヘッドは挿入される直前で、出口に位置する⑪のヘッドは挿入され

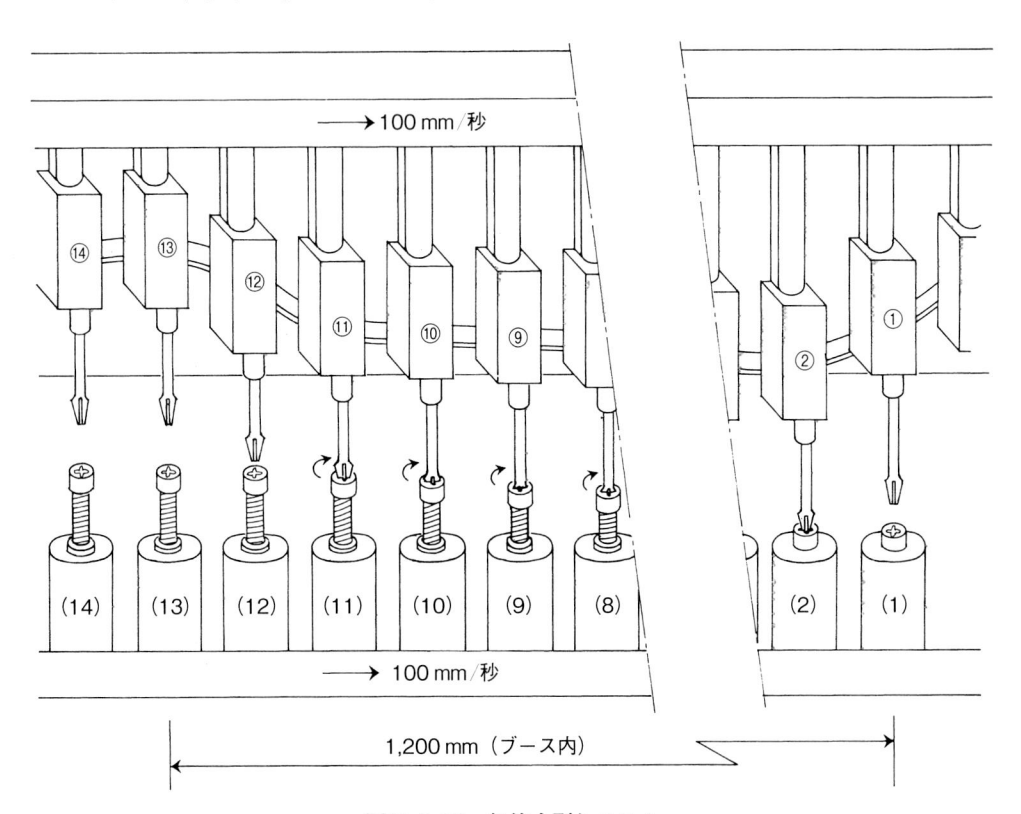

図Ⅲ.2.72　無停止型システム

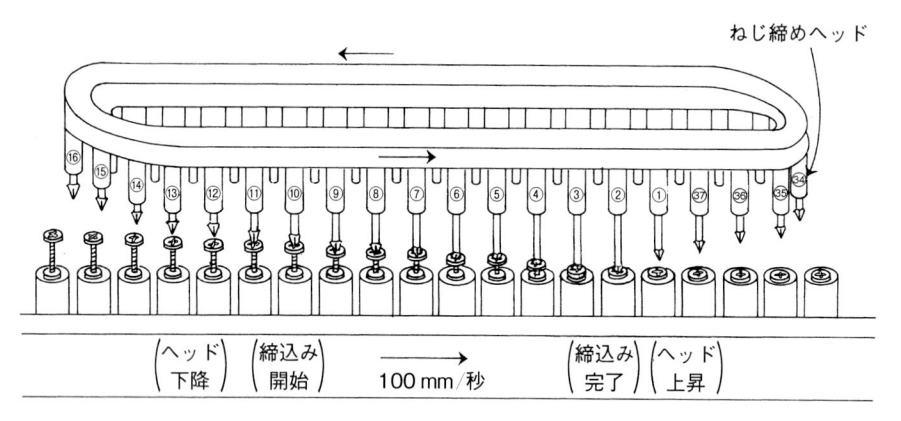

図Ⅲ.2.73 直進無停止型締込みシステム

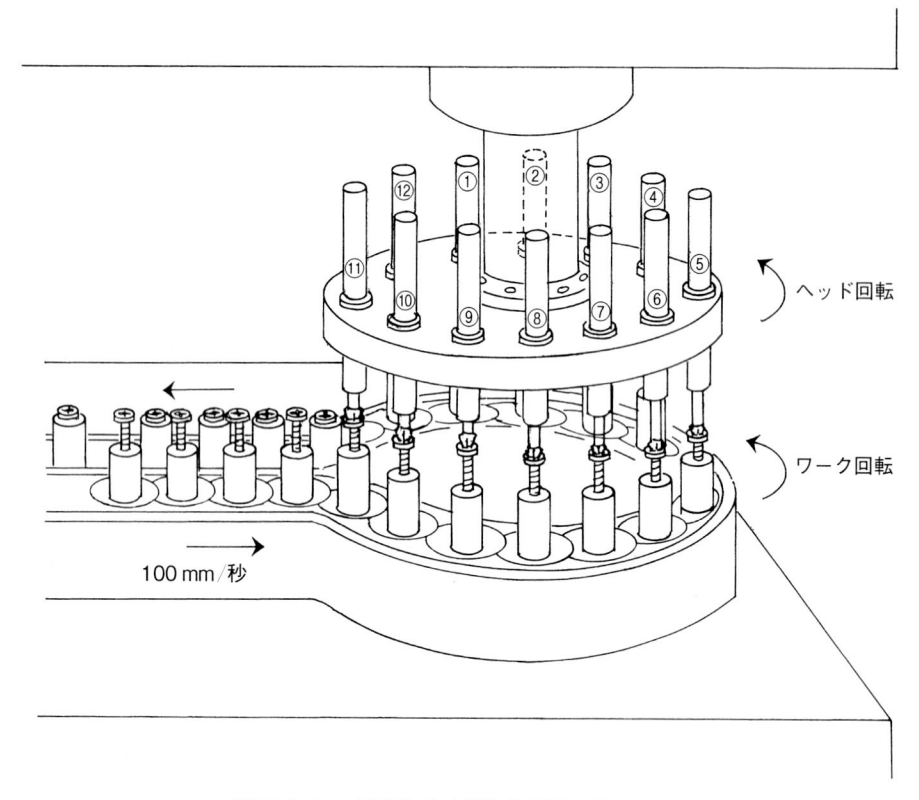

図Ⅲ.2.74 回転無停止型ねじ締込みシステム

る直前で、出口に位置する⑫のヘッドは締込みを終えてヘッドを抜き出した直後の状態になっている。

　無停止型生産システムの実質的な作業可能時間は、生産速度と作業ヘッド数で決まる。図Ⅲ.2.74の場合で考えてみると、①の作業ヘッドが締込みをはじめてから完了するまでに、10個分のワーク間ピッチに相当する分だけ移動している。ワーク1個当たりの生産時間を仮に0.2秒まで上げたとすると、このままのシステムで実際に締込みに使える時間は、

0.2秒×10＝2秒

となる。

締込みに必要な時間が10秒だとして、0.2秒に1個生産するのであれば、作業ヘッド数を5倍にしなくてはならなくなる。

この無停止型生産システムは、工程分割を進めていった延長上にあると考えてもよい。すなわち工程を無限に分割し、ツールを移動型にしたことで、インデックス移送のための待ち時間がなくなって、無停止型生産システムとなっているわけで、生産性向上のためのポイントは工程分割にあるといっても過言ではない。

7. ワークの嵌合とガイド機構

7.1 ワークの嵌合条件

自動組立の工程には必ずといってよいほど部品の嵌合作業（はめ合い作業）が含まれる。IC基板の自動組立であれば、ICの足やソケットを穴あき基板に装入する工程があり、時計の自動組立であれば歯車のシャフトを軸受けに通す工程や、表示板にガラスのカバーを取り付ける工程など、いくらでも嵌合の例はある。

このような嵌合の一番基本となるものが図Ⅲ.2.75に示すような2部品の嵌合の問題である。図の上側のキャップにはϕdなる軸が出ていて、これをボトムの中心にあいているϕDの穴に挿入する。(1)は両者の中心線が一致している場合で、問題なく嵌合できる。(2)は嵌合のできる限界を示してある。キャップとボトムの嵌合部の中心線の位置ズレをδとすると、嵌合可能な条件は、

$$\delta < \frac{1}{2}(D-d)$$

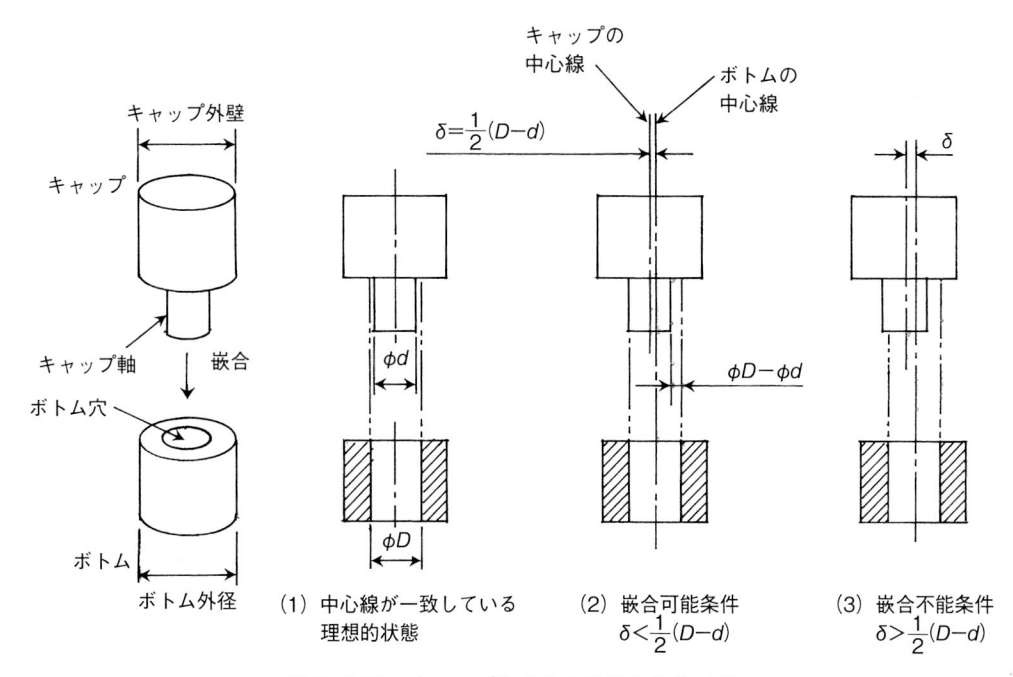

図Ⅲ.2.75 キャップとボトムの嵌合条件 (1)

となる。いま仮に、

$$\phi D = \phi 10^{+0.2}_{+0.1}, \quad \phi d = \phi 10^{-0}_{-0.1}$$

とすると、一番厳しい条件での嵌合可能条件は、

$$\delta < \frac{1}{2}(10.1 - 10.0) = 0.05$$

となり、ボトムとキャップ相互の位置決め精度のバラツキを 0.05 mm 以下に抑える必要がある。

具体的な例として図Ⅲ.2.76のような嵌合作業を想定してみる。この嵌合作業の条件を表したのが図Ⅲ.2.77で、この図はキャップとボトムの外径を位置決めの基準として嵌合を行おうとするもので、ボトムを把持しているワークホルダの中心線と、キャップを把持しているチャックの中心線が完全に一致するように設定したとき（ボトムの入ったワークホルダとキャップをもつチャックの位置が完全に正しく設定されているとしたとき）の図である。各ワークやワークホルダのもつ精度上のバラツキを次のように仮定する。

E_{C1}：キャップをチャッキングしたときの正しい位置からの心ずれ（チャックエラーによる心ずれ）

R_{C2}：キャップ外径と軸部の心ずれ（部品精度のバラツキ）

E_{B1}：ワークホルダとボトム外径の心ずれ（ワークホルダのガタなど）

E_{B2}：ボトム穴部と外径の心ずれ（部品精度のバラツキ）

このようにすると、図にあるようなワークホルダに入れられたボトムの穴の中心線とキャップの軸の中心線の最大の位置ずれ E は、

$$E = E_{C1} + E_{C2} + E_{B1} + E_{B2}$$

となり、嵌合可能条件は、

$$E < \frac{1}{2}(D - d)$$

となる。ここで、ワークホルダの中心とチャックの中心線が E_R だけずれているとすると、さらに

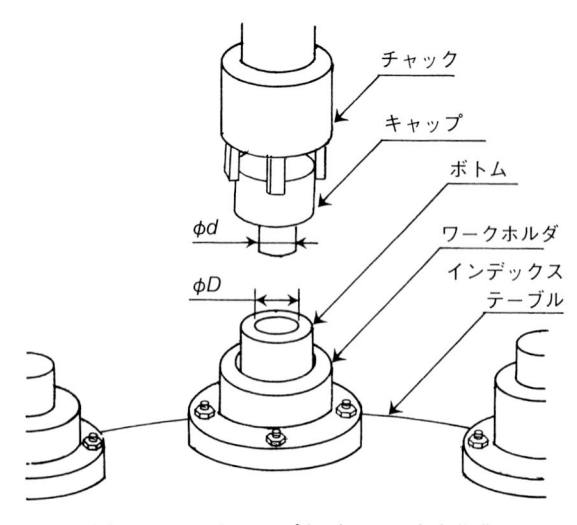

図Ⅲ.2.76 キャップとボトムの嵌合作業

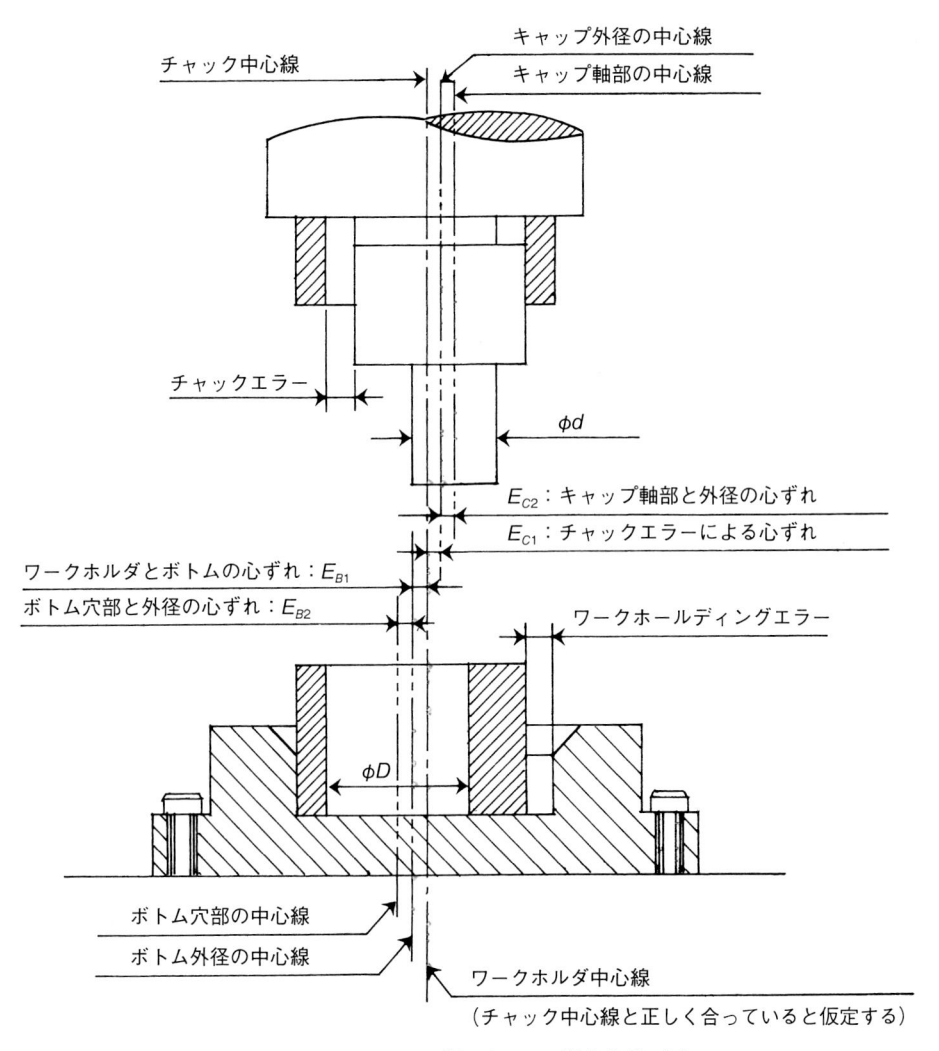

図Ⅲ.2.77 キャップとボトムの嵌合条件（2）

厳しくなって、嵌合可能条件は、

$$E_{C1} + E_{C2} + E_{B1} + E_{B2} + E_R < \frac{1}{2}(D-d)$$

となる。

$\phi D = \phi 10.1$、$\phi d = \phi 10.0$、$E_{C1} = 0.01$、$E_{C2} = 0.01$、$E_{B1} = 0.01$、$E_{B2} = 0.01$、とすると、

$E_R < 0.01$

となり、0.1 mm のすき間のある嵌合作業にもかかわらず、チャックとワークホルダの相互位置決め精度は、1/100 mm 未満としなければならなくなる。しかも E_R は、一般にはワークホルダ位置決め精度 E_{B3} とチャック位置決め精度 E_{C3} との和になるので、それぞれの位置決め精度はさらにきびしくなる。

もちろん、この計算は精度上のバラツキがすべて悪い方へ重なった場合の要求精度であるが、メカ的にここまでの条件を満たしておかなければ、挿入不良トラブルの原因をゼロにすることはでき

ない。

7.2 嵌合条件の緩和

このようにワーク同士の嵌合を行おうとすると、ワークの形状精度、ワークの位置決め精度や穴と軸のすき間等が作業の成否に影響してくる。これらの作業に影響を与える要因を1つずつ取り除き、確実でしかも少ない費用で嵌合作業が実行できるように、システムを構成するのが組立自動化の基本である。

前項の図Ⅲ.2.77で嵌合に影響を与えたE_C、E_B、E_Rについて考えてみる。

まずE_{C2}、E_{B2}はワーク（キャップ、ボトム）の外径と嵌合部の部品精度としての心ずれであり、この問題は嵌合部でない部分（外径）をワークの位置決めの基準にしていることに起因している。この対策としては、ボトムの場合図Ⅲ.2.78のように、ボトムの嵌合部（センタ穴）を基準にしたワークホルダに変更することが考えられる。このワークホルダはボトムが挿入しやすいように先をテーパ状にしてある。キャップ側も同様で、キャップを把持するチャックがキャップのシャフト部をガイドするような構造にしておけばよい。

E_{B1}はワークホルダとボトム外径の心ずれで、ワークホルダのいわゆるガタに相当する。これは、図Ⅲ.2.78のようなセンタ穴基準にしても同じことで、ガタを最小限にするようにワークとワークホルダの加工精度を上げるか、ワークホルダ内でワークを常に一方向に寄せておくような機構を追加して、嵌合部が毎回同じ位置にくるようにすることになる。

もし、ワークの形状に多少手を加えてもよいとすれば、嵌合部の入口部分の面をとって、テーパ状にすることで条件を楽にする方法がある。

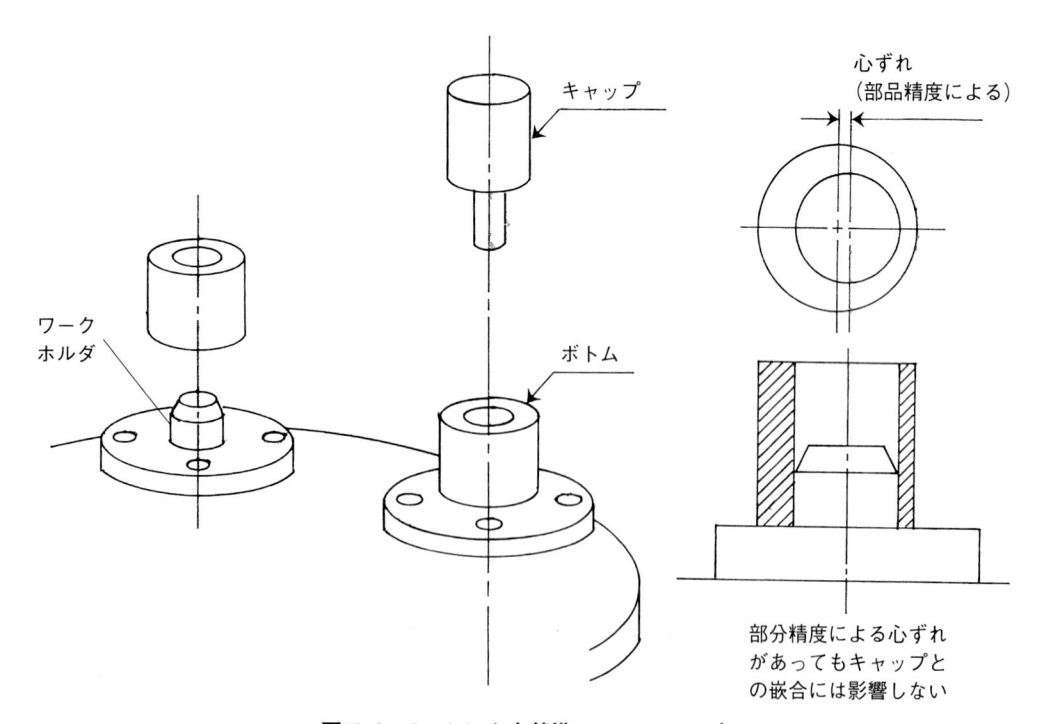

図Ⅲ.2.78　センタ穴基準のワークホルダ

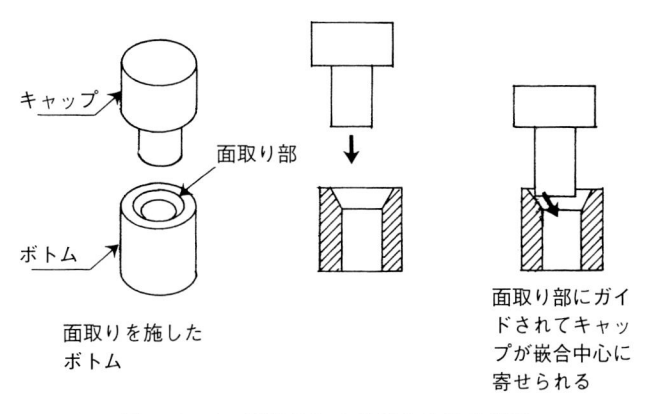

図Ⅲ.2.79　面取りによる嵌合条件の緩和

図Ⅲ.2.79はその様子を表したもので、キャップの嵌合部が面取り部に入っていればこれにならってボトムの中心に案内されることになる。

しかし、ボトムの面取り部にキャップの下端が当たると、キャップには横方向の力がかかるので、ムリに押し込むとキャップが倒れて思わぬ事故になりかねない。また、ワークには勝手に面取りを付けることができないケースがほとんどであろうから、これらに対応する方法を考える必要がある。

7.3　ガイド機構による嵌合となじみ性

ワークに面取りなどの案内がつけられない場合には、別のガイド機構を追加して面取りと同じ機能をもたせることがある。図Ⅲ.2.80はその一例で、ボトムのセンタ穴の上に面取りを施したガイドを設置して、キャップが降りてくるとボトムの中心に寄せられるようにしたものである。

嵌合可能条件
$$\delta < \frac{1}{2}(D+C-d)$$

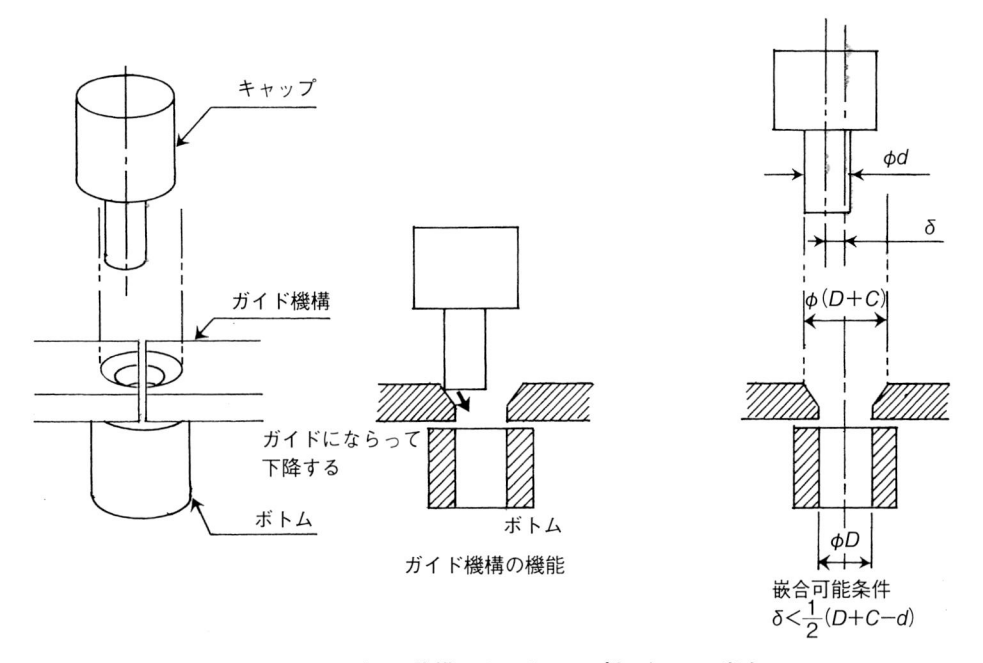

図Ⅲ.2.80　ガイド機構によるキャップとボトムの嵌合

この場合の嵌合可能条件は、図の一番右側にあるように、ガイドの入口の径を $\phi(D+C)$、キャップのシャフト部の径を ϕd、キャップとボトムの心ずれを δ とすると、

$$\delta < \frac{1}{2}(D+C-d)$$

となる。例えば、

$$\phi D = \phi 10^{+0.2}_{+0.1},\ \phi d = \phi 10^{0}_{-0.1},\ C = 2$$

とすると、嵌合するためのキャップの位置決め精度は、

$$\delta < \frac{1}{2}(10.1 + 2 - 10.0) \quad \delta < 1.05$$

となり、かなりラフな位置決めでも嵌合作業が可能になる。

しかし、このガイドによる嵌合方法には2つの問題点がある。1つは、ボトムのセンタとガイドのセンタをそろえる必要があることである。その解決方法の一例を図Ⅲ.2.81に示す。ボトムが保持されているワークホルダの中心に穴をあけておき、下から精度のよい位置決めピンを挿入して、ボトムとガイド機構の両方を貫通して両方の心を合わせる。心が合った状態で上からキャップを挿入するという方法である。

もう1つの問題点は、キャップの先端がガイドのテーパ部に当たったときに倒れずに、スムーズに中心方向に移動してくれるかということである。もちろん、これは面取り角度や面取り部の表面粗さなども影響してくるが、最も注意を払うべき点はキャップをグリップしているチャック側の構造である。

この場合のチャック部は、ワークの横方向の力を受けたらワークが傾くことなく力を受けた方向にスムーズに移動し、外力が加わらないときにはチャックの中心にワークが戻るような構造である

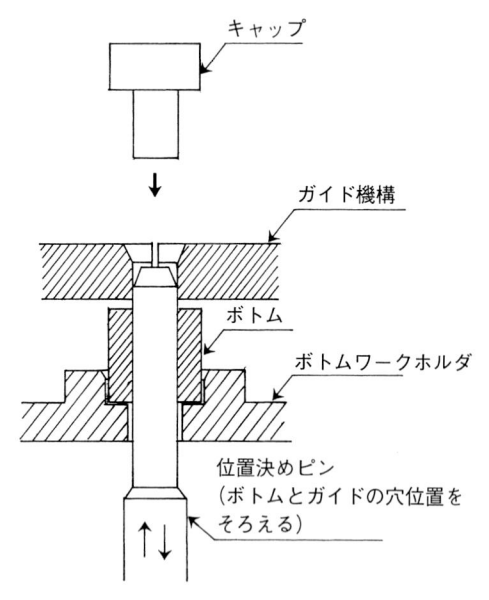

図Ⅲ.2.81　位置決めピンによる穴位置矯正

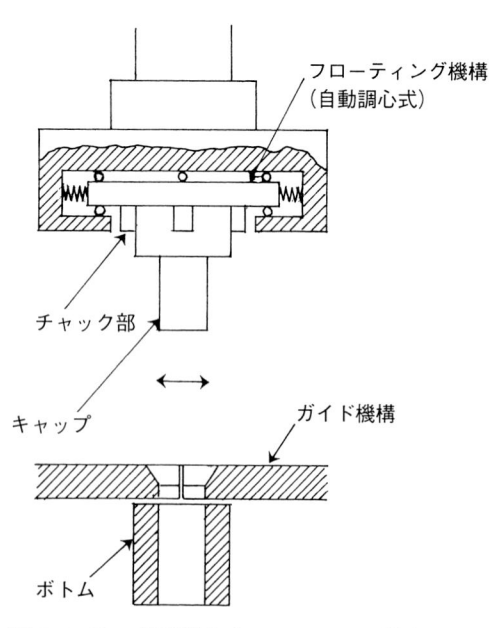

図Ⅲ.2.82　自動調心式フローティングチャック
　　　　　　（コンプライアンスをもつチャック）

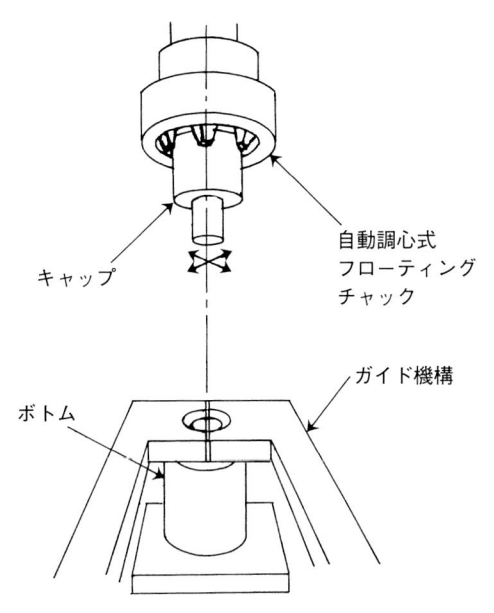

図Ⅲ.2.83　フローティングチャックによる嵌合例

必要がある。この構造をもつチャックの1つの例として、図Ⅲ.2.82に示すような自動調心式のフローティングチャックが考えられる。

このフローティングチャックは、横方向の外力が加わっていないときにはスプリングの力でセンターに位置し、ガイド機構の案内に接触して横方向の力が加わると逃げる方向へ移動する「なじみ性」を有するが、水平面はチャック面で完全にガイドされているのでワークが倒れる心配もない。このように、ガイド機構の形状に添って移動してくれるような「なじみ性」のことを「コンプライアンス」と呼んでいる。

図Ⅲ.2.83は、水平面に大きなコンプライアンスをもつフローティングチャックを付けたアームで、キャップをボトムに挿入する例である。

7.4　水平多関節ロボットによる嵌合

ある種の水平多関節ロボットの中には前述した「なじみ性」をチャック部でなくアームの関節部にもたせた構造のものもある。図Ⅲ.2.84のような水平に移動する2軸のアームをもつロボットハンドを例にとって考えてみる。

このロボットアームを平面図にしたものが図Ⅲ.2.85で、第1軸によるアーム先端部（作業軸）の移動曲線は、同図（1）のように、第1軸を中心とした半径 R_1 の円弧になる。一方、第2軸によるチャック部の移動曲線は（2）のようになり、第2軸を中心とした半径 R_2 の円弧になる。

位置決めを完了した各軸が、その軸を中心とした回転方向になじみ性を有するような構造になっているとして、その各軸が仮に角度 a で表現できるなじみ性をもっていると仮定する。この様子を図にすると図Ⅲ.2.86のようになり、アーム先端の作業軸が位置決めされた点を中心とした、斜線で示した部分の面についてなじみ性をもつことが分かる（正確には、多少この図よりずれる）。

これを前述の面取り付けガイドを利用したキャップとボトムの嵌合であるから、斜線部に内接す

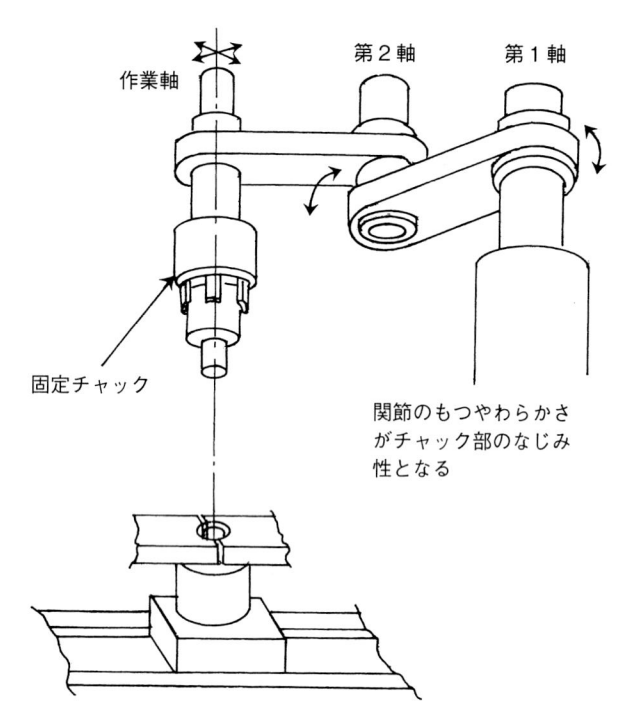

図Ⅲ.2.84 2軸ロボット（スカラ型ロボット）のもつなじみ性を利用した嵌合作業

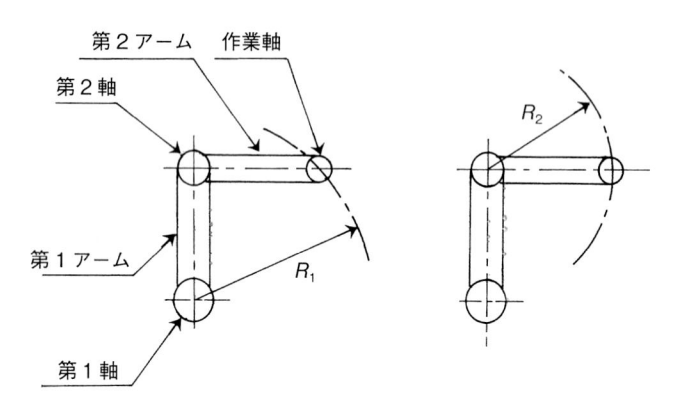

（1）第1軸による作業軸の移動曲線　　　（2）第2軸による作業軸の移動曲線

図Ⅲ.2.85 2軸ロボットの作業軸の移動曲線

る円の内側が嵌合に利用できることになる。ところがここに掲げた水平2軸ロボットアームの場合、この面積は一定でなく、関節の曲がり具合によってこの面の大きさが変わってくる。**図Ⅲ.2.87**はこの様子を模式図にしたもので、嵌合に利用できるなじみ性の変化を、2つのアームの位置関係による状態（A）～（D）の4つの場合について示した。

（A）は、第1軸と作業軸を結ぶ線と第2軸と作業軸を結ぶ線が直交している場合で、この状態が一番内接円の面積が広い。

（D）のように、この2つの線が同一線上に並ぶと円の面積は最小になる。すなわち、この場合はY方向のみにはなじみ性があるが、X方向には全くないということになる。

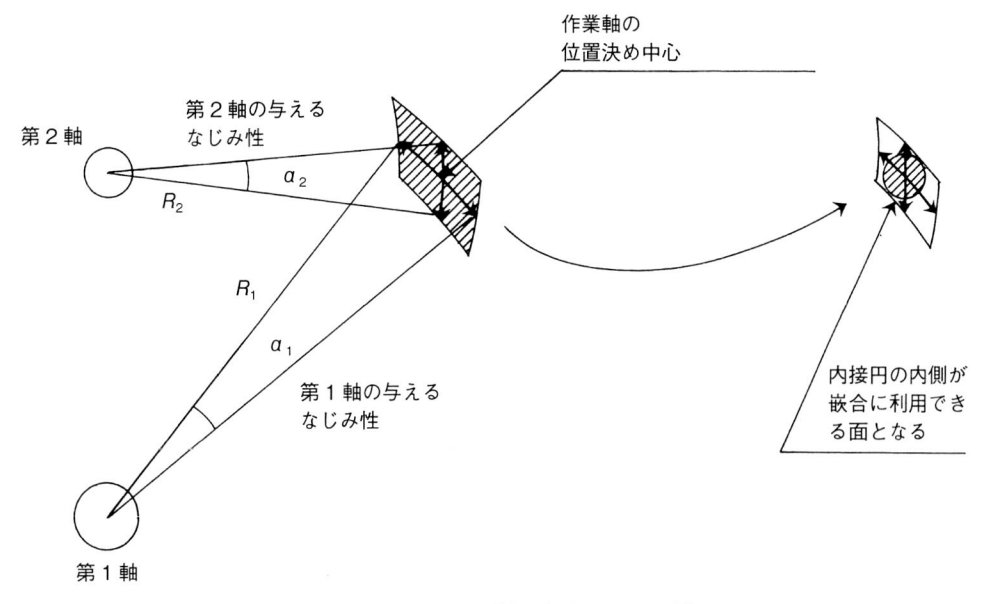

図Ⅲ.2.86　2つの関節が与えるなじみ性

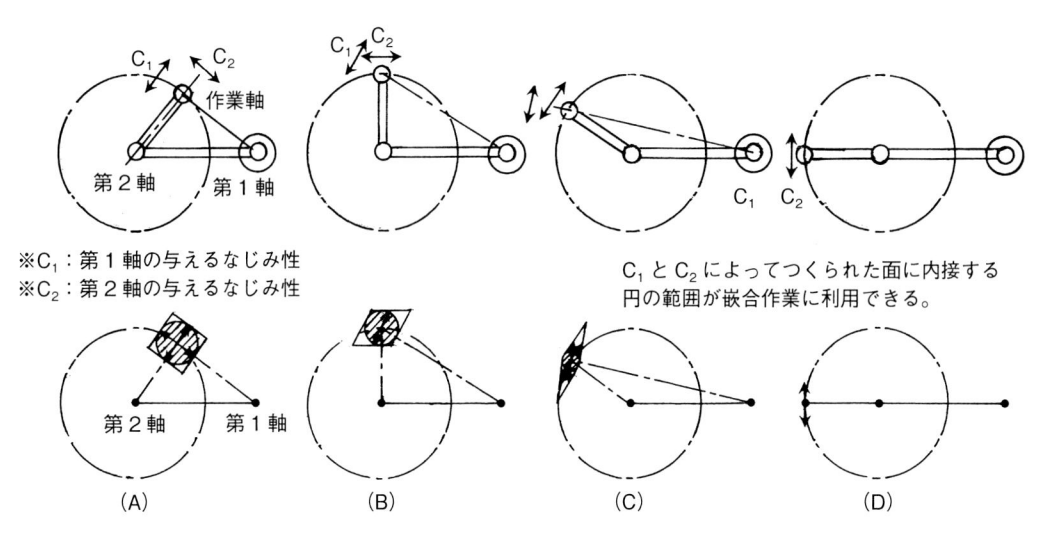

※C_1：第1軸の与えるなじみ性
※C_2：第2軸の与えるなじみ性

C_1とC_2によってつくられた面に内接する円の範囲が嵌合作業に利用できる。

(A)　(B)　(C)　(D)

※C_1、C_2は本来円弧になるが簡単のため直線で表現した。

図Ⅲ.2.87　2軸ロボットのもつ嵌合のためのなじみ性の変化

8. 品種判別と段取り替え

8.1　ワークの品種判別

1つの生産ラインに複数の種類のワークが流れてくる場合、作業ステーションに送られてきたワークがどの品種であるかを判別して、それに合わせた段取り替えや作業内容の変更を行わなくてはならないケースがよくある。品種数が少なく、その特徴となる部分がはっきりしていれば、その部分を光電センサなどで確認するだけで、どの品種のワークであるか判別できる。

図Ⅲ.2.88はこのような性質のワークの例を示した。ワークの種類としては、01型〜13型まで6種類のものがあり、11〜13型はベースとシャフトの中間に一段加えられている。シャフト部の長さは、01型と11型が同じl_1、02型と12型がl_2、03型と13型がl_3となっている。この6種類のワークが1つのラインに流れてくることになるが、品種を判別するには、3つの光電センサA、B、Cを図の右側のように設置すればよい。例えば、ワークが正しい位置にあるときに、センサA、B、Cの出力が、OFF、ON、OFFとなれば、02型のワークであると判定される。

　どの種類のワークであるかが判明すれば、シャフト部の長さや外径などがわかるので、前もって与えられているデータに従って、作業内容を変更すればよい。

　このように、ラインに流れてくるワークの種類がいくつかに限定されていて、精密な計測を行わなくてもワークの形状寸法が判別できるものを「既成品種ワーク」と呼ぶことにする。

　既成品種ワークは品種が決まると一義的にすべての寸法が判明する。これとは別に、各部の寸法のうち、いずれかの寸法については、ある範囲内に収まっているということしかわかっていないようなワークの場合がある。例えば、図Ⅲ.2.88のl寸法がl_1、l_2、l_3の3種類でなくて、$l_1<l<l_3$の

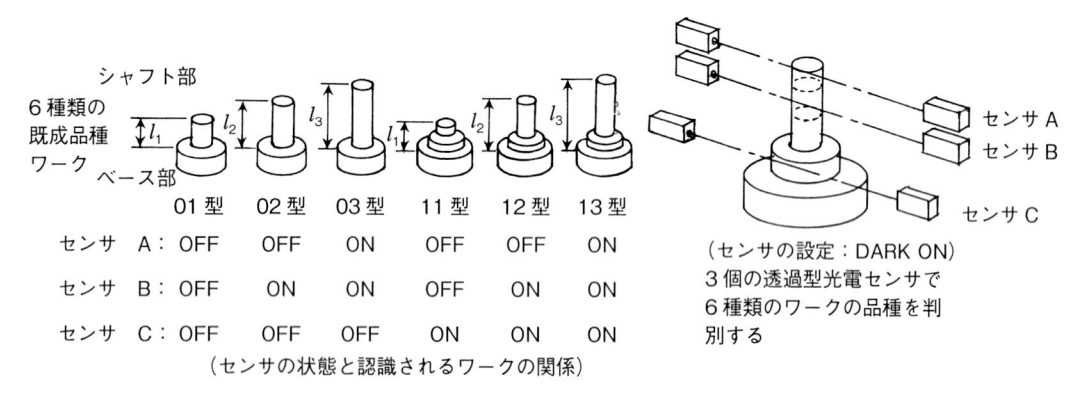

図Ⅲ.2.88　既成品種ワークの品種判別

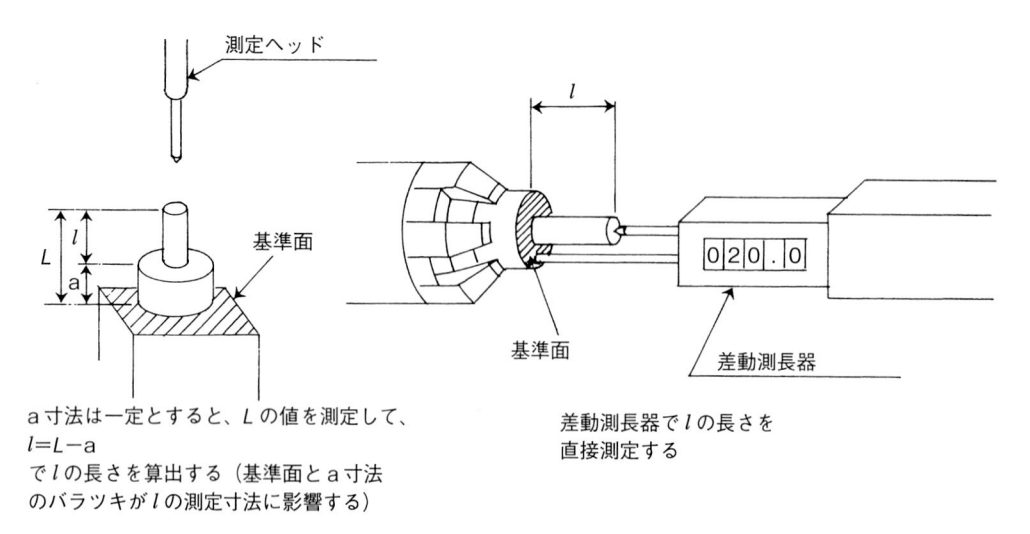

図Ⅲ.2.89　部分変則品種ワークの測定例

中で任意の値をとる場合に相当する。これは、もともと l_3 という原形のワークがあり、要求によって $l_1 < l < l_3$ の範囲で切断したものがラインを流れてくるようなケースである。このようなワークを「部分変則品種ワーク」と呼ぶことにする。

部分変則品種ワークは、ワークの変則部分を計測することによって、全寸法が明らかになるものである。図Ⅲ.2.89はワークの l 寸法が変則になっている場合の測定例である。

8.2 品種切換えと作業基準面

図Ⅲ.2.88や図Ⅲ.2.89のようにワークの形状が変化して、多くの品種が存在しているような場合でも、作業内容とワークの姿勢の基準の取り方によっては、品種判別をする必要性がないこともある。

図Ⅲ.2.90には、前述のワークのシャフト部から穴加工をする例が示してある。この図にあるように、ワークがおかれている底面から、寸法 b だけ肉厚を残して上部から穴加工を行うという作業を想定してみると、加工ヘッドはワークの品種にかかわらず、毎回一定のストロークだけ下降すれば一律に要求された寸法の穴があくので、品種にかかわらず、同じ機構で対応できる。

ところが、図Ⅲ.2.91のように加工ヘッドを降ろすときにワークの上端部を別の機構でガイドしておく必要がある場合には、そうはいかなくなる。ガイド機構でワークをグリップする前に何らかの方法でワークの高さを判定し、それに合わせてガイドを上下に移動する構造としておかなくてはならない。

図Ⅲ.2.92は、これとは逆に穴あけ作業の基準面がワークの上面になっている例を示した。図にあるように、品種が変わると加工ヘッドが下降するストロークがかわるので、ストローク調節機構が必要となる。ワークの品種が少ない既成品種ワークの場合には、品種によってワークホルダを変更して加工基準面（高さ）をそろえることもできる。

図Ⅲ.2.88にあるような6種類の既成品種ワークについて考えてみると、ワークの高さは3種類しかなく、ワーク底部の寸法は同一とすると、3種類の高さの異なるワークホルダを用意すればよい。図Ⅲ.2.93はその例で、基準面の高さがそろうようなワークホルダの上にワークを装着してある。

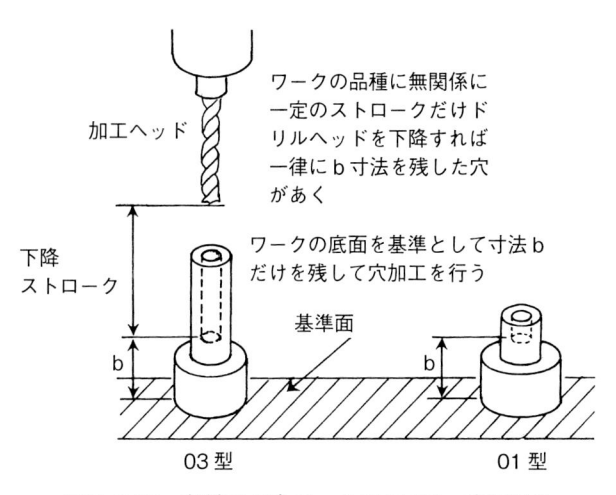

図Ⅲ.2.90 基準面が全ワークについて一定の場合

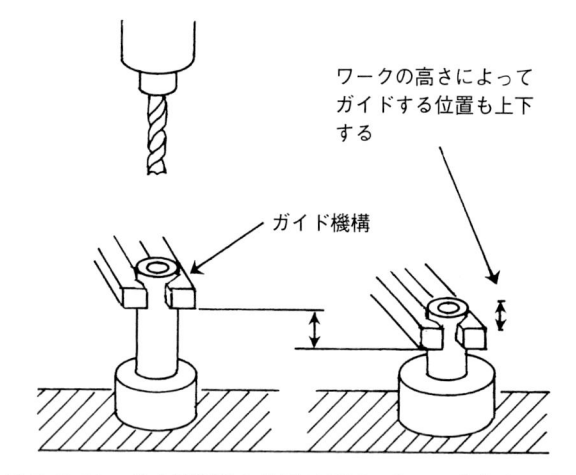

図Ⅲ.2.91 ガイド機構の位置が品種によって変化する場合

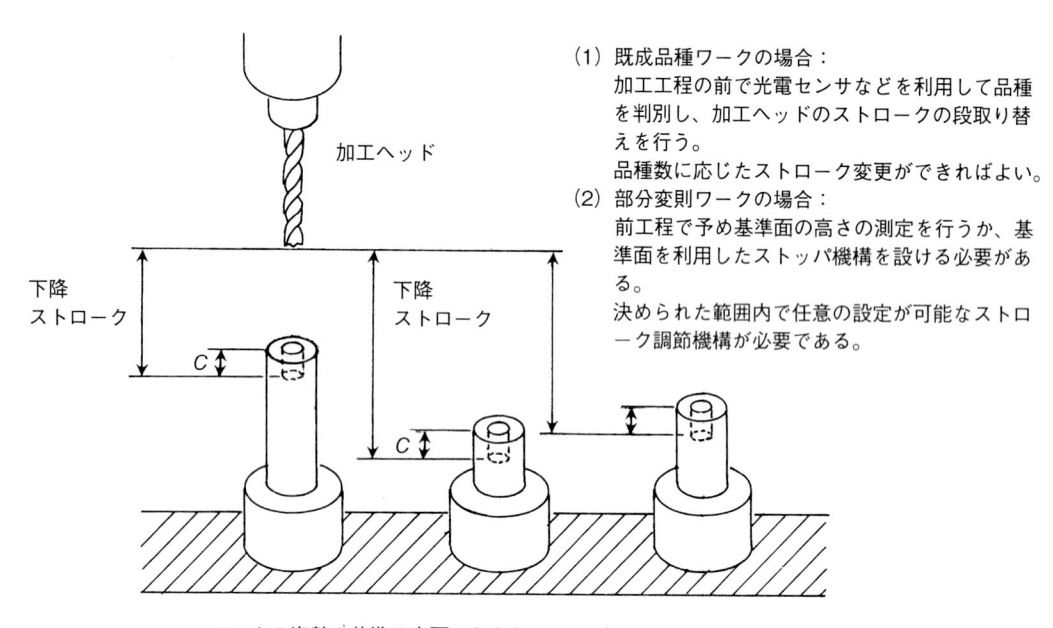

(1) 既成品種ワークの場合:
加工工程の前で光電センサなどを利用して品種を判別し、加工ヘッドのストロークの段取り替えを行う。
品種数に応じたストローク変更ができればよい。
(2) 部分変則ワークの場合:
前工程で予め基準面の高さの測定を行うか、基準面を利用したストッパ機構を設ける必要がある。
決められた範囲内で任意の設定が可能なストローク調節機構が必要である。

ワークの姿勢の基準は底面にとられているが、
作業基準面が上面にある場合、
ワークの品種によって作業基準面の高さが変わるので、
加工ヘッドのストロークを品種によって変更しなくてはならない。

図Ⅲ.2.92 変則部位が基準面になっている例

　このような段取り換えでは、品種が変わるごとに全部のワークホルダを交換しなくてはならないので、いかに品種が少なくとも、頻繁に品種が切り換ったり、複数の品種のワークが混流するようなシステムには不向きである。できればワークホルダは1種類に限定してワーク作業基準となる面を一律にそろえるような方法が好ましい。

　そこでワークを逆さにして、ワークの作業基準面を基準に、その姿勢を保持するようなワークホルダに変更したものが図Ⅲ.2.94である。

　このワークホルダに正しくワークを装着して、下側から一定のストロークで穴あけ作業を行えば、

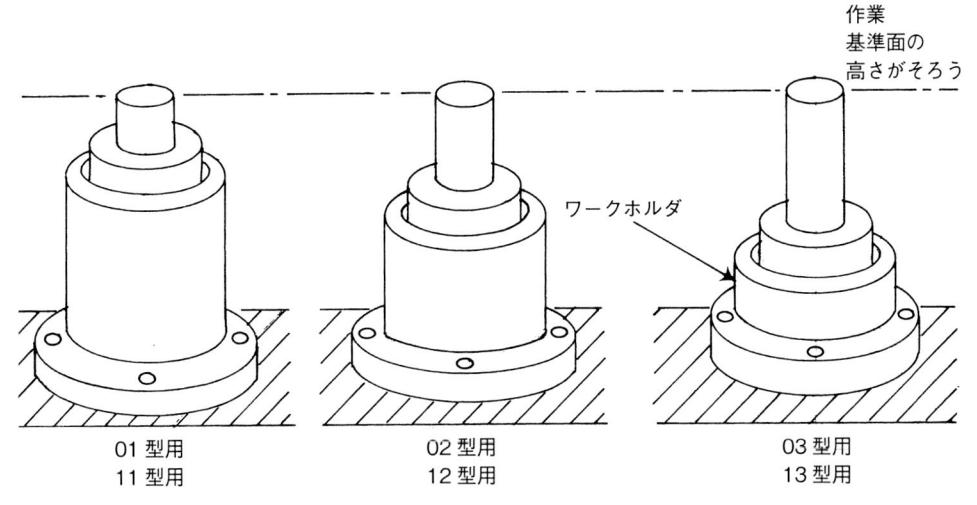

図Ⅲ.2.93　ワークホルダの段取替えによる作業基準面の統一

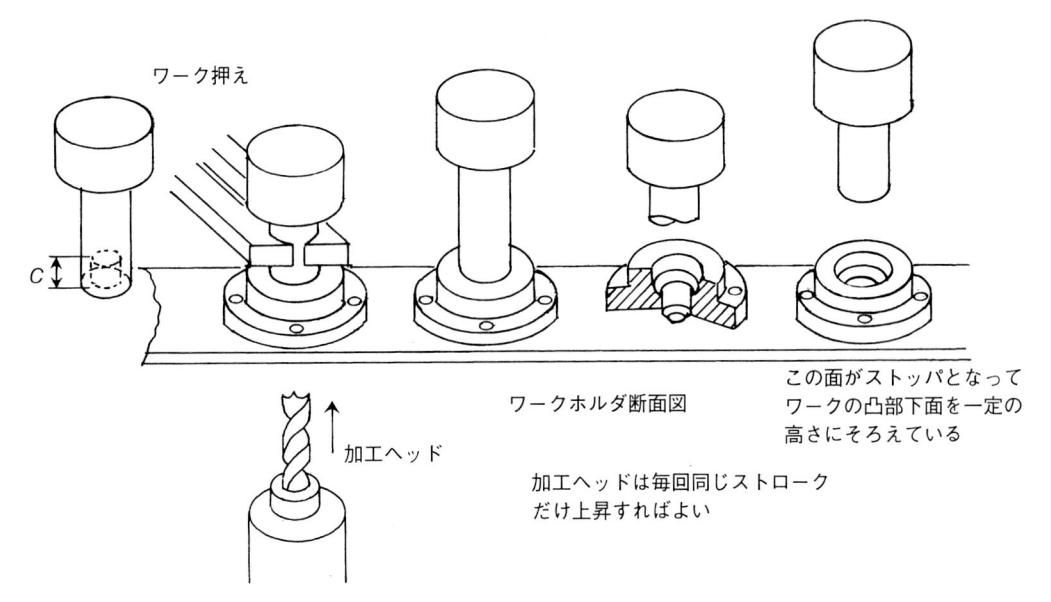

図Ⅲ.2.94　姿勢基準面と作業基準面を一致させるワークホルダを利用した場合

ワークの品種に無関係に一定の深さの穴あけが可能となる。

　このように、ワークの姿勢保持の基準面と作業基準面を一致させると、品種切換えのための機構が簡素化されて、有利なシステム構成とすることができる。

8.3　品種切換え対応手法

　前節で解説したガイド機構を使ってキャップとボトムの嵌合作業を行う場合、1種類のワークしかなければ、それに合うガイド機構を1つ用意しておけばよいが、同じラインに数種類の嵌合部の径が異なるワークが流れてくるとすると、ワークの種類ごとに異なるガイド機構を用意しなくてはならない。

　いま、図Ⅲ.2.95のような品種1、2、3の3種類のワークを同じ生産ラインで組み付けるものと

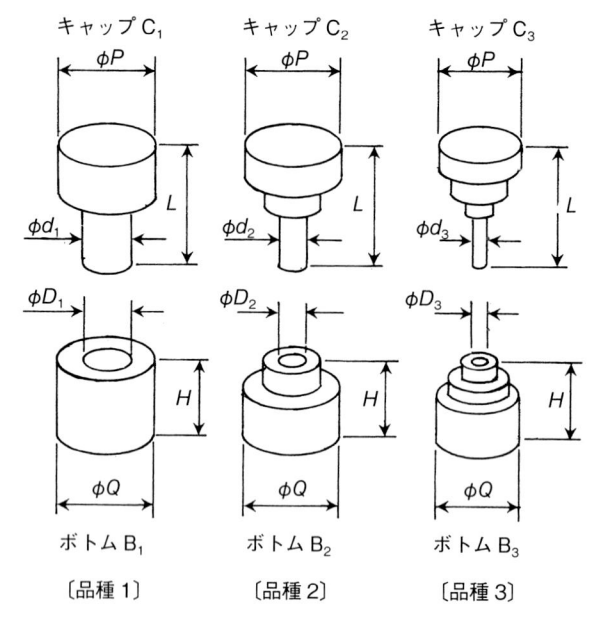

図Ⅲ.2.95　3種類のワーク

する。品種1は、嵌合部のシャフト径が ϕd_1、穴径が ϕD_1 となっていて、ほかのものと比べて一番径が大きくなっている。反対に品種3は径が一番小さい。この嵌合を行う場合、前述したとおり面取りをもつガイド機構を利用することが有効であるが、ガイド機構の形状が品種によって異なるところに問題がある。図Ⅲ.2.96は品種1、2、3に対応するガイド J_1、J_2、J_3 を示す。

このように、品種によってガイド機構やチャックなどのツールを変更しなくてはならない場合の対応方法としては、着脱方式・併設方式・ターレット方式・調整方式、の4つの方式がある。

どの方式を選定するかは品種数、品種切換えの頻度、投資金額、設置スペース、などのさまざま

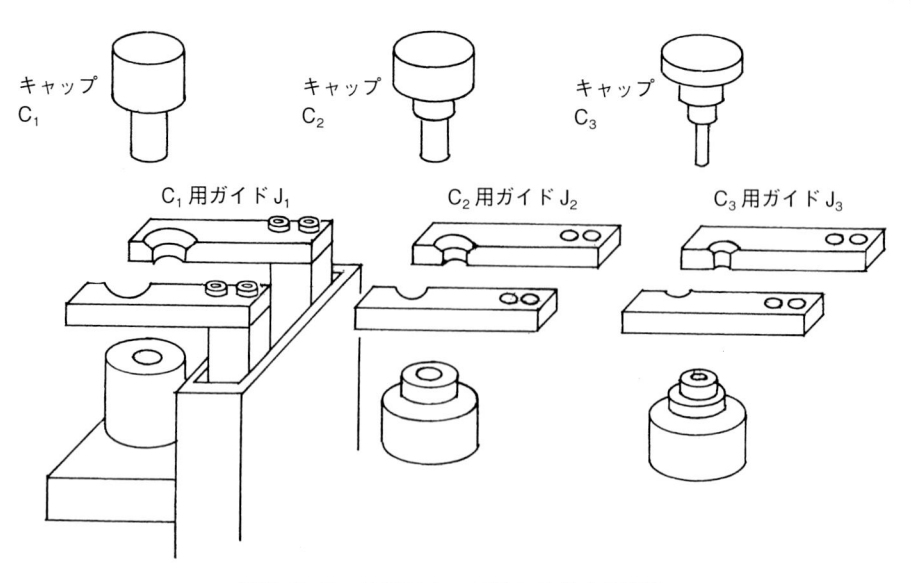

図Ⅲ.2.96　品種によって異なるガイド機構

な要素を検討して決定することになるが、ここにあげた品種1、2、3の場合を例にとって、4つの方式を適用したシステム構成を考えてみることにする。

(1) 着脱式品種切換え対応機構

品種切換え頻度が低く、例えば数週間に1度しか品種を切換えないというような場合には、品種を切換えるときに、ガイドやチャックなどの一部の部品を品種に合わせて付け替えたり、メカニズムを駆動しているカムを交換したりして対応する、いわゆる「着脱方式」が有利なことが多い。

図Ⅲ.2.97は品種1、2、3の組立を着脱を用いて構成したもので、1つの組付けステーションで3種類のワークの嵌合を行うものである。図は品種1の組付け作業状態を示し、ボウルフィーダの中にはキャップC_1が入れられ、ガイドはJ_1が取り付けられている。ベースマシンで送られてくるボトムは品種B_1のもので、同時にほかの種類のボトムは送られてこない。

品種を1から2に切り換えると、ベースマシンで送られてくるのはB_2だけになるから、ガイドをJ_2に交換し、ボウルフィーダの中にあったキャップC_1はすべて取り出して、かわりにC_2を入れる。1つの組付ステーションで品種対応ができるので、機構的には簡単で安価なものとなる。

しかしながら、段取換えに相当の時間がかかるので、品種切換え頻度が高くなると生産性が上がらなくなる。また、同時に異なる品種の生産を行う「異品種混流生産」はできず、ロット生産方式となる。

(2) 併設式品種切換え対応機構

図Ⅲ.2.98は、品種毎に1つの組付けステーションを設け、それぞれに専用のガイドJ_1、J_2、J_3をつけた例である。ガイド機構を必要な数だけ最初から設置してあるため「併設方式」と呼ぶ、

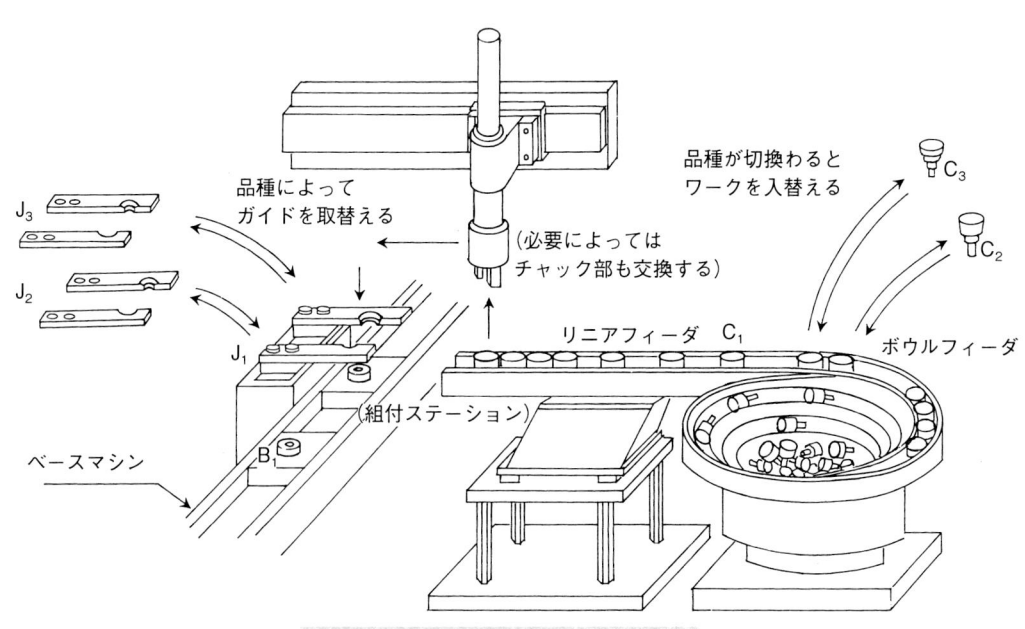

機構的には簡単で安価なシステムになるが、品種切換え頻度が高いものには向いていない

図Ⅲ.2.97　着脱式品種切換え対応機構

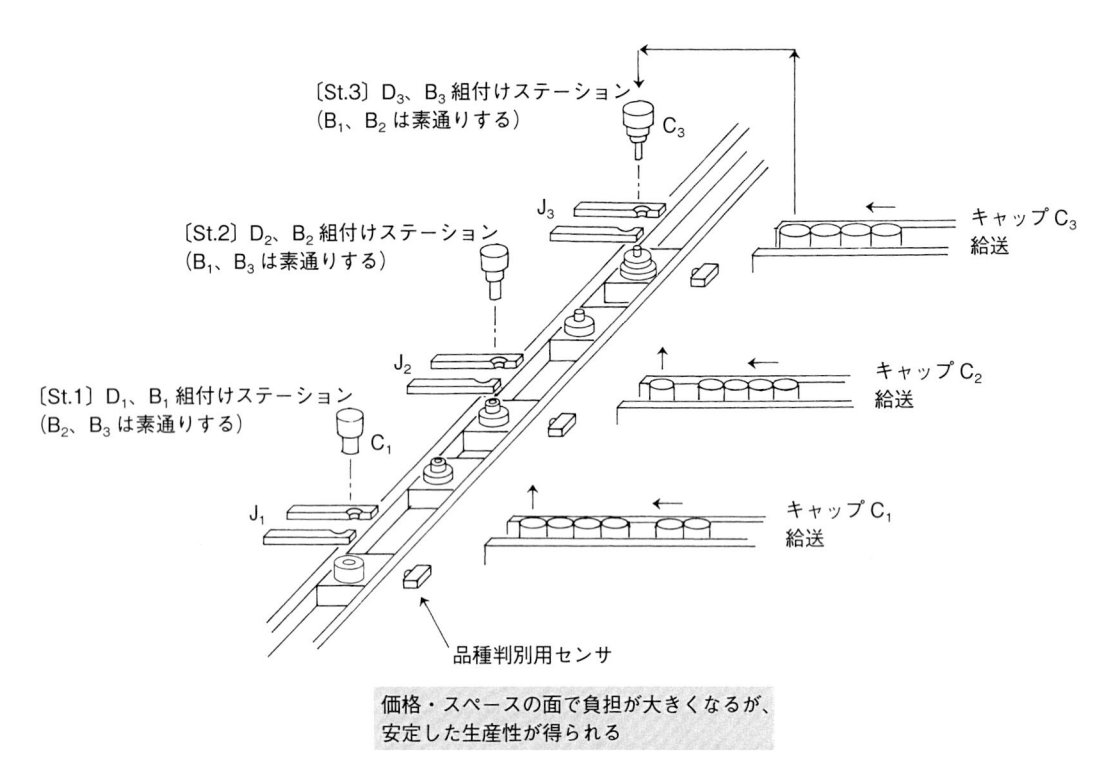

図中ラベル:
- [St.3] D₃、B₃ 組付けステーション（B₁、B₂ は素通りする）
- [St.2] D₂、B₂ 組付けステーション（B₁、B₃ は素通りする）
- [St.1] D₁、B₁ 組付けステーション（B₂、B₃ は素通りする）
- キャップ C₃ 給送
- キャップ C₂ 給送
- キャップ C₁ 給送
- 品種判別用センサ
- 価格・スペースの面で負担が大きくなるが、安定した生産性が得られる

図Ⅲ.2.98　併設式品種切換対応機構

これは着脱方式に比べて価格やスペースの面で負担が大きくなるが、以下のようなメリットがある。
- 段取替えが不要となり、品種切換の対応がはやい
- 例えどれか1つの品種の供給に支障が生じてもほかの2品種の生産は続行できる
- 品種判別をすれば同時に異品種を流す混流生産が可能
- 各ステーションの作業時間が安定している

ただし品種数が多くなると、併設するユニットの数もその分増えて、大掛かりとなりすぎる場合も生ずる。

(3) ターレット式品種切換え対応機構

これは位置決めが可能なテーブル状のホルダなどに、品種に対応した多数のツールを取りつけたターレットと呼ばれる機構によって、品種切換えに対応するものである。図Ⅲ.2.99は、嵌合作業のためのガイドを回転位置決めが可能なターレットに取り付けた例で、品種が切替わる都度、相当するガイドを組付け位置にまわして固定する。

これは併設式に比べるとコンパクトにまとまるが、品種の切換え頻度が高いとターレットを回転する時間だけ作業時間がのびて、作業時間が安定しない要因となる。同図では、キャップ C_1〜C_3 の供給部は併設方式としてあるが、キャップの種類によって組付け位置までの移動距離が異なるので、作業時間にバラツキがでる。

多数のツールを取り付けられるターレットを準備すれば、多くの品種に対応できるようになるが、

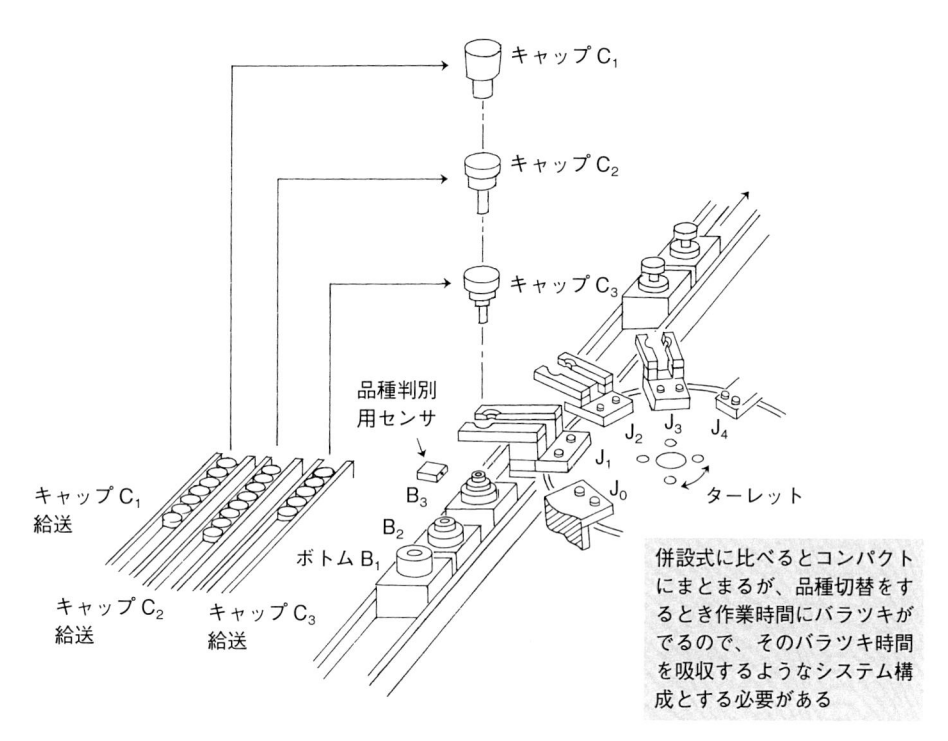

図Ⅲ.2.99 ターレット式品種切換え対応機構

併設式に比べるとコンパクトにまとまるが、品種切替をするとき作業時間にバラツキがでるので、そのバラツキ時間を吸収するようなシステム構成とする必要がある

4本のガイド J_F で囲まれた中心のスペースを調整することで、キャップ C_1 〜 C_2 まで1つのガイド機構で対応できる。また、無段階調整式になっているので、シャフト径の異なるワークが新規に追加されても対応できる

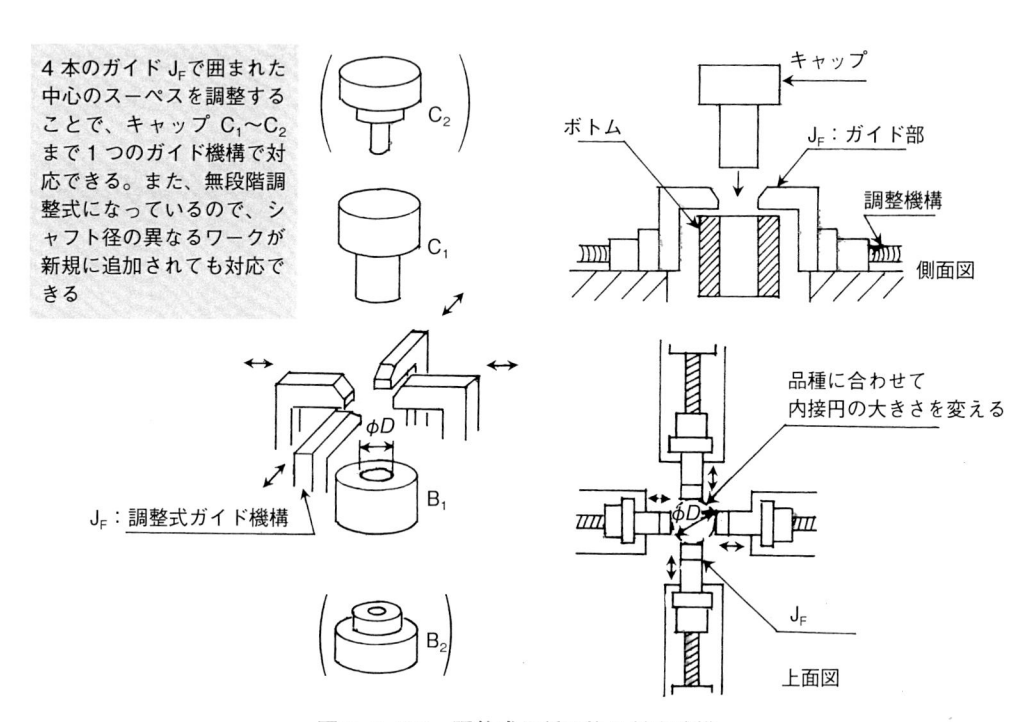

図Ⅲ.2.100 調整式品種切換え対応機構

あまり頻繁に品種が切換わると作業時間が長くなって生産性が極端に低下する。

(4) 調整式品種切換え対応機構

品種数が非常に多くなったりガイドする径が一定でなく変則であるような場合には、品種ごとに製作したガイドを適用するのが難しくなってくる。そこで、ガイド機構そのものに汎用性をもたせた「調整方式」による品種対応機構が有効になる。

図Ⅲ.2.100はその例で、面取りをしてある4本のガイド機構のストロークをサーボモータなどで調整できるようにしたものである。組付けを行う品種の径に合わせて、4本のガイドで囲まれる中心のスペースを調整することで、種々の径のワークに対応できる。

9. 自動化のための手法の応用

自動化のための基本的な技法と考え方を具体例をまじえて解説してきたが、自動化を行う対象は千差万別であり、ここにあげた例だけでは十分ではないかも知れない。

しかし、生産性向上のために行う工程分割や、バッファストックの効果、嵌合作業に代表されるガイド機構の必要性、品種切換えのための対応手法などの基本的な考え方は、対象とするワークがかわったとしても有効なものであるから、それぞれが対象としている製品に当てはめて応用していただければありがたい。

また、各テーマごとに事象を分けて説明してきたが、実際にシステムを構成するときには、いくつもの条件が重畳された複合機構になってくる場合も少なくない。このような複合された機構になってくると、工程を分割したり、応用性（フレキシビリティ）をもたせることが容易ではなくなってくるので、多少高級な手法を使わないと生産性の向上は不可能となることも記述しておく。

III-3 自動化システム構築実験〔Z〕

Z-1 実験内容

III-2章で解説したように、複数の作業工程を有する自動生産では、工程を分割し、搬送系で各工程環を結ぶことで、生産性を大幅に向上することができる。これを工程分割による生産性の向上と呼んだ。

本章では比較的簡単な作業工程を実際に自動化して生産性などについての検証を行う。

目的とする自動化工程は次の3つに分割することができるものとする。

(1) ピック&プレイスユニットによるワークの自動供給
(2) ドリルユニットによるワークの穴あけ加工
(3) ピック&プレイスユニットによるワークの取出し

この3つの作業工程をステージ型自動機として構成した場合と、インデックス型自動機として構成した場合の2つのシステムを実際に作って比較する。

簡単なシステムではあるが、工程分割を行うとどのようにして生産性が上がるのかが実際の実験データとして得られる。

本実験の中で、ステージ型自動機とインデックス移送式自動機を用いた各作業ユニットは完全な比較実験をするため、まったく同じメカニズムで構成した。

本実験は全て筆者が実際に実験をして得られたデータを掲載してある。

写真 Z1.1 は本実験に使用した新興技術研究所製「メカトロニクス技術実習システム（MM3000シリーズ）」の写真である。

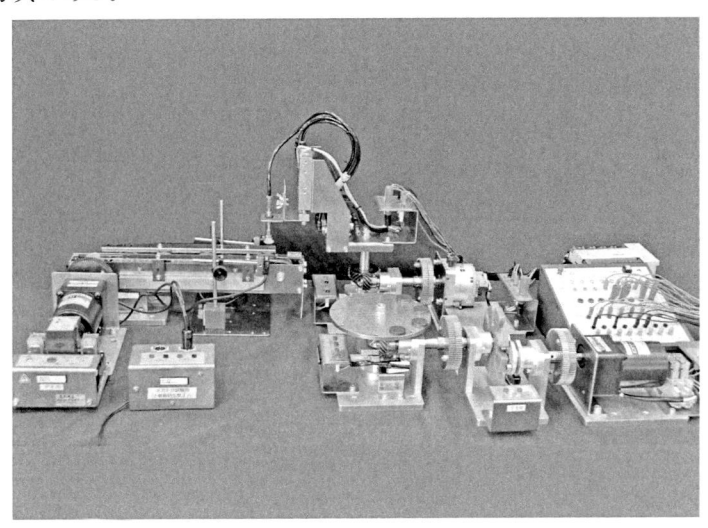

写真 Z1.1　自動化システムの実験装置（新興技術研究所製 MM3000 シリーズ）

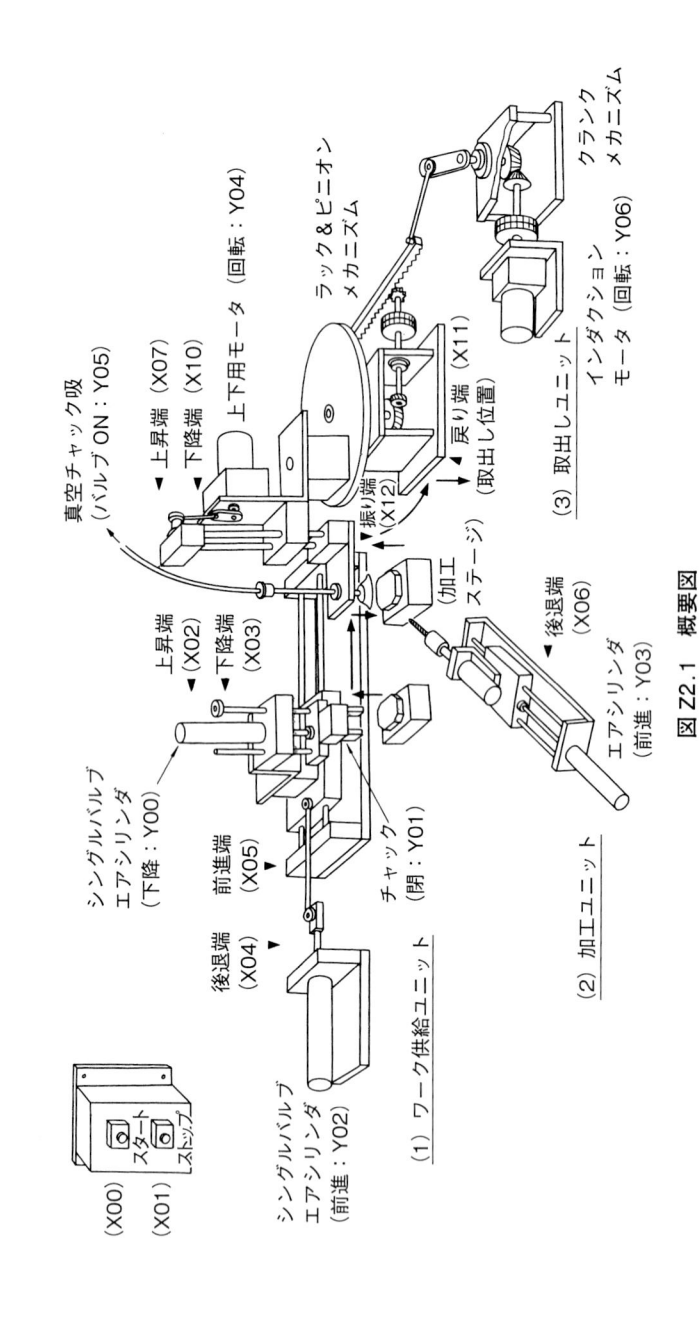

Z-2 ステージ型自動機の構築実験

(X00) スタート
(X01) ストップ

(1) ワーク供給ユニット

シングルエアシリンダ
(前進：Y02)

後退端 (X04)
前進端 (X05)

チャック
(閉：Y01)

シングルバルブ
エアシリンダ
(下降：Y00)

上昇端 (X02)
下降端 (X03)

真空チャック吸
(バルブ ON：Y05)

上下用モータ (回転：Y04)
上昇端 (X07)
下降端 (X10)

ラック＆ピニオン
メカニズム

(2) 加工ユニット

エアシリンダ
(前進：Y03)

後退端 (X06)

加工ステージ

振り端 (X12)
戻り端 (X11)
(取出し位置)

(3) 取出しユニット

インダクション
モータ (回転：Y06)

クランク
メカニズム

図 Z2.1 概要図

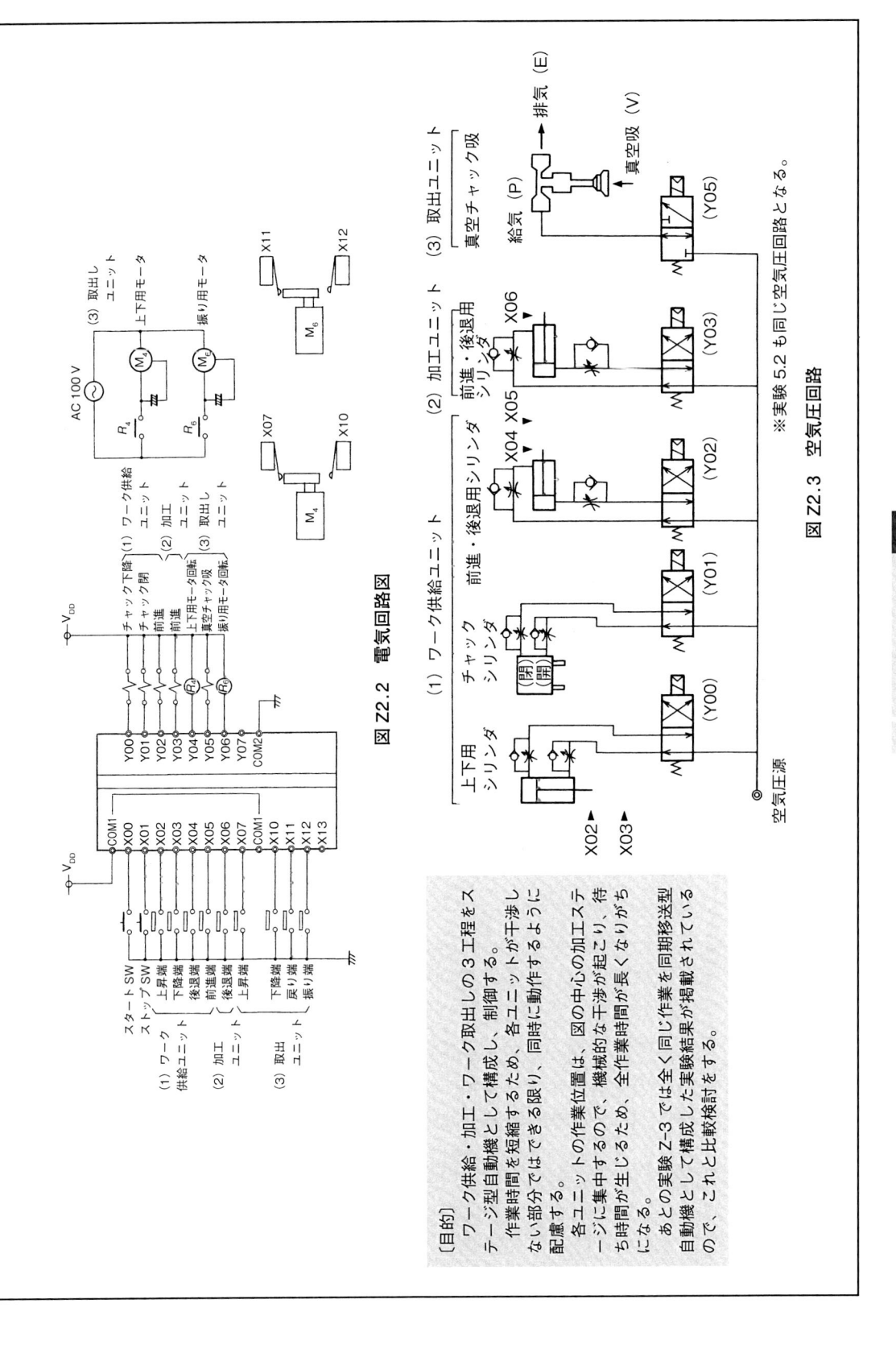

Ⅲ-3 自動化システム構築実験〔Z〕

図 Z2.2 電気回路図

図 Z2.3 空気圧回路

※実験 5.2 も同じ空気圧回路となる。

[目的]

ワーク供給・加工・ワーク取出しの3工程をステージ型自動機として構成し、制御する。

作業時間を短縮するため、各ユニットが干渉しない部分ではできる限り、同時に動作するように配慮する。

各ユニットの作業位置は、図の中心の加工ステージに集中するので、機械的な干渉が起こり、待ち時間が生じるため、全作業時間が長くなりがちになる。

あとの実験 Z-3 では全く同じ作業を同期移送型自動機として構成した実験結果が掲載されているので、これと比較検討をする。

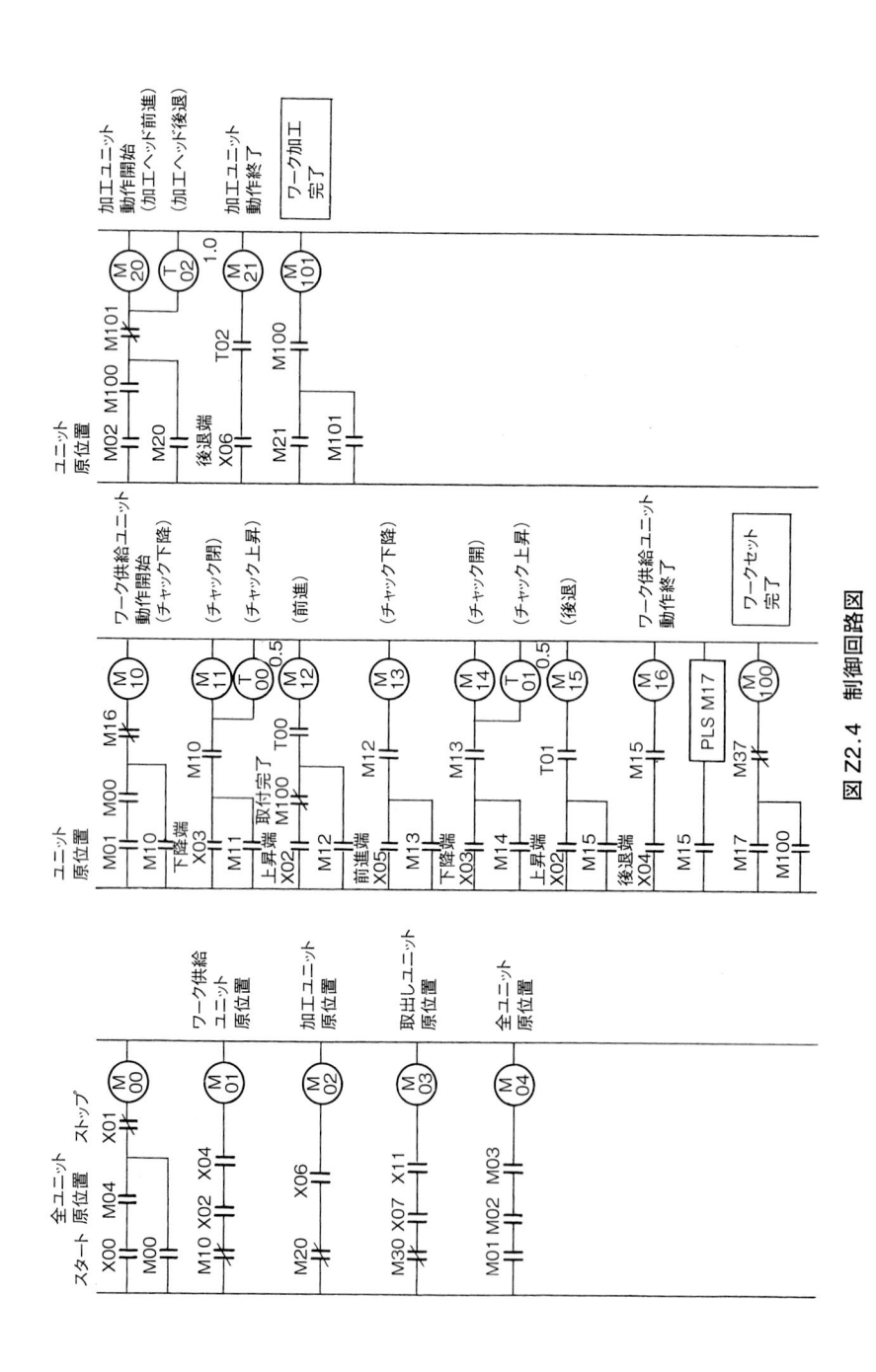

■ ステージ型自動機の構築実験

図 Z2.4 制御回路図

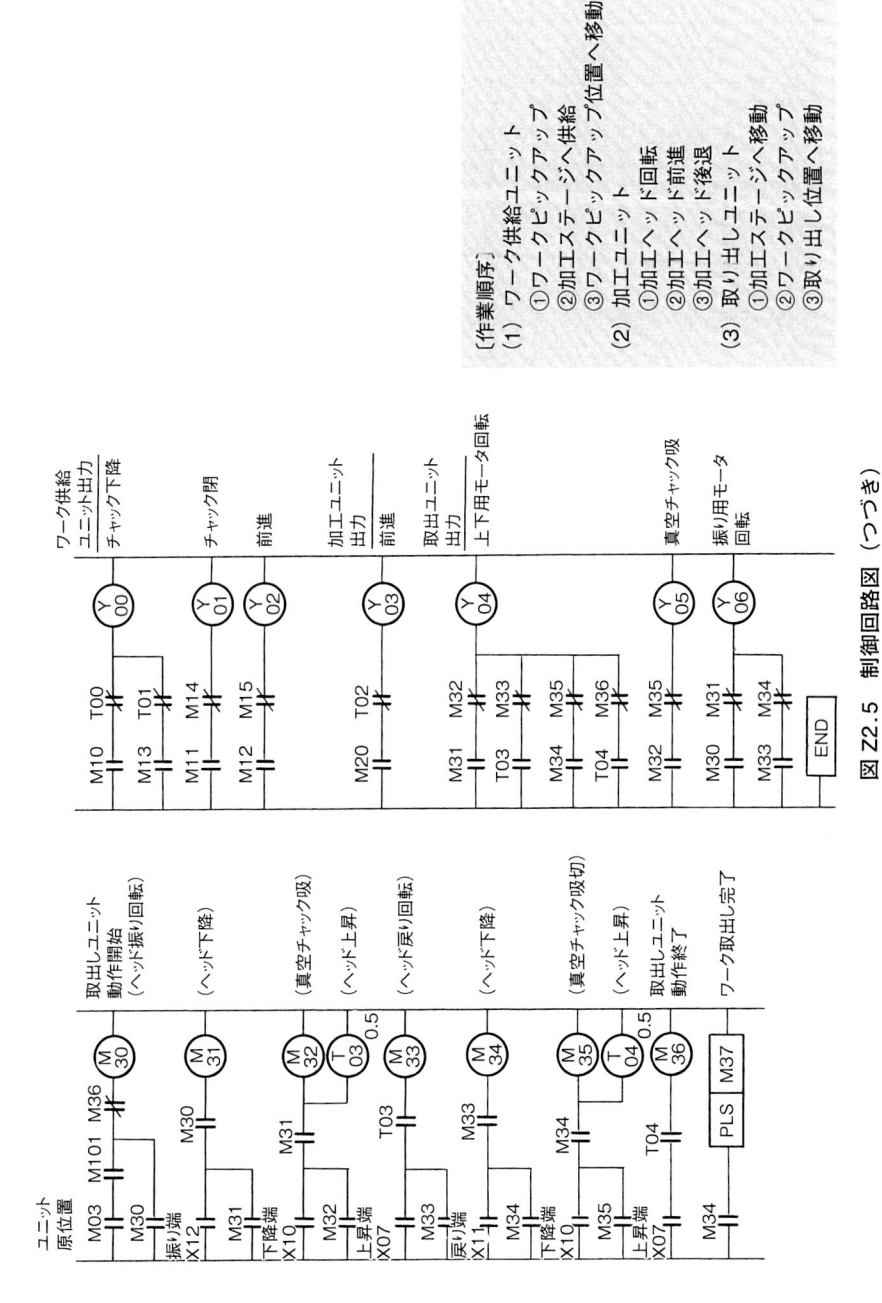

[作業順序]
(1) ワーク供給ユニット
　①ワークピックアップ
　②加工ステージへ供給
(2) 加工ユニット
　①加工ヘッド回転
　②加工ヘッド前進
　③加工ヘッド後退
(3) 取り出しユニット
　①加工ステージへ移動
　②ワークピックアップ
　③取り出し位置へ移動

図 Z2.5　制御回路図（つづき）

■ ステージ型自動機の構築実験

実験 Z-2 の結果

実験データ No.		(1A-1)	(1A-2)	(1A-3)	(1A-4)	(1A-5)	(1A-6)
ユニット単体の動作時間	ワーク供給ユニット	6秒	6秒	6秒	8秒	8秒	8秒
	加工ユニット	2秒	2秒	2秒	2秒	6秒	8秒
	取出しユニット	7秒	8秒	10秒	8秒	8秒	8秒
ステージ型自動機の連続した1サイクルの動作時間（タクトタイム）		10秒	11秒	13秒	11秒	15秒	17秒

図 Z2.6　実験結果

制御回路をつくるうえで、できるだけ各ユニットが同時に動けるように考慮してあるが、作業位置が同じになるため、お互いに干渉し合う部分は、待ち時間ができる。全ユニットが完全に同時に動くことができれば、1サイクルのタクトタイムは、その中の最も遅いユニットの動作時間に等しくなる。

この実験結果では、(1A-1)～(1A-4) に関しては、動作時間の最も長いユニットの動作時間に3秒プラスしたものが、タクトタイムになっている。

(1A-4) の場合、各ユニットの動作時間の合計は18秒になるが、そのうち7秒間についてはお互いに干渉しないで同時に動いていることになり、タクトタイムは11秒となっている。

(1A-5) と (1A-6) は、加工ユニットの動作時間を長くしたときの実験結果である。

制御回路図を見ると分かるように、加工ユニットにはワーク供給ユニットがワークを加工ステージにセットし終わるとすぐに動作を開始するが、加工作業が完全に終わるまで取出しユニットは作業を開始できないので待ち時間ができる。

Z-3 同期移送式自動機の構築実験

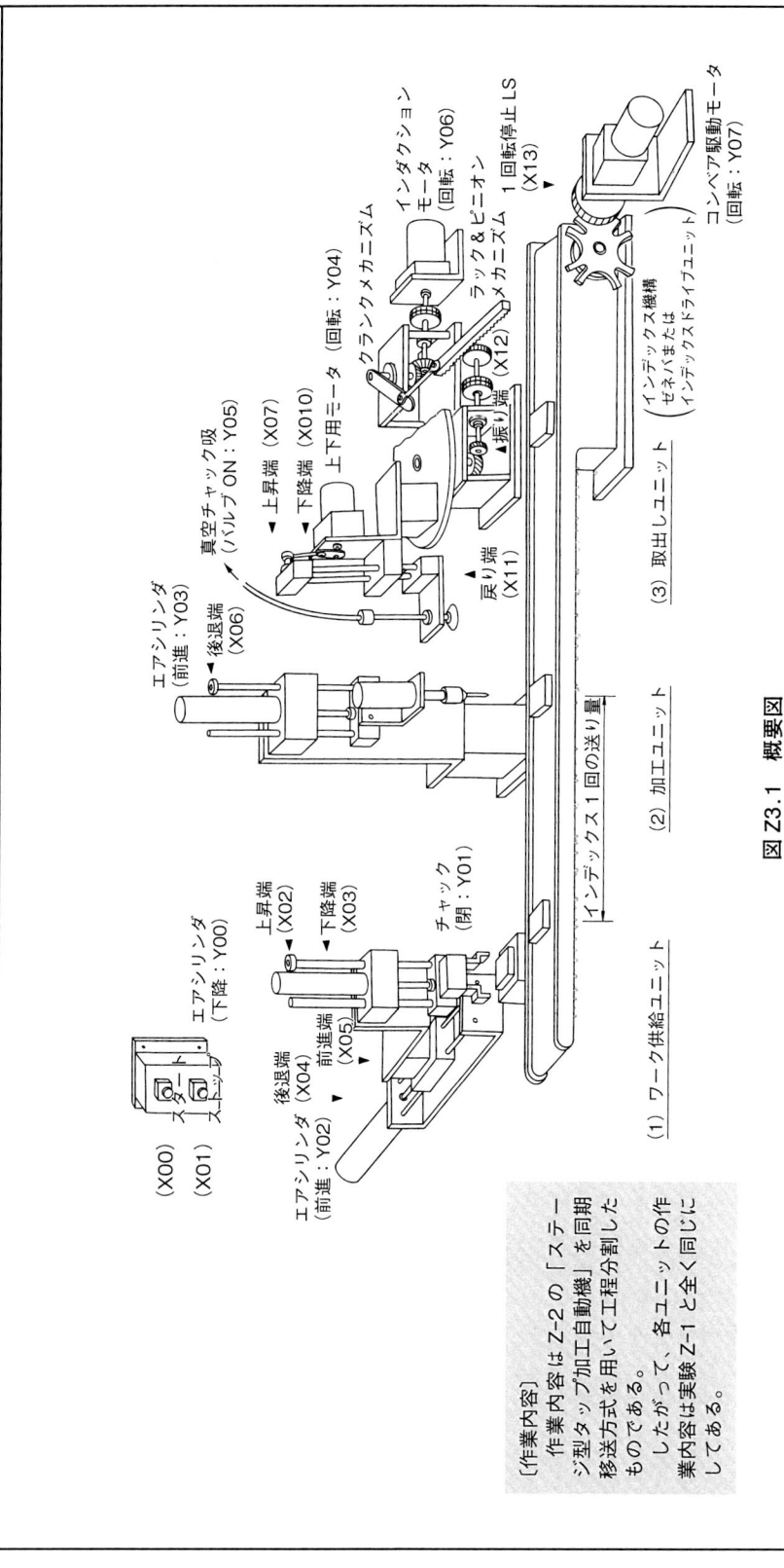

III-3 自動化システム構築実験〔Z〕

[作業内容]

作業内容はZ-2の「ステージ型タップ加工自動機」を同期移送方式を用いて工程分割したものである。
したがって、各ユニットの作業内容は実験Z-1と全く同じにしてある。

(X00) スタート
(X01) ストップ

エアシリンダ（下降：Y00）
エアシリンダ（前進：Y03）

上昇端 (X02)
下降端 (X03)
チャック（閉：Y01）

エアシリンダ（前進：Y02）
後退端 (X04)
前進端 (X05)

真空チャック吸（バルブON：Y05）
後退端 (X06)
上昇端 (X07)
下降端 (X10)
上下用モータ（回転：Y04）

クランクメカニズム
振り端 (X12)
戻り端 (X11)
ラック＆ピニオンメカニズム

インデックスモータ（回転：Y06）
1回転停止LS (X13)

インデックス機構（ゼネバ機構またはインデックスドライブユニット）

コンベア駆動モータ（回転：Y07）

(1) ワーク供給ユニット
(2) 加工ユニット ← インデックス1回の送り量 →
(3) 取出しユニット

図 Z3.1 概要図
（同期移送部分を除く作業内容はZ-2のシステムと同じ）

■ 同期移送式自動機の構築実験

[目的]
Z-2で構成したステージ型自動機を同期移送型に変更したときに、生産性がどれだけ向上するかを比較検討する。

[作業順序]
(1) ワーク移送
(2) 各ユニット作業開始
(3) 各ユニット作業完了

ただし、ワーク移送中であっても、できる作業がある場合、同時に動作するように制御する。

図 Z3.2 電気回路図

図 Z3.3 空気圧回路

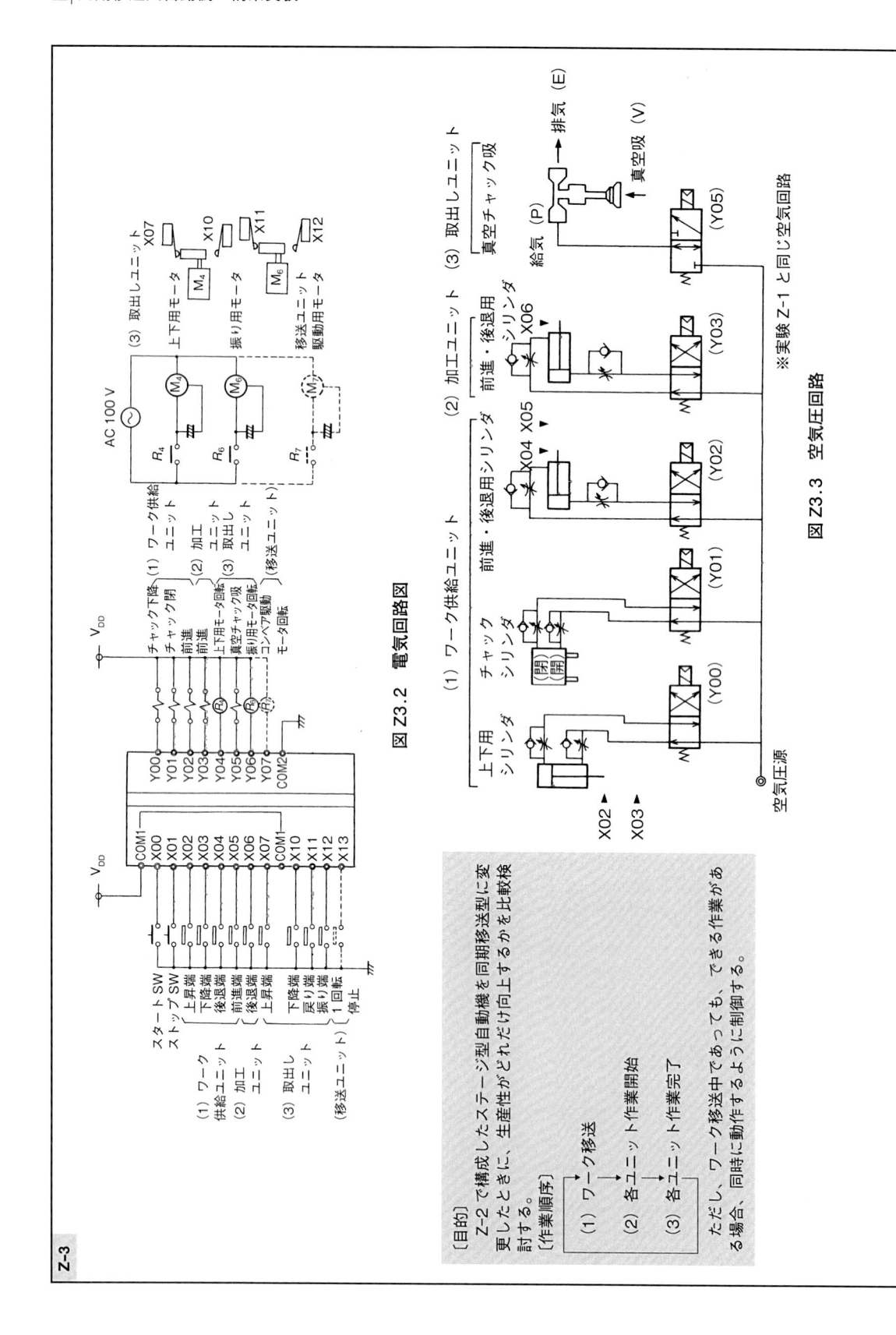

※実験 Z-1 と同じ空気回路

図 Z3.4 制御回路図

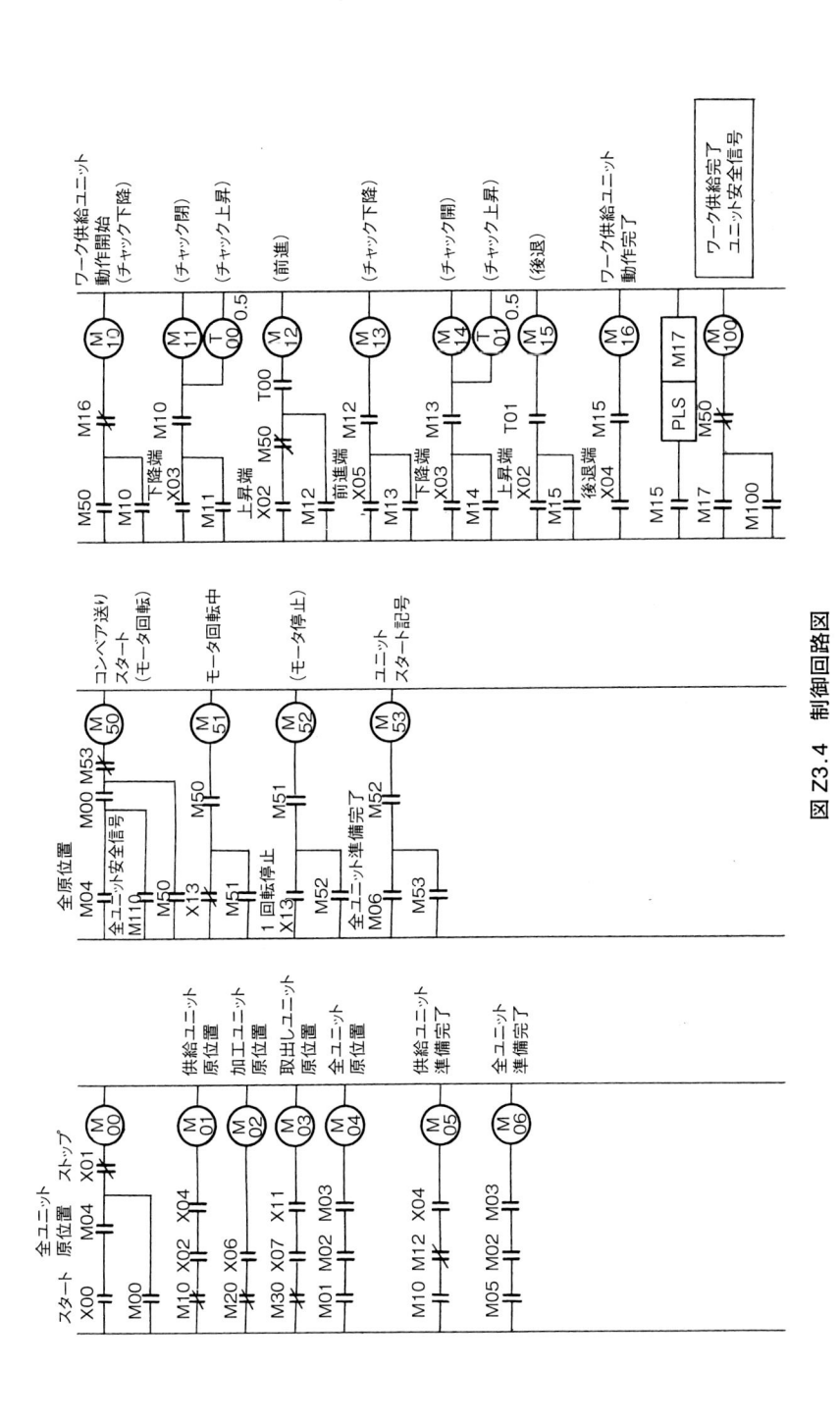

■ 同期移送式自動機の構築実験

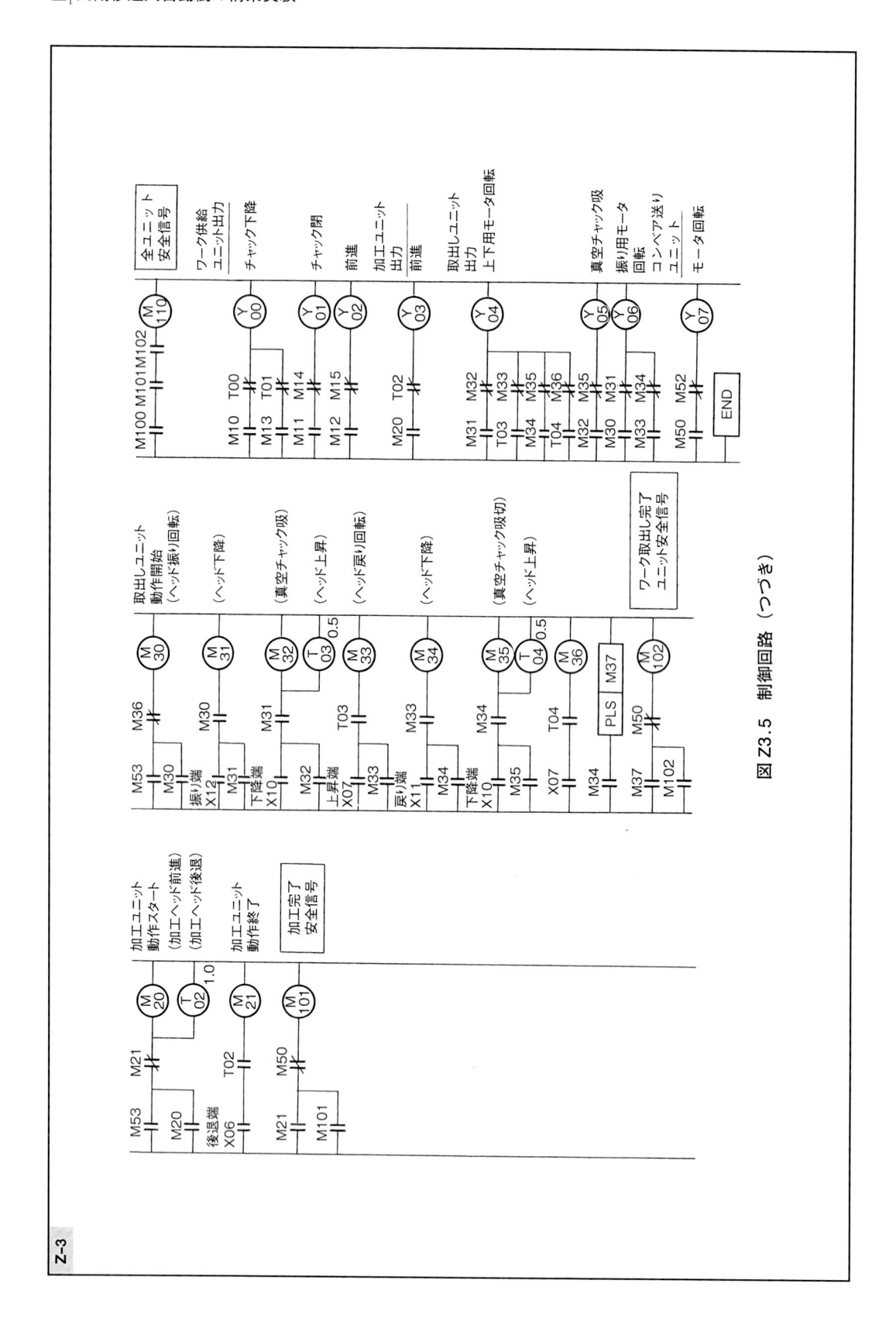

図 Z3.5 制御回路（つづき）

Z-3 の実験結果

<table>
<tr><th colspan="2" rowspan="2">実験データ No.</th><th colspan="6">ユニット単体の動作時間を変化させた場合</th><th colspan="5">ユニット単体の動作時間を一定にして、インデックス移送時間を変化させた場合</th></tr>
<tr><th>(2A-1)</th><th>(2A-2)</th><th>(2A-3)</th><th>(2A-4)</th><th>(2A-5)</th><th>(2A-6)</th><th>(2B-1)</th><th>(2B-2)</th><th>(2B-3)</th><th>(2B-4)</th><th>(2B-5)</th></tr>
<tr><td rowspan="3">ユニット単体の動作時間</td><td>ワーク供給ユニット</td><td>6秒</td><td>6秒</td><td>6秒</td><td>8秒</td><td>8秒</td><td>8秒</td><td>6秒</td><td>6秒</td><td>6秒</td><td>6秒</td><td>6秒</td></tr>
<tr><td>加工ユニット</td><td>2秒</td><td>2秒</td><td>2秒</td><td>2秒</td><td>6秒</td><td>8秒</td><td>2秒</td><td>2秒</td><td>2秒</td><td>2秒</td><td>2秒</td></tr>
<tr><td>取出しユニット</td><td>7秒</td><td>8秒</td><td>10秒</td><td>8秒</td><td>8秒</td><td>8秒</td><td>8秒</td><td>8秒</td><td>8秒</td><td>8秒</td><td>8秒</td></tr>
<tr><td colspan="2">インデックス移送時間</td><td>1.5秒</td><td>1.5秒</td><td>1.5秒</td><td>1.5秒</td><td>1.5秒</td><td>1.5秒</td><td>1.5秒</td><td>2.5秒</td><td>3.5秒</td><td>5.5秒</td><td>8秒</td></tr>
<tr><td colspan="2">周期移送型自動機の連続した1サイクルの動作時間（タクトタイム）</td><td>7秒</td><td>8秒</td><td>10秒</td><td>8秒</td><td>8秒</td><td>9.5秒</td><td>8秒</td><td>8秒</td><td>9秒</td><td>11秒</td><td>13.5秒</td></tr>
</table>

実験 Z2 の結果（参考）

<table>
<tr><th>実験データ No.</th><th>(1A-1)</th><th>(1A-2)</th><th>(1A-3)</th><th>(1A-4)</th><th>(1A-5)</th><th>(1A-6)</th><th>(1A-2)</th><th></th><th></th><th></th></tr>
<tr><td>ステージ型自動機の連続した1サイクルの動作時間（タクトタイム）</td><td>10秒</td><td>11秒</td><td>13秒</td><td>11秒</td><td>15秒</td><td>17秒</td><td>11秒</td><td>11秒</td><td>11秒</td><td>11秒</td></tr>
<tr><td>（タクトタイムの比）</td><td>(0.7)</td><td>(0.73)</td><td>(0.77)</td><td>(0.73)</td><td>(0.53)</td><td>(0.59)</td><td>(0.73)</td><td>(0.82)</td><td>(1.00)</td><td>(1.23)</td></tr>
</table>

図 Z3.5　実験結果

[実験結果 (2A-1)～(2A-6)]

これは、インデックス移送時間を一定にして、ユニット単体の動作時間を変化させた場合の実験結果である。ソフトウエア上、ユニットが作業中であっても、機械的に干渉しなければインデックス移送を行えるような回路になっていることと、作業ユニットの動作時間が短かいために、(2A-1)～(2A-5)に関しては、インデックス移送時間はタクトタイムに影響しておらず、各ユニットのうち、一番動作時間の長いものと同じ時間がタクトタイムになっている。

3つの作業ユニットのうち、加工ユニットに関しては、インデックス移送が完了してから作業を開始して、作業が完全に終了するまで、次の移送は行えないから、このユニットが、(2A-6)のように他のユニットと同じ作業時間が、それより長くなると、タクトタイムはこのユニットの作業時間にインデックス移送時間をプラスした値となる。

したがって、この移送時間でラインバランスを保つには、加工ユニットの作業時間は、最も動作時間の長い作業ユニットより、少なくともインデックス移送の時間分だけ短くなくてはならない。

[実験結果 (2B-1)～(2B-5)]

これは、ユニット単体の動作時間は一定にしておいて、インデックス移送時間を変化させた場合の実験結果である。

インデックス移送時間が2.5秒以下の(2B-1)と(2B-2)に関しては、インデックス移送時間の影響は出ていない。

これはタクトタイムが、ユニット動作時間の最も長いものと同じ8秒になっていることからわかる。

インデックス移送時間が、(2B-2)のときの2.5秒から1秒増えて3.5秒になると、(2B-3)のように、タクトタイムも1秒増えて9秒になっている。

すなわち、インデックス移送時間がタクトタイムに影響を与えない限界は、この場合、2.5秒であり、それ以上長くなるとその差の分だけタクトタイムが長くなる。

実験データ(2B-4)の場合、インデックス移送時間5.5秒から2.5秒を引いた3秒だけタクトタイムが長くなっているので、ユニットの最も長い動作時間である8秒に3秒を足した11秒がこの場合のタクトタイムになるわけである。

Z-4　Z2 と Z3 の実験結果の比較

　図 Z3.5 の下には実験 Z2 と Z3 の実験結果を対比して掲載した。

　表を縦に見たときに、ユニット単体の動作時間は、実験 Z2 も実験 Z3 も同じ値である。もちろん実験 Z2 はステージ型自動機であるから、インデックス移動時間は存在しない。

　この実験結果から、ステージ型自動機と、インデックス移送型自動機のタクトタイムの相違について考えてみる。

　ステージ型自動機の場合、各作業ユニットがお互いに機械的に干渉し合い、作業時間の最も長いユニットに待ち時間が生ずると、その分だけタクトタイムは長くなる。

　実験データ（2A-3）の欄を見ると、取出しユニットの動作時間に対して、ほかの 2 つのユニットの動作時間がかなり短くなっている。このように、ある特定のユニットの動作時間が全体のタクトタイムをほぼ独占的に決定してしまうような場合には、ステージ型自動機でもあまり遜色のないタクトタイムを得られることがある。

　(2A-3)(1A-3) のタクトタイムの比をとってみると、0.77 となり、同期移送型自動機の方が 23 ％ほど生産性が上がっているが、同期移送のためのベースマシンの投資金額や、スペースファクタなどを考え合わせると、どちらの型の自動機を導入するか十分検討の余地がある。

　一方、実験データ（2A-5）や（2A-6）のように、各ユニットの動作時間にあまりバラツキがなく、ラインバランスがとれているような場合には、同期移送型自動機の方が圧倒的に高い生産性を得られる。(2A-5) と (1A-5) のタクトタイムの比をとると、0.53 となり、同期移送型自動機の方が 47％も生産性が高くなっている。

　実験データ（2B-1）〜（2B-5）は、インデックス移送時間を変化させた結果である。移送時間が短く、(2B-1) や (2B-2) のように、ユニットの動作中に移送を完了してしまう場合は、各ユニットは待ち時間がなくなるので、ステージ型自動機より生産性は上がる。

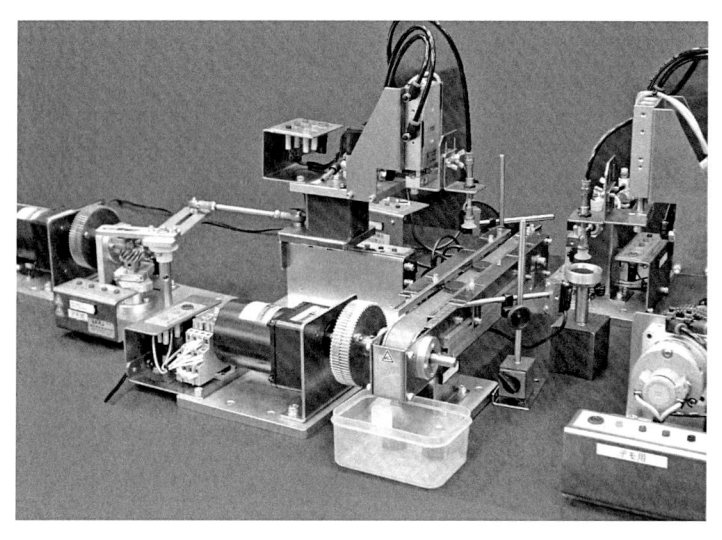

写真 Z4.1　本実験に使用した実験装置（新興技術研究所製 MM3000 シリーズ）

■ Z2とZ3の実験結果の比較

　しかし、ユニットの動作中に移送が完了できなくなるほど移送時間が長くなると、各ユニットは移送を完了するまでの間待ち時間が生ずるので、生産性は低下する。

　先にも述べたが、このシステムの場合、インデックス移送時間が2.5秒まではユニットの動作中に入るが、それを超えると、その分待ち時間となる。

　例えば、移送距離が長く、しかもゆっくりしか動かせないような条件では、工程分割の効果が有効に出てこなくなる。例えば移送時間が（2B-4）にあるように5.5秒まで延びてしまうと、ステージ型自動機と同じタクトタイムになってしまう。

　しかも、同期移送型自動機の方が投資金額が大きいので、実験データ（2B-4）、（2B-5）についてはステージ型自動機の方が勝っているという結果になる。

　ここで1つ注意しておかなくてはならないことは、ここに掲げたデータが、作業ユニットが3つしかないような簡単なシステムの場合の実験結果である点で、作業工程が大幅に増えて、作業ユニット数が多くなると話は変わってくる。

　同期移送型自動機の場合は、どんなにユニット数が増えてもその分作業ステーションを増やしておけば、全作業ステーションのユニットのうち、最も遅いユニットの作業時間に移送の待ち時間をプラスしたものが全体のタクトタイムになるので、ユニット数に関係なく高い生産性が得られる。

　一方、ステージ型自動機の場合は、通常、作業ユニット同士が干渉し合うので、工程が増えると、各ユニットが干渉し合う部分の作業時間が重畳されていって、極端に生産性が低下する。

索引

英数字

A/D 変換ボード ……………………………… 17
AC サーボモータ …………………………… 46
PLC プログラム（ラダー図）…………… 167

あ行

アウト絞り弁 ………………………………… 20
移送 ………………………………………… 218
位置決め精度 ……………………………… 110
位置検出用スイッチ ……………………… 115
位置ずれを小さくするためのメカニズム …… 150
一方向絞り弁 ………………………………… 21
異品種混流生産 …………………………… 255
イン絞り弁 …………………………………… 20
インダクションモータ …………………… 36, 59
インデックス移送 ………………………… 218
インデックスドライブ …………………… 88
インデックスドライブユニット ………… 163
ウォームギア ……………………………… 86
エアーシリンダとラックピニオン ……… 163
エキゾーストセンターバルブ …………… 22
エスケープメント ………………………… 205
エネルギー一定 …………………………… 144
エンコーダ ………………………………… 47
往復駆動 …………………………………… 96
送り爪 ……………………………………… 53
送りねじ …………………………………… 70

か行

回転揺動運動変換機構 ……………………… 92
ガイド機構 ………………………………… 179
下死点 ……………………………………… 56
可変ハンドリング機構 …………………… 186
カム ………………………………………… 90
カムフォロワ ……………………………… 90
間欠回転出力 ……………………………… 93
間欠駆動 …………………………………… 219
間欠駆動搬送機構 ………………………… 152
技術能力マップ ……………………………… 8
既成品種ワーク …………………………… 250
逆止め弁 …………………………………… 21
給送 ………………………………………… 218
近接センサ ………………………………… 126
均等変換メカニズム ……………………… 144
空気圧アクチュエータ …………………… 63
空気圧ポート ……………………………… 20
空油圧変換シリンダ ……………………… 32
クランク ………………………………… 60, 163
クランク・メカニズム …………………… 11
クランクアーム …………………………… 60
クランク機構 ……………………………… 155
クランクピン ……………………………… 66
クレビス型エアシリンダ ………………… 24
クレビス型シリンダ ……………………… 147
クローズドセンターバルブ …………… 23, 58

274

高周波発振型	126	ストップカム	79
工程分割	222	スピードコントローラ	20
光電スイッチ	11, 169	スピードコントロールインダクションモータ	73
光電センサ	119	スピードコントロールモータ	39, 40
固定式エアシリンダ	18	スプリングバッグの単動型	18
コネクティングロッド	61	静電容量型	126

さ行

サーボアンプ	46	整列トレイ	198
サーボモータ	11, 47	ゼネバ	79, 163
最大振れ角	66	ゼネバホイール	79, 80
最適自動化システム	15	増減速平歯車	82
作業ユニットの高速駆動	230	速度制御ユニット	39
シールドタイプ	127	速度特性曲線	17
磁気型	126	ソフチウエアカム	14

た行

磁気スイッチ	117	タクトタイム	210
自動化技術	9	タコジェネレータ	39
自動化システムの4要素	10	多条ねじ	70
自動化システムの基本構成	11, 15	ダブルソレノイドバルブ	33
遮断弁	32	ダブルピンゼネバ	80
出力用スライドブロック	60	単一のモジュール	15
上死点	56	単相誘導モータ	36
ショックアブソーバ	22	直進往復	96
シリンダ式垂直移動アーム	128	直進テーブル	96
真空チャック	139	直進フィーダ	203
シングルソレノイドバルブ	22, 33	直線歯	50
シングルボードコンピュータ	43	直交ヘリカルギア	71
スティックスリップ	35	ツールの移動と停止位置決め	142
スティックスリップ現象	22	手作業の機械化	191
ステージ型自動加工機	208, 212	デジタルI/Oボード	43
ステーション	219	同期移送	218
ステッピングモータ	41		

ドグ	60
トグル	75
トグル機構	26

な・は行

なじみ性	247
ねじピッチ	70
倍速移動	52
早戻り機構	67
早戻りプレス	78
半月状のカム	79
反射型光電スイッチ	169
反射型光電センサ	119, 171
ハンドリング	165
非シールドタイプ	127
ビス締込みユニット	176
ピニオン	50
平カム	31
平歯車増減速機	82
品種判別の方式	187
品種判別用センサ	188
ピンホイール	79
フィードナット	70
封入型マイクロスイッチ	115
不均等変換メカニズム	144
フリーフローライン	227
ブレークパック	37
平行チャック	138
併設方式	255
ベーンのロータリアクチュエータ	28
ベベルギア	109
ヘリカルギア	109
ベルトコンベア	105
変位特性曲線	17
変形正弦カム	163
ボウルフィーダ	124, 201
ボールスライド機構	70
ボールねじ	70
ポテンショメータ	17

ま行

マイクロコンピュータ	11
マガジン	197
摩擦ブレーキ	36
むだ時間の削減	230
無停止型生産システム	237
メカトロニクス技術実習システム	153
メカニズムによる力の増大	142
モータ式垂直移動アーム	133
戻り止め爪	53
戻り止め用クラッチ	57

や・ら・わ行

よい自動機械	182
揺動	67
揺動チャック	138
ラチェット	53
ラック	50
ラック&ピニオン	21, 50
ラック&ピニオンのロータリアクチュエータ	29
ラック・アンド・ピニオン	11
リードスイッチ	117
リニアフィーダ	203

リバーシブルモータ	11, 36	ロータリテーブル	21, 109
リバーシブルモータの停止特性	37	ロードセル	145
リポジショニング治具	193	ロードセルホルダ	145
リミットスイッチ	11, 115	ローラギアアーム	88
リレー回路	11	ロボットアーム	165
レバースライダ	66, 163	ワークにかかる加速度	149
レバースライダ機構	155	ワークの停止位置決め	142
ロータリアクチュエータ	28	ワークの嵌合条件	241
ロータリエアアクチュエータ	28, 62	ワークホルダ	142
ロータリエンコーダ	46	ワンウェイラチェット	31, 55

◎編著者略歴◎
熊谷英樹（くまがい・ひでき）

1981年	慶應義塾大学工学部電気工学科卒業
1983年	慶應義塾大学大学院電気工学専攻修了
	住友商事株式会社電子電機本部
1988年	株式会社　新興技術研究所技術本部
現在	株式会社　新興技術研究所専務取締役
	日本教育企画株式会社代表取締役社長
	職業能力開発総合大学校非常勤講師
	高度職業能力開発促進センター講師
	山梨県産業技術短期大学校非常勤講師
	神奈川大学工学部非常勤講師
	自動化推進協会理事

● 著　書

「すぐに役立つVisual Basicを活用した機械制御入門」日刊工業新聞社、2000年
「ゼロからはじめるシーケンス制御」日刊工業新聞社、2001年
「すぐに役立つVisual Basicを活用した計測制御入門」日刊工業新聞社、2002年
「必携　シーケンス制御プログラム定石集」日刊工業新聞社、2003年
「Visual Basic.NETではじめる計測制御入門」日刊工業新聞社、2004年
「Visual Basic.NETではじめるシーケンス制御入門」日刊工業新聞社、2005年
「シーケンス制御を活用したシステムづくり入門」森北出版、2006年
「ゼロからはじめるシーケンスプログラム」日刊工業新聞社、2006年
「はじめてつくるVisual C#制御プログラム」日刊工業新聞社、2007年
「絵とき　PLC制御基礎のきそ」日刊工業新聞社、2007年
「MATLABと実験でわかるはじめての自動制御」日刊工業新聞社、2008年
「現場の即戦力　使いこなすシーケンス制御」技術評論社、2009年
「現場の即戦力　はじめての油圧制御」技術評論社、2009年
他多数

新・実践自動化機構図解集

NDC 548

2010年2月26日　初版 1 刷発行
2022年12月23日　初版11刷発行

（定価は、カバーに表示してあります）

Ⓒ　編著者　　熊谷　英樹
　　発行者　　井水　治博
　　発行所　　日刊工業新聞社
　　　　　　　〒 103-8548　東京都中央区日本橋小網町 14-1
　　電　　話　書籍編集部　03（5644）7490
　　　　　　　販売・管理部　03（5644）7410
　　F A X　　03（5644）7400
　　振替口座　00190-2-186076
　　U R L　　https://pub.nikkan.co.jp/
　　e-mail　　info@media.nikkan.co.jp
　　企画・編集　新日本編集企画
　　印刷・製本　新日本印刷(株)（POD3）

落丁・乱丁本はお取り替えいたします。
2010　Printed in Japan
ISBN 978-4-526-06402-9 C3053

本書の無断複写は、著作権法上での例外を除き、禁じられています。